VDE-Schriftenreihe **185**

Die Autoren

Dr.-Ing. **Ernst Ulrich Landers,** Jahrgang 1944, studierte Elektrotechnik mit dem Schwerpunkt Hochspannungstechnik an der TU München. Nach einem Auslandspraktikum bei der Electricité de France und nach beruflicher Tätigkeit bei der Firma Messwandlerbau in Bamberg übernahm er 1970 die Stelle eines wissenschaftlichen Assistenten am Institut für Hochspannungs- und Anlagentechnik der Technischen Universität München, wo er 1975 zum Dr.-Ing. promoviert wurde. Seit 1976 war er bis zum Eintritt in den Ruhestand 2009 Lehrbeauftragter und wissenschaftlicher Direktor am Institut für Elektrische Energieversorgung an der Universität der Bundeswehr München. Er beschäftigte sich mit Fragen der elektromagnetischen Verträglichkeit, insbesondere mit dem Schutz von Geräten und Anlagen gegen elektrostatische Entladungen und Blitzeinwirkungen. Die Ergebnisse seiner Arbeiten hat er in Vorträgen, Seminaren, Fachzeitschriften, Büchern und internationalen Konferenzen veröffentlicht.

Bei der korrigierten und überarbeiteten Auflage dieses Buchs wurden die Arbeiten, Ergänzungen und Korrekturen des leider am 3. Oktober 2011 verstorbenen Mitautors Dr. Ernst Ulrich Landers integriert. Seine Arbeiten zeichneten sich durch Sorgfalt im Detail, besonders große Verständlichkeit, Anwendungsbezug und das ständige Bemühen aus, die Inhalte aus Sicht seiner Leser zu sehen. Deshalb ist es mir eine Verantwortung und Ehre zugleich, dieses Erbe fortzuführen. Herrn Dr. Landers gilt mein aufrichtiger Dank, war er doch ein guter Freund und jahrzehntelanger Mitstreiter in Sachen Blitz- und Überspannungsschutz.
Peter Zahlmann

Dr.-Ing. **Peter Zahlmann** (59) absolvierte nach seinem Abitur das Studium der Elektrotechnik/Starkstromtechnik an der Technischen Universität in Ilmenau.
1983 wurde Peter Zahlmann zum Doktor-Ingenieur promoviert, seit September 1991 ist er bei der Firma Dehn + Söhne tätig. Bis Juni 2004 leitete er die Abteilung Entwicklung/Konstruktion, seit 1. Juli 2004 ist er der für die Technik zuständige Geschäftsführer bei Dehn + Söhne. Zahlreiche Patente für Überspannungsschutzgeräte (insbesondere Funkenstreckenableiter) und Blitzschutzbauteile sowie eine Vielzahl von Fachpublikationen im In- und Ausland belegen sein fachliches Wirken. Dr.-Ing. Peter Zahlmann ist im Rahmen von technisch-wissenschaftlichen Vereinen und Institutionen, wie ABB, DKE/VDE und IEC, an der nationalen und internationalen Normungsarbeit zum Blitz- und Überspannungsschutz beteiligt.

VDE-Schriftenreihe Normen verständlich **185**

EMV – Blitzschutz von elektrischen und elektronischen Systemen in baulichen Anlagen

Risikomanagement, Planen und Ausführen
nach den neuesten Normen der Reihe
DIN EN 62305-x (VDE 0185-305-x)

Dr.-Ing. Ernst Ulrich Landers
Dr.-Ing. Peter Zahlmann

3. Auflage 2013

VDE VERLAG GMBH

Auszüge aus DIN-Normen mit VDE-Klassifikation sind für die angemeldete limitierte Auflage wiedergegeben mit Genehmigung 342.013 des DIN Deutsches Institut für Normung e. V. und des VDE Verband der Elektrotechnik Elektronik Informationstechnik e. V. Für weitere Wiedergaben oder Auflagen ist eine gesonderte Genehmigung erforderlich.

Die zusätzlichen Erläuterungen geben die Auffassung der Autoren wieder. Maßgebend für das Anwenden der Normen sind deren Fassungen mit dem neuesten Ausgabedatum, die bei der VDE VERLAG GMBH, Bismarckstr. 33, 10625 Berlin und der Beuth Verlag GmbH, Burggrafenstr. 6, 10787 Berlin erhältlich sind.

Das Werk ist urheberrechtlich geschützt. Jede Verwertung außerhalb der engen Grenzen des Urheberrechtsgesetzes ist ohne Zustimmung des Verlags unzulässig und strafbar. Die Wiedergabe von Gebrauchsnamen, Handelsnamen, Warenbeschreibungen etc. berechtigt auch ohne besondere Kennzeichnung nicht zu der Annahme, dass solche Namen im Sinne der Markenschutz-Gesetzgebung als frei zu betrachten wären und von jedermann benutzt werden dürfen. Aus der Veröffentlichung kann nicht geschlossen werden, dass die beschriebenen Lösungen frei von gewerblichen Schutzrechten (z. B. Patente, Gebrauchsmuster) sind. Eine Haftung des Verlags für die Richtigkeit und Brauchbarkeit der veröffentlichten Programme, Schaltungen und sonstigen Anordnungen oder Anleitungen sowie für die Richtigkeit des technischen Inhalts des Werks ist ausgeschlossen. Die gesetzlichen und behördlichen Vorschriften sowie die technischen Regeln (z. B. das VDE-Vorschriftenwerk) in ihren jeweils geltenden Fassungen sind unbedingt zu beachten.

Bibliografische Information der Deutschen Nationalbibliothek
Die Deutsche Nationalbibliothek verzeichnet diese Publikation in der Deutschen Nationalbibliografie; detaillierte bibliografische Daten sind im Internet über http://dnb.dnb.de abrufbar.

ISBN 978-3-8007-3399-6
ISSN 0506-6719

© 2013   VDE VERLAG GMBH · Berlin · Offenbach
        Bismarckstr. 33, 10625 Berlin

Alle Rechte vorbehalten.

Druck: CPI Books GmbH, Ulm
Printed in Germany   2013-11

Vorwort

Die neue Normenreihe „Blitzschutz" DIN EN 62305 (**VDE 0185-305**) ist seit Oktober 2011 gültig und löst die Normenreihe DIN EN 62305 (**VDE 0185-305**) aus dem Jahr 2006 ab. Sie entspricht inhaltlich den internationalen Normenreihen „Protection against lightning" IEC 62305:2010-12 und EN 62305:2011, wurde aber mit nationalen Vorworten und Beiblättern ergänzt. Die vielfach gravierenden Änderungen im Konzept und in den Kennwerten dieser Norm machen eine vollständig überarbeitete Neuauflage dieses Bands 185 der VDE-Schriftenreihe „Normen verständlich" erforderlich.

Die neue Normenreihe DIN EN 62305-1 (**VDE 0185-305-1**) behandelt zunächst die Gefährdung durch den Blitz, die Schadensarten, die Notwendigkeit von Blitzschutz und die möglichen Schutzmaßnahmen. Das Risikomanagement nach DIN EN 62305-2 (**VDE 0185-305-2**) wird verwendet, um zuerst die Notwendigkeit des Blitzschutzes zu ermitteln, dann die technisch und wirtschaftlich optimalen Schutzmaßnahmen auszuwählen und abschließend das verbleibende Risiko zu bestimmen.

Die eigentlichen Schutznormen in den folgenden Teilen unterscheiden sich durch verschiedene Schutzziele: Materielle Schäden und Lebensgefahr bei direkten Blitzeinschlägen in eine bauliche Anlage können durch eine klassische Blitzschutzanlage (LPS) nach DIN EN 62305-3 (**VDE 0185-305-3**) minimiert werden. Für den Schutz von baulichen Anlagen mit elektrischen und elektronischen Systemen, besonders wenn hohe Anforderungen an deren Funktionssicherheit gestellt werden, muss darüber hinaus auch der Schutz dieser Systeme gegen leitungsgebundene und gestrahlte Störungen, verursacht durch den elektromagnetischen Blitzimpuls (LEMP) bei direkten und bei indirekten Blitzeinschlägen, gewährleistet werden. Diese Forderung kann durch ein LEMP-Schutzsystem (SPM) nach DIN EN 62305-4 (**VDE 0185-305-4**) erfüllt werden.

Das vorliegende Buch „EMV – Blitzschutz von elektrischen und elektronischen Systemen in baulichen Anlagen" behandelt mit Schwerpunkt diesen Teil der neuen Normenreihe, nimmt aber auch Bezug auf die anderen Teile, insbesondere das Risikomanagement.

Die knapp und anwendungsorientiert gehaltenen Normentexte, die maßgeblich von den Autoren mit erarbeitet wurden, werden im Buch ausführlich interpretiert und manchmal auch abweichend gegliedert, wenn es dem besseren Verständnis dient. Um Gedankenführung und Lesbarkeit nicht zu erschweren, sind auch unverändert übernommene Passagen aus den Normen nicht gesondert gekennzeichnet. Dabei verfolgt dieses Buch drei wesentliche Ziele: Es soll Grundlagen und Hintergründe darstellen und erklären, es soll Anwendung und Verständnis anhand von detailliert erläuterten Beispielen erleichtern und schließlich durch kritische Kommentare zur späteren Weiterentwicklung und Vervollkommnung der Normen beitragen.

Deshalb werden zunächst generell die Schäden durch elektromagnetische Beeinflussung und ihre Ursachen behandelt. Die aus der EMV-Welt kommende Philosophie der Schutzzonen ist von Dr.-Ing. *Peter Hasse* und Prof. Dr.-Ing. *Johannes Wiesinger* zu einem Blitzschutzzonenkonzept erweitert worden, das ein strukturiertes Bearbeiten beliebig komplexer Schutzaufgaben ermöglicht. Daraus ergeben sich die Schutzmaßnahmen an der Gebäudeinfrastruktur und an allen Versorgungssystemen sowie die Anforderungen an die nötigen Bauteile und Schutzgeräte, die ausführlich und praxisnah beschrieben werden. Ihre Auswahl und die Kombination zu einem technisch und wirtschaftlich optimierten Schutzsystem erfolgen nach dem LEMP-Schutz-Management einschließlich der zugehörigen Risikoanalysen, das eine interdisziplinäre Zusammenarbeit bei Planung, Errichtung, Prüfung und Instandhaltung erfordert. Abschließend wird die Anwendung der Norm an einem ausgeführten Projekt für den LEMP-Schutz eines Industriekomplexes in allen Einzelheiten durchgerechnet und illustriert.

Das vorliegende Buch wendet sich an Ingenieure und Fachkräfte der Elektrotechnik, die in Büro- und Industrieanlagen für Planung, Errichtung, Prüfung, Betrieb, Erhaltung und für Sicherheitsaspekte zuständig sind. Zum Verständnis dieses Buchs sind Grundkenntnisse der elektromagnetischen Verträglichkeit vorteilhaft.

Die Autoren

Inhalt

Vorwort ... 5

1 Einführung ... 11

2 Schäden durch elektromagnetische Beeinflussung ... 13
2.1 Schadensstatistiken ... 13
2.2 Schadensbeispiele ... 15

3 Störquellen, Kopplungen und Störsenken ... 27
3.1 Blitzentladungen ... 28
3.2 Schalthandlungen und Netzrückwirkungen ... 34
3.3 Elektrostatische Entladungen ... 36
3.4 Sendeanlagen ... 38

4 EMV-orientiertes Blitzschutzzonenkonzept ... 39
4.1 Frühere Schutzzonenkonzepte ... 39
4.2 Grundlagen des Blitzschutzzonenkonzepts ... 41
4.3 Blitzschutzzonen (LPZ) ... 42
4.4 Äußerer Blitzschutz ... 51
4.5 Dämpfung durch Gebäude- oder Raumschirme ... 54
4.6 Schnittstellen für Versorgungssysteme an Grenzen von LPZs ... 54
4.7 Leitungsführung und -schirmung im geschützten Volumen ... 58
4.8 Potentialausgleichanlagen im geschützten Volumen ... 60
4.9 Grundfestigkeit der elektronischen Geräte und Systeme ... 69
4.10 Konzeptionelles Vorgehen ... 70

5 Der Blitzschutz von Gebäuden und von elektrischen und elektronischen Anlagen ... 77
5.1 Bauliche Anlagen und Personen DIN EN 62305-3 (**VDE 0185-305-3**) ... 78
5.2 Elektrische und elektronische Systeme DIN EN 62305-4 (**VDE 0185-305-4**) ... 79
5.3 Unterschiede im Blitzschutz nach DIN EN 62305-3 (**VDE 0185-305-3**) und DIN EN 62305-4 (**VDE 0185-305-4**) ... 82

6 Schutzmaßnahmen gegen LEMP (SPM – surge protective measures) ... 89
6.1 Wahl des Gefährdungspegels ... 89
6.2 Bestimmung der Stoßwellen am Einbauort ... 90
6.3 Festigkeit der elektronischen Geräte ... 95
6.4 Erdungsmaßnahmen ... 98

6.5	Potentialausgleichmaßnahmen	101
6.6	Koordiniertes SPD-System	104
6.7	Räumliche Schirmung	122
6.8	Leitungsführung und -schirmung	137
6.9	Schutzmaßnahmen in bestehenden baulichen Anlagen	145
7	**Risikomanagement nach DIN EN 62305-2 (VDE 0185-305-2)**	**155**
7.1	Risikoanalyse	155
7.2	Schadensquellen	156
7.3	Schadensursachen	156
7.4	Schadensarten	157
7.5	Bestimmung des Risikos aus Risikokomponenten	159
7.6	Parameter für die Risikokomponenten	162
7.7	Häufigkeit N_X von gefährlichen Ereignissen (DIN EN 62305-2 (**VDE 0185-305-2**), Anhang A)	164
7.8	Schadenswahrscheinlichkeiten P_X (DIN EN 62305-2 (**VDE 0185-305-2**), Anhang B)	172
7.9	Verlustwerte L_X (DIN EN 62305-2 (**VDE 0185-305-2**), Anhang C)	182
7.10	Risikoanalyse bei explosionsgefährdeten Anlagen	193
7.11	Anwendung der Risikoanalyse	197
8	**LEMP-Schutz-Management (SPM-Management)**	**205**
8.1	Allgemeines	205
8.2	SPM-Managementplan	205
8.3	Prüfung der SPM	211
8.4	Instandhaltung	213
9	**Bauteile und Schutzgeräte**	**215**
9.1	Fangeinrichtungen	215
9.2	Gebäude- und Raumschirme für innere Blitzschutzzonen	222
9.3	Schirme für Leitungen zwischen räumlich getrennten Blitzschutzzonen	232
9.4	Schirme für Leitungen in inneren Blitzschutzzonen	236
9.5	Potentialausgleichanlagen	237
9.6	Schutzgeräte an den Schnittstellen der Blitzschutzzonen	243
10	**LEMP-Schutz in einem Industriekomplex**	**275**
10.1	Planungsgrundlagen	275
10.2	Kenndaten für den zu schützenden Gebäudekomplex VI/1, VII/1, VII/2, VIII/1	281
10.3	Risikomanagement für die Schadensart L1 (Verlust von Menschenleben)	296
10.4	Risikomanagement für die Schadensart L4 (wirtschaftliche Verluste)	306
10.5	Impulsmagnetfelder des Blitzes	318
10.6	Induzierte Spannungen in Leiterschleifen	321

10.7	Stromtragfähigkeit der Schutzelemente	323
10.8	Zusammenfassung für Magnetfelder und induzierte Spannungen und Ströme	327
10.9	Gesamtes LEMP-Schutzsystem	328
10.10	Detailausführung des LEMP-Schutzsystems (SPM)	330
11	**Anhang**	339
11.1	Begriffe aus diesem Buch und aus DIN EN 62305 (**VDE 0185-305**)	339
11.2	Normen und Richtlinien	349
11.3	Literatur	357
11.4	Internet-Links	361
Stichwortverzeichnis		363

1 Einführung

Seit Oktober 2011 gilt die neue Normenreihe „Blitzschutz" VDE 0185-305:2011-10 als DIN-EN-Norm mit VDE-Klassifikation [1]. Sie entspricht inhaltlich den Normenreihen „Protection against lightning" IEC 62305 und EN 62305, wurde aber um nationale Vorworte und Beiblätter ergänzt. Sie ersetzt die bisherigen Normen VDE 0185-305 Teil 1 bis 4:2006-10-01. Für am 1. Oktober 2011 in Planung oder in Bau befindliche Anlagen gelten die bisherigen Normen aber noch in einer Übergangsfrist bis 13. Januar 2014.

Die im Anhang C der DIN EN 62305-4 (**VDE 0185-305-4**) von 2006 enthaltenen detaillierten Informationen zur Koordination von Überspannungsschutzgeräten wurden in der neuen Normenausgabe ersatzlos gestrichen. Diese Informationen sind jetzt ausschließlich in der DIN CLC/TS 61643-12 (**VDE V 0675-6-12**) zu finden. Mit dem neuen informativen Anhang D werden zusätzliche Informationen zur Auswahl von SPDs gegeben.

Diese neue Normenreihe ist ein klar gegliedertes Werk zum Gesamtblitzschutz mit folgenden Teilen:

DIN EN 62305 (**VDE 0185-305**) Blitzschutz
Teil 1 Allgemeine Grundsätze,
Teil 2 Risikomanagement,
Teil 3 Schutz von baulichen Anlagen und Personen,
Teil 4 Elektrische und elektronische Systeme in baulichen Anlagen.

Der Schutz für alle Arten von Versorgungssystemen (energie- und informationstechnische Leitungen, Rohrleitungen) ist durch diese Normenreihe nicht abgedeckt. Die ITU (International Telecommunication Union) bietet mit den Recommendations K.46, K.47 und K.72 geeignete Empfehlungen für Telekommunikationsleitungen an.

Der klassische Gebäudeblitzschutz berücksichtigt nur direkte Blitzeinschläge und den Schutz gegen materielle Schäden und Lebensgefahr. Das vorliegende Gesamtkonzept zum Blitzschutz berücksichtigt dagegen umfassend:

- die Gefährdung (direkte und indirekte Blitzeinschläge, Strom und Magnetfeld des Blitzes und seine Induktionswirkungen),
- die Schadensursachen (Schritt- und Berührungsspannung, gefährliche Funkenbildung, Feuer, Explosion, mechanische und chemische Wirkungen, Überspannungen),
- die zu schützenden Objekte (Gebäude, Personen, Tiere, Inhalt, elektrische und elektronische Systeme) und
- die Schutzmaßnahmen (Erdungs- und Potentialausgleichmaßnahmen, räumliche Schirmung, Leitungsführung und -schirmung).

Das neue Beiblatt 1 zum Teil 4 der DIN EN 62305 (**VDE 0185-305**) gibt detaillierte Informationen zur Blitzstromverteilung in Niederspannungsanlagen. Das vorliegende Buch ersetzt das im Jahr 2007 erschienene Buch „EMV Blitzschutz von elektrischen und elektronischen Systemen in baulichen Anlagen" [2] nach der Normenreihe DIN EN 62305 (**VDE 0185-305**):2006-10 Teil 1 bis Teil 4 [3–7]. Die Neuauflage berücksichtigt alle Neuerungen in den Blitzschutznormen DIN EN 62305 (**VDE 0185-305**):2011-10 [1, 8–11] und erläutert den Schutz von elektrischen und elektronischen Systemen in baulichen Anlagen nach DIN EN 62305 (**VDE 0185-305-4**):2011-10 und das dazu nötige Risikomanagement nach DIN EN 62305 (**VDE 0185-305-2**):2013-02. Dargestellt wird der Schutz gegen den elektromagnetischen Blitzimpuls (LEMP), der alle transienten Erscheinungen von Blitzeinschlägen wie Blitzströme, elektrisches und magnetisches Feld des Blitzes ebenso wie induzierte Spannungen und Ströme umfasst. Dazu werden Blitzschutzzonen (LPZ) definiert, in denen die vom Blitz erzeugten, leitungsgebundenen und gestrahlten Störgrößen soweit reduziert werden, bis sie die Festigkeit der zu schützenden Systeme nicht mehr überschreiten. Dieses Blitzschutzzonenkonzept, die genormten LEMP-Schutzmaßnahmen und ihre Umsetzung in die Praxis werden ausführlich behandelt.

2 Schäden durch elektromagnetische Beeinflussung

Die Schäden durch elektromagnetische Beeinflussung an elektronischen Einrichtungen nehmen in starkem Maße zu als Folge

- der immer breiteren Einführung elektronischer Geräte und Systeme,
- der abnehmenden Signalpegel und damit zunehmender Empfindlichkeit,
- der immer weiter fortschreitenden, großflächigen Vernetzung.

Obwohl solche Zerstörungen an elektronischen Bauteilen oft nur wenig spektakuläre Spuren hinterlassen, sind sie häufig mit lang andauernden Betriebsunterbrechungen verbunden; die Folgeschäden sind dabei wesentlich höher als die eigentlichen Hardwareschäden (**Bild 2.1**).

Bild 2.1 Schaden an einer Computerplatine nach einem Blitzeinschlag
(Quelle: Faircheck Schadenservice Deutschland GmbH)

2.1 Schadensstatistiken

Der Gesamtverband der Deutschen Versicherungswirtschaft e. V. meldete schon im Jahr 2001, dass im Durchschnitt der vergangenen Jahre 45 % aller Schäden an versicherten Anlagen und Geräten auf Überspannungen zurückzuführen sind. Bis heute hat sich daran nichts geändert.

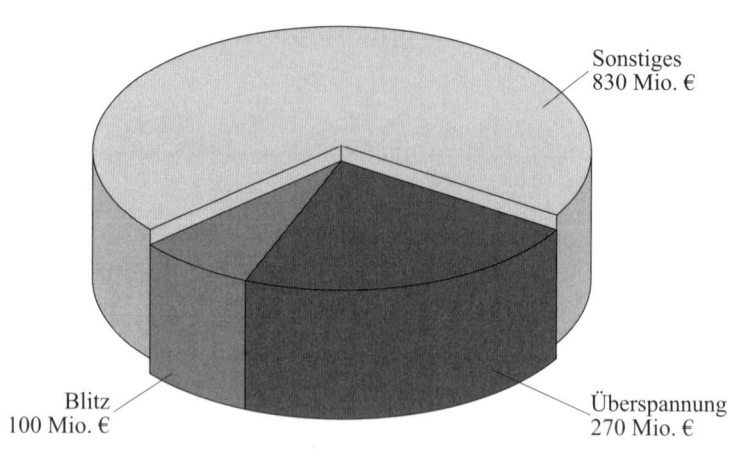

Bild 2.2 Elektronikschäden im Jahr 2001 – Ursachen mit anteiligen Entschädigungen

Im selben Jahr hat ein bedeutender Elektronikversicherer (unter den deutschen Allround-Versicherern) nach der Auswertung von 7 370 entschädigten Schadensfällen festgestellt, dass 23,7 % der gezahlten Entschädigungssummen auf Überspannungen aus Blitzeinwirkungen und Schalthandlungen zurückzuführen sind (**Bild 2.2**).

Weltweit gilt heute als gesichert, dass der Radius des Gefährdungskreises um den Blitzeinschlagsort mehr als 2 km beträgt (**Bild 2.3**).

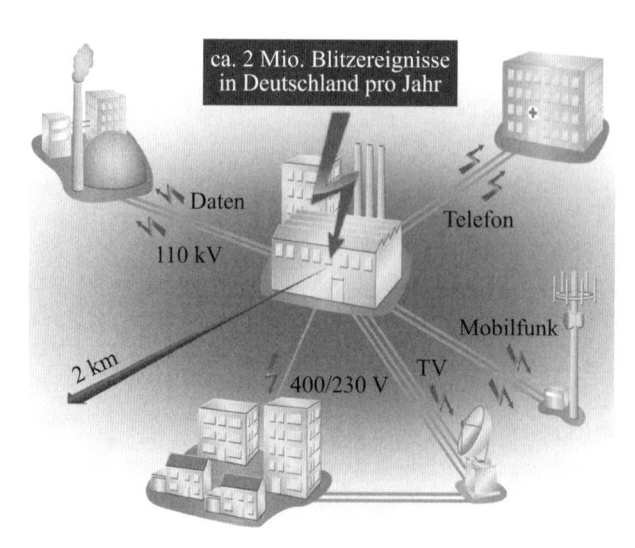

Bild 2.3 Gefährdung durch eine Blitzentladung im Umkreis von 2 km um den Einschlagsort
(Quelle: Blids, Siemens AG)

In diesem weiten Bereich werden elektronische Anlagen durch leitungsgebundene Störungen und Störstrahlung beeinflusst und können zerstört werden. Dabei sei darauf hingewiesen, dass bei elektromagnetischer Beeinflussung durch Blitzentladungen der reine Hardwareschaden den geringsten Anteil von nur einigen Prozent aus der Gesamtschadenssumme ausmacht. Folgeschäden, wie Fabrikstillstandszeiten durch Ausfall der Rechner und Umweltverschmutzungen durch Ausfall der Mess-, Steuer- und Regel-(MSR-)Einrichtungen in Chemieanlagen, bedingen den Hauptanteil des Gesamtschadens, ganz zu schweigen von den möglicherweise entstehenden Haftungsfragen.

Elektronikversicherer begleichen dabei lediglich die Hardware-Schäden und stehen heute in der Regel nur beim Ersteintritt für den Schaden ein. Danach fordern sie in vielen Fällen die Installation von Schutzmaßnahmen entsprechend dem Stand der Normung und der Technik oder kündigen den Versicherungsvertrag auf. Voraussetzung für den Abschluss von Neuverträgen ist in der Regel ein Nachweis vorhandener einschlägiger Schutzmaßnahmen.

2.2 Schadensbeispiele

Es werden exemplarisch einige Schäden durch elektromagnetische Beeinflussungen aus Blitzentladungen und Schalthandlungen geschildert.

2.2.1 Schäden in explosionsgefährdeten Anlagen

Welche verheerenden Folgen Blitzschläge in explosionsgefährdeten Bereichen haben können, zeigen die folgenden Beispiele, die sich leider bis heute immer wieder ereignen.

Am 6. Mai 2002 wurde in Trzebinia/Polen ein Tank einer Raffinerie vom Blitz getroffen. Im Tank befanden sich ca. 800 t Öl. Es entstand ein Schaden in Höhe von etwa 10 Mio. Zloty (**Bild 2.4**).

Ein ähnlich bemerkenswerter Fall hat sich 1975 in den Niederlanden ereignet. Ein Blitzeinschlag brachte einen 5 000-m^3-Kerosintank zur Explosion (**Bild 2.5** und **Bild 2.6**).

Die Temperatur im Tankinneren wurde dort mit einem Thermoelement überwacht, das mit der Warte über ein 200 m langes Messkabel verbunden war, das auch hier, wie im oben geschilderten Fall, das Potential der „fernen" Erde besaß. Als einer der Weidenbäume in der Umgebung vom Blitz getroffen wurde, sprang die Blitzentladung von den Baumwurzeln auf die Erdungsanlage des Tanks über. Dabei hob sich das Potential der Tankanlage entsprechend ihres Stoßerdungswiderstands an.

Bild 2.4 Tankbrand als Folge eines Blitzschlags, Trzebinia/Polen, 2002

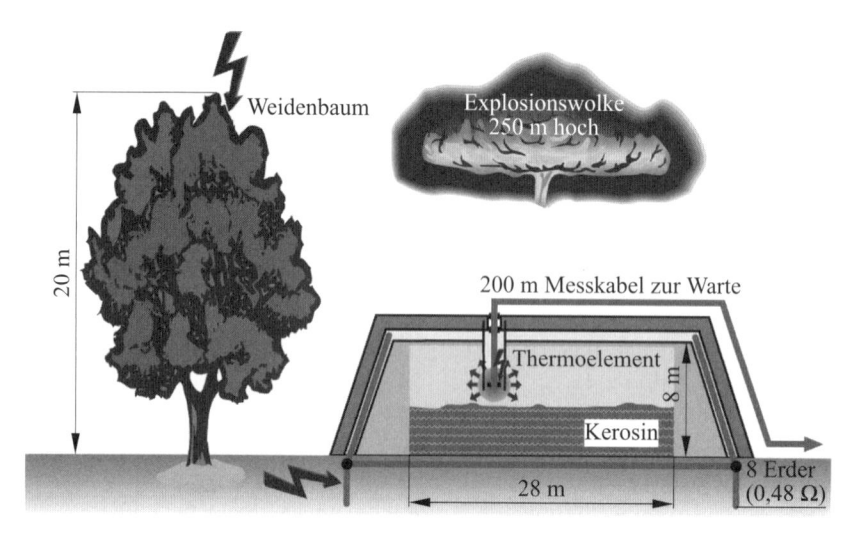

Bild 2.5 Blitzeinschlag in einen Kerosintank, Niederlande, 1975

Im Oktober 1995 schlug ein Blitz in die indonesische Ölraffinerie „Pertamina" in Cilacap an der Südküste der Insel Java ein. Der getroffene Tank explodierte, und das brennende Öl setzte weitere sechs Tanks, die sich auf diesem Gelände befanden, in Brand (**Bild 2.7**). Auch hier entstand der Schaden durch einen lückenhaften Potentialausgleich.

Bild 2.6 250 m hoch schlagende Explosionswolke nach dem Blitzeinschlag in einen Kerosintank, Niederlande, 1975 (Quelle: *T. G. P. Brood* [12])

Bild 2.7 Blitzeinschlag in Ölraffinerie „Pertamina", Cilacap, Java/Indonesien, 1995

Tausende Einwohner der Stadt Cilacap und 400 Pertamina-Angestellte mussten aus Sicherheitsgründen evakuiert werden. Für etwa 1,5 Jahre war diese Raffinerie außer Betrieb, die 34 % von Indonesiens Inlandsbedarf deckte. Dies bedeutet, dass in der Zwischenzeit für etwa 300 000 € täglich Öle, Benzine, Kerosine und Diesel zur Versorgung der Insel Java eingeführt werden mussten. Die Wiederinbetriebnahme konnte erst im Frühjahr 1997 erfolgen.

2.2.2 Schäden in elektrotechnischen Anlagen

Mitunter wird die Öffentlichkeit mit Berichten über Blitzeinschläge in Energieversorgungsanlagen mit weitreichenden Folgen (bis hin zum totalen „Blackout") aufgeschreckt.

Bild 2.8 Blitzschlag in eine Windenergieanlage

Nichts zu retten gab es beim Brand einer Windenergieanlage im Windpark Wulfshagen (**Bild 2.8**). Selbst mit einer Drehleiter wären die Einsatzkräfte nicht an das Feuer in 64 m Höhe herangekommen. Sechs Stunden loderten folglich die Flammen. Die Anlage wurde komplett zerstört (Schadenssumme ca. 2 Mio. €).

Die Folgen, die ein Blitzstrom anrichtet, wenn er sich mittels Über- und Durchschlägen seinen Weg vorwiegend über die Elektroinstallation durch das Haus sucht, zeigen die **Bilder 2.9** bis **2.14**.

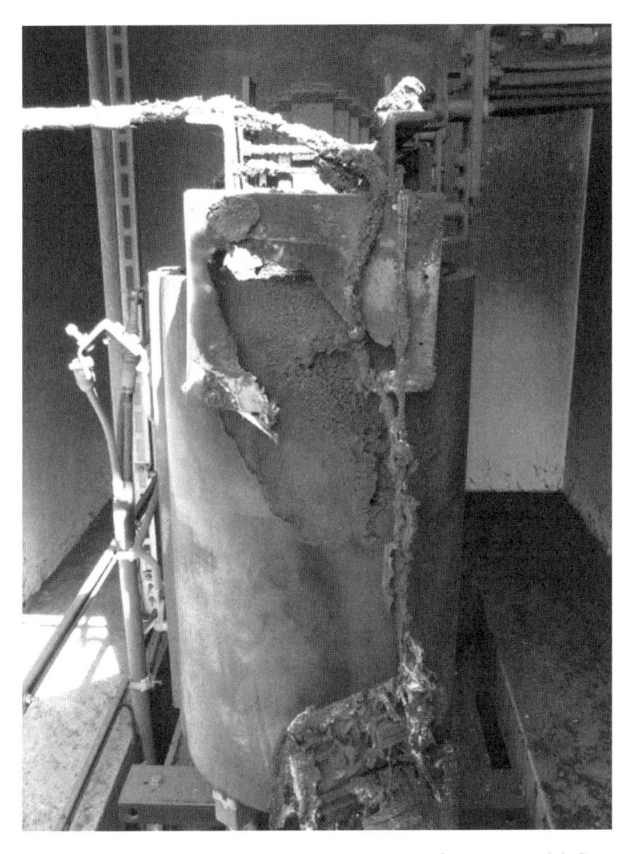

Bild 2.9 Schaden an einem Mittelspannungstransformator am 26. September 2006

Bild 2.10 Blitzeinschlag in ein Wohngebäude am 14. Juni 2007 in Alzenau/Hörstein

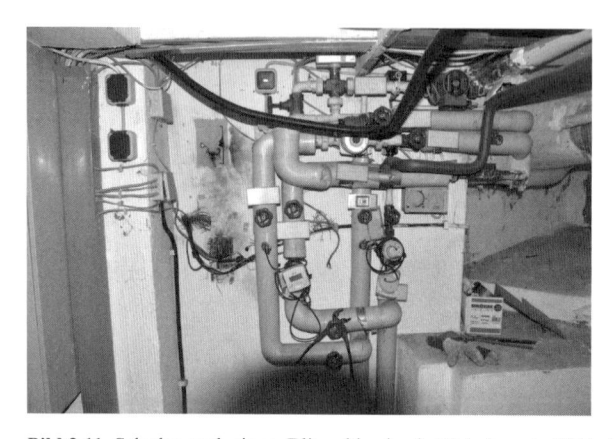

Bild 2.11 Schaden nach einem Blitzschlag in ein Wohnhaus in Wildeshausen am 2. Juni 2010

Bild 2.12 Zerstörte Steuerungsplatine einer Telefonanlage nach Blitzeinschlag am 6. April 2010

Bild 2.13 Zerstörter Hausanschlusskasten nach einem Blitzschlag am 20. August 2007

Bild 2.14 Durch Blitzeinschlag zerstörte Telefonanlage

2.2.3 Schäden an Bahnanlagen, an Flugzeugen und auf Flughäfen

Blitzeinschläge führen im Fern- und Nahverkehr immer wieder zu chaotischen Zuständen. Über einen bemerkenswerten Fall, der sich im Mai 2003 in München ereignet hat, wurde in der Süddeutschen Zeitung berichtet (**Bild 2.15**):

Bild 2.15 Blitzeinschlag in einen Baum gegenüber dem Hauptgebäude der Deutschen Bahn AG, München, 9. Mai 2003 (Quelle: *P. Biebl*)

10./11.05.03 – Totales Chaos im S-Bahn-Verkehr: Weil der Blitz in ein Stellwerk eingeschlagen hatte, war die Stammstrecke gestern zweimal vollständig blockiert. Mittags ging zweieinhalb Stunden lang nichts mehr, kurz nach 15 Uhr brach das Signalsystem erneut zusammen. Hunderttausende Fahrgäste warteten vergeblich auf ihre Züge, unzählige saßen auf freier Strecke fest.

Der Grund für den Stillstand: Blitzeinschläge in der Nacht zum Freitag hatten Computer im Stellwerk lahmgelegt. Hunderttausende Fahrgäste waren vom Ausfall betroffen, räumte die Bahn ein. Auf den Außenästen fuhren die S-Bahnen zwar, aber mit Verspätungen von bis zu 30 Minuten. Unzählige Fahrgäste saßen teilweise stundenlang in Zügen fest, die auf freier Strecke stehen geblieben waren und nicht einmal den nächsten Bahnhof erreichten. Mehr als ein Dutzend Bahnen waren bei den Ausfällen sogar eine halbe Stunde lang im Tunnel gefangen, ehe ein Notfall-Team die Weiterfahrt in die nächste Station ermöglichte.

Die Untersuchung des Schadensherganges ergab Folgendes: Der Blitzeinschlag erfolgte in einen Baum, der etwa 50 m entfernt von dem fünfstöckigen Hauptgebäude der Verwaltung von DB-Netz stand. Über die Baumwurzeln gingen Blitzteilströme auf eine in 5 m Entfernung vorbeiführende Kabeltrasse über. Hierin sind auch Kabel verlegt, die zur Steuerungselektronik in das DB-Hauptgebäude führen. Die sich auf diesen Steuerungskabeln ausbreitenden Überspannungen zerstörten die im Keller des Hauptgebäudes befindliche Elektronik, die für die Stellwerkkoordination von München-Hauptbahnhof bis München-Pasing zuständig ist **(Bild 2.16)**.

Auch Flugzeuge werden vom Blitz getroffen (**Bild 2.17**).

Bild 2.16 Durch Blitz-Überspannungen zerstörte Elektronik für die Stellwerkkoordination (Quelle: *P. Biebl*)

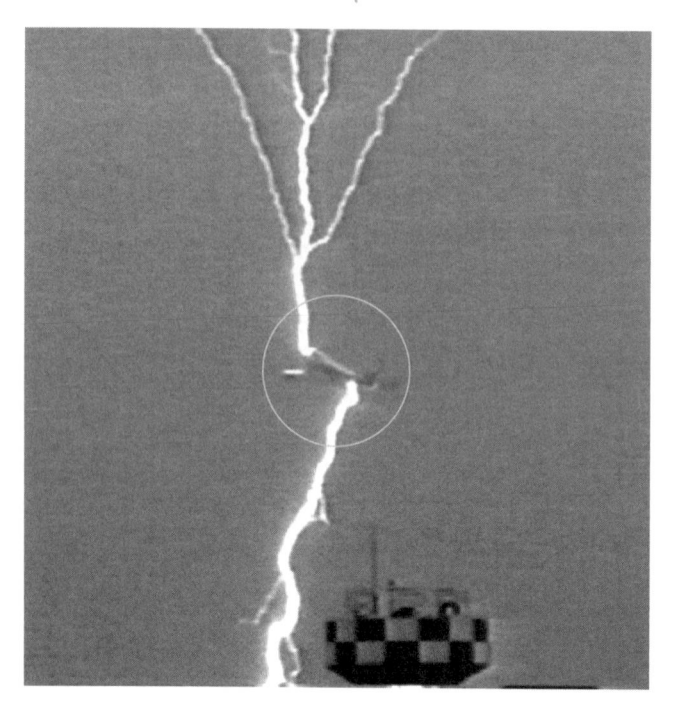

Bild 2.17 Blitzeinschlag in ein Flugzeug nach dem Start (Quelle: *Kawasaki*)

Die folgende Meldung in der Kölnischen Rundschau vom 12. November 1987 beschreibt beispielhaft Schäden durch Blitzeinschlag in ein Verkehrsflugzeug:

Unmittelbar nach dem Start war die nach Newark (US-Bundesstaat New Jersey) fliegende Boeing 747 in eine Gewitterzone geraten. Innerhalb weniger Minuten schlugen vier Blitze in die mit 225 Passagieren und 18 Besatzungsmitgliedern besetzte Maschine ein. Dadurch wurden Autopilot, Wetterradar und die Funkverbindung zum Tower lahmgelegt. Auch die manuelle Kontrolle der Höhenruder war so schwer beschädigt, dass Pilot und Kopilot ihre ganze Kraft aufwenden mussten, den Jumbo in der Luft zu halten. Ein im selben Luftraum fliegender British-Airways-Jet folgte dem Notruf der angeschlagenen Boeing und lotse sie auf den korrekten Gleitpfad zur Notlandung.

Nach dem Aufsetzen musste Captain Richards – ein früherer Phantom-Jagdpilot und Vietnamveteran – feststellen, dass auch die bremsende Schubumkehr der vier Triebwerke versagte. Nur die Fahrwerkbremsen funktionierten noch und brachten das Flugzeug wenige Meter vorm Pistenende zum Stehen. In der Continental-Werft wurden später mehr als 100 Brandschäden an Außenhaut und Tragflächen des Jumbos gezählt. Teile der Schwanzflosse fehlten. Chefpilot Fred Abbott: „Ich habe noch nie ein Flugzeug gesehen, das durch Blitzschlag so mitgenommen war".

Zeitungsmeldungen über Blitzeinschläge auf Flughäfen zeigen, dass die Gefährdung weit über die durch den unmittelbaren Blitzeinschlag betroffene Anlage hinausgeht:

„Blitzeinschlag legt Bahnverkehr lahm – Mönchengladbach. Ein Blitzeinschlag in das Stellwerk der Deutschen Bahn in Kohlscheid hat am Dienstagmorgen auch in Mönchengladbach für Verspätungen und Zugausfälle gesorgt. ‚Es gibt gewisse Unregelmäßigkeiten, das stimmt', bestätigte Udo Kampschulte von der Deutschen Bahn. Der Verkehr auf der Strecke Aachen – Herzogenrath sei davon am stärksten betroffen. Die Züge der Linie RE 4 (Dortmund – Aachen) sowie der RB 33 (Duisburg – Aachen) fielen teilweise aus oder fuhren nur bis Herzogenrath." WZ – newsline Westdeutsche Zeitung

„Zwischen Herzogenrath und Aachen setzte die Bahn vier Busse als Schienenersatzverkehr ein. Die Euregiobahn (RB 20) fuhr mit teils erheblichen Verspätungen. Die Störung soll noch bis zum Mittag dauern."

„Verspätungen von rund einer halben Stunde – Die Lokführer wurden angewiesen, vor den Übergängen zu halten und Autofahrer zu warnen. Die Züge fuhren dann mit Schrittgeschwindigkeit weiter. Techniker der Bahn konnten die Störung am Vormittag beheben. Bei den Zügen kam es zu Verspätungen von rund einer halben Stunde. Größere Probleme oder Unfälle wegen des Ausfalls der Bahnschranken gab es aber nicht." Ndr.de/Regional

3 Störquellen, Kopplungen und Störsenken

In der EMV-Technik ist es üblich, von einem Beeinflussungsmodell auszugehen, das aus einer Störquelle (Sender), einem Kopplungsmechanismus (Pfad) und einer Störsenke (Empfänger) besteht (**Bild 3.1**).

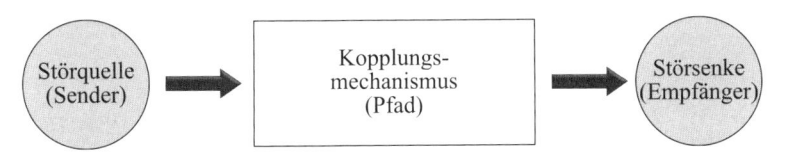

Bild 3.1 EMV-Beeinflussungsmodell

Folgende *Störquellen* gefährden elektrische und elektronische Systeme durch leitungsgebundene und gestrahlte Störungen (**Bild 3.2**):

- Blitzentladungen (LEMP: **l**ightning **e**lectro**m**agnetic im**p**ulse):
  Vorherrschend sind leitungsgebundene Störungen durch anteilige Blitzströme und durch Potentialanhebung der getroffenen Anlage sowie magnetische Störstrahlung.

- Schalthandlungen im Netz (SEMP: **s**witching **e**lectro**m**agnetic im**p**ulse):
  Vorherrschend sind leitungsgebundene Störungen sowie magnetische Störstrahlung.

- Netzrückwirkungen:
  Vorherrschend sind leitungsgebundene Störungen mit Spannungsverzerrungen.

- Elektrostatische Entladungen (ESD: **e**lectro**s**tatic **d**ischarge):
  Vorherrschend sind leitungsgebundene Störungen aus Funkenentladungen.

- Nieder- und hochfrequente Sender:
  Hieraus resultiert eine kontinuierliche Störstrahlung.

- Nuklearexplosionen (NEMP: **n**uclear **e**lectro**m**agnetic im**p**ulse):
  Hieraus resultiert eine impulsförmige Störstrahlung.

Die *Kopplung* zwischen Störquelle und Störsenke kann erfolgen durch:

- Leitung,
- Strahlung
  - elektrisches Feld,
  - magnetisches Feld,
  - elektromagnetisches Feld.

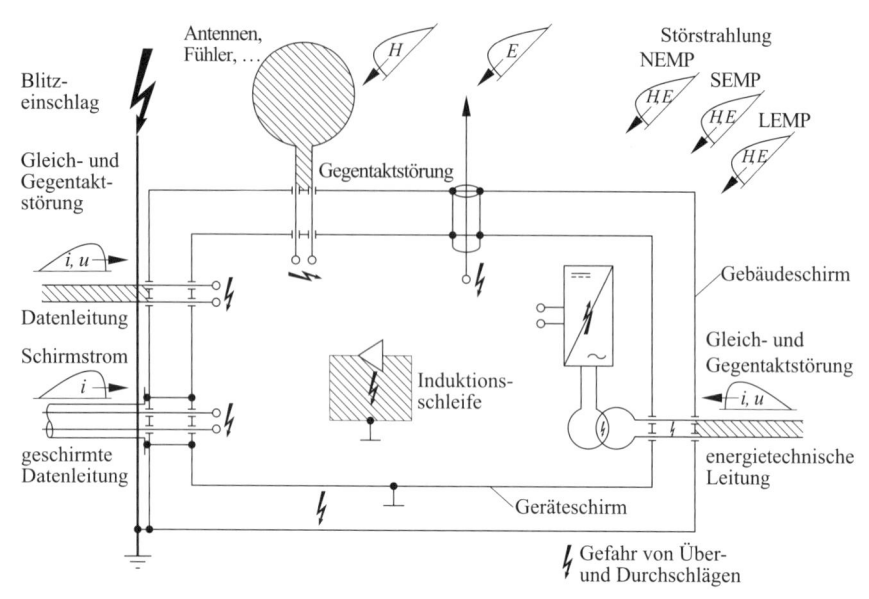

Bild 3.2 Gefährdung eines elektrischen und elektronischen Systems durch leitungsgebundene und gestrahlte Störungen

Der *Kopplungspfad* kann im Ersatzschaltbild beschrieben werden durch:

- Widerstände,
- Kapazitäten,
- Induktivitäten.

Die *Störsenken* sind elektrische und elektronische Systeme in baulichen Anlagen:

- gewerblicher Bereich (z. B. Industrie, Handwerk, Handel, Landwirtschaft, Banken und Versicherungen),
- öffentlicher Bereich (z. B. Krankenhäuser, Versammlungsstätten, Einrichtungen der Flugsicherung, Museen, Kirchen und Sportstätten),
- privater Bereich.

3.1 Blitzentladungen

Blitze wirken als Störquelle auf bauliche Anlagen und die darin befindlichen elektrischen und elektronischen Systeme ein [13, DIN EN 62305 (**VDE 0185-305**), VG 96903, IEC 62305]. Dabei werden als Schadensquellen in DIN EN 62305-2 (**VDE 0185-305-2**) unterschieden:

- S1 Blitzeinschläge direkt in die bauliche Anlage,
- S2 Blitzeinschläge in den Erdboden neben der baulichen Anlage,
- S3 Blitzeinschläge direkt in eine Versorgungsleitung,
- S4 Blitzeinschläge in den Erdboden neben einer Versorgungsleitung.

S1: Direkte Blitzeinschläge treffen die Fangeinrichtung der baulichen Anlage und werden über die Ableitungen in die Erdungsanlage eingeleitet (**Bild 3.3**). Der Blitzstrom im Blitzkanal und in den Leitungen der Blitzschutzanlage verursacht insbesondere den Spannungsfall am Stoßerdungswiderstand der Erdungsanlage und induziert Stoßwellen (Stoßspannungen und Stoßströme) in Installationsschleifen, die durch die Leitungen im Inneren der baulichen Anlage gebildet werden. Infolge des Spannungsfalls am Stoßerdungswiderstand fließen anteilige Blitzströme auch über die im Rahmen des Blitzschutz-Potentialausgleichs angeschlossenen Versorgungsleitungen ab.

S2: Nahe Blitzeinschläge in den Erdboden neben der baulichen Anlage verursachen insbesondere durch ihre magnetische Störstrahlung induzierte Stoßwellen in Installationsschleifen.

S3: Direkte Blitzeinschläge in eingeführte Versorgungsleitungen, insbesondere in Freileitungen oder Kabel, bewirken im Wesentlichen leitungsgebundene Stoßwellen.

S4: Nahe Blitzeinschläge in den Erdboden neben einer Versorgungsleitung und auch Blitze zwischen Gewitterzellen in Wolken bewirken infolge ihrer elektromagnetischen Störstrahlung leitungsgebundene Stoßwellen auf elektrischen Leitungen ebenso wie auf anderen ausgedehnten Leitungsnetzen.

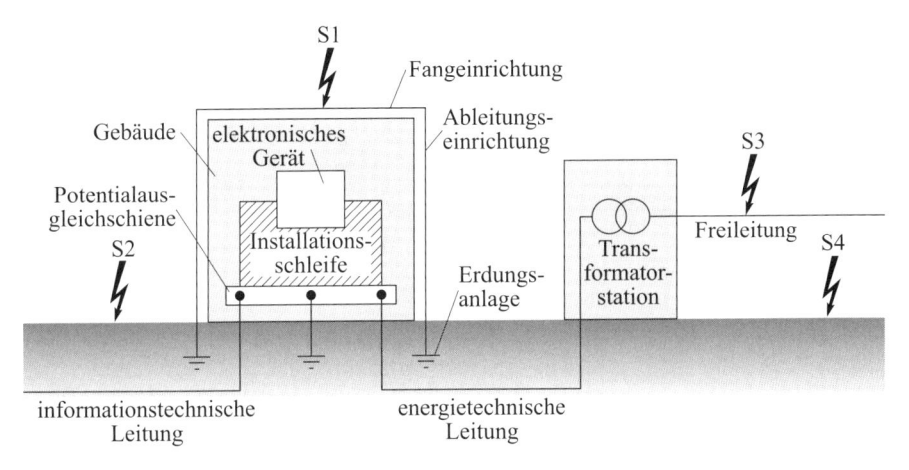

Bild 3.3 Einwirkung der Störquellen S1 bis S4 (direkte und indirekte Blitzeinschläge) auf die Störsenke (bauliche Anlage mit informationstechnischem System)

erster Stoßstrom   Folgestoßstrom   Langzeitstrom

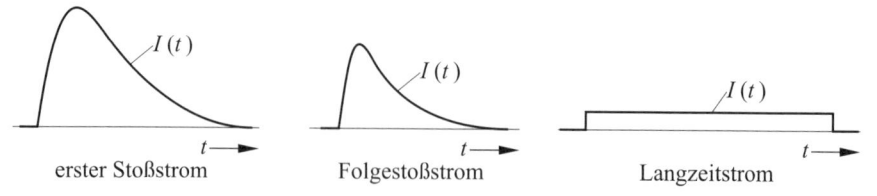

Bild 3.4 Blitzstromkomponenten

Die meisten Wirkungen des Blitzes (wie Potentialanhebung, Induktionswirkung, Ausschmelzung, Erwärmung) sind durch Parameter des Zeitbereichs bestimmt. Deshalb ist zuerst der zeitliche Verlauf des Blitzstroms zu analysieren.

Der gesamte Blitzstrom ist in einzelne Stoßströme (erster positiver oder negativer Teilblitz, Folgeblitz und Langzeitstrom) unterteilt (**Bild 3.4**). Deren Parameter sind in den Normen festgelegt, wobei gemäß DIN EN 62305 (**VDE 0185-305**) nach vier Gefährdungspegeln bzw. gemäß VG 96901 nach zwei Bedrohungsklassen unterschieden wird. Für jeden Gefährdungspegel ist ein Satz von Maximalwerten (Dimensionierungskriterien) und Minimalwerten (Einfangkriterien) des Blitzstroms fixiert, zusammen mit dem zugehörigen Blitzkugelradius.

Alle wichtigen Parameter sind in DIN EN 62305-1 (**VDE 0185-305-1**) in Tabellen zusammengestellt: Hier sind die Maximalwerte in **Tabelle 3.1**, die Minimalwerte und die Blitzkugelradien in **Tabelle 3.2** und die Wahrscheinlichkeiten für das Unterschreiten der Maximalwerte bzw. für das Überschreiten der Minimalwerte in **Tabelle 3.3** zusammengestellt.

VDE	VG	Erster positiver Teilblitz					Erster negativer Teilblitz				Folgeblitz				Langzeitstrom	
		I kA	T_1 µs	T_2 µs	Q_{short} C	W/R MJ/Ω	I kA	T_1 µs	T_2 µs	di/dt kA/µs	I kA	T_1 µs	T_2 µs	di/dt kA/µs	Q_{long} C	T_{long} s
I	hoch	200			100	10	100			100	50			200	200	
II		150	10	350	75	5,6	75	1	200	75	37,5	0,25	100	150	150	0,5
III/IV	normal	100			50	2,5	50			50	25			100	100	

I Stromscheitelwert; T_1 Stirnzeit; T_2 Rückenhalbwertzeit; T_{long} Dauer des Langzeitstroms; Q Ladung; di/dt Stromsteilheit; W/R spezifische Energie

Tabelle 3.1 Maximale Blitzstromparameter nach DIN-VDE-Gefährdungspegel (LPL I bis IV) und nach VG-Bedrohungsklasse (hoch/normal)

Auffangkriterium			Gefährdungspegel (LPL)			
	Symbol	Einheit	I	II	III	IV
kleinster Scheitelwert	I	kA	3	5	10	16
Blitzkugelradius	r	m	20	30	45	60

Tabelle 3.2 Minimale Blitzstromparameter und zugehörige Blitzkugelradien

Wahrscheinlichkeit, dass die Blitzstromparameter	Gefährdungspegel (LPL)			
	I	II	III	IV
kleiner sind als die Maximalwerte in Tabelle 3.1	0,99	0,98	0,95	0,95
größer sind als die Minimalwerte in Tabelle 3.2	0,99	0,97	0,91	0,84

Tabelle 3.3 Wahrscheinlichkeiten für die Grenzwerte der Blitzstromparameter

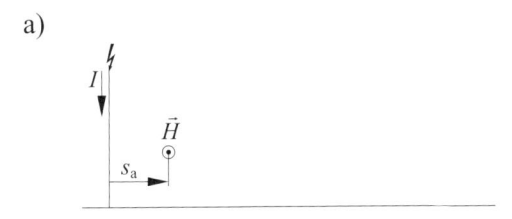

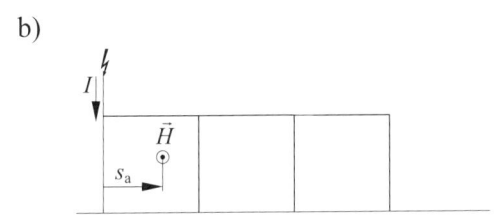

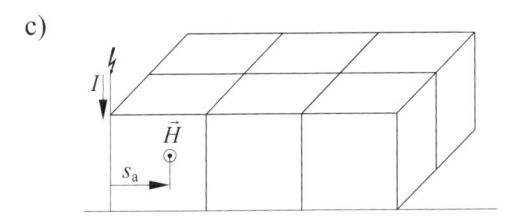

a)

b)

c)

Bild 3.5 Magnetfeld nahe dem Blitzeinschlagpunkt
a) eindimensionale Anordnung $H = H_0 = I_0/(2\pi \cdot s_a)$,
b) zweidimensionale Anordnung $H \approx 0,66 \cdot H_0$,
c) dreidimensionale Anordnung $H \approx 0,44 \cdot H_0$

Neben dem Blitzstrom selbst ist auch das magnetische Nahfeld des Blitzkanals oder vom Blitzstrom durchflossener Leiter (**Bild 3.5**) eine Gefährdung, insbesondere für empfindliche elektronische Systeme. In der Nähe des Blitzkanals oder eines vom Blitzstrom durchflossenen Einzelleiters (eindimensionale Anordnung) beträgt die magnetische Feldstärke

$$H_0(t) = \frac{I_0(t)}{2\pi \cdot s_a} \quad \text{in (A/m)},$$

mit:

I_0 Blitzstrom in A,
s_a Abstand in m.

DIN EN 62305-3 (**VDE 0185-305-3**) definiert in Tabelle 12 der Norm einen Faktor k_c als Maß für die Aufteilung des Blitzstroms in mehrdimensionalen Ableitungsanordnungen. Für die Erderanordnung B und für die Erderanordnung A (solange benachbarte Erderwiderstände sich nicht um mehr als einen Faktor 2 unterscheiden) ergibt sich: $k_c = 1$ (eindimensional, eine Ableitung), $k_c = 0{,}66$ (zweidimensional, zwei Ableitungen), $k_c = 0{,}44$ (dreidimensional, drei und mehr Ableitungen). Proportional mit dem Strom reduziert sich auch das Magnetfeld vom ursprünglichen Wert $H = H_0$ (eindimensional) auf $H \approx 0{,}66 \cdot H_0$ (zweidimensional) und auf $H \approx 0{,}44 \cdot H_0$ (dreidimensional) in der Umgebung der Eckableitungen.

Die so berechneten Scheitelwerte und mittleren Stirnsteilheiten des auf $s_a = 1$ m bezogenen Impulsmagnetfelds für die Gefährdungspegel nach DIN EN 62305 (**VDE 0185-305**) bzw. Bedrohungsklassen nach VG 96901 sind in **Tabelle 3.4** angegeben.

DIN-VDE-Gefährdungspegel	VG-Bedrohungsklasse	Erster positiver Teilblitz		Erster negativer Teilblitz		Folgeblitz		Langzeitstrom
		H kA/m	H/T_1 (kA/m)/µs	H kA/m	H/T_1 (kA/m)/µs	H kA/m	H/T_1 (kA/m)/µs	H kA/m
I	hoch	32	3,2	16	16	8	32	64
II		24	2,4	12	12	6	24	48
III/IV	normal	16	1,6	8	8	4	16	32

H Scheitelwert des Magnetfelds; T_1 Stirnzeit; H/T_1 Stirnsteilheit des Magnetfelds

Tabelle 3.4 Magnetisches Nahfeld im Abstand $s_a = 1$ m

Für den Schutz gegen manche Wirkungen des Blitzes (z. B. Schirmung gegen die abgestrahlten Magnetfelder) ist aber die Betrachtung im Frequenzbereich nötig. Transformiert man deshalb die Zeitverläufe der verschiedenen Blitzstromkomponenten in den Frequenzbereich, so erhält man das Amplitudendichtespektrum des Blitzstroms (**Bild 3.6**), das Frequenzen bis zu einigen Megahertz umfasst. Weil das magnetische Nahfeld des Blitzes dem Blitzstrom proportional ist, gilt dafür der gleiche Frequenzbereich. Schirmungsmaßnahmen gegen Blitzfelder müssen also bis zu Frequenzen von einigen Megahertz ausgelegt werden.

Für die elektrischen Feldstärken und Feldänderungen, die in der Umgebung des Einschlagpunkts zu erwarten sind, sind nur VG-96901-Werte festgelegt (**Tabelle 3.5**). Als energetisch weit schwächere Effekte im Vergleich zum magnetischen Nahfeld sind sie in DIN EN 62305 (**VDE 0185-305**) vernachlässigt.

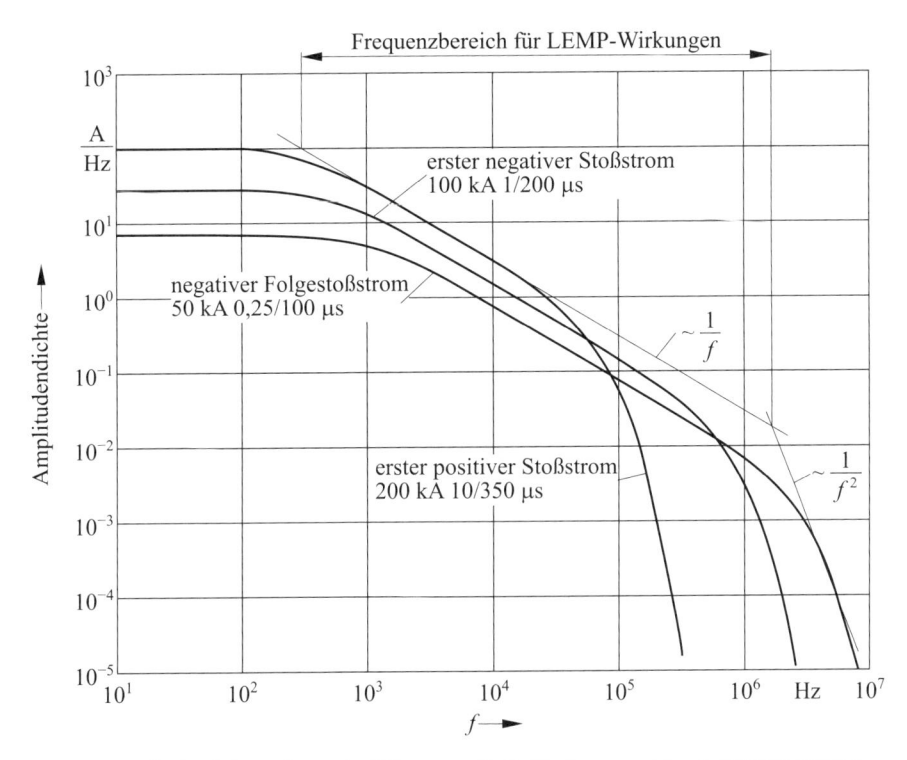

Bild 3.6 Amplitudendichtespektrum des Blitzstroms für Gefährdungspegel I nach DIN EN 62305-1 (**VDE 0185-305-1**) bzw. für Bedrohungsklasse hoch nach VG 96901

VG-Bedrohungsklasse	E MV/m	E/T_1 (MV/m)/µs
hoch und normal	0,5	0,5
E Maximalwert des elektrischen Impulsfelds; T_1 Stirnzeit		

Tabelle 3.5 Elektrisches Nahfeld

Für komplexe Einkopplungsberechnungen kann das im „Handbuch für Blitzschutz und Erdung" [13] beschriebene TCS-Modell (**T**ravelling **C**urrent **S**ource) herangezogen werden, das bei gegebenem Strom am Einschlagspunkt die Stromverteilung im Blitzkanal beschreibt, aus der dann die abgestrahlten elektromagnetischen Felder berechnet werden können.

3.2 Schalthandlungen und Netzrückwirkungen

Durch Schalthandlungen und Netzrückwirkungen können Überspannungen entstehen, die elektrische und elektronische Systeme gefährden [7–30].

In **Hochspannungsanlagen** entstehende Schaltüberspannungen können auf Niederspannungsanlagen durch kapazitive Kopplung einwirken und dort in Einzelfällen Werte über 15 kV annehmen. Diese hochspannungsseitigen Schaltüberspannungen können z. B. hervorgerufen werden durch:

- Abschalten einer leerlaufenden Hochspannungsleitung (bzw. von Kondensatoren) (**Bild 3.7**): Öffnet der Schalter, dann ist die Leitungskapazität auf denjenigen Spannungswert der Netzspannung aufgeladen, der zum Zeitpunkt des Öffnens anstand. Dadurch kann schon innerhalb von einigen Millisekunden zwischen dem Netz und der abgeschalteten Leitung eine große Spannung entstehen, die ein Rückzünden zwischen den Schaltkontakten verursacht, weil der Schaltkontaktabstand zu gering ist oder weil die elektrische Festigkeit der Schaltstrecke noch nicht ausreicht. Die Leitungsspannung pendelt sich nun auf den jetzigen Augenblickswert der Netzspannung ein, und der Lichtbogen zwischen den Schalterstücken erlischt wieder. Dieser Vorgang kann sich mehrmals wiederholen. Die durch das Einpendeln auf den jeweiligen Netzspannungswert entstehende Schaltüberspannung hat den Verlauf einer gedämpften Schwingung mit einer Frequenz von typisch einigen 100 kHz. Die erste Amplitude dieser Schaltüberspannungen hat jeweils die Größe der Spannungsdifferenz zwischen den Schaltstücken im Augenblick der Rückzündung; solche Amplitudenwerte können somit ein Mehrfaches der Netznennspannung erreichen.

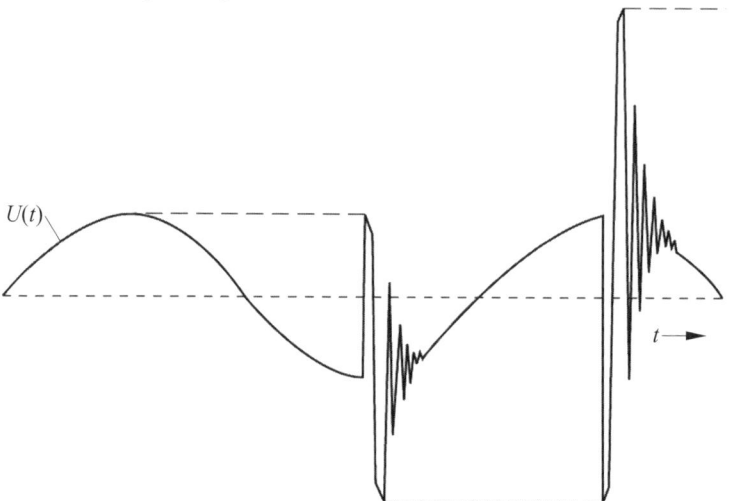

Bild 3.7 Schaltüberspannung beim Abtrennen einer Kapazität

- Abschalten eines leerlaufenden Transformators: Wird ein leerlaufender Transformator vom Netz abgeschaltet, so wird aus der Restenergie des Magnetfelds seine Eigenkapazität aufgeladen. Der aus Induktivität und Kapazität bestehende Schwingkreis wird durch den ohmschen Widerstand dieses Kreises gedämpft. Die auf diese Art entstehenden Schaltüberspannungen können ebenfalls Amplituden aufweisen, die ein Mehrfaches der Netznennspannung betragen.
- Erdschluss im ungeerdeten Netz: Tritt am Außenleiter eines nicht starr geerdeten Netzes ein Erdschluss ein, dann verlagert sich das Potential des gesamten Leitungssystems gegenüber Erde um die Leiter-Erdspannung des betroffenen Leiters. Reißt nun der Erdschluss-Lichtbogen ab, dann spielen sich ähnliche Vorgänge wie beim Abschalten einer leerlaufenden Leitung oder eines Kondensators ab: Es entstehen Schaltüberspannungen in Form einer gedämpften Schwingung.

In Hochspannungsanlagen auftretende plötzliche Stromänderungen können durch induktive Kopplung ebenfalls Überspannungen in Niederspannungsanlagen hervorrufen. Solche plötzlichen Stromänderungen können eintreten durch:

- An- und Abschalten einer großen Last,
- Auftreten und Abschalten eines Kurzschlusses, eines Erdkurzschlusses oder eines Doppelerdschlusses.

In **Niederspannungsanlagen** selbst können durch eine der folgenden Ursachen Schaltüberspannungen und Netzrückwirkungen entstehen:

- Abschalten von Induktivitäten, die parallel zur Spannungsquelle geschaltet sind, wie Transformatoren, Drosselspulen, Spulen von Schützen oder Relais. (Schaltüberspannungen entstehen hier in ähnlicher Weise, wie sie oben beim Abschalten eines leerlaufenden Hochspannungstransformators beschrieben wurden.)
- Abschalten von Induktivitäten im Längszweig des Stromkreises, wie Leiterschleifen, Längsdrosselspulen oder Induktivitäten der Leiter oder der Stromschienen selbst. (Diese Stromkreisinduktivitäten sind bestrebt, den Stromfluss auch beim Unterbrechen des Kreises aufrechtzuerhalten. Die Größe der entstehenden Schaltüberspannungen richtet sich nach dem Stromwert zum Abschaltzeitpunkt.)
- Beabsichtigtes oder unbeabsichtigtes Auftrennen von Stromkreisen, z. B. durch Auslösen von Sicherungen oder Schutzschaltern oder durch Leitungsbruch vor dem natürlichen Stromnulldurchgang. (Durch diese erzwungenen, raschen Stromänderungen werden Schaltüberspannungen, meist in Form von gedämpften Schwingungen, vom Mehrfachen der Anlagennennspannung erzeugt.)
- Betrieb mit Phasenanschnittsteuerung, Bürstenfeuer an Schleifringen und plötzliches Entlasten von Maschinen und Transformatoren.

Umfangreiche Messungen in verschiedenen Arten von Niederspannungsnetzen haben ergeben, dass die bemerkenswertesten Überspannungen durch Störstrahlung von Schaltlichtbögen in Schaltgeräten verursacht werden.

Elektromagnetische Störungen durch Schalthandlungen in energietechnischen Anlagen sind in der Regel häufiger als Blitzstörungen oder systematische Störung, aber auch leichter beherrschbar.

Bei leitungsgebundenen, breitbandigen Störungen wird in den EMV-Normen je nach Art der Schalthandlung zwischen energiereichen und energiearmen Impulsen unterschieden.

Die Schaltspannungsstörungen können über die elektrischen Leitungen fremd generiert von außerhalb der baulichen Anlage kommen oder innerhalb eigengeneriert entstehen. Sie sind entweder analog zu den Blitzstörungen als Stoßwellen (Stoßspannungen und/oder Stoßströme) oder als eingeprägte Stoßspannungen definiert.

Breitbandige, energiearme Schaltspannungsstörungen, sogenannte Bursts, werden in DIN EN 61000-4-4 (**VDE 0847-4-4**) aufgezeigt. Diese eingeprägten Spannungsimpulse 5/50 ns (5 ns Anstiegszeit) mit Scheitelwerten je nach Prüfschärfegrad werden als Pulspakete über Koppelkapazitäten in energie- und informationstechnische Leitungen eingespeist.

Neben den leitungsgebundenen Störungen ist weiterhin die Störstrahlung bedeutsam, die durch die Schalthandlungen selbst (z. B. Lichtbögen beim Ziehen von Trennschaltern) abgestrahlt werden und durch die dann wiederum leitungsgebundene Störungen induziert werden können.

3.3 Elektrostatische Entladungen

Elektrostatische Entladungen entstehen bei der Trennung von Materialien mit unterschiedlicher Elektronenaustrittsenergie, wobei mindestens ein Material ein elektrischer Isolator ist. Die Entladungen können empfindliche elektronische Bauteile und Schaltungen zerstören [29, 31, 32].

Beispielsweise lädt sich eine Person, die über einen isolierten Bodenbelag läuft, auf eine Spannung bis zu einigen 10 kV gegen Erde auf. Sie stellt dabei eine Kapazität gegen Erde von einigen 10 pF bis 100 pF dar. Beim Annähern an geerdete Teile erfolgt eine spontane Entladung statischer Elektrizität (**e**lectro**s**tatic **d**ischarge, ESD) durch Funkenüberschlag oder direkten galvanischen Kontakt (**Tabelle 3.6**).

C in pF	W in mJ	U in kV	U/T_1 in MV/µs	I in A	I/T_1 in kA/µs
einige 10 bis 100	bis 100	bis einige 10	bis einige	bis einige 10	bis einige
C Kapazität einer Person gegen Erde; I Scheitelwert des Entladestroms einer Person gegen Erde; U Ladespannung einer Person gegen Erde; T_1 Stirnzeit; W in C gespeicherte Energie $\left(W = \frac{1}{2} \cdot C \cdot U^2\right)$					

Tabelle 3.6 ESD-Parameter bei der Entladung von Personen

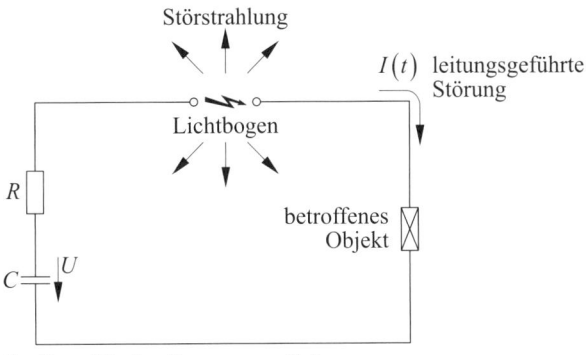

C Kapazität einer Person gegen Erde,
I Entladestrom der Person,
R Stoßwiderstand des Körpers der Person,
U Aufladespannung der Person

Bild 3.8 Ersatzschaltbild bei der elektrostatischen Entladung einer Person

Hierbei fließt ein Entladestrom, der in einem solchen Fall durch den Stoßwiderstand der Person von typisch einigen 100 Ω begrenzt wird. Daraus ergibt sich ein elektrisches Ersatzschaltbild (**Bild 3.8**), bestehend aus Kondensator, Widerstand und Lichtbogen.

Neben leitungsgebundenen Störungen (Stoßströme von typisch einigen 10 A mit Rückenhalbwertzeiten von typisch einigen 10 ns) verursacht der Entladungsfunke eine elektromagnetische Störstrahlung.

Störungen durch elektrostatische Entladungen können bei vielfältigen industriellen Prozessen, wie Abwickeln von Folien oder Entnahme von hochempfindlichen elektronischen Bauteilen aus isolierenden Verpackungen, entstehen. Die elektrostatische Empfindlichkeit von Halbleitern zeigt die **Tabelle 3.7**. Prüf- und Messverfahren zur Störfestigkeit gegen die Entladung statischer Elektrizität sind in DIN EN 61000-4-2 (**VDE 0847-4-2**) festgelegt.

Halbleitertyp	Maximale Spannung in V	Maximale Energie in µJ
V-MOS	30 … 1 800	0,1 … 250
MOSFET	100 … 200	1 … 3
EPROM	100 … 500	1 … 20
OP-AMP (FET)	150 … 500	2 … 20
CMOS	250 … 2 000	5 … 300
Schottky-TTL	300 … 2 500	7 … 470
Thyristor	680 … 2 500	35 … 470
Transistor, bipolar	380 … 7 000	11 … 3 700

Tabelle 3.7 ESD-Spannungsempfindlichkeit von Halbleitern [32]

3.4 Sendeanlagen

Die von Sendern, wie Fernseh- und Hörrundfunksendern, Funkamateur- und Mobilfunksendern, ausgehende Strahlung kann sich auf datentechnische Anlagen als Störstrahlung auswirken [33]. Aber auch 50-Hz- oder 16-$^2/_3$-Hz-Felder aus energietechnischen Anlagen können z. B. Bildstörungen an Röhren-Monitoren hervorrufen. Als Anhaltswerte für solche Strahlungsquellen sind einige Kenndaten und die Grenzwerte für die Feldstärken nach der 26. Verordnung zur Durchführung des Bundes-Immissionsschutzgesetzes vom 16. Dezember 1996 [34] in **Tabelle 3.8** zusammengestellt.

Strahlungsquelle	Leistung in W	Frequenz in MHz	Elektrische Feldstärke in V/m	Magnetische Feldstärke in A/m
Bahnstrom	W ... MW	16⅔	10 000	239
Energieversorgung	W ... MW	50	5 000	79,6
Funkamateure	500	10 ... 400	27,5	0,22 ... 0,07
schnurloses Telefon DECT	0,25	1 800 ... 1 900		
Mobilfunk Basis D, E, UMTS	10 ... 50	900 ... 2 000	41,3 ... 61,5	0,07 ... 0,16
Mobilfunk Handy D, E, UMTS	0,25 ... 2	900 ... 2 000	(SAR 2 W/kg)[1]	
Bluetooth	0,001 ... 0,1	2 400		
TV und Radio	kW ... MW	10 ... 400 400 ... 2 000	27,5 27,5 ... 61,5	0,22 ... 0,07 0,07 ... 0,16

[1] Teilkörper SAR (spezifische Absorptionsrate)

Tabelle 3.8 Grenzwerte der Feldstärken nach der 26. BImSchV [34]

4 EMV-orientiertes Blitzschutzzonenkonzept

4.1 Frühere Schutzzonenkonzepte

In den Jahren nach 1970 wurde u. a. von *C. E. Baum*, *F. M. Tesche* und *E. F. Vance* [35] ein Zonenkonzept entwickelt, um eine bauliche Anlage mit elektronischen Einrichtungen im Hinblick auf elektromagnetische Einwirkungen aus atmosphärischen Entladungen, nuklearen Explosionen und energietechnischen Schalthandlungen zu strukturieren. Die so geschaffenen und im **Bild 4.1** aufgezeigten Bereiche wurden als environmental zones (Zonen bestimmter elektromagnetischer Umweltbedingungen) definiert.

Die Zone 0 ist charakterisiert durch eine Umgebung mit originalen, ungedämpften elektromagnetischen Störgrößen. In der Zone 1 (z. B. im Inneren eines von einem elektromagnetischen Schirm 1 umgebenen Gebäudes) herrschen reduzierte Störgrößen. In der Zone 2 (z. B. in einem mit einem Schirm 2 umgebenen Raum mit empfindlichen elektronischen Einrichtungen) sind die Störgrößen weiter reduziert. Schließlich können die Störgrößen in der Zone 3 (z. B. im Inneren eines Geräts) auf Werte begrenzt werden, die für die dort vorhandene sensible Elektronik ungefährlich sind.

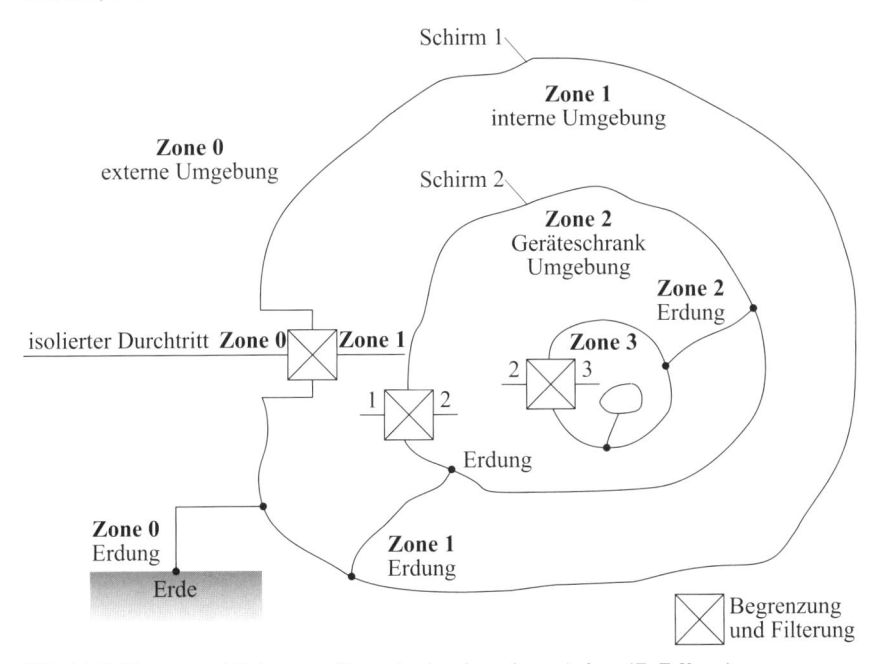

Bild 4.1 Schirmung und Erdung von Zonen in einer komplexen Anlage (*E. F. Vance*)

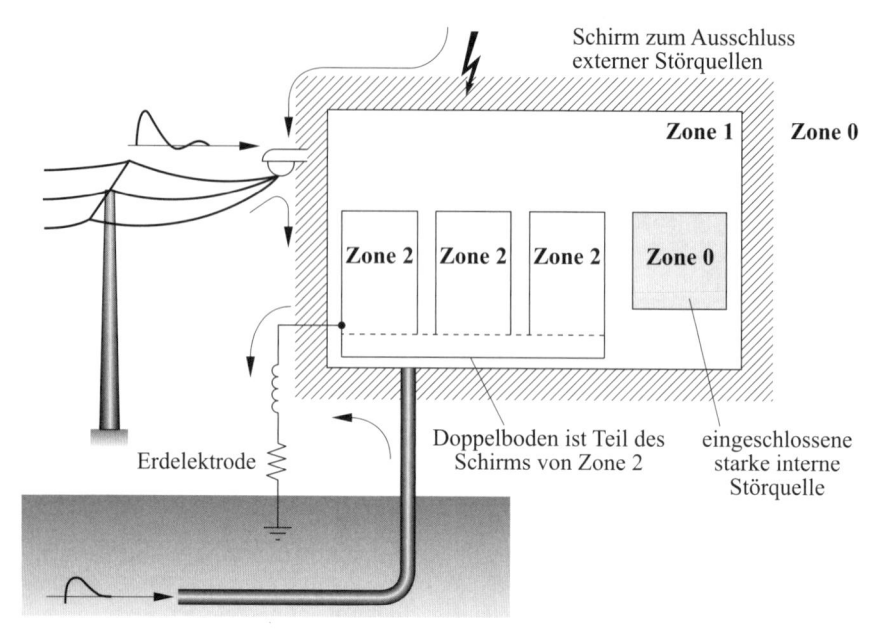

Bild 4.2 Verwendung von Schirmen, um externe Störquellen auszuschließen und interne Störquellen einzuschließen (*E. F. Vance*)

Zwei räumlich getrennte Zonen 1 können mithilfe einer geschirmten Verbindung zu einer gemeinsamen Zone 1 ausgebildet werden.

Aus dem Bild 4.1 wird deutlich, dass alle metallenen Versorgungsleitungen, die eine Zonengrenze durchdringen, an der Übertrittsstelle mit Störenergie begrenzenden und filternden Elementen beschaltet werden müssen.

Die aufgezeigte Methodik dient also dazu, die äußeren elektromagnetischen Störungen schrittweise von Zone zu Zone für die inneren Systeme zu reduzieren. Es wird im **Bild 4.2** dargestellt, dass Schirme teilweise auch von leitungsgebundenen Störungen, die über Versorgungsleitungen zugeführt werden, durchflossen sein können. Weiterhin wird aufgezeigt, dass interne Störquellen durch Umschließen mit einem Schirm unschädlich gemacht werden können (Bild 4.2). Solche internen Störquellen sind insbesondere energietechnische Einrichtungen, die im regulären Betrieb durch Schalthandlungen (Relais, Schalter, Thyristoren) oder im Fehlerfall (Auslösen von Schutzschaltern oder Sicherungen) gestrahlte oder leitungsgebundene Störungen erzeugen.

Die beschriebene Zonenkonzeption wurde in der deutschen Verteidigungsgerätenorm (VG-Norm) als generelle Managementmethode für den Schutz von Systemen und Geräten gegen elektromagnetische Einwirkungen aus atmosphärischen Entladungen und nuklearen Explosionen festgeschrieben. Hierin werden Schutzzonen definiert, wobei in der Schutzzone 0 wiederum die originalen elektromagnetischen Bedingungen herrschen. Ein zu schützendes Volumen der Schutzzone 1 wird mit einem Schirm umgeben. In einer Schutzzone 2 sind die elektromagnetischen Störungen weitergehend reduziert. Alle metallenen Versorgungsleitungen, die den Schirm an einer Schutzzonengrenze durchdringen, werden an dieser Schnittstelle definiert beschaltet. Geräte in einer Schutzzone können noch weitergehend geschützt werden, indem die Schnittstellen am Geräteeingang geeignet beschaltet werden.

4.2 Grundlagen des Blitzschutzzonenkonzepts

Das Blitzschutzzonenkonzept geht von einer extremen elektromagnetischen Störquelle, nämlich den Blitzeinschlägen von Wolke-Erde-Blitzen, aus. Für eine zu schützende bauliche Anlage mit ausgedehnten elektrischen und elektronischen Systemen müssen dabei Blitzeinschläge direkt in die bauliche Anlage, aber auch solche in den Erdboden neben der baulichen Anlage, direkt in eine Versorgungsleitung und in den Erdboden neben einer Versorgungsleitung berücksichtigt werden. Der Schutz wird deshalb als umfassende Maßnahme im Rahmen der EMV konzipiert. Gleichzeitig wird mit der Realisierung die Basis für ggf. erforderliche, weitergehende Maßnahmen der EMV, z. B. den Schutz gegen nuklearen elektromagnetischen Impuls (NEMP), geschaffen.

P. Hasse und *J. Wiesinger* [36, 37] haben die aufgezeigte Zonen-Philosophie zu einem generellen Blitzschutzzonenkonzept ausgestaltet, das es erlaubt, beliebige technische Anlagen, insbesondere mit empfindlichen elektronischen Systemen, gegen alle elektromagnetischen Einwirkungen von Blitzeinschlägen zu schützen (Beispiel siehe [38]). Das im Folgenden detailliert beschriebene Verfahren ist universell verwendbar und kann in gleichem Maße für ein Kraftwerk, ein Großrechenzentrum, eine Chemieanlage oder einen Fernmelde-Shelter angewendet werden. Dies wurde dadurch erreicht, dass die natürlichen Gegebenheiten und praktischen Erfordernisse von baulichen Anlagen und ihren Einrichtungen in das Blitzschutzzonenkonzept integriert wurden. Daraus haben sich die folgenden kennzeichnenden Konzeptmerkmale ergeben:

- Das Blitzschutzzonenkonzept geht davon aus, dass primär die vorhandenen metallenen Strukturen einer baulichen Anlage als elektromagnetische Schirme verwendet oder zu solchen ausgestaltet werden. Derartige Schirmstrukturen sind z. B. Stahlarmierungen in Decken, Wänden und Böden von Gebäuden oder Räumen, Blechdächer oder -fassaden, Stahlskelette und -gerüste und Maschengitter. Diesen Schirmstrukturen ist gemeinsam, dass sie elektromagnetische Schirme mit Durchbrüchen bzw. Öffnungen sind, z. B. Fenster, Türen, Lüftungsklappen, Maschenöffnungen von Armierungen, Spalten von Metallfassaden, Durchbrüche für Versorgungsleitungen. Schirme mit solchen systembedingten Öffnungen werden im Folgenden als gitterförmige Schirme bezeichnet.

- Eine weitere Besonderheit ist, dass die Strukturen des äußeren Schirms unmittelbar zum Auffangen, zur Ableitung und zur Erdeinleitung von Blitzströmen ausgestaltet und verwendet werden können.
- Schließlich ist berücksichtigt, dass bei großtechnischen Anlagen praxisbedingt in aller Regel eine kontrollierte Führung aller Leitungen nicht realisierbar ist (Eintreten an verschiedenen Stellen in die baulichen Anlagen bzw. Räume, vielfache unkontrollierte Verbindungen zwischen Geräten und Systemen). Deshalb wurde der ursprünglich stern- oder baumförmige Potentialausgleich auf den vermaschten Potentialausgleich erweitert.

Zu den Blitzschutzaufgaben gehören insbesondere das Auffangen, das Ableiten und die Erdeinführung des Blitzstroms (Hauptaufgaben des äußeren Blitzschutzes), der Potentialausgleich, aber auch die Schaffung von räumlichen Bereichen, in denen elektromagnetische Bedingungen hinsichtlich leitungsgebundener und gestrahlter Störungen herrschen, bei denen elektronische Einrichtungen überleben oder sogar störungsfrei arbeiten können. Gleichzeitig müssen alle heutigen EMV-Forderungen und EMV-Vorschriften, insbesondere auch hinsichtlich Erdungs- und Potentialausgleichskonzepten, in den Blitzschutz integriert werden können.

Alle diese Forderungen werden von dem vorgestellten Blitzschutzzonenkonzept erfüllt, das auch in die neuen Normenreihen zum Blitzschutz IEC 62305:2010-12 bzw. EN 62305:2011-02 und DIN EN 62305 (**VDE 0185-305**):2011-10 übernommen wurde.

4.3 Blitzschutzzonen (LPZ)

4.3.1 Definition einer LPZ

Abhängig von der Art der Blitzbedrohung sind in DIN EN 62305-4 (**VDE 0185-305-4**) folgende Blitzschutzzonen LPZ (**l**ightning **p**rotection **z**one) definiert:

Äußere Blitzschutzzonen

LPZ 0 ist eine Blitzschutzzone, die durch das ungedämpfte elektrische und magnetische Feld des Blitzes und durch Stoßströme bis zum vollen oder anteiligen Blitzstrom gefährdet ist. Sie ist unterteilt in:

LPZ 0_A Zone, die durch direkte Blitzeinschläge, durch Stoßströme bis zum vollen Blitzstrom und durch das volle Feld des Blitzes gefährdet ist.

LPZ 0_B Zone, die gegen direkten Blitzeinschlag geschützt, aber durch Stoßströme bis zu anteiligen Blitzströmen und durch das volle Feld des Blitzes gefährdet ist.

Innere Blitzschutzzonen (geschützt gegen direkte Blitzeinschläge)

LPZ 1   Zone, in der die Stoßströme durch Stromaufteilung und durch Überspannungsschutzgeräte SPD (**s**urge **p**rotective **d**evice) an den Zonengrenzen begrenzt werden. Das Feld des Blitzes kann durch räumliche Schirmung gedämpft sein.

LPZ 2 ... n   Zone, in der die Stoßströme durch Stromaufteilung und durch SPDs an den Zonengrenzen weiter begrenzt werden. Das Feld des Blitzes kann durch räumliche Schirmung weiter gedämpft sein.

Die Anforderungen für die inneren Blitzschutzzonen müssen entsprechend der Festigkeit der zu schützenden elektrischen und elektronischen Systeme definiert werden. An der Grenze jeder inneren Blitzschutzzone muss der Potentialausgleich für alle eintretenden metallenen Teile und Versorgungsleitungen durchgeführt werden (direkt oder durch geeignete SPDs), und es kann eine räumliche Schirmung installiert werden.

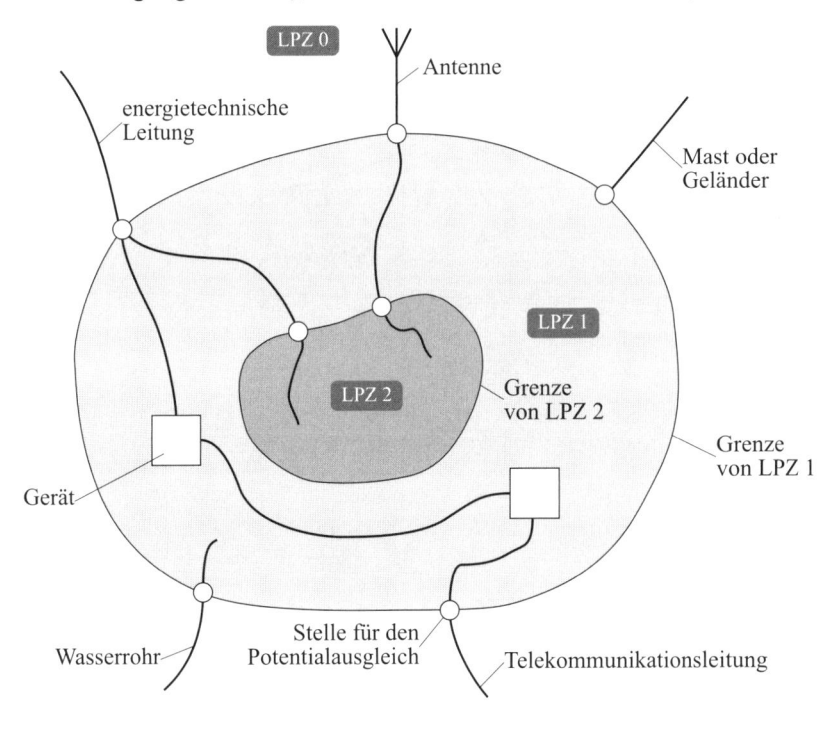

○   Potentialausgleich für eintretende Versorgungsleitungen (direkt oder über geeignete SPD)

Bild 4.3 Prinzip für die Einteilung in verschiedene LPZs

Die Unterteilung in LPZs bietet ein sehr flexibles Konzept für den Schutz von elektronischen Systemen gegen LEMP. Abhängig von Zahl, Art und Empfindlichkeit der elektronischen Geräte können geeignete, innere LPZs definiert werden, von kleinen lokalen Blitzschutzzonen (bis herab zum Gehäuse eines einzelnen elektronischen Geräts) bis zu großen integralen Blitzschutzzonen (die das gesamte Gebäudevolumen umfassen können). Das Prinzip für die Einteilung in verschiedene LPZs zeigt **Bild 4.3**.

Bild 4.4 zeigt ein Beispiel für die Einteilung einer baulichen Anlage in innere LPZs. Alle metallenen Versorgungsleitungen, die in die bauliche Anlage eintreten, werden an Potentialausgleichschienen an der Grenze von LPZ 1 angeschlossen. Zusätzlich werden alle metallenen Versorgungsleitungen, die in die LPZ 2 (z. B. Computerraum) eintreten, an Potentialausgleichschienen an der Grenze von LPZ 2 angeschlossen.

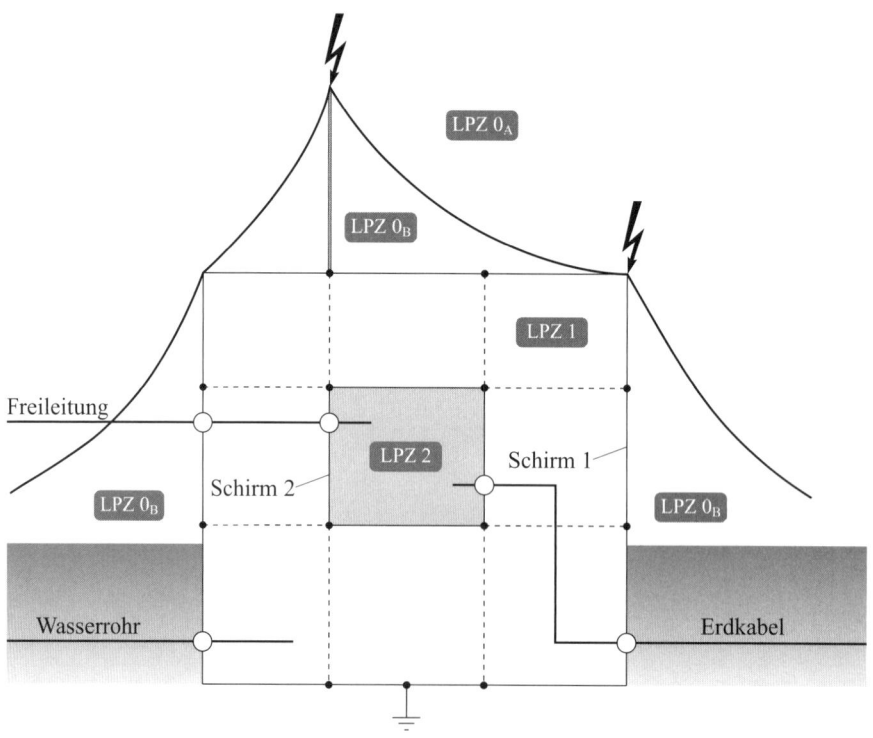

○ Potentialausgleich für eintretende Versorgungsleitungen
(direkt oder durch geeignete SPDs):
SPD (Typ 1) erforderlich für Leitungen aus LPZ 0_A,
SPD (Typ 2) für andere Leitungen

●----------● Potentialausgleichnetzwerk

Bild 4.4 Beispiel für die Unterteilung einer baulichen Anlage in LPZs mit den geeigneten Stellen für den Potentialausgleich

Außerdem muss Schirm 2 mit Schirm 1 verbunden werden. In diesem Beispiel übernimmt Schirm 1 auch die Aufgabe, Blitzströme aufzufangen, abzuleiten und in die Erde einzuführen. Schirm 1 wird also in Teilbereichen oder insgesamt von transienten Blitzströmen durchflossen.

Die sinnvolle Einrichtung der Blitzschutzzonen erfordert eine hohe Sachkenntnis und muss sehr sorgfältig überlegt werden, um einen technisch/wirtschaftlich optimierten Schutz der elektrischen und elektronischen Systeme zu erreichen. Die einmal festgelegten Blitzschutzzonen sind im Sinne eines Ordnungsprinzips die Basis für alle weiteren Maßnahmen der EMV.

4.3.2 Verbindung mehrerer LPZs

Mehrere als LPZs ausgebildete Räume können mit geschlossenen Kabelkanälen untereinander verbunden und somit zu **einer** LPZ vereinigt werden (**Bild 4.5**). Der Vorteil ist, dass die Verbindungsleitungen zwischen den Räumen an ihren Eintrittsstellen nicht beschaltet werden müssen, da die Leitungen innerhalb **einer** LPZ verbleiben. Dies kann auch für Gebäude, die als LPZ ausgebildet sind, gelten: Mit z. B. armierten Kabelkanälen können die Gebäude zu **einer** LPZ vereinigt werden. Allerdings ist darauf zu achten, dass die Kabelkanäle ringsum geschlossen, in Längsrichtung durchverbunden und an die jeweiligen Gebäude- bzw. Raumschirme mehrfach auf kürzest möglichem Weg angeschlossen sind.

4.3.3 Ausstülpung einer LPZ

Falls eine Beschaltung der energie- und informationstechnischen Leitungen mit SPDs unmittelbar an der Grenze einer inneren Blitzschutzzone nicht möglich oder sinnvoll ist, kann die Schnittstelle für die Beschaltung in die Blitzschutzzone hinein oder aus ihr heraus verlagert werden (**Bild 4.6**). Hierbei werden die Leitungen mit einem Schirm umgeben, der von der Grenze der Blitzschutzzone bis zur Schnittstelle für die Beschaltung reicht und an beiden Enden aufgelegt ist (d. h., der Leitungsschirm ist sowohl an den Schirm der Blitzschutzzone als auch an die Potentialausgleichsschiene für die SPDs angeschlossen).

In Bild 4.6d ist weiterhin als Beispiel gezeigt, wie LPZ 2 bis zur Grenze von LPZ 1 ausgedehnt werden kann, wobei die SPDs an der Schnittstelle LPZ 0/1/2 die leitungsgebundenen Störungen soweit begrenzen müssen, dass sie den Anforderungen von LPZ 2 genügen. Eine zusätzliche Beschaltung der Leitungen beim Eintritt in LPZ 2 entfällt.

4.3.4 Leitungsschirme beim Verbinden oder Ausstülpen von LPZs

Bild 4.7 zeigt, wie zwei lokale, räumlich getrennte Blitzschutzzonen mithilfe eines Leitungsschirms (Kabelschutzrohr, geschirmte Kabeltrasse oder äußerer Kabelschirm) zu einer Blitzschutzzone ausgebildet werden können.

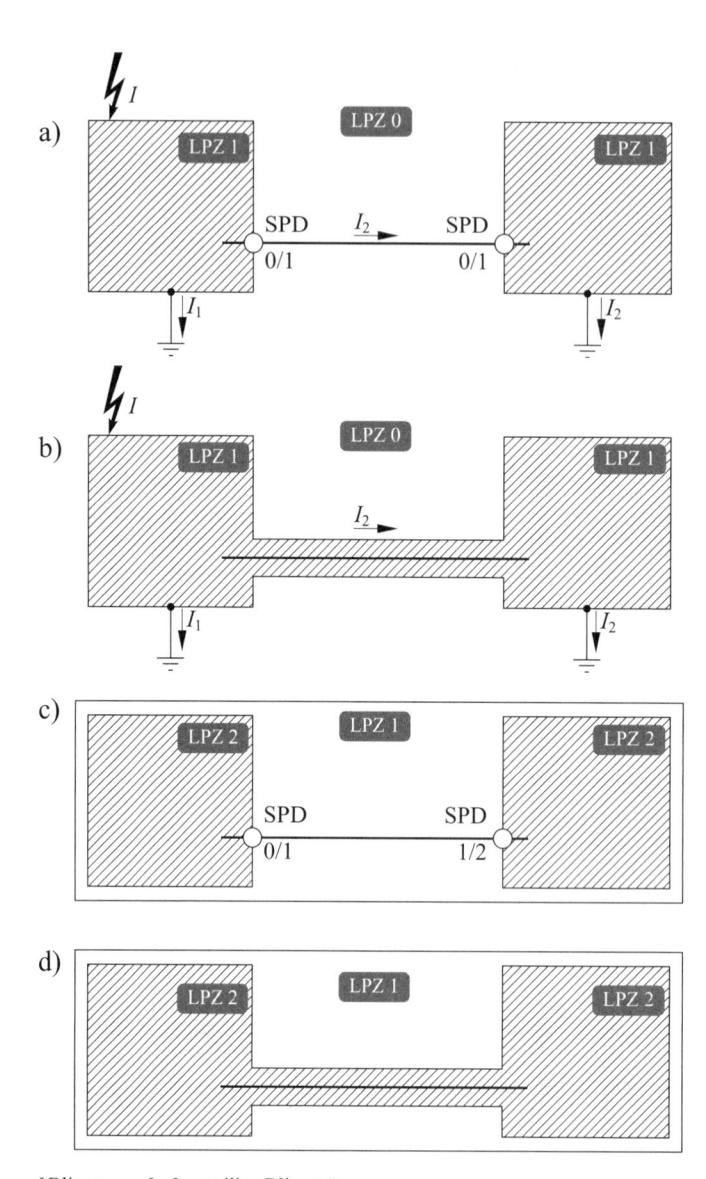

I Blitzstrom; I_1, I_2 anteilige Blitzströme

Bild 4.5 Beispiele für verbundene LPZs
a) Verbindung von zwei LPZ 1 unter Verwendung von SPDs,
b) Verbindung von zwei LPZ 1 über geschirmte Kabel oder Kabelkanäle,
c) Verbindung von zwei LPZ 2 unter Verwendung von SPDs,
d) Verbindung von zwei LPZ 2 über geschirmte Kabel oder Kabelkanäle

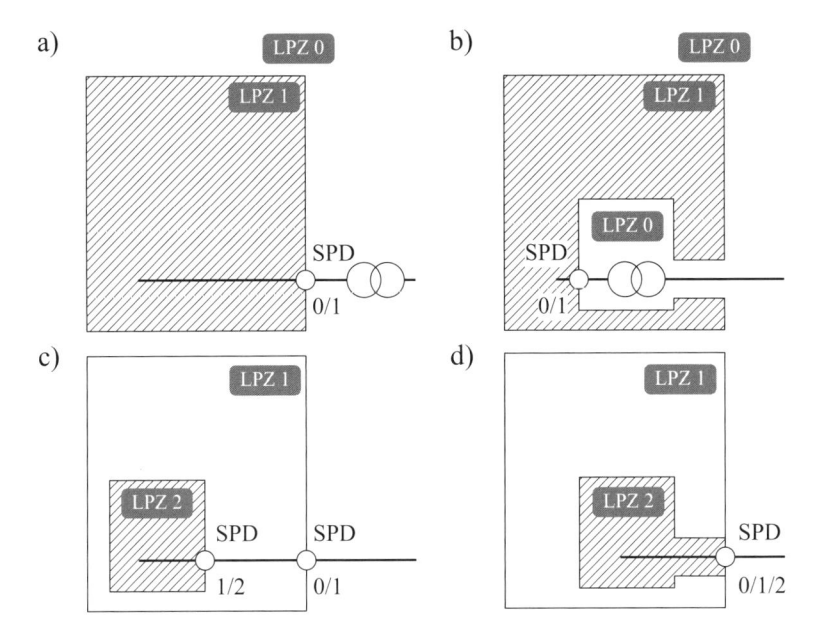

Bild 4.6 Beispiele für ausgestülpte LPZs
a) Transformator außerhalb der baulichen Anlage,
b) Transformator innerhalb (LPZ 0, eingestülpt in LPZ 1),
c) zwei koordinierte SPD (0/1) und SPD (1/2) nötig,
d) nur ein SPD (0/1/2) nötig (LPZ 2 ausgestülpt in LPZ 1)

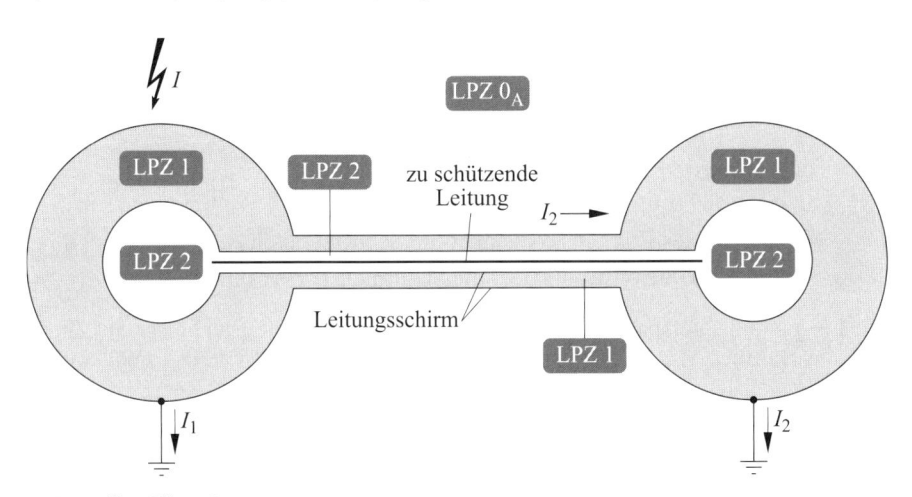

I_1, I_2 anteilige Blitzströme

Bild 4.7 Verbinden von Blitzschutzzonen mit Leitungsschirmen

Dann ist eine Beschaltung von Leitungen zwischen den beiden ursprünglichen Blitzschutzzonen mit nachfolgender Einschränkung entbehrlich: Wenn ein hoher, anteiliger Blitzteilstrom über diesen Leitungsschirm fließt, entsteht eine relativ hohe Längsspannung zwischen den beiden Schirmenden infolge des Kopplungswiderstands [13, 39]. Diese Längsspannung tritt zwischen den beiden Potentialausgleichanlagen der Schutzzonen auf. Ist diese Spannung unterhalb der Commonmode-Festigkeit der Geräte und Leitungen, so ist sie unkritisch. Übersteigt sie dagegen die Gerätefestigkeit, so sind die Leitungen an den Schirmenden mit SPDs zu beschalten.

Es ist oft praktizierte Technik, anstelle eines idealen Schirmrohrs geerdete Schirmleiter einzusetzen (z. B. zusammen mit erdverlegten Fernmeldekabeln). Diese Maßnahme, die zur Entlastung der Leitungen von anteiligen Blitzströmen dienen soll, reicht aber nicht aus, um eine Blitzschutzzone gemäß obigen Anforderungen zu bilden. Die zwischen den Leitungen und ihren Schirmleitern auftretenden Längsspannungen werden (neben dem hier zu vernachlässigenden ohmschen Spannungsfall an den Schirmleitern) durch die Gegeninduktivität zwischen den zu schützenden Leitungen und den Schirmleitern bestimmt. Typische Schirmleiteranordnungen und die dazugehörenden, längenbezogenen Gegeninduktivitäten M' sind in **Bild 4.8** aufgezeigt. Bei stahlarmierten Kabelkanälen ist es für eine überschlägige Berechnung zulässig, nur die Längsstäbe zu betrachten und einen Kanal mit rechteckigem Querschnitt in einen umfanggleichen Kanal mit kreisförmigem Querschnitt umzurechnen.

Bei einer quasistationären Betrachtung errechnet sich der für die Zeit T_1 wirksame Maximalwert der Längsspannung U zu

$$U = M' \cdot l \cdot \frac{I}{T_1} \text{ in V},$$

mit:

M' längenbezogene Gegeninduktivität in H/m,
l Länge der Schirmleiter in m,
I Scheitelwert des Blitzteilstroms über die Schirmleiter in A,
T_1 Stirnzeit des Blitzteilstroms über die Schirmleiter in s (Tabelle 3.1).

Die Längs- und Querspannungen von energie- und informationstechnischen Leitungen, die in armierten **Beton-Kabelkanälen** zwischen Gebäuden verlegt sind, können minimiert werden durch

- mehrfaches Auflegen (Erden) der Kabelschirme, mindestens an beiden Enden,
- Auflegen (Erden) von unbenutzten Leitern,
- Verlegen der Leitungen in halb oder ganz geschlossenen Kabelpritschen oder im Feldschatten von Metallstrukturen, wie L- oder U-förmigen Schienen.

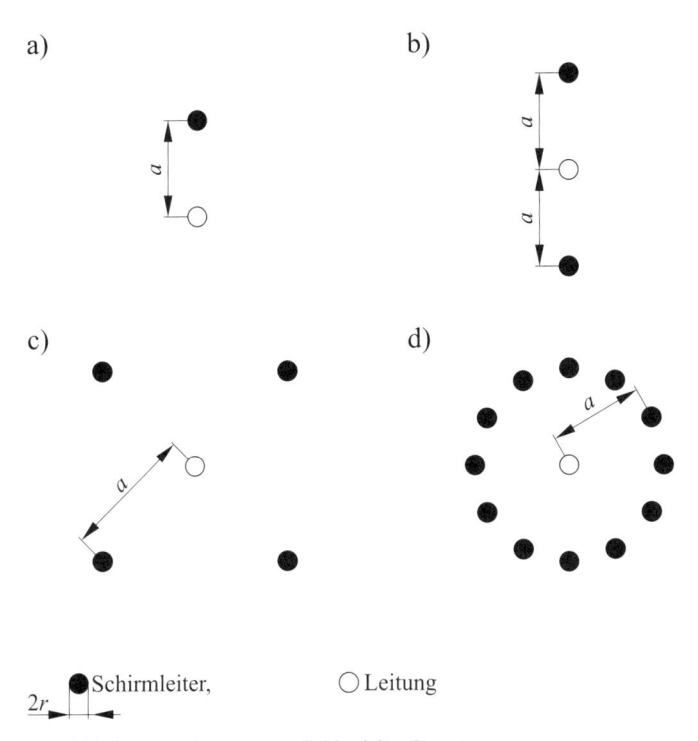

Bild 4.8 Gegeninduktivität vom Schirmleiter für $r \ll a$
a) 1 Schirmleiter: $M' = 0,2 \cdot \ln(a/r)\,\mu\text{H/m}$,
b) 2 Schirmleiter: $M' = 0,1 \cdot \ln[a/(2r)]\,\mu\text{H/m}$,
c) 4 Schirmleiter: $M' = 0,05 \cdot \ln[a/(4r)]\,\mu\text{H/m}$,
d) n Schirmleiter: $M' = 0,2/n \cdot \ln[a/(n \cdot r)]\,\mu\text{H/m}$

Bild 4.9 Verbindung der Stoßstellen bei armierten Kabelkanälen

Bei armierten Kabelkanälen, die auch begehbar sein können, ist auf eine möglichst häufige, gleichmäßig über den Umfang verteilte Überbrückung an den Stoßstellen des Kabelkanals und am Anschluss an die Gebäudearmierung im Abstand von maximal einigen 10 cm [40, 41] zu achten (**Bild 4.9**).

4.3.5 Einrichtung weiterer Störschutzzonen

Die für den Schutz gegen Blitzeinwirkungen (LEMP) ausgelegten Blitzschutzzonen können zum Schutz gegen weitere Störquellen, wie Hochfrequenzsender, Radarsender, nukleare elektromagnetische Impulse (NEMP), elektrostatische Entladung (ESD), elektrische und magnetische Felder aus Hochspannungsanlagen, insbesondere aber auch elektromagnetische Impulse aus energietechnischen Schalthandlungen (SEMP), entsprechend ergänzt werden.

Solche Störquellen werden zusammen mit den Prüfbedingungen und Störfestigkeiten für Geräte und Systeme in folgenden DIN-VDE-Normen beschrieben (Auswahl):

- DIN EN 61000-4-1 (**VDE 0847-4-1**) (allgemeine Beschreibung von Störquellen),
- DIN EN 61000-4-2 (**VDE 0847-4-2**) (Entladung statischer Elektrizität),
- DIN EN 61000-4-3 (**VDE 0847-4-3**) (hochfrequente elektromagnetische Felder),
- DIN EN 61000-4-4 (**VDE 0847-4-4**) (schnelle transiente elektrische Störgrößen/Burst),
- DIN EN 61000-4-5 (**VDE 0847-4-5**) (Stoßspannungen durch Blitz- und Schaltüberspannungen),
- DIN EN 61000-4-6 (**VDE 0847-4-6**) (Induktion durch hochfrequente Felder),
- DIN EN 61000-4-8 (**VDE 0847-4-8**) (netzfrequente Magnetfelder),
- DIN EN 61000-4-9 (**VDE 0847-4-9**) (pulsförmige Magnetfelder),
- DIN EN 61000-4-10 (**VDE 0847-4-10**) (gedämpft schwingende Magnetfelder),
- DIN EN 61000-4-23 (**VDE 0847-4-23**) (gestrahlte HEMP-Störgrößen),
- DIN EN 61000-4-24 (**VDE 0847-4-24**) (leitungsgeführte HEMP-Störgrößen).

Weiterhin sei auf die VG-Norm 95372 hingewiesen.

Externe Störquellen (außerhalb von LPZ 1), wie die oben beschriebenen, erfordern die Überprüfung und ggf. die Ergänzung der LPZ 1 hinsichtlich der zusätzlichen Anforderungen, damit

- der Schirm von LPZ 1 auch die zusätzlich zu beherrschenden Felder nach Frequenz- und Amplitudenbereich ausreichend abschirmen kann und
- die SPDs an der Schnittstelle LPZ $0_A/1$ bzw. LPZ $0_B/1$ die zusätzlichen leitungsgebundenen Störungen beherrschen können.

Durch diese Maßnahmen erfüllt die Blitzschutzzone LPZ 1 gleichzeitig die Anforderungen einer Störschutzzone.

Interne Störquellen, z. B. energietechnische Schaltanlagen oder Verteilungen, in denen durch betriebsmäßige Schalthandlungen oder durch Abschalthandlungen (z. B. durch Auslösen von Sicherungen) elektromagnetische Störungen (SEMP) erzeugt werden können, werden durch Einkapselung unschädlich gemacht. Hierzu wird die Störquelle in eine Störschutzzone SPZ 0 eingeschlossen, deren Raum- oder Geräteschirm elektromagnetische Abstrahlungen ausreichend dämpft und deren Schnittstellenbeschaltungen leitungsgebundene Störungen ausreichend reduziert. Außerhalb dieser Störschutzzone SPZ 0 ist dann die gegen SEMP geschützte Störschutzzone SPZ 1, die gleichzeitig auch eine gegen LEMP geschützte Blitzschutzzone LPZ 1 ist.

Es ist Stand der Technik, bei der Konzeption der Schutzmaßnahmen gegen Blitzeinwirkungen auch die Schutzmaßnahmen gegen energietechnische Schalteinwirkungen zu planen. Neben den Blitzschutzzonen (LPZs) werden dann auch Schaltschutzzonen (SPZs) festgelegt.

4.4 Äußerer Blitzschutz

Beim Blitzschutz stellt sich primär die Aufgabe, den Blitz definiert mit einer Fangeinrichtung einzufangen, den Blitzstrom über die Ableitungen zur Erdungsanlage zu leiten und ihn dort definiert in den Boden einzuführen.

Diese Aufgabe kann ein äußerer Blitzschutz nach DIN EN 62305-3 (**VDE 0185-305-3**) oder ein mehr oder weniger vollkommener elektromagnetischer Schirm (Löcherschirm) der LPZ 1 nach DIN EN 62305-4 (**VDE 0185-305-4**) erfüllen.

Die Fangeinrichtung, Ableitungseinrichtung und Erdungsanlage können realisiert werden durch

- eine isolierte Blitzschutzanlage,
- eine teilisolierte Blitzschutzanlage,
- eine gebäudeintegrierte Blitzschutzanlage.

Für die Ausarbeitung eines konkreten Blitzschutzzonenkonzepts ist zunächst der Gefährdungspegel LPL nach DIN EN 62305-1 (**VDE 0185-305-1**) festzulegen. Dadurch werden sowohl die für die Dimensionierung nötigen maximalen Blitzstromparameter (Tabelle 3.1) als auch die für die Wirksamkeit der Fangeinrichtungen wichtigen minimalen Blitzstromparameter (Tabelle 3.2) festgelegt. Für den LEMP-Schutz wird im Allgemeinen der Gefährdungspegel LPL II empfohlen, bei ausgedehnten und empfindlichen elektronischen Systemen aber der Gefährdungspegel LPL I.

Für die Auslegung von Fangeinrichtungen wird das in DIN EN 62305-1 (**VDE 0185-305-1**) beschriebene Blitzkugelverfahren verwendet: Für einen bestimmten Blitzkugelradius r kann angenommen werden, dass alle Blitze mit Scheitelwerten

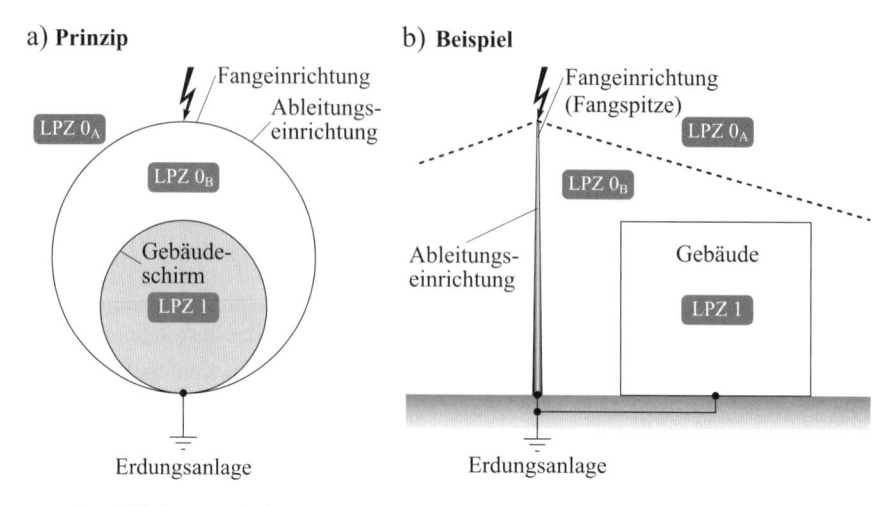

Bild 4.10 LPZs bei einer isolierten Blitzschutzanlage

höher als der zugehörige minimale Scheitelwert I durch natürliche oder speziell dafür angebrachte Fangeinrichtungen eingefangen werden. Kleinere Scheitelwerte können ein Versagen der Fangeinrichtung verursachen. Für einfache Fangeinrichtungen können aus dem universellen Blitzkugelverfahren kegel- oder quaderförmige Schutzräume abgeleitet werden (DIN EN 62305-3 (**VDE 0185-305-3**), Anhang A der Norm).

Im Folgenden werden zunächst drei charakteristische Anordnungen für Fangeinrichtung, Ableitungseinrichtung und Erdungsanlage vorgestellt.

Bild 4.10 zeigt eine **isolierte Blitzschutzanlage**. Das geschützte Volumen LPZ 1 ist mit einem elektromagnetischen Raumschirm (gitterförmiger Schirm) umgeben. In LPZ 0_A sind Blitzeinschläge möglich, und es herrscht das originale elektromagnetische Blitzfeld. Die entsprechend des gewählten Gefährdungspegels dimensionierte Fangeinrichtung fängt die Blitze auf und leitet die Blitzströme in die Ableitungen. Fang- und Ableitungen sind räumlich von LPZ 1 getrennt, lediglich auf Erdniveau erfolgt ein Zusammenschluss der Ableitungseinrichtung und des Raumschirms von LPZ 1 und ein gemeinsamer Anschluss an die Erdungsanlage.

Durch die isolierten Fangleitungen und Ableitungen wird zwischen den Blitzschutzzonen LPZ 0_A und LPZ 1 eine Blitzschutzzone LPZ 0_B geschaffen, in der im Rahmen des gewählten Gefährdungspegels keine direkten Blitzeinschläge möglich sind, jedoch das originale elektromagnetische Blitzfeld herrscht.

Der Raumschirm von LPZ 1 ist hier nicht von Blitzströmen durchflossen.

Bild 4.11 zeigt eine **teilisolierte Blitzschutzanlage**. Auch hier ist LPZ 1 von einem elektromagnetischen Schirm umgeben. Allerdings ist hier nur die Fangeinrichtung räumlich von LPZ 1 getrennt, wobei sich wiederum eine LPZ 0_B zwischen der Fangeinrichtung und LPZ 1 ergibt.

a) **Prinzip**   b) **Beispiel**

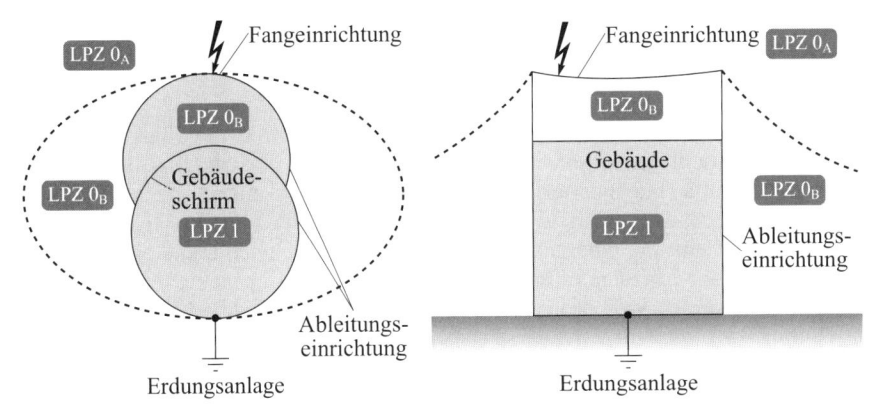

Bild 4.11 LPZs bei einer teilisolierten Blitzschutzanlage

Der elektromagnetische Schirm von LPZ 1 übernimmt hier die Funktion der Ableitungen, wodurch er teilweise vom Blitzstrom durchflossen wird, der dann in die Erdungsanlage eingeleitet wird.

Bild 4.12 schließlich zeigt eine **gebäudeintegrierte Blitzschutzanlage**. Hier übernimmt der elektromagnetische Schirm von LPZ 1 die Funktionen sowohl der Fangeinrichtung als auch der Ableitungen. Damit ist der gesamte elektromagnetische Schirm von LPZ 1 von Blitzströmen durchflossen, die vom Schirm (der gleichzeitig Teil der Erdungsanlage oder alleinige Erdungsanlage sein kann) in die Erde eingeleitet werden.

Welche der drei Anordnungen von Fangeinrichtung, Ableitungseinrichtung und Erdungsanlage realisiert wird, hängt von der Aufgabenstellung und dem Typ der zu schützenden baulichen Anlage ab.

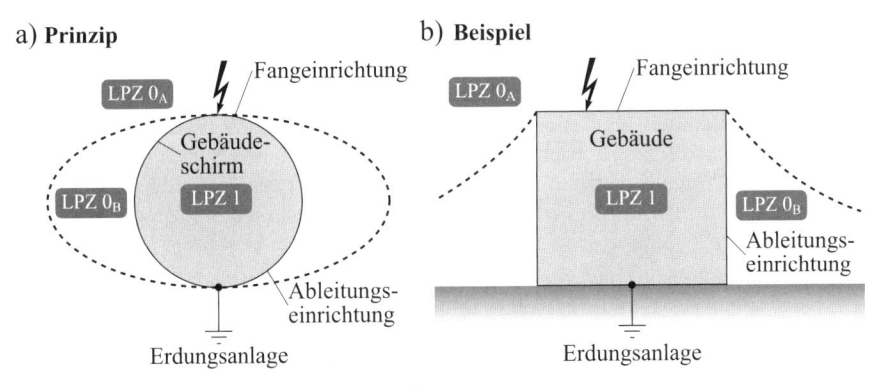

a) **Prinzip**   b) **Beispiel**

Bild 4.12 LPZs bei einer gebäudeintegrierten Blitzschutzanlage

53

4.5 Dämpfung durch Gebäude- oder Raumschirme

Gebäude- oder Raumschirme werden benutzt, um die Impulsmagnetfelder von Blitzeinschlägen im geschützten Volumen zu verringern. Dabei sind zwei grundlegende Fälle zu unterscheiden:

- **Vom Blitzstrom durchflossener äußerer Blitzschutz bzw. Schirm von LPZ 1**
  Bei Blitzeinschlägen direkt in das Gebäude fließen hohe anteilige Blitzströme durch den außen liegenden Schirm. Die stromdurchflossenen Leiter sind jetzt die Quelle der Impulsmagnetfelder, sodass man nicht von einer klassischen Schirmwirkung (Dämpfung einer auftreffenden Welle durch einen metallenen Schirm) sprechen kann. Trotzdem kann das Impulsmagnetfeld durch kleine Maschenweiten minimiert werden, weil dadurch der Blitzstrom symmetriert und in viele parallele Strompfade aufgeteilt wird.

- **Nicht vom Blitzstrom durchflossene Schirme**
  Blitzeinschläge nahe dem Gebäude erzeugen ein zylindersymmetrisches Impulsmagnetfeld mit dem vertikal angenommenen Blitzkanal als Quelle. In einiger Entfernung kann dieses Feld in erster Näherung als ebene Welle betrachtet werden, die dann auf den Schirm der LPZ 1 trifft und entsprechend der Schirmungseffektivität, wiederum abhängig von der Maschenweite, gedämpft wird. Analog wird auch die Schirmdämpfung von Schirmen der LPZ 2 und höher berechnet, unabhängig davon, ob das aus LPZ 1 kommende Impulsmagnetfeld durch Blitzeinschläge direkt in das Gebäude oder nahe dem Gebäude erzeugt wurde.

In Kapitel 6.7 wird die rechnerische oder messtechnische Bestimmung der Schirmungseffektivität, der Schirmfaktoren und der Impulsmagnetfelder detailliert dargestellt.

4.6 Schnittstellen für Versorgungssysteme an Grenzen von LPZs

Sobald ein Versorgungssystem die Grenze einer Blitzschutzzone durchdringt, muss dieses Versorgungssystem an der Schnittstelle beschaltet werden, damit keine gefährlichen Stoßwellen über die Leitungen eindringen können. Dies geschieht für Versorgungsleitungen, die betriebsmäßig keine Spannungen und Ströme führen, durch eine elektrisch leitende Verbindung, und für solche, die betriebsmäßig Spannungen oder Ströme führen, mithilfe von SPDs, die Störenergien von den Leitungen auf den geerdeten Schirm ableiten.

Bild 4.13 zeigt beispielhaft die Schnittstellen für Versorgungsleitungen, die auf Erdniveau von LPZ 0_A in LPZ 1 eingeführt werden und für oberirdische Leitungen, die aus LPZ 0_A bzw. LPZ 0_B in LPZ 1 eintreten. An diesen Schnittstellen müssen insbesondere bei Versorgungsleitungen aus LPZ 0_A unter Umständen erhebliche anteilige Blitzströme abgeleitet und damit erhebliche Störenergien beherrscht werden.

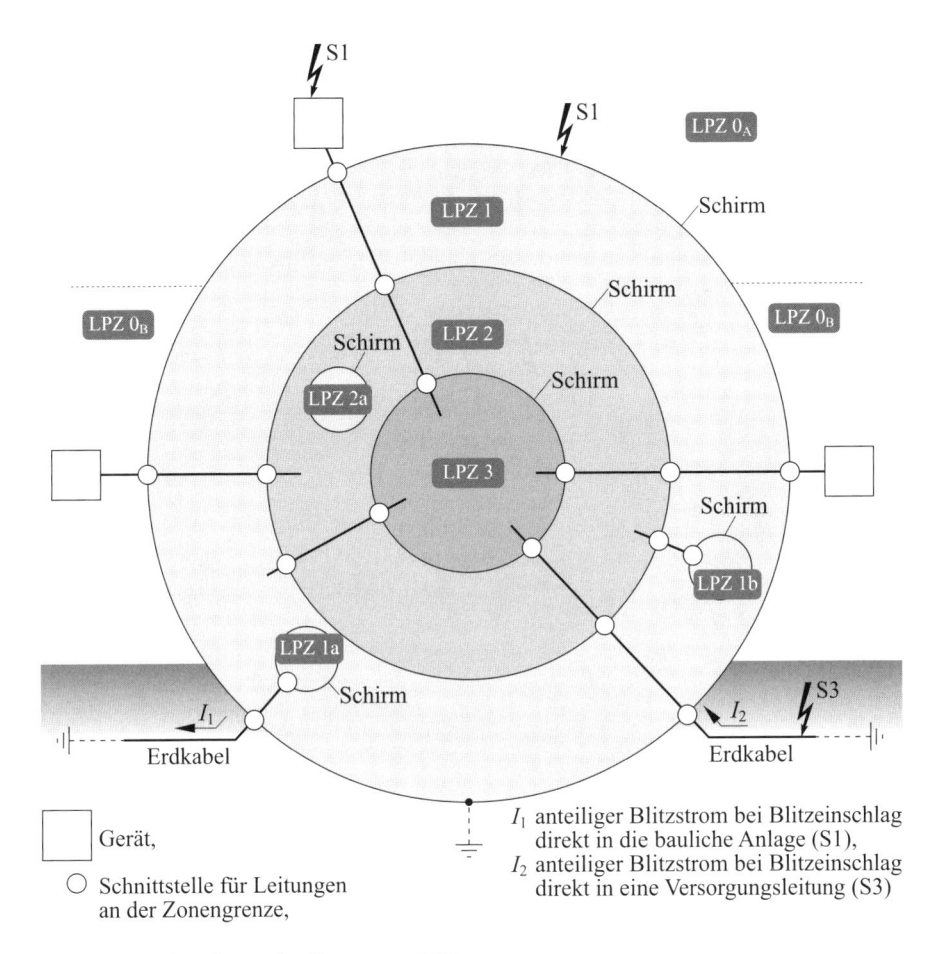

Bild 4.13 Schnittstellen an den Grenzen von LPZs

I_1 anteiliger Blitzstrom bei Blitzeinschlag direkt in die bauliche Anlage (S1),
I_2 anteiliger Blitzstrom bei Blitzeinschlag direkt in eine Versorgungsleitung (S3)

Aber auch alle Versorgungsleitungen, die im Inneren des geschützten Volumens von einer Blitzschutzzone in eine andere Blitzschutzzone führen, sind ausnahmslos an den Schnittstellen, wie im Bild 4.13 gezeigt, zu beschalten. Die hier abzuleitenden Störenergien sind, da es sich im Wesentlichen um magnetisch induzierte Störgrößen handelt, bedeutend geringer als diejenigen an der Schnittstelle LPZ $0_A/1$.

Bei einem direkten Blitzeinschlag fließt der Blitzstrom nicht nur über die Erdungsanlage ab, sondern zu einem sehr erheblichen Teil auch über die von außen in LPZ 1 eintretenden Versorgungssysteme, die an den Eintrittstellen mit dem Schirm von LPZ 1 verbunden sind.

Vereinfacht wird Anhang E von DIN EN 62305-1 (**VDE 0185-305-1**) angenommen, dass 50 % des gesamten Blitzstroms über die Erdungsanlage abfließen. In erster Näherung kann man annehmen, dass alle abgehenden Versorgungssysteme die gleiche Impedanz haben. Dann verteilen sich die verbleibenden 50 % des Blitzstroms gleichmäßig auf diese Systeme (**Bild 4.14**). Besteht ein Versorgungssystem aus mehreren Einzelleitern gleicher Impedanz, z. B. aus Außenleitern und dem Schutzleiter einer energietechnischen Leitung oder aus mehreren Leitern einer informationstechnischen Leitung, teilt sich der Strom wiederum gleichmäßig auf die einzelnen Leiter auf.

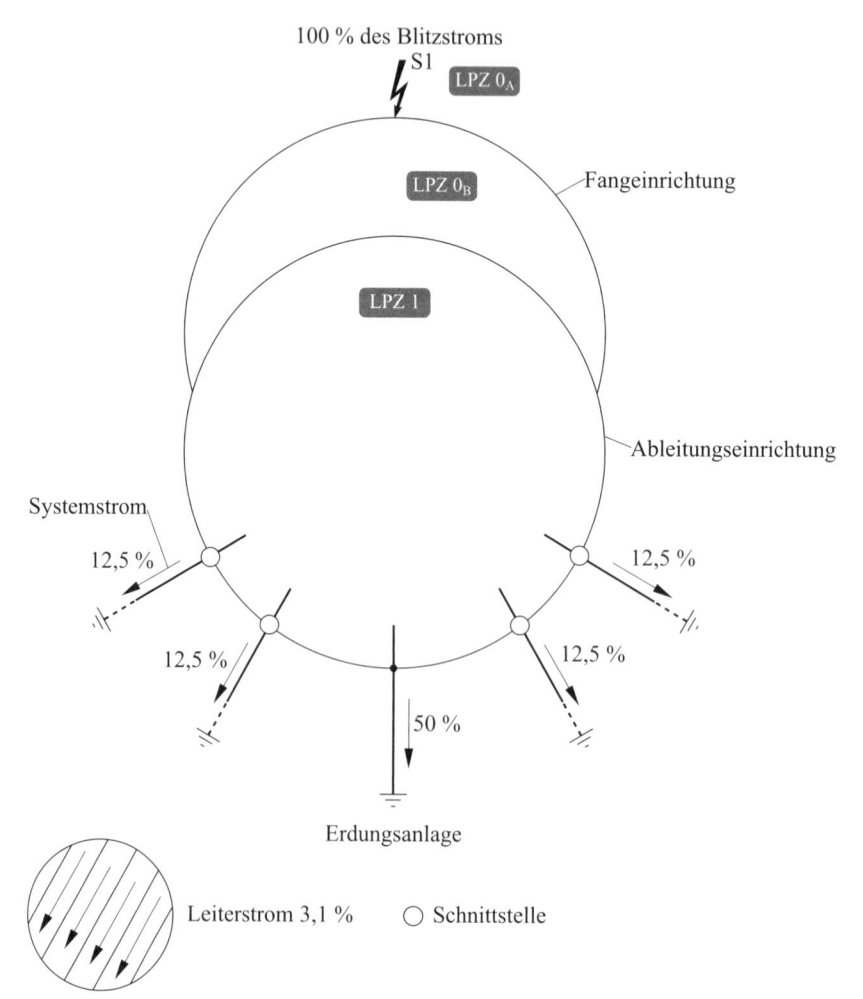

Bild 4.14 Aufteilung des Blitzstroms auf die eintretenden Versorgungssysteme bei Blitzeinschlägen direkt in die bauliche Anlage (S1)

Äußere Leitungsschirme werden an der Schnittstelle elektrisch leitend angeschlossen, innere Leitungsschirme können entweder elektrisch leitend oder über SPDs angeschlossen werden. Die Schirme werden im Worst-Case-Fall als Einzelleiter gezählt. Bei geschlossenen, äußeren Kabelschirmen und Kupfergeflechtschirmen kann ein erheblich größerer Anteil über den Schirm als über die inneren Leiter fließen. Die Stromaufteilung ist hier, insbesondere abhängig vom Kopplungswiderstand, individuell zu bestimmen (Kapitel 6.2).

Wie im **Bild 4.15** dargestellt, kann es auch möglich sein, dass bei einem Blitzeinschlag direkt in ein einzelnes Versorgungssystem ein erheblich höherer Blitzteilstrom an die Schnittstelle LPZ 0_A/1 in die bauliche Anlage geführt wird und dort zu beherrschen ist, als sich aus obiger Abschätzung bei einem direkten Blitzeinschlag in die bauliche Anlage ergeben hat. Dies ist bei der Konzepterstellung zu berücksichtigen.

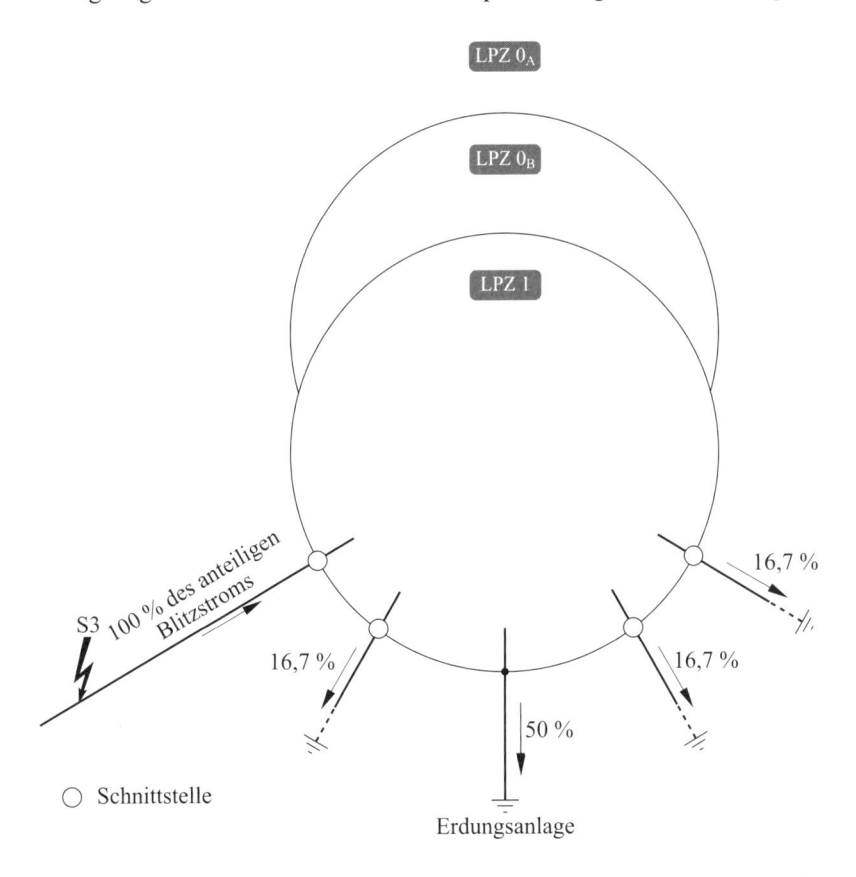

Bild 4.15 Aufteilung des Blitzstroms auf die eintretenden Versorgungssysteme bei Blitzeinschlägen direkt in ein Versorgungssystem (S3)

```
        ┌─────┐              ┌─────┐
        │LPZ 0│              │LPZ 1│
        └─────┘              └─────┘
```

externes Leitungssystem $Z_{Ableiter}$ internes Leitungssystem

Stoßstrom 10/350 µs   Stoßstrom 8/20 µs

$Z_{Leitung}$

Stoßstrom 10/350 µs ▼ Potentialausgleichschiene

$Z_{Leitung}$

geerdeter Schirm von LPZ 1

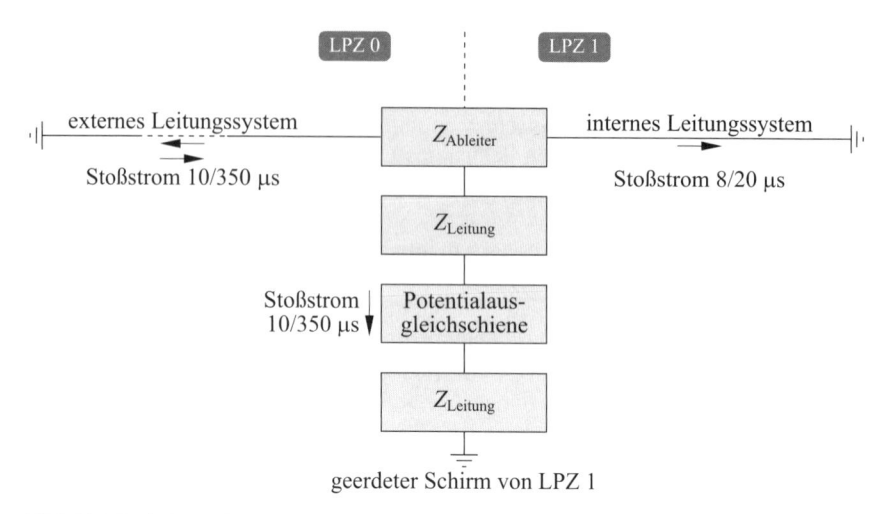

Bild 4.16 Typische Stoßströme auf externen und internen Leitungen

An der Schnittstelle LPZ $0_A/1$ ist eine möglichst niederimpedante Ankopplung der externen Leitungen und ihrer Schirme an den Schirm von LPZ 1 notwendig. Gegebenenfalls erfordert dies einen Potentialausgleichanschluss in Form einer Anschlussplatte und den mehrfachen radialen oder gar koaxialen Anschluss der Leitungsschirme.

Der anteilige Blitzstrom des ersten positiven Teilblitzes in einem externen Versorgungssystem in der Blitzschutzzone LPZ 0_A hat eine Stirnzeit in der Größenordnung von 10 µs und eine Rückenhalbwertzeit von 350 µs (Tabelle 3.1). Für den Leitungsstrom in LPZ 1 ist die Stirnzeit ebenfalls in der Größenordnung von 10 µs, aber es ist eine deutlich reduzierte Rückenhalbwertzeit anzunehmen. Der Grund hierfür ist die wirksame Reaktanz (ωL) von Leitungen und Elementen für den Anschluss an den Gebäudeschirm, die für die niederfrequenten Stromanteile im Rücken wesentlich geringer ist als für die hochfrequenten Anteile in der Stirn (**Bild 4.16**). Damit ist eine effektivere Ableitung der niederfrequenten Stromanteile gegeben. Typischerweise wird deshalb für den Leitungsstrom, der in LPZ 1 eintritt, ein Stoßstrom 8/20 µs angenommen, wie er in der Stoßstromprüftechnik und auch in der EMV-Technik vielfältig eingesetzt wird.

4.7 Leitungsführung und -schirmung im geschützten Volumen

Auch wenn die von außen eintretenden Leitungen an der Eintrittsstelle ausreichend beschaltet sind, besteht innerhalb von inneren LPZs eine dominante Gefährdung durch Induktionswirkungen des Impulsmagnetfelds in **Leiterschleifen** zwischen den Geräten (**Bild 4.17a**).

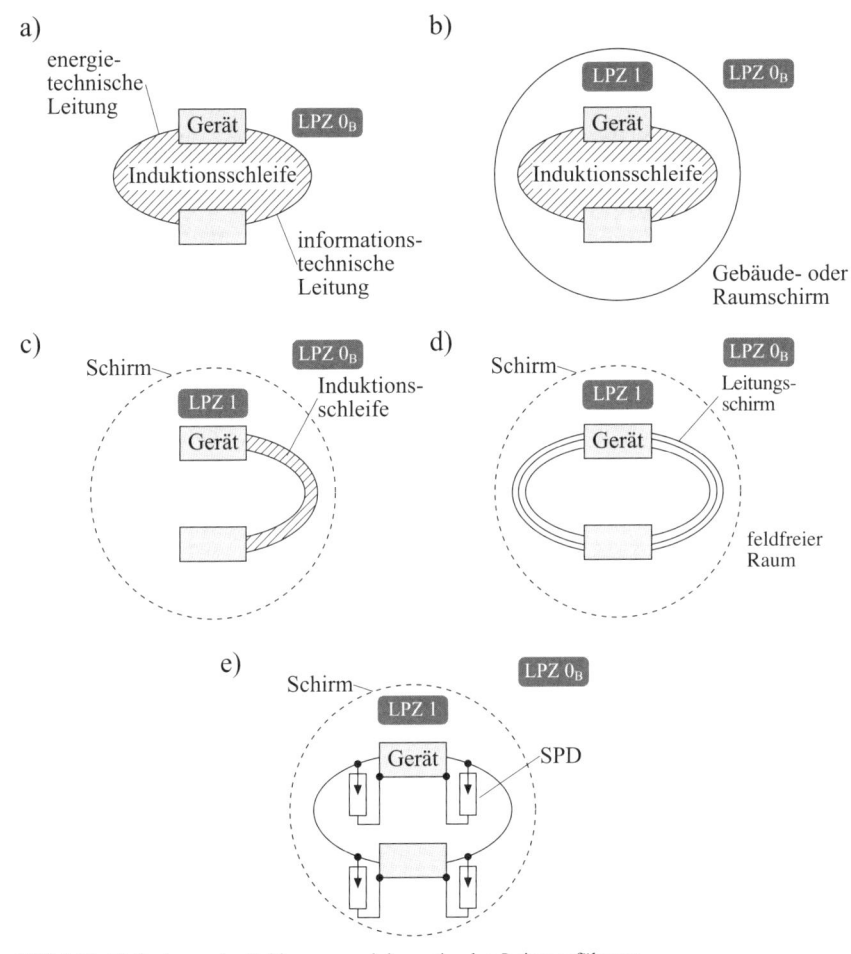

Bild 4.17 Maßnahmen der Schirmung und der optimalen Leitungsführung
a) Induktionsschleife von hohem Impulsmagnetfeld durchsetzt,
b) Impulsmagnetfeld durch räumliche Schirmung reduziert,
c) Fläche der Induktionsschleife minimiert,
d) geschirmte Führung der Leitungen,
e) Überspannungsschutz mit SPDs an den Geräteeingängen

In einem ersten Schritt werden durch einen **räumlichen Schirm** (**Bild 4.17b**) die elektromagnetischen Felder entsprechend dem Schirmfaktor (z. B. Faktor 100) reduziert.

Alternativ oder zusätzlich kann in einem zweiten Schritt durch parallele Verlegung von energie- und informationstechnischen Leitungen die **Induktionsschleife reduziert** (**Bild 4.17c**) werden.

Als Ersatz oder Ergänzung dieser Maßnahme können die **Leitungen geschirmt** (**Bild 4.17d**) verlegt werden (geschirmte Leitungen bzw. Verlegung in geschirmten Kanälen oder Rohren), wobei die Schirme an beiden Enden an den Potentialausgleich angeschlossen werden müssen. Der hierbei entstehende, magnetisch induzierte Kurzschlussstrom bewirkt an den Leitungsschirmen infolge ihres Kopplungswiderstands nur eine in aller Regel nicht betrachtenswerte Längsspannung.

Nur bei nicht ausreichender Reduktion durch Verlegungs- und Schirmungsmaßnahmen müssen – abgestimmt auf die Grundfestigkeit der Geräte – SPDs an den Geräteeingängen (**Bild 4.17e**) eingesetzt werden.

4.8 Potentialausgleichanlagen im geschützten Volumen

Für die informationstechnischen Anlagen sind Potentialausgleichanlagen gefordert, die

- sternförmig,
- baumförmig,
- vermascht

ausgeführt sein können. Im Blitzschutzzonenkonzept ist die Form der Potentialausgleichanlage in jeder Blitzschutzzone frei wählbar.

4.8.1 Stern- und baumförmiger Potentialausgleich

Bild 4.18 zeigt das Prinzip einer **sternförmigen** Potentialausgleichanlage in einer inneren Blitzschutzzone LPZ x. Die metallenen Gehäuse oder Racks werden über Potentialausgleichleitungen an einen zentralen Potentialausgleichpunkt ERP (**e**arthing **r**eference **p**oint) angeschlossen, der gleichzeitig mit dem Zonenschirm verbunden ist. Hierdurch ergibt sich eine strahlenförmige Leitungsführung der Potentialausgleichleitungen.

Der Sinn dieser Maßnahme ist, die Einkopplung von niederfrequenten ohmschen Schleifenströmen in das Potentialausgleichsystem zu verhindern.

Da aber in jeder Blitzschutzzone bei Blitzeinwirkung noch ein Restmagnetfeld vorhanden ist, müssen auch magnetisch induzierte Schleifenströme verhindert werden. Deshalb müssen alle Geräte und Potentialausgleichleitungen gegen alle sonstigen Metallteile in einer Schutzzone gegen die magnetisch induzierten Spannungen **zuverlässig isoliert** werden.

Aber auch die energie- und informationstechnischen Leitungen dürfen in Kombination mit den Potentialausgleichleitungen keine magnetischen Induktionsschleifen aufbauen. Deshalb ist es notwendig, dass auch alle energie- und informationstechnischen Leitungen streng parallel zu den Potentialausgleichleitungen geführt werden.

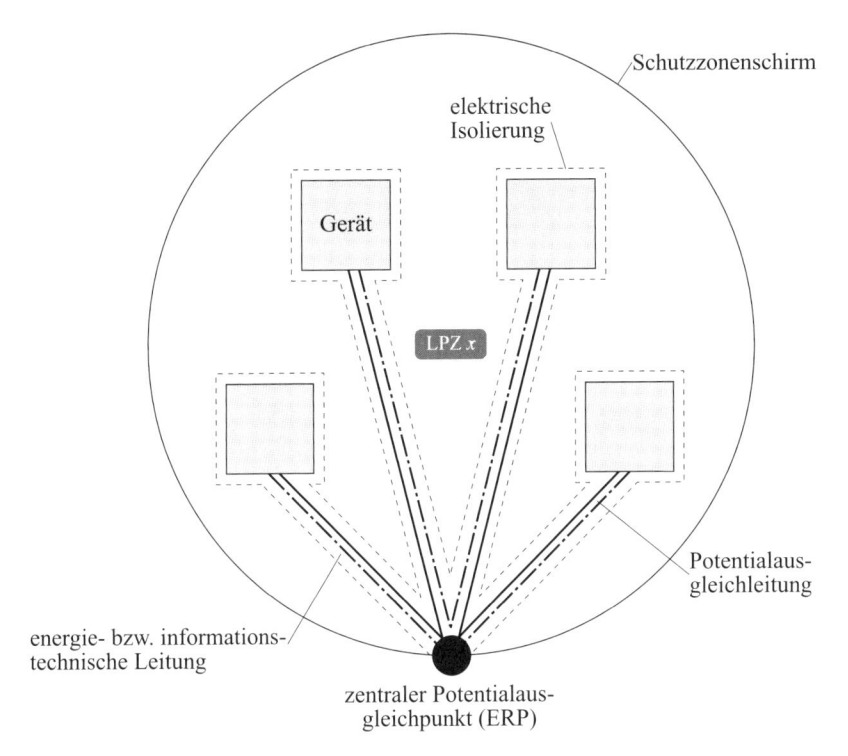

Bild 4.18 Sternförmiger Potentialausgleich

Verbindungen zwischen den Geräten sind also nur über den zentralen Potentialausgleichpunkt möglich.

Die von außen kommenden Leitungen müssen ausnahmslos **am zentralen Potentialausgleichpunkt eintreten**. Hier muss auch die Beschaltung der Leitungen erfolgen.

Ein Sonderfall des sternförmigen Potentialausgleichs ist der **baumförmige** Potentialausgleich, wie er im **Bild 4.19** dargestellt ist. Auch hier müssen alle Geräte und Potentialausgleichleitungen gegen die übrigen Metallteile in der Blitzschutzzone **zuverlässig isoliert** werden, die von außen kommenden Leitungen müssen ausnahmslos **am zentralen Potentialausgleichpunkt eintreten**, und die energie- und informationstechnischen Leitungen sind streng parallel zu den Potentialausgleichleitungen zu führen.

Im Folgenden wird aufgezeigt, dass in der Blitzschutztechnik der stern- oder baumförmige Potentialausgleich auf relativ kleine und lokale Anlagen beschränkt bleiben muss, da die Länge der Potentialausgleichleitungen bei den hier zu beherrschenden Störfrequenzen auf Längen in der Größenordnung von Metern begrenzt ist.

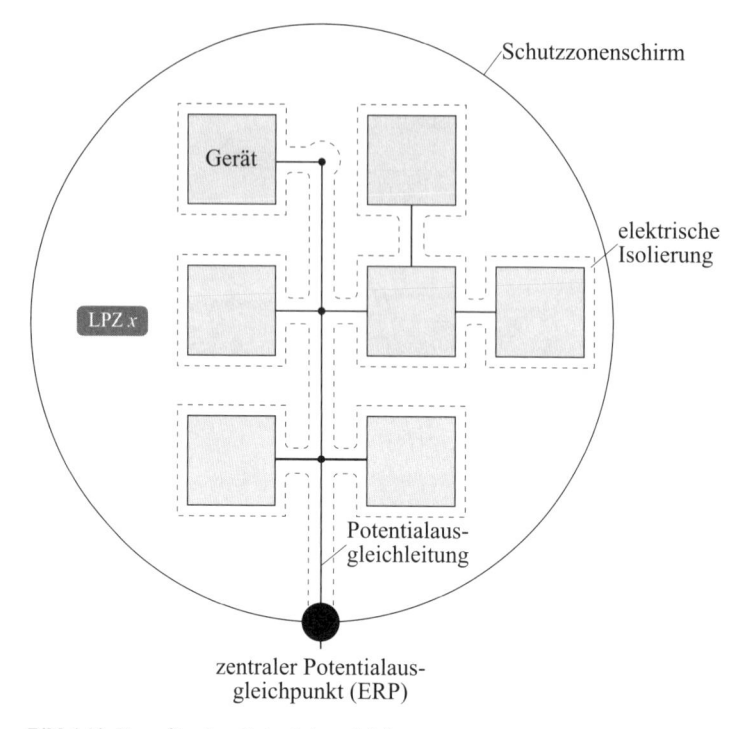

Bild 4.19 Baumförmiger Potentialausgleich

Es wird **Bild 4.20** betrachtet. Hier ist ein gegenüber der Metallstruktur der Schutzzone isoliert aufgestelltes Gerät über eine Potentialausgleichleitung mit dem zentralen Potentialausgleichpunkt verbunden. So soll verhindert werden, dass ohmsch oder induktiv eingekoppelte Ausgleichströme fließen können.

Im elektrischen Ersatzschaltbild wird die Potentialausgleichleitung durch einen π-Vierpol dargestellt, der die Leitungsinduktivität L_L und die Leitungskapazität C_L enthält. Die Leitungskapazität wird auf den Anfang und das Ende der Leitung aufgeteilt. Am Anfang der Leitung, am zentralen Potentialausgleichpunkt, ist die Leitungskapazität kurzgeschlossen. Parallel zur Leitungskapazität am Ende liegt die Kapazität C_G des Geräts gegenüber den metallenen Komponenten der Schutzzone.

In der durch die Potentialausgleichleitung und das Gerät gegenüber der Metallstruktur der Schutzzone gebildeten Induktionsschleife tritt eine magnetisch induzierte Störspannung $U_{ind}(t)$ auf. Damit ein störender induzierter Strom $I_{ind}(t)$ über die Potentialausgleichleitung zum Gerät vermieden wird, ist es notwendig, dass der kapazitive Widerstand am Ende der Leitung sehr groß ist gegenüber dem induktiven Widerstand der Leitung, d. h., dass die induzierte Spannung im Wesentlichen an dem kapazitiven Widerstand am Ende der Leitung abfallen soll.

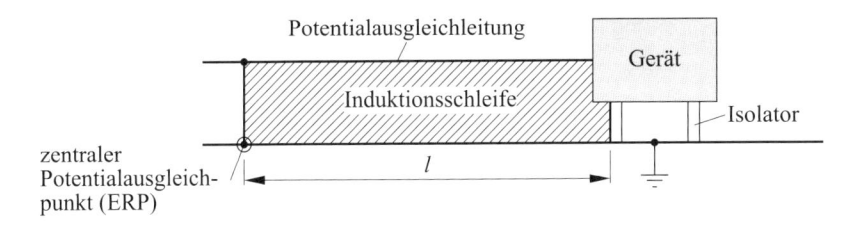

Bild 4.20 Limitierte Länge der Leitungen bei sternförmigem Potentialausgleich

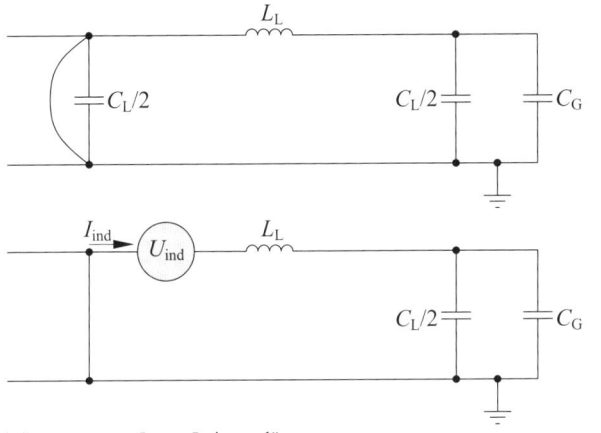

L_L Leitungsinduktivität,
C_L Leitungskapazität,
C_G Gerätekapazität,
l Leitungslänge,
U_{ind} induzierte Spannung,
I_{ind} induzierter Strom

Damit ergibt sich folgende Forderung:

$$\frac{1}{\omega\left(\dfrac{C_L}{2} + C_G\right)} \gg \omega L_L,$$

$$C_L = C'_L \cdot l,$$

$$L_L = L'_L \cdot l,$$

mit:
C'_L kapazitiver Leitungsbelag,
L'_L induktiver Leitungsbelag,
C_G Gerätekapazität,
l Leitungslänge,
ω Kreisfrequenz der induzierten Störung.

Für die Länge l der Leitung folgt:

$$l \ll \sqrt{\left(\frac{C_G}{C'_L}\right)^2 + \frac{2}{\omega^2 \cdot L'_L \cdot C'_L} - \frac{C_G}{C'_L}}.$$

Wird als typischer Induktivitätsbelag der Leitung 1,00 µH/m und als typischer Kapazitätsbelag 7,05 pF/m angenommen, so ergibt sich für die Länge l:

$$l \ll \sqrt{20 \cdot 10^{21} \cdot C_G^2 + \frac{7,2 \cdot 10^{15}}{f^2}} - 142 \cdot 10^9 \cdot C_G \quad \text{in m},$$

mit:
f Frequenz der induzierten Störung in Hz,
C_G Gerätekapazität in F.

Wird beispielsweise für die Gerätekapazität 100 pF angesetzt, so folgt bei einer angenommenen, noch zu beherrschenden oberen Grenzfrequenz von 10 MHz für die Länge l:

$l \ll 2,3 \text{ m}$.

Selbst bei 1 MHz gilt:

$l \ll 72 \text{ m}$.

Man kann die Anforderung an die Leitungslänge auch so formulieren: l muss sehr viel kleiner sein als die minimale noch zu beherrschende Wellenlänge der induzierten Störung.

Da bei Blitzschutzmaßnahmen Frequenzanteile des magnetisch induzierenden Blitzstroms im Megaherzbereich zu berücksichtigen sind (Kapitel 3.1), muss die Ausdehnung einer sternförmigen oder baumförmigen Potentialausgleichanlage in der Regel auf wenige Meter und damit z. B. auf Raumgröße beschränkt bleiben.

4.8.2 Vermaschter Potentialausgleich

Bild 4.21a zeigt das Prinzip einer **maschenförmigen** Potentialausgleichanlage. Die Geräte in der Schutzzone LPZ x werden hier über möglichst viele und möglichst kurze Leitungen untereinander, mit den Metallteilen der Schutzzone und mit dem Schutzzonenschirm verbunden. Hierbei werden insbesondere bauseits vorhandene Metallkomponenten genutzt, wie die Armierung im Boden, in den Wänden und in der Decke, die metallenen Gitterroste von Doppelböden, nicht elektrische, metallene Installationen, wie Lüftungsrohre und Kabelpritschen. Typischerweise wird eine

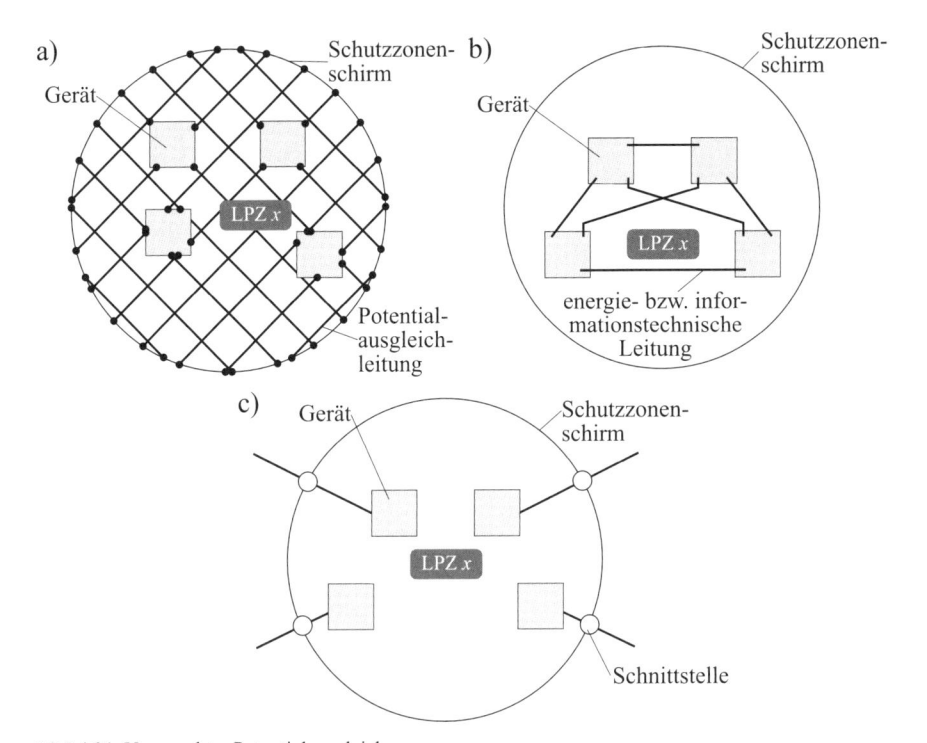

Bild 4.21 Vermaschter Potentialausgleich

Vermaschung zumindest im Meterbereich angestrebt. Für die Geräte und die Potentialausgleichleitungen ergeben sich **keinerlei Isolierungsanforderungen**.

Die Geräte können gemäß **Bild 4.21b** untereinander über beliebig geführte energie- und informationstechnische Leitungen verbunden werden. Durch das stark vernetzte Potentialausgleichsystem werden die ohmschen und induktiven Ausgleichsströme auf viele parallel geführte Leitungen verteilt, und die vielen durch die Potentialausgleichanlage gebildeten Kurzschlussschleifen wirken als magnetische Reduktionsschleifen, die das magnetische Feld in ihrer Umgebung schwächen. Damit werden auch die Induktionswirkungen in Leiterschleifen, die durch die Schleifenbildung von energie- und informationstechnischen Leitungen bedingt werden, wirkungsvoll reduziert. Zweckmäßig werden die energie- und informationstechnischen Leitungen mit Schirmen umgeben (Kupfergeflechtschirme, Kabelschutzrohre, geschlossene metallene Kabeltrassen), wobei dann auch diese äußeren Schirme in den vermaschten Potentialausgleich einbezogen werden.

Gemäß **Bild 4.21c** können von außen in die Schutzzone kommende Leitungen durch den Schirm der Schutzzone **an beliebigen Stellen eintreten**. Die Behandlung der eintretenden Leitungen, z. B. mit SPDs, erfolgt an der jeweiligen Eintrittsstelle.

4.8.3 Verbindung unterschiedlicher Potentialausgleichanlagen

Im Folgenden wird gezeigt, wie sternförmige bzw. baumförmige und vermaschte Potentialausgleichanlagen in einzelnen Schutzzonen miteinander verbunden werden können.

Bild 4.22 zeigt die Verbindung von zwei sternförmigen Potentialausgleichanlagen in zwei Schutzzonen LPZ y und LPZ z. Der zentrale Potentialausgleichpunkt von LPZ y ist mit dem Schirm dieser Blitzschutzzone verbunden. Von hier führt eine isolierte Potentialausgleichleitung zum zentralen Potentialausgleichpunkt von LPZ z, der wiederum mit dem Schirm von LPZ z verbunden ist. Auch der Schutzzonenschirm von LPZ z muss gegen die metallenen Anlagenteile von LPZ y isoliert sein.

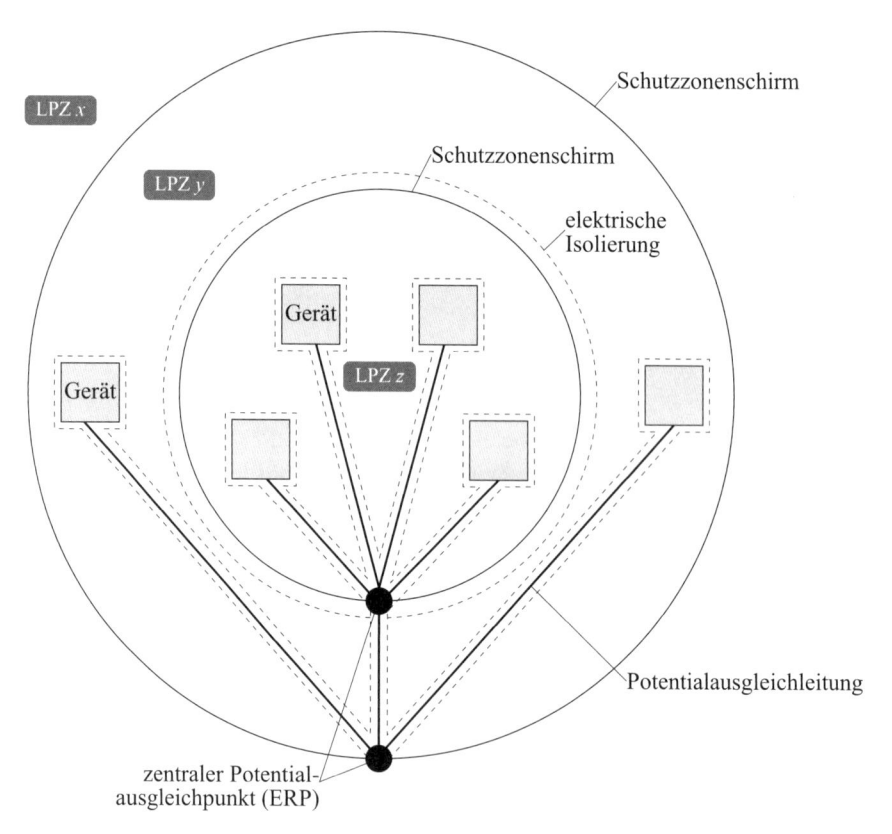

Bild 4.22 Verbindung von zwei sternförmigen Potentialausgleichanlagen (LPZ y und LPZ z)

Bild 4.23 zeigt eine Möglichkeit der Verbindung einer LPZ y mit vermaschtem Potentialausgleich und einer LPZ z mit sternförmigem Potentialausgleich. Der Schirm von LPZ z wird in den vermaschten Potentialausgleich von LPZ y einbezogen. An diesen Schirm ist auch der zentrale Potentialausgleichpunkt angeschlossen. Alle metallenen Anlagenteile in LPZ z sind wieder gegen den Schirm dieser Schutzzone zu isolieren!

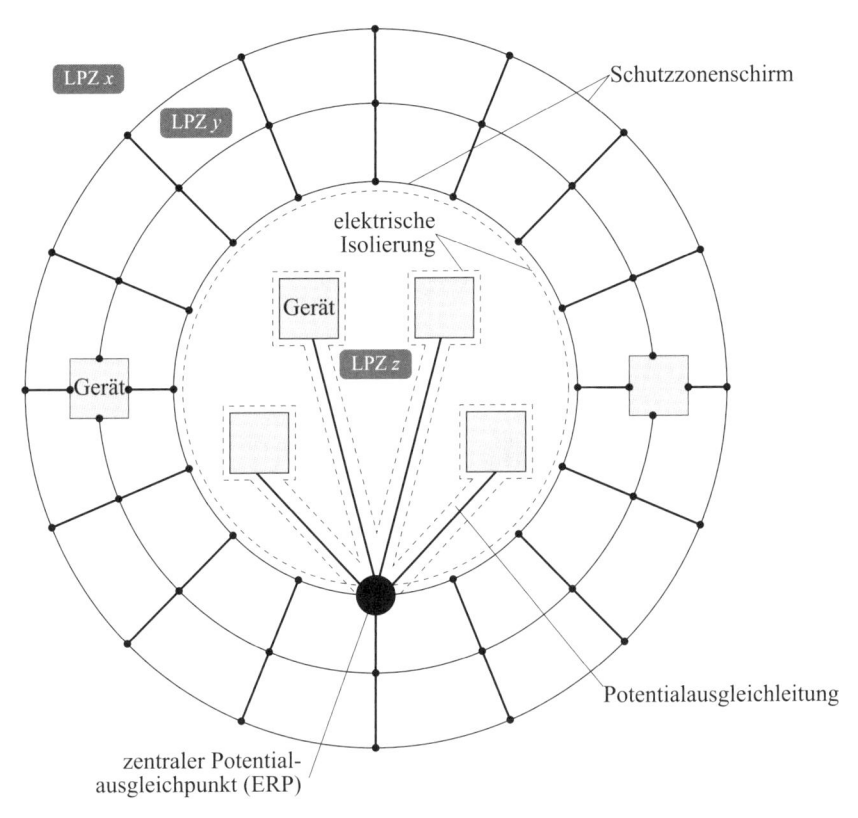

Bild 4.23 Verbindung einer vermaschten (LPZ y) mit einer sternförmigen (LPZ z) Potentialausgleichanlage

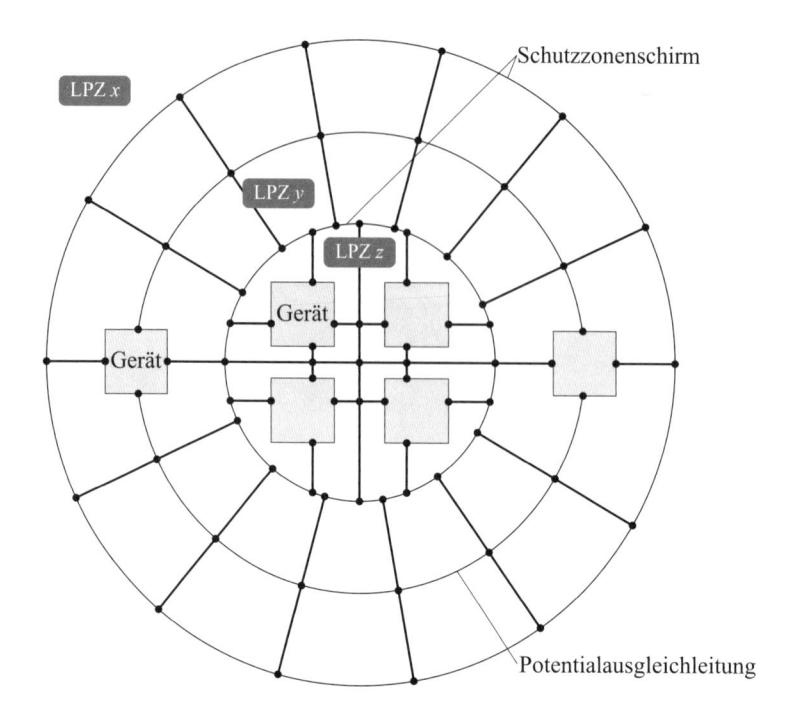

Bild 4.24 Verbindung von zwei vermaschten Potentialausgleichanlagen (LPZ y und LPZ z)

Bild 4.24 zeigt die Verbindung von **zwei vermaschten** Schutzzonen LPZ y und LPZ z, wobei die Schirme in die Potentialausgleichanlagen integriert sind.

Bild 4.25 schließlich zeigt eine **komplexe Schutzzonenstruktur**, in der ineinander geschachtelte Schutzzonen und lokale Schutzzonen mit unterschiedlichen Potentialausgleichkonzepten miteinander verbunden sind.

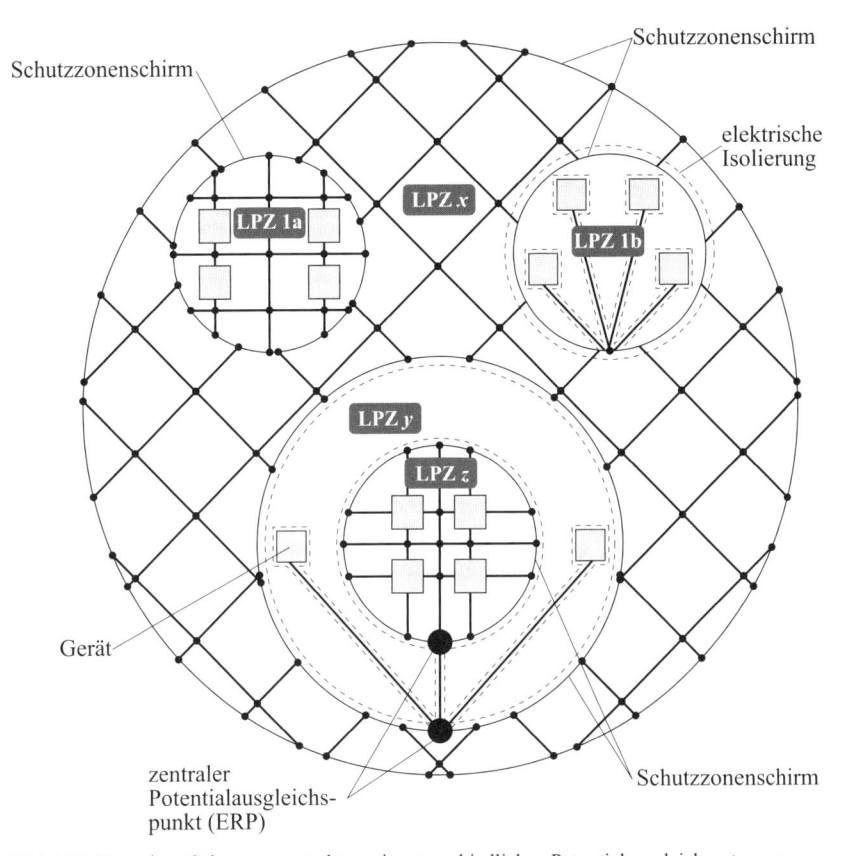

Bild 4.25 Komplexe Schutzzonenstruktur mit unterschiedlichen Potentialausgleichsystemen

4.9 Grundfestigkeit der elektronischen Geräte und Systeme

Im Blitzschutzzonenkonzept müssen die Störgrößen in jeder LPZ soweit herabgesetzt werden, dass sie die Grundfestigkeit der Geräte und Systeme nicht mehr übersteigen. Die Grundfestigkeit umfasst sowohl die Festigkeit gegenüber gestrahlten Störungen als auch gegenüber leitungsgebundenen Störungen.

Bei den **gestrahlten Störungen** sind die magnetischen Impulsfelder dominant, während die energieärmeren elektrischen Impulsfelder vernachlässigt werden können. Weil die gitterförmigen Gebäude- und Raumschirme die Impulsmagnetfelder im Wesentlichen nur in der Amplitude dämpfen, bleibt die Wellenform in erster Näherung in allen Blitzschutzzonen unverändert. Maßgebend ist deshalb das Amplitudendichtespektrum des Blitzstroms (Bild 3.6), dem das magnetische Feld proportional ist.

Als wesentliche Wellenformen sind der erste positive Teilblitz mit 10/350 μs (energetisch und für induzierte Ströme in kurzgeschlossenen Leiterschleifen wichtig) und die Folgeblitze 0,25/100 μs (für induzierte Spannungen in offenen Leiterschleifen wichtig) zu beachten.

Pegel und Prüfverfahren für die Festigkeit von Geräten gegen Magnetfelder werden im Kapitel 6.3.1 ausführlich behandelt.

Bei den **leitungsgebundenen Störungen** sind sowohl für die Schutzkomponenten als auch für die Geräte die zu erwartenden Spannungen und Ströme am jeweiligen Einbauort maßgebend (siehe auch Kapitel 6.2):

Am Gebäudeeintritt sind die anteiligen Blitzströme (typische Wellenform 10/350 μs) von Einschlägen direkt in die bauliche Anlage (S1) oder direkt in die Versorgungsleitungen (S3) die primäre Bedrohung. Sie müssen an der Schnittstelle LPZ 0/1 durch adäquate Beschaltung zur Erde abgeleitet werden.

Innerhalb der Blitzschutzzonen LPZ 1 und höher führen die Leitungen nur noch sehr geringe, anteilige Blitzströme, sodass dort (durch das magnetische Restfeld) induzierte Spannungen und Ströme vorherrschen. Diese Störungen werden in erster Näherung durch eine Leerlaufspannung 1,2/50 μs und einen Kurzschlussstrom 8/20 μs beschrieben. Dieser zeitliche Verlauf der Störgrößen kann auch für die aus LPZ 0_B in LPZ 1 eintretenden Leitungen angenommen werden, wobei die in LPZ 0_B elektrisch und magnetisch induzierten Spannungen und Ströme an der Grenze zur Blitzschutzzone LPZ 1 abgeleitet werden müssen.

Pegel und Prüfverfahren für die Festigkeit von Schutzkomponenten und Geräten gegen leitungsgebundene Stoßwellen werden in Kapitel 6.3.2 ausführlich behandelt.

Je nach Güte der Raumschirme und der Schnittstellenbeschaltungen können bei jedem Zonenübergang Felddämpfungen von 20 dB bis 50 dB und ähnliche Dämpfungswerte auch für die Scheitelwerte der in Leitungen induzierten Störgrößen realisiert werden. Wenn die verbleibenden Störgrößen am Geräteeingang die Grundfestigkeit noch immer übersteigen, kann durch metallene Schirmgehäuse und durch einen Sekundärschutz an den Geräteeingängen (z. B. Varistoren, Suppressordioden oder Filter) der Schutz sichergestellt werden.

4.10 Konzeptionelles Vorgehen

Im Folgenden wird das grundsätzliche planerische Vorgehen zur Erstellung des Blitzschutzzonenkonzepts [42, 43] aufgezeigt, wobei die räumliche Ausgestaltung der Schutzmaßnahmen dargestellt werden soll.

Zuerst werden die **Blitzschutzzonen** festgelegt. In der äußeren Blitzschutzzone **LPZ 0_A** sind direkte Blitzeinschläge möglich, und es herrscht das originale elektromagnetische Feld des Blitzes (**Bild 4.26**). Als Blitzschutzzone **LPZ 1** wird das zu schützende Volumen definiert, z. B. ein Gebäude mit einem Rechenzentrum.

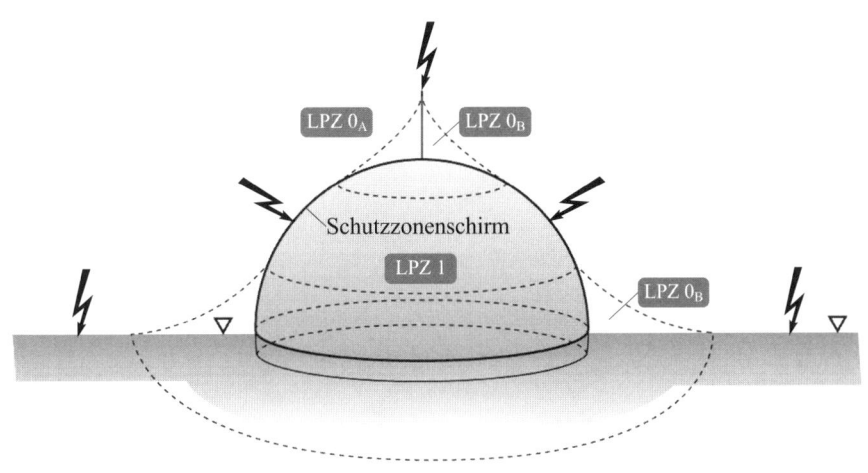

Bild 4.26 Festlegen der Blitzschutzzonen

Als Blitzschutzzone **LPZ 0_B** werden die Bereiche außerhalb von LPZ 1 ermittelt, in denen keine direkten Blitzeinschläge auftreten, wenngleich auch hier noch das originale Feld herrscht. Diese Blitzschutzzone wird, abhängig vom gewählten Gefährdungspegel, mithilfe von Schutzraumbetrachtungen nach dem Blitzkugelverfahren ermittelt, das in Anhang A von DIN EN 62305-1 (**VDE 0185-305-1**) und ausführlich im „Handbuch für Blitzschutz und Erdung" [13] dargestellt ist.

LPZ 1 ist mit einem elektromagnetischen gitterförmigen Schirm umgeben (realisiert z. B. durch Stahlarmierungen, Blechdächer und -fassaden des Gebäudes), sodass die Felder in LPZ 1 gegenüber LPZ 0_A und LPZ 0_B deutlich reduziert werden (typisch 20 dB … 50 dB).

LPZ 1 wird im Bodenbereich durch einen möglichst engmaschigen, internen Flächenerder, z. B. realisiert durch die Stahlarmierung im Kellerboden, abgeschlossen (**Bild 4.27**). Damit wird der Schirm der LPZ 1 geschlossen. Der interne Flächenerder wird an die externen Erder angeschlossen, sodass eine **vermaschte Erdungsanlage** entsteht. Falls es aus betrieblichen Gründen oder aus Gründen des Korrosionsschutzes notwendig ist, kann der Anschluss der externen Erder auch über Trennfunkenstrecken erfolgen.

Alle von außen eintretenden metallenen Installationen und Leitungen werden im **Blitzschutz-Potentialausgleich** an den Schnittstellen LPZ 0_A/1 an den Schirm von LPZ 1 über Potentialausgleichleiter oder SPDs angeschlossen.

Für die etwa auf Erdniveau eintretenden Installationen und Leitungen geschieht dies zweckmäßig mithilfe einer Ring-Potentialausgleichsschiene, die vielfach mit dem Schutzzonenschirm verbunden ist (**Bild 4.28**). Anstelle oder in Ergänzung einer Ring-Potentialausgleichsschiene können auch Einführungsplatten oder lokale Potentialausgleichsschienen installiert werden, die unmittelbar und ausreichend niederimpedant mit dem Schutzzonenschirm verbunden sind.

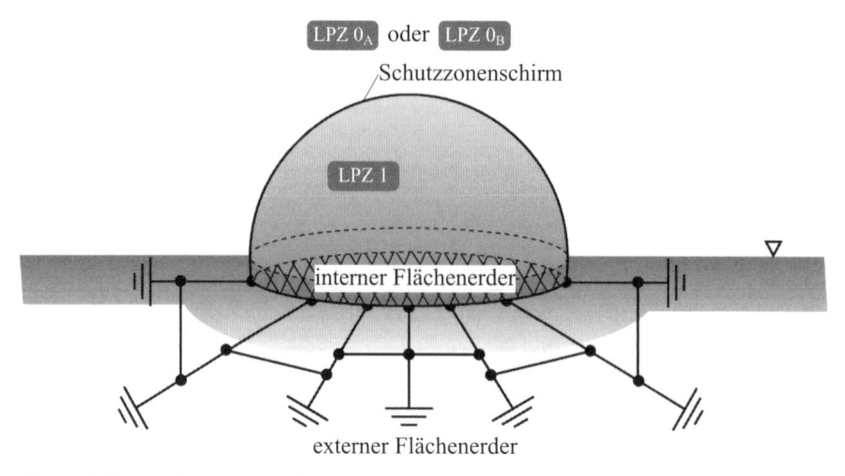

Bild 4.27 Vermaschte Erdungsanlage unter Erdniveau

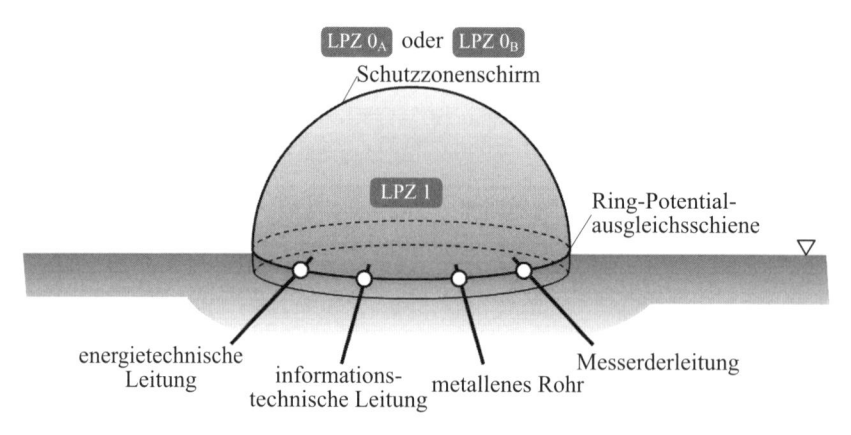

Bild 4.28 Potentialausgleich von externen Versorgungsleitungen auf Erdniveau beim Eintritt in LPZ 1

Die Potentialausgleichleiter und die Überspannungsschutzgeräte müssen in der Lage sein, die anteiligen Blitzströme am jeweiligen Einbauort abzuleiten. Wie im Kapitel 6.2 dargelegt, wird näherungsweise angenommen, dass bei einem Blitzeinschlag direkt in das Gebäude (S1) etwa 50 % des Gesamtblitzstroms über die Erdungsanlage abfließen. Die verbleibenden 50 % verteilen sich gleichmäßig auf die abgehenden Versorgungsleitungen und dort wieder gleichmäßig auf die einzelnen Leiter.

Die oberirdisch in LPZ 1 eintretenden Installationen und Leitungen werden mithilfe örtlicher Potentialausgleichschienen an den Schutzzonenschirm angeschlos-

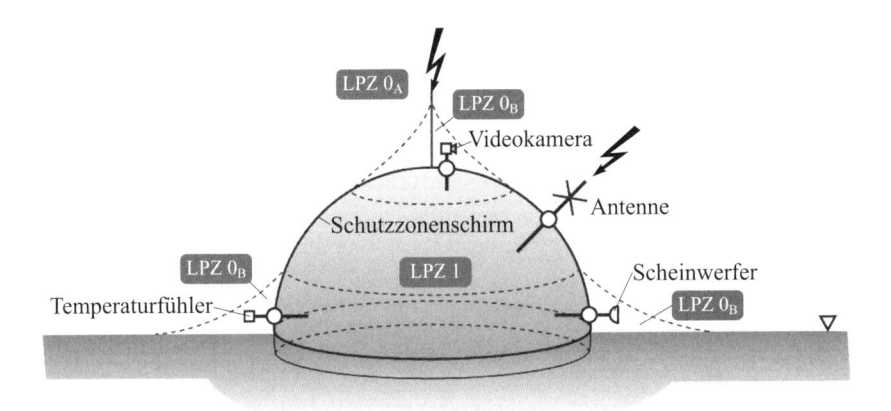

Bild 4.29 Potentialausgleich von oberirdischen Versorgungsleitungen beim Eintritt in LPZ 1

sen (**Bild 4.29**). Man wird in der Regel durch entsprechende Fanganordnungen verhindern, dass periphere Anlagenteile direkt vom Blitz getroffen werden können. Dann müssen die Potentialausgleichleiter und SPDs nur feldinduzierte Störungen beherrschen.

Innerhalb von LPZ 1 können **zusätzliche, innere Blitzschutzzonen**, z. B. für einen Rechnerraum oder empfindliche elektronische Geräte, eingerichtet werden, die mit Schutzzonenschirmen umgeben sind (**Bild 4.30**). Bei Räumen werden die gitterförmigen Schirme in der Regel durch Stahlarmierungen, Blechtüren und ggf. auch geschirmte Fenster, gebildet. Auch hier gilt, dass alle Installationen und Leitungen beim Eintritt in eine Blitzschutzzone mit Potentialausgleichleitern oder SPDs angeschlossen werden. Die abzuleitende Störgröße vermindert sich bei jedem nachfolgenden Zonenübergang um typisch 20 dB.

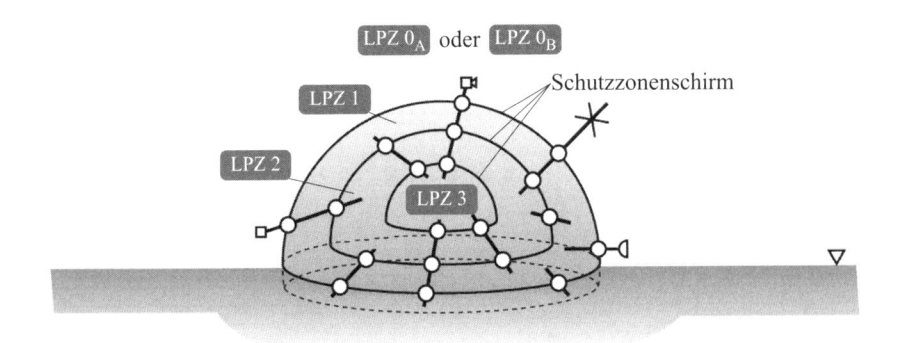

Bild 4.30 Einrichtung zusätzlicher innerer Blitzschutzzonen

Es kann sinnvoll sein, innerhalb einer großräumigen Blitzschutzzone lokale Blitzschutzzonen einzurichten, die z. B. durch blechgehäuseumschlossene Geräte gebildet werden. Die Leitungen zwischen den lokalen Blitzschutzzonen sind wieder an jeder Zonengrenze zu beschalten. Die Beschaltung kann entfallen, wenn die lokalen Blitzschutzzonen durch beidseitiges Auflegen des äußeren Schirms der Verbindungsleitungen zu einer gemeinsamen Blitzschutzzone ausgestaltet werden können.

Ein vermaschtes **Potentialausgleichnetzwerk** ist eine wichtige Grundsatzmaßnahme, insbesondere bei den hier betrachteten, in der Regel räumlich sehr ausgedehnten baulichen Anlagen, bei denen Versorgungssysteme an verschiedenen Stellen von außen eintreten und bei denen vielfältige Leitungsverbindungen auch zwischen räumlich entfernten Systemen und Geräten bestehen. Es durchsetzt in dreidimensionaler Struktur das gesamte zu schützende Volumen über die Blitzschutzzonengrenzen hinweg (**Bild 4.31**).

Im Potentialausgleichnetzwerk werden alle metallenen baulichen Komponenten und metallenen Anlagenteile einschließlich der Schutzzonenschirme und Gerätegehäuse möglichst oft zu einer vermaschten Anlage zusammengeschlossen. Das Gleiche gilt für alle elektrischen Leiter und Leitungsschirme, die betriebsmäßig keine Spannung gegen Erde aufweisen und auch keine Ströme führen, wie zusätzliche äußere Kabelschirme, Schutz- und Erdleiter. Dadurch werden die statischen und transienten Potentialdifferenzen durch eine Vielzahl paralleler, kurzer, induktivitätsarmer Verbindungen minimiert. Das Potentialausgleichnetzwerk stellt damit das Bezugspotential für alle Potentialausgleichmaßnahmen sicher, insbesondere auch für die Beschaltung der Versorgungsleitungen an den Grenzen der LPZs.

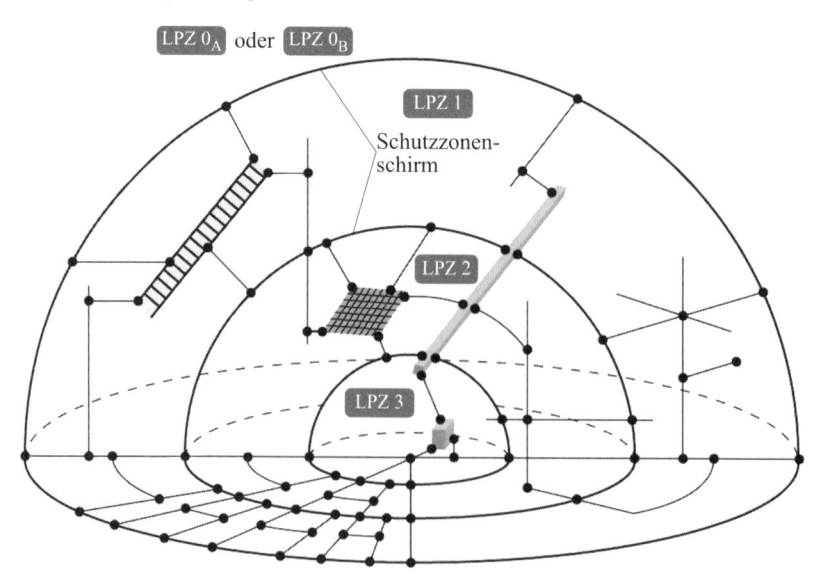

Bild 4.31 Dreidimensional vermaschtes Potentialausgleichnetzwerk

Das vollständige **Erdungssystem** entsteht dann durch Zusammenschließen des Potentialausgleichnetzwerks mit der Erdungsanlage.

Räumlich getrennte, zu Blitzschutzzonen ausgebildete bauliche Anlagen können zu einer durchgehenden Blitzschutzzone zusammengeschlossen werden, wenn zwischen ihnen eine Leitungsschirmanlage, z. B. in Form eines metallenen Rohrs oder eines Blechkanals mit ausreichender Schirmdämpfung und ausreichend niedrigem Kopplungswiderstand, installiert wird (Kapitel 4.3.2). So kann der Gesamtkomplex der baulichen Anlagen zu einer LPZ 1 ausgebildet werden. Zu beachten ist allerdings, dass über die Leitungsschirmanlage erhebliche anteilige Blitzströme fließen können mit der Folge entsprechend hoher Längsspannungen.

Energietechnische Anlagen und Geräte innerhalb des geschützten Volumens können leitungsgebundene und gestrahlte Störungen (SEMP) bedingen.

Wenn diese SEMP-Störungen die in den individuellen LPZs zulässigen Störpegel übersteigen, müssen sie auf ein akzeptables Niveau begrenzt werden. Hierzu werden die SEMP-Störquellen mit einem Schutzzonenschirm, z. B. einem Blechgehäuse, eingeschlossen und als eine Schaltschutzzone SPZ 0 definiert (**Bild 4.32**). Der Schirm reduziert die gestrahlten SEMP-Störungen in den LPZs. Die leitungsgebundenen SEMP-Störungen werden durch Beschaltungen mit SPDs, die hier typisch aus Varistoren und Filtern bestehen und an den Schaltschutzzonengrenzen platziert werden, auf akzeptable Werte in der jeweiligen LPZ begrenzt.

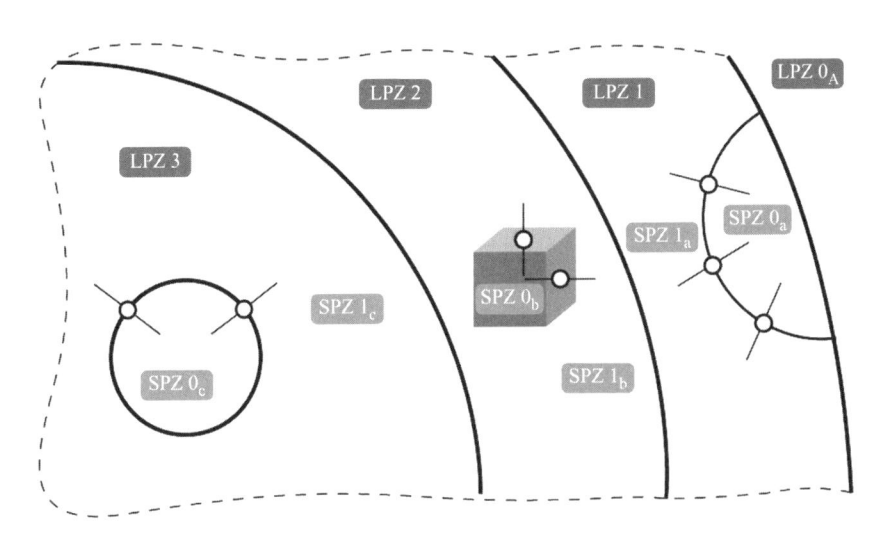

SPZ 0_a z. B. Einspeisung 10 kV/400 V,
SPZ 0_b z. B. Thyristorumrichter,
SPZ 0_c z. B. Unterverteilung 400 V

Bild 4.32 Integrierte Schaltschutzzonen (SPZ)

Bei gefordertem Blitzschutz ermöglicht das Blitzschutzzonenkonzept die EMV-gerechte Strukturierung auch sehr ausgedehnter baulicher Anlagen. Die optimalen Zonenfestlegungen bei der Anlagenplanung sind von großer Bedeutung. Mit der Festlegung der Blitz- und Schaltschutzzonen sind auch die notwendigen Beschaltungsmaßnahmen für die Versorgungsleitungen einschließlich der elektrischen energie- und informationstechnischen Leitungen und die Einbauorte der SPDs an den Schutzzonengrenzen eindeutig festgelegt.

Der Blitzschutz für bauliche Anlagen mit ausgedehnten informationstechnischen Systemen wird immer mehr als eine primäre, übergeordnete EMV-Maßnahme gesehen, die räumlich weit ausgedehnte, energiereiche und breitbandige LEMP-Störungen beherrschen muss, und in die weitere sekundäre EMV-Maßnahmen, z. B. gegen energietechnische Schalthandlungen (SEMP), elektrostatische Entladungen (ESD) oder nukleare elektromagnetische Impulse (NEMP), integriert werden. Der umgekehrte Weg ist nicht gangbar!

Die Umsetzung des Blitzschutzzonenkonzepts in einen Managementplan wird in Kapitel 8 gezeigt, während die Realisierung des Konzepts anhand eines praktischen Beispiels ausführlich in Kapitel 10 dargestellt wird.

5 Der Blitzschutz von Gebäuden und von elektrischen und elektronischen Anlagen

Der gesamte Blitzschutz muss zwei unterschiedliche Schutzziele integrieren:

- den Schutz von baulichen Anlagen und Personen,
- den Schutz von elektrischen und elektronischen Systemen.

Ein vollständiger Blitzschutz **LP** (**l**ightning **p**rotection) nach DIN EN 62305-1 (**VDE 0185-305-1**) umfasst deshalb:

- ein **LPS** (**l**ightning **p**rotection **s**ystem) nach DIN EN 62305-3 (**VDE 0185-305-3**) und bzw. oder
- die **SPM** (**s**urge **p**rotection **m**easures) gegen LEMP nach DIN EN 62305-4 (**VDE 0185-305-4**).

Das Risikomanagement nach DIN EN 62305-2 (**VDE 0185-305-2**) wird dazu verwendet, die Notwendigkeit des Blitzschutzes zu bestimmen, geeignete Schutzmaßnahmen auszuwählen und zu einem abgestimmten gesamten Blitzschutz zu integrieren und ggf. den wirtschaftlichen Nutzen des Blitzschutzes nachzuweisen (nur für die Schadensart L4 (wirtschaftliche Verluste)).

Der Zusammenhang zwischen diesen Teilen der Blitzschutznorm ist in **Bild 5.1** dargestellt.

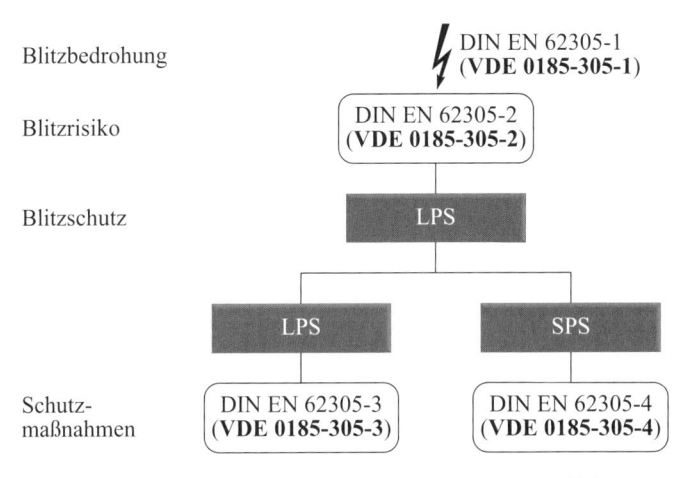

Bild 5.1 Gesamter Blitzschutz nach DIN EN 62305 (**VDE 0185-305**)

5.1 Bauliche Anlagen und Personen DIN EN 62305-3 (VDE 0185-305-3)

DIN EN 62305-3 (**VDE 0185-305-3**) behandelt den Blitzschutz konventioneller Gebäude. Die Blitzschutzaufgabe besteht darin, die Gebäude vor physikalischen Schäden durch mechanische, thermische, chemische und explosive Auswirkungen eines Blitzeinschlags zu schützen und Personen in den Gebäuden vor Verletzungen oder gar dem Tod zu bewahren [10]. Mit dieser Blitzschutzmaßnahme sind auch die materiellen Inhalte in den Gebäuden geschützt mit Ausnahme der elektrischen und elektronischen Systeme.

Das dem Gebäudeblitzschutz zugrunde liegende Prinzip ist schon seit der zweiten Hälfte des 18. Jahrhunderts bekannt [13]. Es wurde im Laufe der Zeit optimiert und ist in der neuen Norm entsprechend dem aktuellen Stand der Technik niedergelegt.

Ein Blitzschutzsystem **LPS** (**l**ightning **p**rotection **s**ystem) nach DIN EN 62305-3 (**VDE 0185-305-3**) (**Bild 5.2**) umfasst folgende Schutzmaßnahmen:

Äußerer Blitzschutz (zum Auffangen, Ableiten und Erden des Blitzstroms):

- Fangeinrichtung aus Fangleitungen und/oder Fangstäben auf dem Gebäude,
- Ableitungseinrichtung mit Ableitungen außen am Gebäude,
- Erdungsanlage im Fundament oder im Boden um das Gebäude.

Innerer Blitzschutz (zum Verhindern gefährlicher Funkenbildung):

- Blitzschutz-Potentialausgleich durch Anschließen aller von außen eintretenden Versorgungsleitungen einschließlich der energie- und informationstechnischen Leitungen,
- Einhalten des Trennungsabstands zwischen den Komponenten des äußeren Blitzschutzes und anderen elektrisch leitenden Komponenten im Gebäude (oder Einbeziehen in den Potentialausgleich, wenn dies nicht möglich ist).

Für das Blitzschutzsystem sind vier **Schutzklassen I, II, III und IV** anhand eines Satzes von Konstruktionsregeln festgelegt, die auf dem entsprechenden **Gefährdungspegel LPL** (**l**ightning **p**rotection **l**evel) beruhen. Jeder Satz umfasst klassenabhängige (z. B. Blitzkugelradius, Maschenweite usw.) und klassenunabhängige (z. B. Querschnitte, Werkstoffe usw.) Konstruktionsregeln. Durch die weitgehende Standardisierung kann die Blitzschutzanlage (bis auf den Blitzschutz-Potentialausgleich für elektrische Installationen und Anlagen) auch von nicht elektrotechnisch ausgebildeten Fachhandwerkern vorschriftsmäßig errichtet werden. Alle Bauteile für solche Blitzschutzanlagen sind als Standardprodukte verfügbar.

Durch die beschriebenen Blitzschutzmaßnahmen ist sichergestellt, dass der Energieeintrag durch die elektromagnetische Blitzeinwirkung in Personen im Gebäude auf ungefährliche Werte (unter 1 J) begrenzt wird.

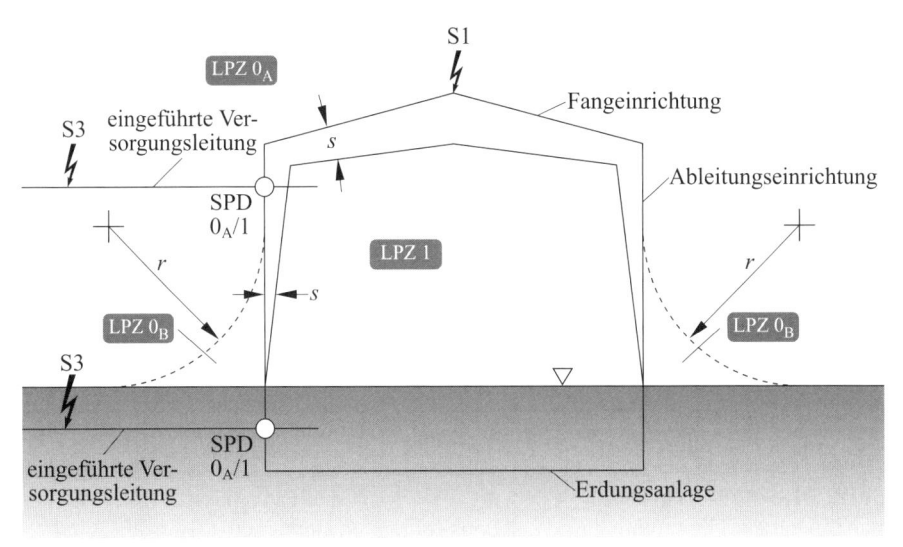

○ Blitzschutz-Potentialausgleich (SPD $0_A/1$, Typ 1)

S1 Blitzeinschlag in die bauliche Anlage,
S3 Blitzeinschlag in eingeführte Versorgungsleitung,
r Blitzkugelradius,
s Trennungsabstand gegen gefährliche Funkenbildung,
LPZ 0_A direkte Blitzeinschläge, voller Blitzstrom,
LPZ 0_B keine direkten Blitzeinschläge, jedoch Teilblitzstrom oder induzierter Strom,
LPZ 1 keine direkten Blitzeinschläge, jedoch Teilblitzstrom oder induzierter Strom;
Anmerkung: Durch Einhalten des Trennungsabstands s ergibt sich das geschützte Volumen innerhalb von LPZ 1.

Bild 5.2 Blitzschutzsystem LPS nach DIN EN 62305-3 (**VDE 0185-305-3**)

Sind neben den Blitzschutzmaßnahmen nach DIN EN 62305-3 (**VDE 0185-305-3**) keine weiterführenden Schutzmaßnahmen nach DIN VDE 0100-534, DIN VDE 0100-717, DIN EN 61663-1 (**VDE 0845-4-1**), DIN EN 61663-2 (**VDE 0845-4-2**) oder DIN EN 62305-4 (**VDE 0185-305-4**) ausgeführt, dann müssen Schäden an elektrischen und elektronischen Systemen in Kauf genommen werden.

5.2 Elektrische und elektronische Systeme DIN EN 62305-4 (VDE 0185-305-4)

DIN EN 62305-4 (**VDE 0185-305-4**) gewährleistet über das Schutzziel von DIN EN 62305-3 (**VDE 0185-305-3**) hinaus auch den Schutz der elektrischen und elektronischen Systeme gegen alle elektromagnetischen Blitzeinwirkungen [11], die unter dem Begriff **elektromagnetischer Blitzimpuls LEMP** (lightning electromagnetic impulse) zusammengefasst werden. Deshalb sind grundlegend unterschiedliche und sehr viel aufwendigere Blitzschutzmaßnahmen erforderlich und die Methoden der **EMV** (elektromagnetische Verträglichkeit) zu berücksichtigen.

Das Schutzprinzip besteht darin, dass die elektromagnetische Kopplungsstrecke zwischen der Blitzstörquelle und der Störsenke so beeinflusst wird, dass die Blitzstörenergie an den Geräten auf ungefährliche Werte abgesenkt ist. Das vergleichsweise energiereiche Blitzstörspektrum gestrahlter und leitungsgebundener Störungen reicht von etwa 10 Hz bis etwa 10 MHz (DIN EN 62305-1 (**VDE 0185-305-1**), Anhang B der Norm).

Der Planer einer solchen Blitzschutzanlage muss fundierte Kenntnisse über die elektromagnetische Blitzstörquelle und die komplexe Methodik der EMV haben. Auf der Basis des vom Planer erstellten und genau spezifizierten Schutzkonzepts können dann die Detailplaner und schließlich die ausführenden Fachhandwerker tätig werden, wobei die Qualitätskontrolle für die gesamte Baumaßnahme sicherzustellen ist.

Ein LEMP-Schutzsystem **SPM** (surge protection measures) nach DIN EN 62305-4 (**VDE 0185-305-4**) (**Bild 5.**3) besteht aus einer individuell angepassten Kombination von einzelnen Schutzmaßnahmen, die aus folgenden Bereichen ausgewählt werden können:

- Erdungsmaßnahmen, durch die der Blitzstrom aufgefangen, abgeleitet und in die Erde verteilt wird (z. B. durch den äußeren Blitzschutz nach DIN EN 62305-3 (**VDE 0185-305-3**) oder einen äußeren räumlichen Schirm nach DIN EN 62305-4 (**VDE 0185-305-4**));
- Potentialausgleichsmaßnahmen, durch die Potentialdifferenzen minimiert werden (z. B. durch ein vermaschtes Potentialausgleichnetzwerk und durch Schutzbeschaltung aller Leitungen an jeder Zonengrenze);
- räumliche Schirmung, durch die das von Blitzeinschlägen hervorgerufene magnetische Feld in der Anlage und damit auch induzierte Spannungen und Ströme minimiert werden;
- Leitungsführung und -schirmung, durch die induzierte Spannungen und Ströme minimiert werden (z. B. durch möglichst kleine Leiterschleifen und durch Verwendung von geschirmten Kabeln oder Kabelkanälen).

Diese Maßnahmen werden durch die Anwendung des EMV-Blitzschutzzonenkonzepts koordiniert [36]. Hierbei wird das zu schützende Volumen in verschiedene innere Blitzschutzzonen LPZ 1 bis LPZ n (mit jeweils festzulegenden elektromagnetischen Störpegeln) unterteilt. Die Blitzstörquelle bestimmt die elektromagnetischen Bedingungen in der äußeren Blitzschutzzone LPZ 0.

Bei der Planung und Errichtung einer solchen Blitzschutzanlage wird wie folgt vorgegangen:

Mit einer einleitenden Risikoanalyse nach DIN EN 62305-2 (**VDE 0185-305-2**) wird die Notwendigkeit von Blitzschutzmaßnahmen ermittelt. Anschließend werden für die bauliche Anlage mit ihren elektrischen und elektronischen Systemen vom

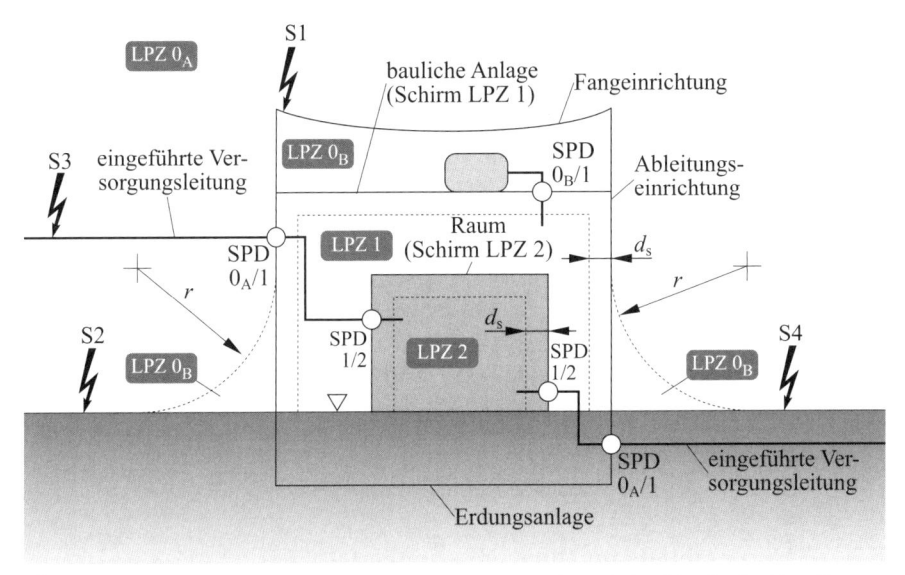

○ Blitzschutz-Potentialausgleich (SPD $0_A/X$, Typ 1, weitere SPDs Typ 2 oder Typ 3)

S1 Blitzeinschlag in die bauliche Anlage,
S2 Blitzeinschlag nahe der baulichen Anlage,
S3 Blitzeinschlag in eingeführte Versorgungsleitung,
S4 Blitzeinschlag nahe der eingeführten Versorgungsleitung,
r Blitzkugelradius,
d_s Sicherheitsabstand gegen zu hohes Magnetfeld,
LPZ 0_A direkte Blitzeinschläge, voller Blitzstrom, volles Magnetfeld,
LPZ 0_B keine direkten Blitzeinschläge, jedoch Teilblitzstrom oder induzierter Strom und volles Magnetfeld,
LPZ 1 keine direkten Blitzeinschläge, jedoch Teilblitzstrom oder induzierter Strom und geschwächtes Magnetfeld,
LPZ 2 keine direkten Blitzeinschläge, jedoch induzierte Ströme und weiter geschwächtes Magnetfeld

Anmerkung: Durch Einhalten der Sicherheitsabstände d_s ergeben sich die geschützten Volumen innerhalb von LPZ 1 und LPZ 2 (siehe Kapitel 5.3 dieses Buchs).

Bild 5.3 LEMP-Schutzsystem SPM nach DIN EN 62305-4 (**VDE 0185-305-4**)

Planer nach technisch/wirtschaftlichen Gesichtspunkten innere Blitzschutzzonen festgelegt, die durch Gebäude-, Raum- und Geräteschirme realisiert werden. Hierzu werden insbesondere bauseits vorhandene Metallstrukturen, z. B. Blechdächer und -fassaden, Stahlarmierungen im Beton und metallene Gitterstrukturen, herangezogen. Eckwerte für die zu errichtenden Blitzschutzzonen sind:

- die Blitzströme und elektromagnetischen Blitzfelder der Störquelle, definiert durch den anzusetzenden Gefährdungspegel,
- die Stör- oder Zerstörfestigkeit der Störsenke, also der elektrischen und elektronischen Systeme, gegen leitungsgebundene und gestrahlte Störungen.

Die rundum geschlossene Gebäudeschirmung übernimmt in der Regel auch die Aufgabe der Fangeinrichtung, der Ableitungseinrichtung und der Erdungsanlage.

An allen Grenzen der Blitzschutzzonen werden die durchtretenden energie- und informationstechnischen Leitungen mit SPDs beschaltet. Diese SPDs sind untereinander und mit der Festigkeit der Eingänge der elektronischen Geräte koordiniert. Die im Gebäude vorhandenen, metallenen Installationen und Komponenten werden zu einem vermaschten Potentialausgleichnetzwerk im Rastermaß von typisch 5 m zusammengeschlossen.

Wie eine Vielzahl ausgeführter Projekte gezeigt hat, belaufen sich die Gesamtkosten bei Neubauten für diesen Blitzstörschutz auf ca. 0,5 % der Kosten für das Gebäude und seine Einrichtungen.

Der Blitzschutz nach DIN EN 62305-4 (**VDE 0185-305-4**) ist also nicht eine nachträgliche Ergänzung des Blitzschutzes nach DIN EN 62305-3 (**VDE 0185-305-3**), sondern eine eigenständige Maßnahme, die in den gesamten Blitzschutz zu integrieren ist.

5.3 Unterschiede im Blitzschutz nach DIN EN 62305-3 (VDE 0185-305-3) und DIN EN 62305-4 (VDE 0185-305-4)

Die Unterschiede zwischen einer Blitzschutzanlage nach DIN EN 62305-3 (**VDE 0185-305-3**) und DIN EN 62305-4 (**VDE 0185-305-4**) sollen anhand von Bildern verdeutlicht werden.

5.3.1 Blitzschutz nach DIN EN 62305-3 (VDE 0185-305-3) (LPS)

Ein Blitzschutzsystem **LPS nach DIN EN 62305-3 (VDE 0185-305-3)** zeigt **Bild 5.4**. Das Gebäude wird mit einer **Fangeinrichtung**, einer **Ableitungseinrichtung** und einer **Erdungsanlage** gemäß einfachen, geometrischen Bauanweisungen ausgestattet. Für alle in das Gebäude eintretenden Versorgungsleitungen einschließlich der energie- und informationstechnischen Leitungen wird nahe der Eintrittsstelle der **Blitzschutz-Potentialausgleich** durchgeführt: Die eintretenden elektrischen energie- und informationstechnischen Leitungen werden über SPDs, die metallene Wasserleitung direkt an die mit der Erdungsanlage verbundenen Potentialausgleichschienen angeschlossen.

Im Gebäude werden größere, metallene Installationen und Einrichtungen, z. B. der Heizungs-, Klima- und Sanitäranlagen, durch Verbindung mit der Erdungsanlage in den Blitzschutz-Potentialausgleich einbezogen. Die Fangeinrichtung und die Ableitungen weisen den nötigen **Trennungsabstand** s zu den metallenen Installationen im Gebäude auf, die dadurch im geschützten Volumen liegen.

Sind neben den Blitzschutzmaßnahmen nach DIN EN 62305-3 (**VDE 0185-305-3**) keine weiterführenden Schutzmaßnahmen nach DIN VDE 0100-534,

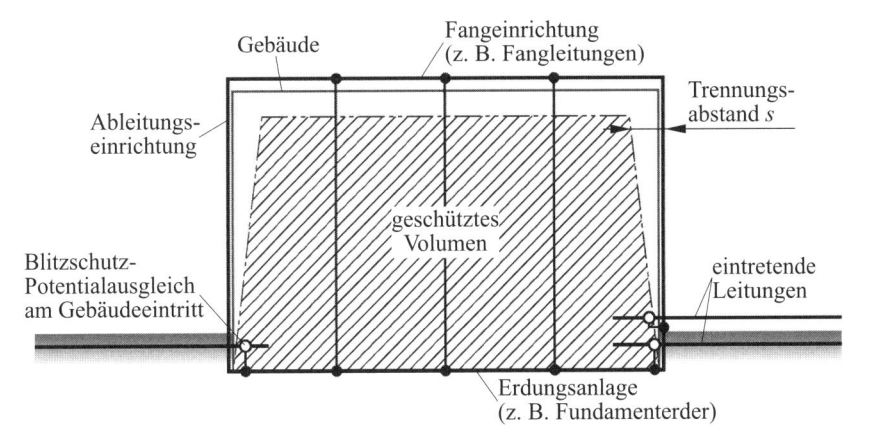

Bild 5.4 Blitzschutz LPS nach DIN EN 62305-3 (**VDE 0185-305-3**): äußerer und innerer Blitzschutz

DIN VDE 0100-717, DIN EN 61663-1 (**VDE 0845-4-1**), DIN EN 61663-2 (**VDE 0845-4-2**) oder DIN EN 62305-4 (**VDE 0185-305-4**) ausgeführt, dann müssen Schäden an elektrischen und elektronischen Systemen in Kauf genommen werden.

5.3.2 Blitzschutz nach DIN EN 62305-4 (VDE 0185-305-4) (SPM)

Ein LEMP-Schutzsystem **SPM nach DIN EN 62305-4 (VDE 0185-305-4)** zeigen die Bilder 5.5 bis 5.9. Die Komponenten dieser Anlagen schützen die elektrischen und elektronischen Systeme des Gebäudes nach EMV-Gesichtspunkten. Hierbei wird nach dem Blitzschutzzonenkonzept verfahren.

In LPZ 0 außerhalb des zu schützenden Gebäudes ist die elektromagnetische Blitzstörquelle uneingeschränkt wirksam (**Bild 5.5**).

In **LPZ 0_A** sind direkte Blitzeinschläge möglich, und es herrscht das originale elektromagnetische Blitzfeld.

Die **LPZ 0_B** wird nach DIN EN 62305-3 (**VDE 0185-305-3**) mit dem Blitzkugelverfahren [13, 36] ermittelt. Der Blitzkugelradius beträgt je nach anzusetzendem Gefährdungspegel 20 m bis 60 m (Tabelle 3.2). Die Blitzkugel wird in allen möglichen Positionen um das zu schützende Gebäude herum- und über es hinweggerollt. Der nicht von der Blitzkugel berührte Bereich ist LPZ 0_B zugeordnet.

In LPZ 0_B sind direkte Blitzeinschläge im Rahmen des gewählten Gefährdungspegels ausgeschlossen, aber es herrscht das originale elektromagnetische Blitzfeld.

Durch eine Fangeinrichtung auf dem Dach wird erreicht, dass die Dachaufbauten in LPZ 0_B liegen. Auch die Seitenwände gehören zu LPZ 0_B, zumindest der Bereich mit Höhen bis zum Wert des Blitzkugelradius (Seiteneinschläge müssen nach DIN EN 62305-3 (**VDE 0185-305-3**) erst für Höhen über 60 m berücksichtigt werden).

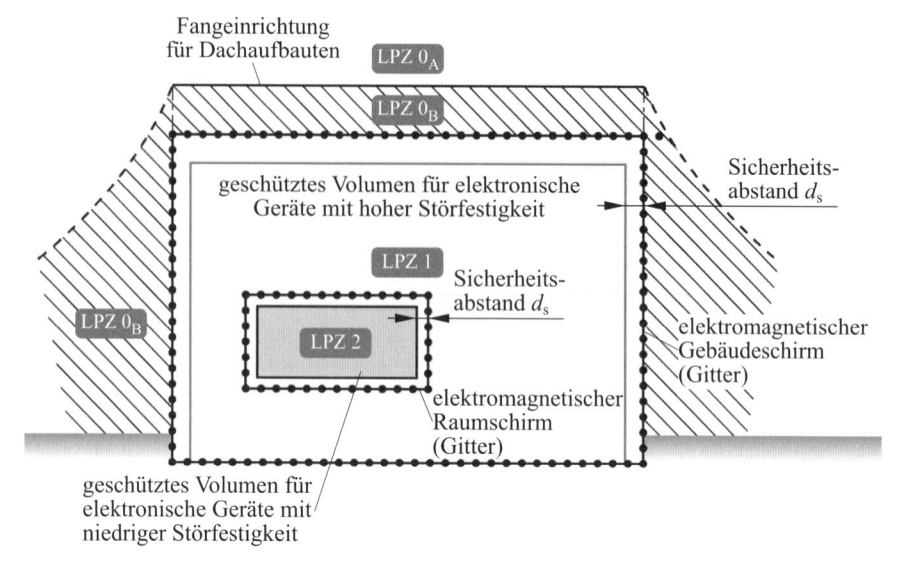

Bild 5.5 LEMP-Schutz SPM nach DIN EN 62305-4 (**VDE 0185-305-4**):
LPZs mit elektromagnetischen Gebäude- und Raumschirmen

Das originale, elektromagnetische Blitzfeld wird durch elektromagnetische Gebäude- und Raumschirme auf ungefährliche Werte reduziert.

Im Gebäudeinneren wird eine **LPZ 1** mit deutlich reduzierten elektromagnetischen Feldern errichtet. Dazu wird mithilfe der bauseits vorhandenen Stahlarmierung im Beton des Dachs, der Außenwände und des Kellerbodens sowie der metallenen Fenster- und Türrahmen für das gesamte Gebäude ein geschlossener, elektromagnetischer Gebäudeschirm ausgebildet.

Eine noch weitergehende geschirmte **LPZ 2** für besonders sensible elektronische Systeme wird durch einen elektromagnetischen Raumschirm geschaffen.

Von den Gebäude- und Raumschirmen wird ein ausreichender **Sicherheitsabstand d_s** gegen zu hohe Impulsmagnetfelder zu den installierten elektronischen Systemen eingehalten.

Innerhalb des Gebäudes ist ein eng vermaschtes **Potentialausgleichnetzwerk** realisiert (**Bild 5.6**), in das alle metallenen Komponenten einschließlich der Gebäude- und Raumschirme sowie der metallenen Gerätegehäuse einbezogen sind.

Das Potentialausgleichnetzwerk ist vielfach an die vermaschte **Erdungsanlage** angeschlossen, womit ein **vermaschtes Erdungssystem** gebildet wird.

Alle energie- und informationstechnischen Leitungen, die in eine Blitzschutzzone eintreten, werden an ihrer Eintrittsstelle mit SPDs beschaltet und damit in den Blitzschutz-Potentialausgleich einbezogen (**Bild 5.7**).

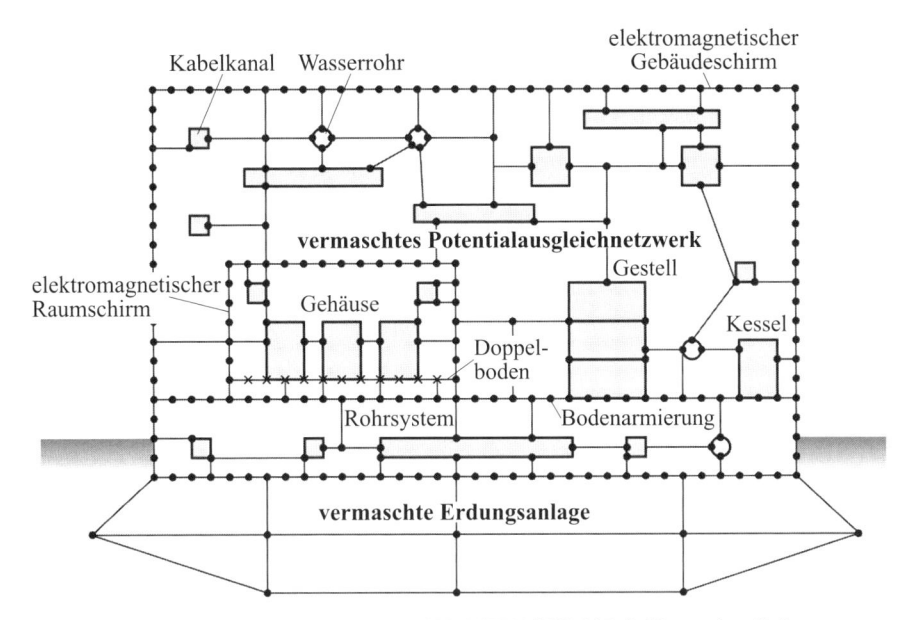

Bild 5.6 LEMP-Schutz SPM nach DIN EN 62305-4 (**VDE 0185-305-4**): Vermaschtes Erdungssystem (Potentialausgleichnetzwerk und Erdungsanlage)

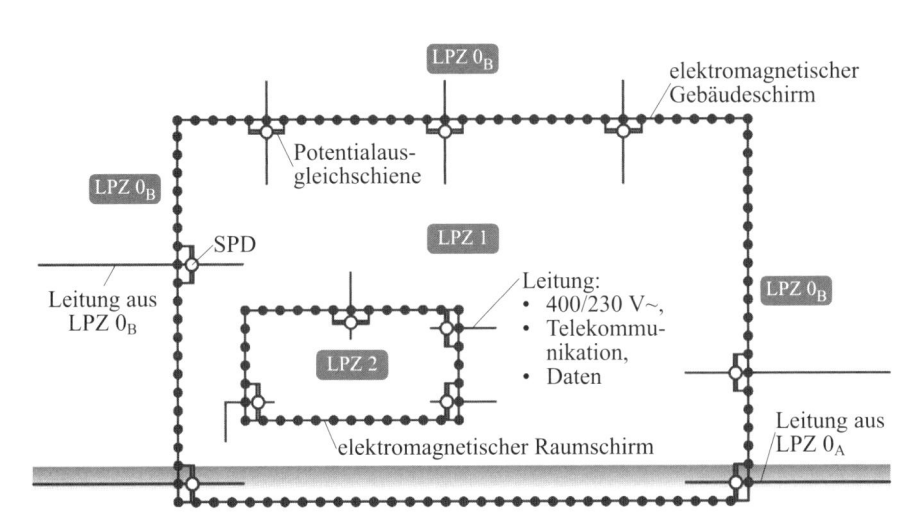

Bild 5.7 LEMP-Schutz SPM nach DIN EN 62305-4 (**VDE 0185-305-4**): Beschaltung der Leitungen mit SPDs an den Eintrittsstellen in die LPZs

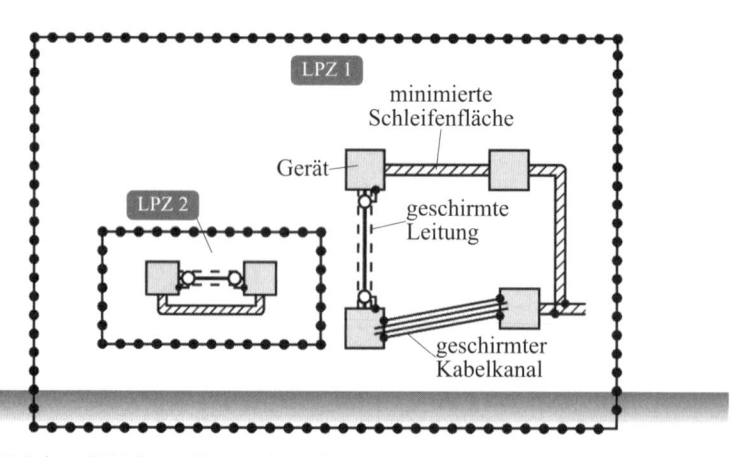

Bild 5.8 LEMP-Schutz SPM: kontrollierte Leitungsführung und Einsatz von Leitungsschirmung

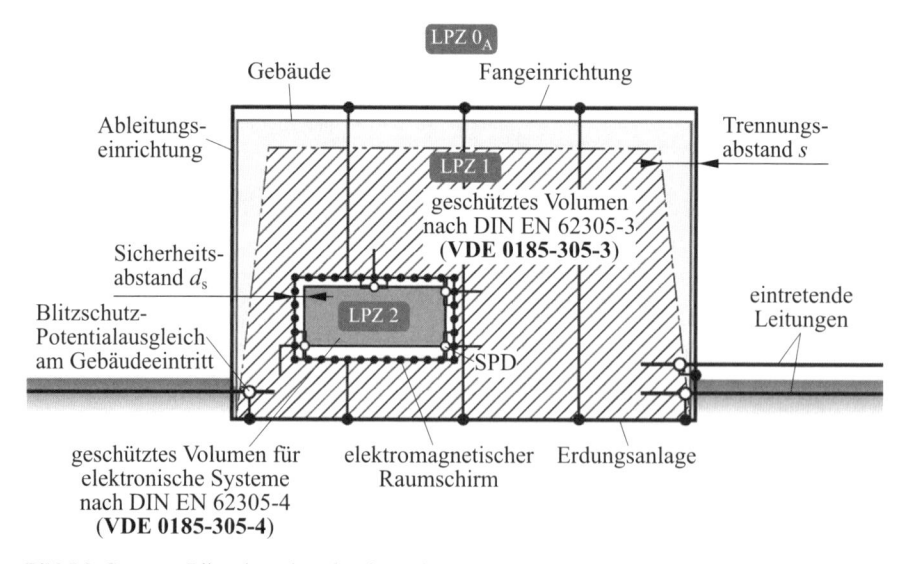

Bild 5.9 Gesamter Blitzschutz, bestehend aus einem Blitzschutzsystem LPS nach DIN EN 62305-3 (**VDE 0185-305-3**) (LPZ 1) und einem LEMP-Schutzsystem SPM mit lokaler Blitzschutzzone nach DIN EN 62305-4 (**VDE 0185-305-4**) (LPZ 2)

SPDs für die aus LPZ 0_A in LPZ 1 eintretenden Leitungen müssen Blitzstromableiter sein; für die aus LPZ 0_B in LPZ 1 oder aus LPZ 1 in LPZ 2 eintretenden Leitungen genügen Überspannungsableiter.

Die SPDs sind individuell einerseits auf die durch die Blitzentladung vorgegebene Beanspruchung und andererseits auf die Zerstörfestigkeit gegen leitungsgebundene Störungen der zu schützenden elektrischen und elektronischen Systeme abgestimmt. Dies erfordert auch eine Koordination der SPDs untereinander.

Für die Installationstechnik in den inneren Blitzschutzzonen LPZ 1 und LPZ 2 (**Bild 5.8**) sind Maßnahmen für die **Leitungsschirmung** (z. B. äußere Geflechtschirme oder geschirmte Kabelkanäle) und für die **Leitungsführung** (Vermeidung von unzulässigen Induktionsschleifen) ggf. festzulegen.

Die beiden hier beschriebenen Blitzschutznormen mit ihren unterschiedlichen Zielsetzungen müssen in einen abgestimmten gesamten Blitzschutz integriert werden. Wie im Beispiel von **Bild 5.9** dargestellt, kann dazu in ein nach DIN EN 62305-3 (**VDE 0185-305-3**) mit einem Blitzschutzsystem LPS geschütztes Gebäude ein lokaler, nach DIN EN 62305-4 (**VDE 0185-305-4**) mit einem LEMP-Schutzsystem SPM geschützter Bereich integriert werden.

Hier wird für die elektronischen Systeme in einem Gebäude eine lokale LPZ 2 eingerichtet, wobei durch die Gebäude-Blitzschutzanlage gewährleistet ist, dass sich LPZ 2 vollständig innerhalb des nach DIN EN 62305-3 (**VDE 0185-305-3**) geschützten Volumens befindet.

Die in das Gebäude aus LPZ 0_A eintretenden energie- und informationstechnischen Leitungen werden am Eintritt in LPZ 1 mit Blitzstromableitern beschaltet. Für alle in LPZ 2 eintretenden Leitungen genügen Überspannungsableiter.

Bild 5.10 zeigt ein Beispiel für die Ausführung des LEMP-Blitzschutzes SPM nach DIN EN 62305-4 (**VDE 0185-305-4**) an einem großen Bürogebäude. Die Gebäudeschirmung von LPZ 1 wird erreicht durch die Stahlarmierungen im Beton und die metallenen Fassaden. Hochempfindliche, elektronische Geräte in LPZ 2 werden mit metallenen Schirmgehäusen zusätzlich geschützt. Um ein vermaschtes Potentialausgleichnetzwerk installieren zu können, sind in jedem Raum mehrere Potentialausgleichanschlüsse (z. B. Erdungsfestpunkte) vorgesehen. Als Besonderheit liegt hier die 20-kV-Energieversorgungsanlage innerhalb einer eingestülpten LPZ 0_A. Nach dieser Methode kann verfahren werden, wenn die Installation von blitzstromtragfähigen Überspannungsschutzgeräten auf der Hochspannungsseite unmittelbar am Gebäudeeintritt nicht möglich ist.

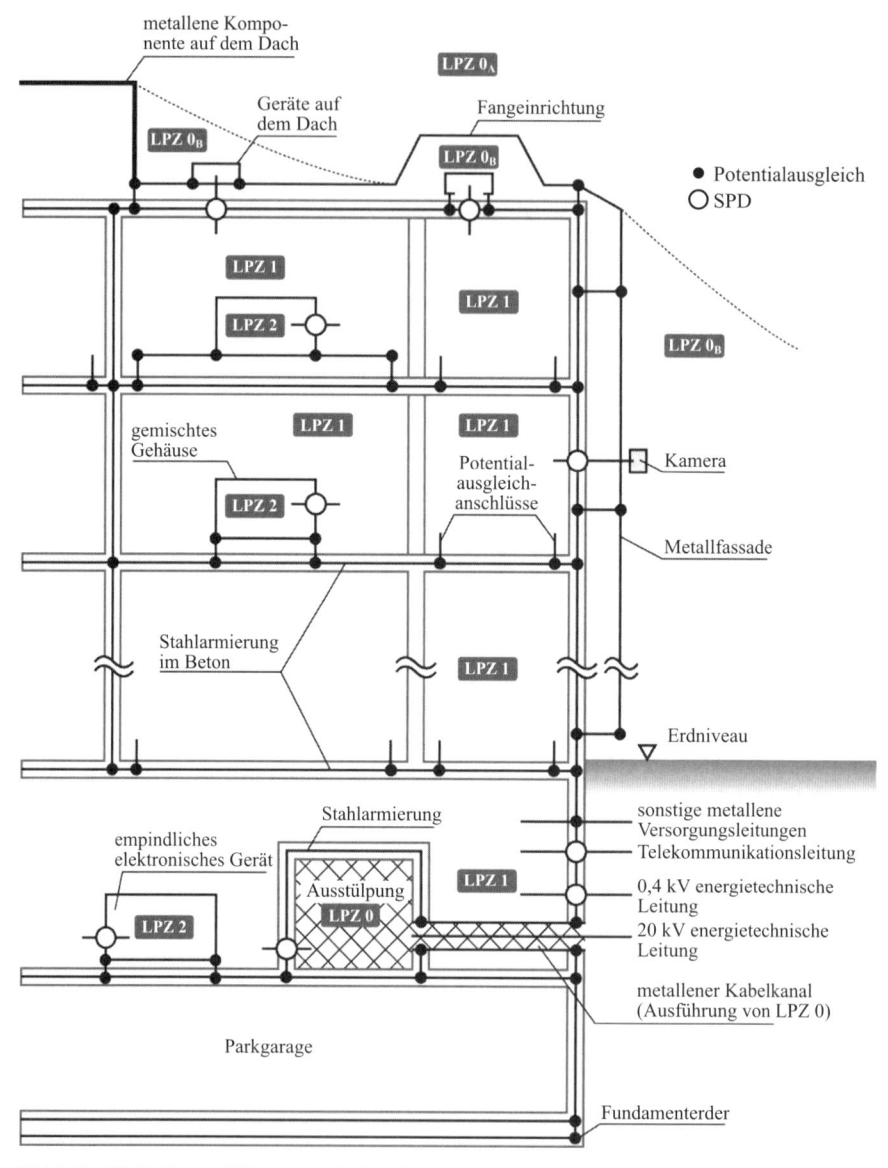

Bild 5.10 LEMP-Schutz SPM nach DIN EN 62305-4 (**VDE 0185-305-4**):
Blitzschutzzonen, Schirmung, Potentialausgleich und Erdung in einem Bürogebäude

6 Schutzmaßnahmen gegen LEMP (SPM – surge protective measures)

6.1 Wahl des Gefährdungspegels

Für die gesamte zu schützende, bauliche Anlage sind die Gefährdungspegel LPL zu bestimmen, wobei für Gebäudekomplexe mit unterschiedlichen Schutzanforderungen unterschiedliche Gefährdungspegel festgelegt werden können (z. B. für einen üblichen Büro-Gebäudekomplex LPL III und für einen Gebäudekomplex, in dem ein Leittechniksystem mit sehr hohen Sicherheitsanforderungen installiert ist, LPL I).

Mit der Festlegung des Gefährdungspegels sind definiert:

- die Maximalwerte der Blitzstromparameter (Tabelle 3.1 dieses Buchs und DIN EN 62305-1 (**VDE 0185-305-1**), Tabelle 3, Anhang A und Anhang B der Norm),
- die Minimalwerte der Blitzstromparameter und der Blitzkugelradius (Tabelle 3.2 dieses Buchs und DIN EN 62305-1 (**VDE 0185-305-1**), Tabelle 4 der Norm).

Typische Gefährdungspegel, die aber von der Blitzschutzfachkraft im Einzelfall definitiv festzulegen sind, können sein:

- **LPL I**: Kernkraftwerk, Chemieanlage, explosionsgefährdete Anlage, Großrechenzentrum, Überwachungsanlage zur Verhinderung von Katastrophen, Tower eines Flughafens,
- **LPL II**: Industrieanlage, Krankenhaus, Großbank, Zentralverwaltungsgebäude,
- **LPL III**: Bürogebäude, Verwaltungsgebäude.

Eine Orientierungshilfe für die Festlegung des Gefährdungspegels LPL kann auch die Zuordnung von baulichen Anlagen zur Schutzklasse von Blitzschutzsystemen nach Beiblatt 1 zu DIN EN 62305-3 (**VDE 0185-305-3**) sein, da die Schutzklasse nach dem zugehörigen Gefährdungspegel ausgelegt ist. Das Beiblatt verweist auch auf die Richtlinie VdS 2010 der Sachversicherer, die eine Übersicht gesetzlicher Vorgaben und eine mögliche Zuordnung der Schutzklasse für bauliche Anlagen bietet. Weitere Angaben zur Schutzklasse für besondere bauliche Anlagen enthält Beiblatt 2 zu DIN EN 62305-3 (**VDE 0185-305-3**).

6.2 Bestimmung der Stoßwellen am Einbauort

Für die Bedrohung und für die Auslegung von Leitungen, Geräten und Schutzelementen sind die am jeweiligen Einbauort zu erwartenden Stoßwellen maßgebend (siehe Anhang E von DIN EN 62305-1 (**VDE 0185-305-1**)). Da der Blitzstrom ein eingeprägter Strom ist, werden im Folgenden nur die Stoßströme abhängig vom Einbauort ermittelt.

6.2.1 Stoßströme aus direkten Einschlägen in die bauliche Anlage (S1)

Bei Blitzeinschlägen direkt in die bauliche Anlage (S1) müssen die anteiligen Blitzströme (typische Wellenform 10/350 µs) ermittelt werden, die an den Schnittstellen LPZ $0_A/1$ über die einzelnen, aus LPZ 0_A kommenden Versorgungsleitungen (metallene Rohrleitungen, elektrische energie- und informationstechnische Leitungen) abfließen. Hierbei kann nach Gl. (E.4) von DIN EN 62305-1 (**VDE 0185-305-1**) vereinfachend angenommen werden, dass je 50 % des Blitzstroms I als Strom I_E über die Erdungsanlage und als Strom I_S über die Versorgungsleitungen abfließen (**Bild 6.1**). Weiterhin kann bei gleichen Impedanzen angenommen werden, dass sich I_S gleichmäßig auf die n Versorgungsleitungen aufteilt, sodass auf jeder Versorgungsleitung $I_I = I_S/n$ fließt. In jeder Versorgungsleitung wiederum teilt sich der Strom nach Gl. (E.5) von DIN EN 62305-1 (**VDE 0185-305-1**) bei gleichen Impedanzen gleichmäßig auf die m einzelnen Leiter und Schirme auf, sodass hier ein Strom $I_c = I_I/m$ fließt.

Kommt beispielsweise nur eine zweiadrige, **energietechnische Leitung** aus LPZ 0_A, so fließen maximal 50 % des Blitzstroms über diese Leitung (entsprechend 25 % je Leiter).

Eine genauere Berechnung der Blitzstromaufteilung, die sicherlich nur in Ausnahmefällen notwendig ist, kann nach den Gln. (E.1) bis (E.6) in DIN EN 62305-1 (**VDE 0185-305-1**) Anhang E der Norm durchgeführt werden. Dabei werden neben der Zahl der Leitungen auch die äquivalenten Erdungswiderstände der Leitungen und des Gebäudes berücksichtigt.

Auch die Stromaufteilung auf einen Leiterschirm und die von ihm umschlossenen m Leiter kann nach diesen Gleichungen genauer bestimmt werden: Nimmt man an, dass sich der Strom I_I entsprechend dem Widerstandsbelag des Schirms R_S in Ω/m und dem Widerstandsbelag jedes Leiters R_c in Ω/m aufteilt, so gilt:

$$I_{\text{Schirm}} = \frac{I_I \cdot R_c}{R_c + m \cdot R_S}.$$

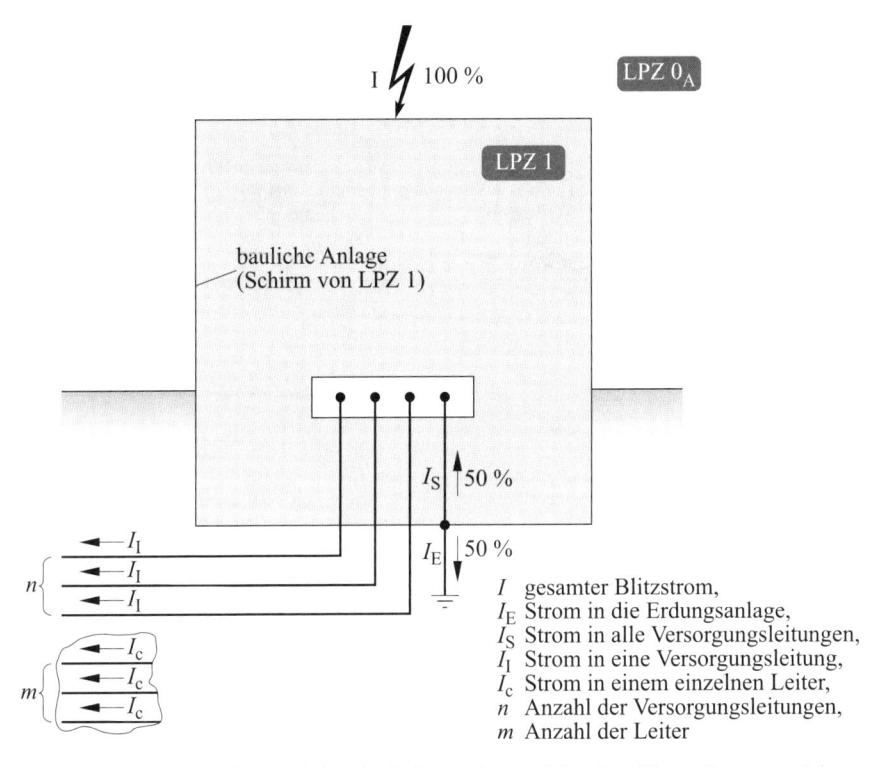

Bild 6.1 Blitzstromverteilung zwischen der Erdungsanlage und den eingeführten Versorgungsleitungen

Für den Strom über jeden der m Leiter gilt nach Gl. (E.6) von DIN EN 62305 (**VDE 0185-305-1**):

$$I_c = \frac{I_I \cdot R_S}{R_c + m \cdot R_S}.$$

6.2.2 Stoßströme aus indirekten Einschlägen und Induktionswirkungen

Neben den Stoßströmen aus direkten Einschlägen in die bauliche Anlage (S1) entstehen weitere Stoßströme aus Einschlägen neben der baulichen Anlage (S2), in eine Versorgungsleitung (S3), neben einer Versorgungsleitung (S4) oder durch die Induktionswirkung des magnetischen Blitzfelds. Im Anhang E von DIN EN 62305-1 (**VDE 0185-305-1**) sind die in diesen Fällen zu erwartenden Stoßströme zusammengestellt (**Tabelle 6.1** und **Tabelle 6.2**).

LPL	Niederspannungssysteme			
	Einschlag in die Leitung	Einschlag nahe der Leitung	Einschlag nahe der baulichen Anlage[1]	Einschlag in die bauliche Anlage[1]
	Schadensquelle S3 (direkter Einschlag)[2] Wellenform 10/350 µs in kA	Schadensquelle S4 (indirekter Einschlag)[3] Wellenform 8/20 µs in kA	Schadensquelle S2 (induzierter Strom) Wellenform[4] 8/20 µs in kA	Schadensquelle S1 (induzierter Strom) Wellenform[4] 8/20 µs in kA
III oder IV	5	2,5	0,1	5
II	7,5	3,75	0,15	7,5
I	10	5	0,2	10

Anmerkung: Alle Werte beziehen sich auf den einzelnen Leiter.

[1] Die Verlegung der Leiterschleife und ihr Abstand vom induzierenden Strom beeinflussen die Werte der zu erwartenden Stoßströme. Die Werte der Tabelle E.3 in DIN EN 62305-1 (**VDE 0185-305-1**) gelten für kurzgeschlossene ungeschirmte Leiterschleifen mit unterschiedlicher Leitungsführung in großen baulichen Anlagen (Schleifenfläche in der Größenordnung von 50 m², Breite = 5 m), 1 m entfernt von der Außenwand und innerhalb einer baulichen Anlage ohne räumlichen Schirm oder nur mit einem LPS ($K_c = 0,5$). Für andere Eigenschaften der Leiterschleife oder der baulichen Anlage sollten die Werte mit den Faktoren K_{S1}, K_{S2}, K_{S3} (siehe DIN EN 62305-2 (**VDE 0185-305-2**), Abschnitt B.4 der Norm) multipliziert werden.
[2] Die Werte gelten für den Blitzeinschlag in den letzten Mast der Leitung nahe dem Verbraucher und für eine Mehrphasenleitung (drei Außenleiter und Neutralleiter).
[3] Die Werte beziehen sich auf Freileitungen. Für Erdkabel können die Werte halbiert werden.
[4] Induktivität und Widerstand der Leiterschleife beeinflussen die Wellenform des induzierten Stroms. Wenn der Schleifenwiderstand vernachlässigbar ist, sollte die Wellenform 10/350 µs angenommen werden. Dies ist der Fall, wenn ein Schaltertyp-SPD in der induzierten Leiterschleife installiert ist.

Tabelle 6.1 Zu erwartende Stoßströme durch Blitzeinschlag bei Niederspannungssystemen (Tabelle E.2 aus DIN EN 62305-1 (**VDE 0185-305-1**))

*Anmerkung: Es sei ausdrücklich darauf hingewiesen, dass die für die Schadensquelle S3 angegebenen Stoßströme nur für **ferne** Blitzeinschläge in die Versorgungsleitung gelten. Bei Einschlägen in die Versorgungsleitung **nahe** an der zu schützenden baulichen Anlage können erheblich größere Stoßströme auftreten (siehe Kapitel 4.6 dieses Buchs).*

LPL	Telekommunikationssysteme[1]			
	Einschlag in die Leitung	Einschlag nahe der Leitung	Einschlag nahe der baulichen Anlage[2]	Einschlag in die bauliche Anlage[2]
	Schadensquelle S3 (direkter Einschlag)[3] Wellenform 10/350 µs in kA	Schadensquelle S4 (indirekter Einschlag)[4] Wellenform 8/20 µs in kA	Schadensquelle S2 (induzierter Strom) Wellenform 8/20 µs in kA	Schadensquelle S1 (induzierter Strom) Wellenform 8/20 µs in kA
III oder IV	1	0,035	0,1	5
II	1,5	0,085	0,15	7,5
I	2	0,160	0,2	10
Anmerkung: Alle Werte beziehen sich auf den einzelnen Leiter.				

[1] Weitere Informationen sind in der ITU-T-Empfehlung K.67 angegeben.
[2] Die Verlegung der Leiterschleife und ihr Abstand vom induzierenden Strom beeinflussen die Werte der zu erwartenden Stoßströme. Die Werte der Tabelle E.3 in DIN EN 62305-1 (**VDE 0185-305-1**) gelten für kurzgeschlossene ungeschirmte Leiterschleifen mit unterschiedlicher Leitungsführung in großen baulichen Anlagen (Schleifenfläche in der Größenordnung von 50 m², Breite = 5 m), 1 m entfernt von der Außenwand und innerhalb einer baulichen Anlage ohne räumlichen Schirm oder nur mit einem LPS ($K_c = 0,5$). Für andere Eigenschaften der Leiterschleife oder der baulichen Anlage sollten die Werte mit den Faktoren K_{S1}, K_{S2}, K_{S3} (siehe DIN EN 62305-2 (**VDE 0185-305-2**), Abschnitt B.4 der Norm) multipliziert werden.
[3] Die Werte beziehen sich auf ungeschirmte Leitungen mit vielen Leiterpaaren. Für eine ungeschirmte Zweidrahtleitung können die Werte fünffach größer sein.
[4] Die Werte beziehen sich auf ungeschirmte Freileitungen. Für Erdkabel können die Werte halbiert werden.

Tabelle 6.2 Zu erwartende Stoßströme durch Blitzeinschlag bei Telekommunikationssystemen (Tabelle E.3 aus DIN EN 62305-1 (**VDE 0185-305-1**))

6.2.2.1 Stoßströme bei Einschlägen in eine Versorgungsleitung (S3)

Bei fernen Blitzeinschlägen direkt in eine Versorgungsleitung (S3) fließt der Blitzstrom (typische Wellenform 10/350 µs) von der Einschlagstelle aus hälftig in beide Richtungen. Zudem vermindert sich der Strom bis zum Gebäudeeintritt weiter, weil wegen der endlichen Durchschlag- bzw. Überschlagspannung der jeweiligen Leitung eine weitere Begrenzung eintritt. Im Allgemeinen ist deshalb die Belastung in diesem Fall nicht höher als bei einem Blitzeinschlag direkt in das Gebäude.

Anmerkung: In Sonderfällen (z. B. bei Blitzeinschlag in einen benachbarten Turm, der über ein Kabel mit dem betrachteten Gebäude verbunden ist) kann ein höherer anteiliger Blitzstrom zu erwarten sein, als der für einen direkten Blitzeinschlag in das Gebäude berechnete (siehe Kapitel 4.6). Dann bestimmt dieser höhere Wert die Auslegung der Schutzmaßnahme.

Die üblicherweise zu erwartenden Stoßströme bei fernen Blitzeinschlägen direkt in eine Versorgungsleitung (S3) können den entsprechenden Spalten der Tabelle 6.1 und Tabelle 6.2 entnommen werden.

6.2.2.2 Stoßströme bei Einschlägen nahe einer Versorgungsleitung (S4)

Stoßströme durch Blitzeinschläge nahe von Versorgungsleitungen (S4) haben sehr viel geringere Energieinhalte als solche durch Blitzeinschläge in die Versorgungsleitungen (S3).

Die üblicherweise zu erwartenden Stoßströme bei Blitzeinschlägen nahe einer Versorgungsleitung (S4) können den entsprechenden Spalten der Tabelle 6.1 und Tabelle 6.2 entnommen werden.

6.2.2.3 Stoßströme aus Induktionswirkungen (S1 oder S2)

Hinter den am Gebäudeeintritt an der Schnittstelle LPZ $0_A/1$ installierten SPDs ist die Energie der Stoßströme deutlich reduziert und die Wellenform ändert sich hin zu kürzeren Impulsen (typische Wellenform 8/20 µs). Trotzdem verbleiben als Bedrohung Stoßströme, die aus den reduzierten Strömen am Ausgang der SPDs an der Schnittstelle LPZ $0_A/1$ bestehen, die sich aber durch Induktionseffekte des magnetischen Felds noch vergrößern können. Das magnetische Feld kann durch Blitzeinschläge nahe dem Gebäude (S2) oder durch Blitzströme, die beim direkten Einschlag (S1) in Leitern des äußeren Blitzschutzes oder des äußeren Schirms der LPZ 1 fließen, hervorgerufen werden. Solche sekundären Stoßströme müssen an den Eingängen von Geräten besonders in LPZ 1 und an den Schnittstellen LPZ 1/2 und höher beachtet werden.

Stoßströme in einer ungeschirmten LPZ 1

In einer ungeschirmten LPZ 1 (z. B. geschützt nur durch einen äußeren Blitzschutz nach DIN EN 62305-3 (**VDE 0185-305-3**) mit typischen Abständen der Ableitungen größer als 10 m und Maschenweiten größer 5 m) müssen relativ hohe Stoßströme infolge der praktisch ungedämpften Impulsmagnetfelder erwartet werden. Hinzu kommen Stoßströme am Ausgang der Blitzstromableiter an der Schnittstelle LPZ $0_A/1$.

Die üblicherweise zu erwartenden, induzierten Stoßströme bei Blitzeinschlägen in die bauliche Anlage (S1) oder nahe der baulichen Anlage (S2) können den entsprechenden Spalten der Tabelle 6.1 und Tabelle 6.2 entnommen werden.

Stoßströme in geschirmten LPZs

In wirksam geschirmten LPZs (nach DIN EN 62305-4 (**VDE 0185-305-4**) mit typischen Maschenweiten kleiner 5 m) sind die Impulsmagnetfelder soweit gedämpft, dass nur noch eine geringe Induktionswirkung auftritt, die deshalb vernachlässigt werden kann.

Innerhalb von LPZ 1 verbleiben die reduzierten Stoßströme am Ausgang der Blitzstromableiter an der Schnittstelle LPZ $0_A/1$ zusammen mit den Induktionseffekten des durch den Schirm von LPZ 1 gedämpften magnetischen Felds.

Innerhalb von LPZ 2 verbleiben die weiter reduzierten Stoßströme am Ausgang der Überspannungsableiter an der Schnittstelle LPZ 1/2. Die Induktionseffekte sind wegen der kaskadierten Schirme von LPZ 1 und LPZ 2 praktisch vernachlässigbar.

6.3 Festigkeit der elektronischen Geräte

Für den Schutz gegen Blitzeinwirkungen wird die **Zerstörfestigkeit** (in Sonderfällen auch die Störfestigkeit) der elektronischen Geräte gegen Störbeanspruchungen bestimmt, wie sie in den Prüfnormen DIN EN 61000-4-5 (**VDE 0847-4-5**), DIN EN 61000-4-9 (**VDE 0847-4-9**) und DIN EN 61000-4-10 (**VDE 0847-4-10**) festgelegt sind. In den Normen sind neben den Prüfverfahren auch Prüfschärfegrade festgelegt, mit denen eine definierte Störfestigkeit der elektronischen Geräte nachgewiesen wird. Die Werte der Zerstörfestigkeit liegen meistens über den Werten der Störfestigkeit, können aber mit den gleichen Prüfverfahren ermittelt werden.

6.3.1 Festigkeit gegen Magnetfelder

Für die Festlegung der Anzahl der inneren Blitzschutzzonen sind primär die Zerstörfestigkeiten der elektronischen Geräte bzw. Systeme gegen **gestrahlte** Blitzstörungen, also gegen die Impulsmagnetfelder des ersten positiven Teilblitzes und der Folgeblitze, von Bedeutung.

Das **Impulsmagnetfeld des ersten positiven Teilblitzes** (10/350 µs) kann in der Stirn durch einen Impuls 8/20 µs (Stirnzeit und Rückenhalbwertzeit) bzw. durch eine gedämpfte Schwingung von 25 kHz simuliert werden (siehe DIN EN 62305-4 (**VDE 0185-305-4**), Anhang A der Norm). Prüfverfahren zum Nachweis der Stör- bzw. Zerstörfestigkeit gegen diesen Impuls sind in DIN EN 61000-4-9 (**VDE 0847-4-9**) festgelegt.

Tabelle 6.3 zeigt die Zuordnung der Scheitelwerte des Impulsmagnetfelds zu den Prüfschärfegraden 1 bis X. Damit können also die nach DIN EN 61000-4-9 (**VDE 0847-4-9**) bestimmten Festigkeiten der elektronischen Geräte bzw. Systeme direkt auf die Beanspruchung durch das Impulsmagnetfeld des ersten positiven Teilblitzes bezogen werden.

Prüfschärfegrad	Scheitelwert des Impulsmagnetfelds 8/20 µs in A/m (Nachbildung des ersten positiven Teilblitzes)
1	(nicht anwendbar)
2	(nicht anwendbar)
3	100
4	300
5	1 000
X	(gemäß Produktspezifikation)
Anmerkung: Die in der Norm definierte Kurvenform 6,4/16 µs (Anstiegszeit und Impulsdauer) entspricht einem Impuls 8/20 µs (Stirnzeit und Rückenhalbwertzeit).	

Tabelle 6.3 Scheitelwerte des Impulsmagnetfelds 8/20 µs nach DIN EN 61000-4-9 (**VDE 0847-4-9**), Tabelle 1 der Norm

Prüfschärfegrad	Scheitelwert des Impulsmagnetfelds 1 MHz in A/m (Nachbildung der Folgestoßströme)
1	(nicht anwendbar)
2	(nicht anwendbar)
3	10
4	30
5	100
X	(gemäß Produktspezifikation)

Tabelle 6.4 Scheitelwerte des Impulsmagnetfelds 1 MHz nach DIN EN 61000-4-10 (**VDE 0847-4-10**), Tabelle 1 der Norm

Das **Impulsmagnetfeld der Folgeblitze** (0,25/100 µs) kann in der Stirn durch eine gedämpfte Schwingung von 1 MHz bzw. einen Impuls 0,2/5 µs (Stirnzeit und Rückenhalbwertzeit) simuliert werden (siehe DIN EN 62305-4 (**VDE 0185-305-4**), Anhang A der Norm). Prüfverfahren zum Nachweis der Stör- bzw. Zerstörfestigkeit gegen diesen Impuls sind in DIN EN 61000-4-10 (**VDE 0847-4-10**) festgelegt. **Tabelle 6.4** zeigt die Zuordnung der Scheitelwerte des Impulsmagnetfelds zu den Prüfschärfegraden 1 bis X. Damit können also die nach DIN EN 61000-4-10 (**VDE 0847-4-10**) bestimmten Festigkeiten der elektronischen Geräte bzw. Systeme direkt auf die Beanspruchung durch das Impulsmagnetfeld der multiplen Folgeblitze bezogen werden.

Vom Lieferanten der elektronischen Systeme ist die Festigkeit der Geräte gegenüber Impulsmagnetfeldern, nachgewiesen durch die oben beschriebenen Prüfverfahren, zu erfragen. Ist die Zerstörfestigkeit nicht bekannt, wird hilfsweise die Störfestigkeit zugrunde gelegt; ist diese Störfestigkeit nicht bekannt, kann üblicherweise der kleinste Wert aus den Tabellen zugrunde gelegt werden.

Mit der Einrichtung der inneren Blitzschutzzonen, d. h. der Gebäude- und Raumschirme, wird die Kopplung zwischen der Blitzstörquelle und der Gerätestörsenke so weit reduziert, dass an den elektronischen Systemen keine unzulässig hohen Impulsmagnetfelder auftreten. Um dies zu kontrollieren, sind nun die magnetischen Feldstärken näherungsweise zu ermitteln, die beim ersten positiven Teilblitz und bei den Folgeblitzen in LPZ 1 erwartet werden. Diese gestrahlte Störung wird mit den Zerstörfestigkeiten der elektronischen Systeme verglichen. Hierbei wird unterschieden zwischen einem möglichen direkten Blitzeinschlag in das Gebäude (S1) und einem möglichen nahen Blitzeinschlag (S2). Die Berechnungen sind in DIN EN 62305-4 (**VDE 0185-305-4**), Anhang A der Norm angegeben.

6.3.2 Festigkeit gegen Stoßspannungen und Stoßströme

6.3.2.1 Festigkeit im energietechnischen Netz

Für das **energietechnische Netz** (50 Hz, Niederspannungsanlage 230/400 V) sind in DIN EN 60664-1 (**VDE 0110-1**) **Überspannungskategorien I bis IV** sowie die

Überspannungskategorie	Bemessungsstoßspannung in kV
IV	6,0
III	4,0
II	2,5
I	1,5

Tabelle 6.5 Überspannungskategorien nach DIN EN 60664-1 (**VDE 0110-1**)

Einbauorte für Betriebsmittel (auch Geräte) und deren Bemessungsstoßspannungen vorgegeben (**Tabelle 6.5**).

6.3.2.2 Festigkeit von Geräten

Für **elektrische und elektronische Geräte** und Systeme wird die Störfestigkeit gegen leitungsgebundene Stoßwellen in DIN EN 61000-4-5 (**VDE 0847-4-5**) durch **Prüfschärfegrade** festgelegt. Zur Prüfung wird ein Hybridgenerator verwendet, der im Leerlauf eine Stoßspannung 1,2/50 µs und im Kurzschluss einen Stoßstrom 8/20 µs erzeugt. **Tabelle 6.6** zeigt die Prüfschärfegrade mit den zugehörigen Leerlaufstoßspannungen für die Geräteprüfung nach DIN EN 61000-4-5 (**VDE 0847-4-5**).

Mit analogen, modifizierten Prüfverfahren kann auch die Zerstörfestigkeit nachgewiesen werden. Ist diese nicht bekannt, wird hilfsweise die Störfestigkeit zugrunde gelegt bzw. der kleinste Wert aus den Tabellen angesetzt.

Anmerkung: Die erforderliche Festigkeit der Geräte kann auch durch SPDs an den Geräteeingängen erreicht werden, wobei diese mit den vorgeschalteten SPDs zu koordinieren sind.

Prüfschärfegrad DIN EN 61000-4-5 (VDE 0847-4-5)	Leerlaufspannung in kV	Typische Installationsbedingungen (Klassifizierung nach Anhang B.3 DIN EN 61000-4-5 (VDE 0847-4-5))
0	–	gut geschützte elektrische Umgebung
1	0,5	teilweise geschützte elektrische Umgebung
2	1	Kabel gut voneinander getrennt
3	2	Kabel parallel verlaufend
4	4	Kabel zusammen mit Stromversorgungskabeln verlegt
X	besondere Festlegung	

Tabelle 6.6 Prüfschärfegrade für die Geräteprüfung mit einem 2-Ω-Hybridgenerator nach DIN EN 61000-4-5 (**VDE 0847-4-5**)

6.4 Erdungsmaßnahmen

Das **Erdungssystem** (**Bild 6.2**) besteht aus

- der Erdungsanlage (in Kontakt mit der Erde),
- dem Potentialausgleichnetzwerk (nicht in Kontakt mit der Erde).

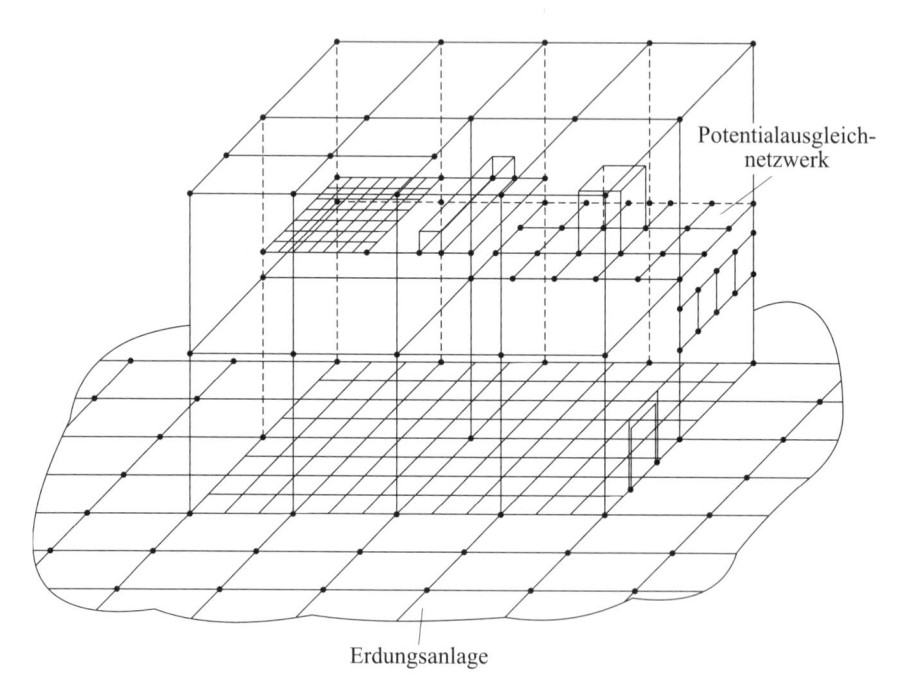

Bild 6.2 Beispiel für ein Erdungssystem als Kombination eines Potentialausgleichnetzwerks und einer Erdungsanlage

6.4.1 Erdungsanlage

Die **Erdungsanlage** (Beispiel siehe **Bild 6.3**) gewährleistet, dass ein größtmöglicher Anteil des Blitzstroms in die Erde abgeleitet wird, ohne dass gefährliche Potentialdifferenzen in der Erdungsanlage entstehen [44]. Dies wird durch ein vermaschtes Netzwerk unter dem und um das Gebäude erreicht.

Die Erdungsanlage, in die die Armierung des Betonfundaments einbezogen ist, bildet typischerweise den Schirm von LPZ 1 an der Gebäudeunterseite.

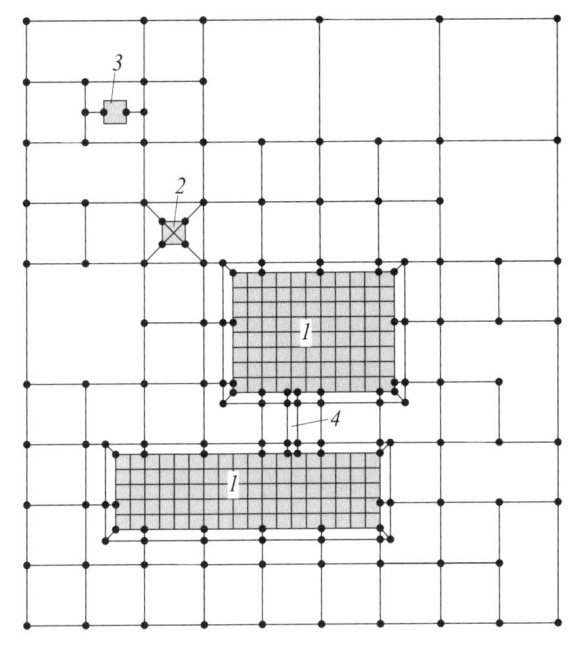

1 Gebäude mit vermaschter Armierung im Betonfundament,
2 Turmfundament,
3 Gerät,
4 Kabelkanal

Bild 6.3 Grundriss einer vermaschten Erdungsanlage eines Fabrikgeländes

6.4.2 Potentialausgleichnetzwerk

Das **Potentialausgleichnetzwerk** wird durch vielfache Verbindungen aller metallenen Komponenten mithilfe von Potentialausgleichleitern realisiert, wodurch ein dreidimensionales, vermaschtes Netzwerk mit einer typischen Maschenweite von 5 m erstellt wird. Typische Komponenten des Netzwerks sind:

- alle metallenen Installationen (z. B. Kessel und Rohrleitungen),
- Armierungen im Beton in Böden, Wänden und Decken,
- Gitterroste (z. B. Zwischenböden),
- Metalltreppen, -türen und -rahmen,
- Kabelkanäle,
- Racks und Gerätegehäuse,
- Schutzleiter PE der elektrischen Installation.

Die Schirme der Blitzschutzzonen, die z. B. aus metallenen Dächern, metallenen Fassaden und Armierungen im Beton gebildet werden (**Bild 6.4**), werden ebenfalls mit Potentialausgleichleitern mindestens in Bodennähe, typisch alle 5 m, und dort, wo sich metallene Komponenten an die Schirme annähern oder anschließen, an das Potentialausgleichnetzwerk angeschlossen.

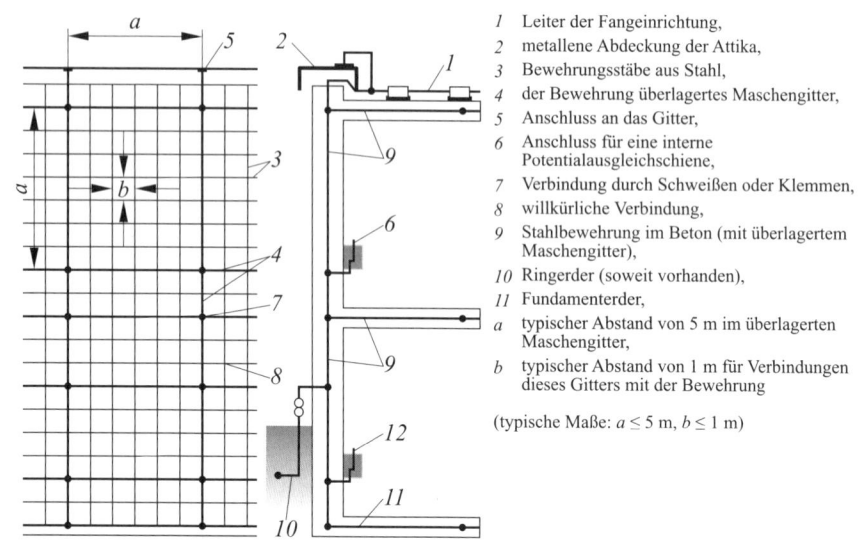

Bild 6.4 Verwendung der Armierungsstäbe einer baulichen Anlage für Potentialausgleich und räumliche Schirmung

Legende:

1 Leiter der Fangeinrichtung,
2 metallene Abdeckung der Attika,
3 Bewehrungsstäbe aus Stahl,
4 der Bewehrung überlagertes Maschengitter,
5 Anschluss an das Gitter,
6 Anschluss für eine interne Potentialausgleichschiene,
7 Verbindung durch Schweißen oder Klemmen,
8 willkürliche Verbindung,
9 Stahlbewehrung im Beton (mit überlagertem Maschengitter),
10 Ringerder (soweit vorhanden),
11 Fundamenterder,
a typischer Abstand von 5 m im überlagerten Maschengitter,
b typischer Abstand von 1 m für Verbindungen dieses Gitters mit der Bewehrung

(typische Maße: $a \leq 5$ m, $b \leq 1$ m)

Es sind Potentialausgleichschienen, als lokale Schienen oder als Ringschienen, zu installieren, damit Gehäuse und Racks von elektronischen Geräten mit ausreichend kurzen Verbindungen in das Potentialausgleichnetzwerk integriert und elektrische Leitungen beim Eintritt in die Blitzschutzzonen in den Potentialausgleich einbezogen werden können (**Bild 6.5**). Die lokalen Potentialausgleichschienen müssen mit Potentialausgleichleitern, die nicht länger als 1 m sein sollen, angeschlossen werden. Es ist vorteilhaft Erdungsfestpunkte vorzusehen. Ausgedehnte Potentialausgleichschienen müssen typisch alle 5 m angeschlossen werden.

Mit dem Potentialausgleichnetzwerk werden

- durch ein System niedriger Impedanz über einen weiten Frequenzbereich gefährliche Potentialdifferenzen zwischen allen Anlageteilen vermieden,
- die magnetischen Felder in einem breiten Frequenzbereich durch die Bildung unterschiedlichster Reduktionsschleifen reduziert (etwa um den Faktor 2 bzw. um etwa 6 dB, wie im Kapitel 6.7.3 gezeigt),
- Metallstrukturen geschaffen, in deren Feldschatten elektrische Leitungen verlegt werden können (z. B. U-Schienen).

Die Verbindung des Potentialausgleichnetzwerks, typisch alle 5 m, mit der Erdungsanlage, ergibt das vollständige Erdungssystem.

1 energietechnisches Gerät,
2 Stahlaufbau,
3 Metallfassade,
4 Anschlusspunkt an die Armierung,
5 elektronisches Gerät,
6 Potentialausgleichschiene,
7 Armierung im Beton
(mit überlagerten vermaschten Leitern),
8 Fundamenterder,
9 Eintrittsöffnung für Versorgungsleitungen, einschließlich Energie- und Daten-Leitungen

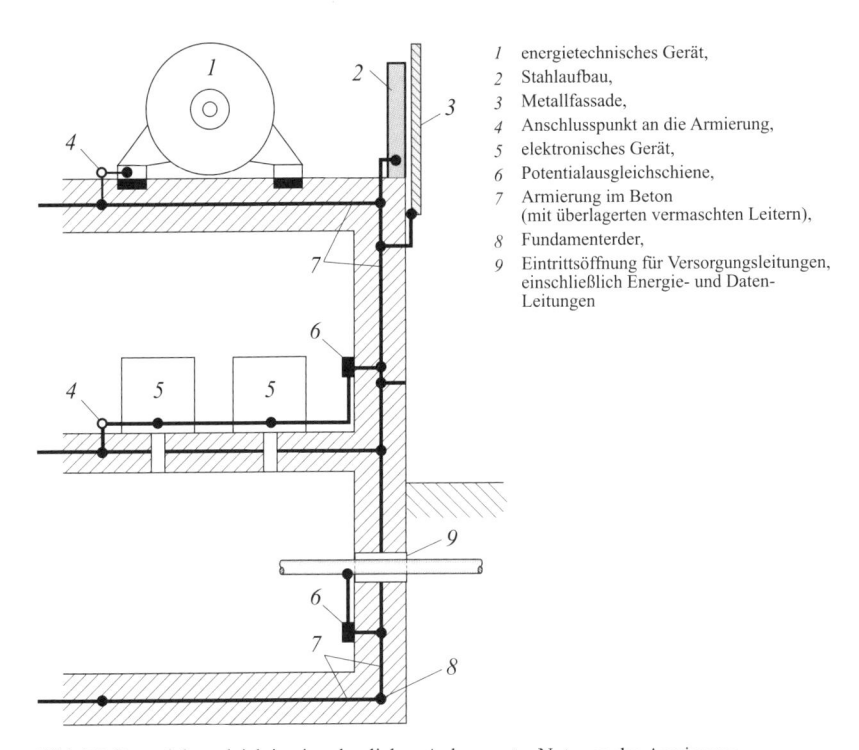

Bild 6.5 Potentialausgleich in einer baulichen Anlage unter Nutzung der Armierung

6.5 Potentialausgleichmaßnahmen

6.5.1 Potentialausgleich eintretender Versorgungsleitungen

Der Potentialausgleich für alle metallenen Versorgungsleitungen beim Eintritt in innere Blitzschutzzonen LPZ 1 und höher ist eine wesentliche Schutzmaßnahme. Er verhindert Potentialdifferenzen zwischen den leitfähigen Teilen der baulichen Anlage und den eintretenden Leitungen, und zwar gleichermaßen bei Blitzeinschlägen in die bauliche Anlage wie bei Blitzeinschlägen in die oder nahe den eintretenden Versorgungsleitungen.

Dazu werden alle nicht spannungs- oder stromführenden Leitungen (metallene Rohrleitungen, Kabelschirme, unbenutzte Leiter, Schutzleiter PE) an der Eintrittsstelle an die dortige Potentialausgleichschiene (PAS) **galvanisch** angeschlossen. Spannungs- oder stromführende Leiter von energie- und informationstechnischen Leitungen werden mit **SPDs** angeschlossen, sodass Störungen auf definierte Pegel begrenzt werden.

Diese Potentialausgleichmaßnahmen sind nach dem Blitzschutzzonenkonzept ausschließlich beim Eintritt in eine innere LPZ zu realisieren. Dadurch müssen die energie- und informationstechnischen Leitungen nur an den Grenzen der Blitzschutzzonen identifiziert werden, um die notwendigen Beschaltungen festlegen zu können.

Beim Eintritt der energie- und informationstechnischen Leitungen in LPZ 1 ist zu klären, ob die Leitungen aus LPZ 0_A oder LPZ 0_B kommen; im ersten Fall fließen auf den Leitungen anteilige Blitzströme, im zweiten Fall führen die Leitungen nur elektromagnetisch induzierte Störungen. Erdverlegte Leitungen sind in der Regel LPZ 0_A zuzuordnen.

6.5.2 Integration der elektrischen und elektronischen Systeme

Leitfähige Teile der elektrischen und elektronischen Systeme (wie Schränke, Gehäuse, Gestelle) müssen in den Potentialausgleich einbezogen werden. Dafür gibt es zwei grundsätzliche Anordnungen (**Bild 6.6**).

Die S-Konfiguration ist nur für kleine, lokale und streng kontrollierte Systeme geeignet. Die räumliche Ausdehnung ist auf wenige Meter beschränkt, da die Potentialausgleichleitungen bei Störfrequenzen bis zu 1 MHz nur bis zu Längen von wenigen Metern eine ausreichend niedrige Impedanz aufweisen.

grundsätzliche Anordnung	sternförmige Anordnung S	maschenförmige Anordnung M
	S	M
Integration in das Potentialausgleichnetzwerk	S_s	M_m
	ERP	

— Potentialausgleichnetzwerk,
— Potentialausgleichleiter,
▯ Gerät,
• Anschlusspunkt an das Potentialausgleichnetzwerk,

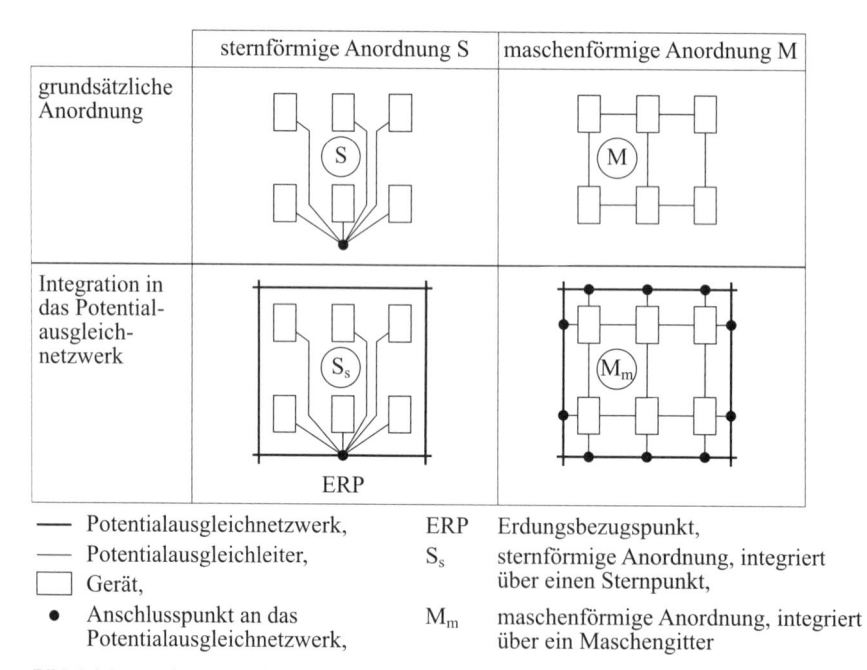

ERP Erdungsbezugspunkt,
S_s sternförmige Anordnung, integriert über einen Sternpunkt,
M_m maschenförmige Anordnung, integriert über ein Maschengitter

Bild 6.6 Integration von elektronischen Systemen in das Potentialausgleichnetzwerk (DIN EN 62305-4 (**VDE 0185-305-4**), Bild 9 der Norm)

Die M-Konfiguration ist der Regelfall, da sie für beliebig ausgedehnte und erweiterbare Systeme angewendet werden kann.

Wenn die Sternpunktanordnung S verwendet wird, müssen alle metallenen Komponenten des elektronischen Systems gegen das Potentialausgleichnetzwerk ausreichend isoliert sein. Die Sternpunktanordnung S darf an das Potentialausgleichnetzwerk nur an einem einzigen Erdungsbezugspunkt (ERP) angeschlossen werden, wodurch sich die Anordnung S_s ergibt. In diesem Fall müssen auch alle Leitungen zwischen den individuellen Geräten parallel zu der Sternpunktanordnung der Potentialausgleichleitungen verlaufen, um Induktionsschleifen zu vermeiden.

Wenn die Maschenanordnung M verwendet wird, müssen die metallenen Komponenten des elektronischen Systems nicht gegen das Potentialausgleichnetzwerk isoliert sein, sondern müssen in das Potentialausgleichnetzwerk an vielfachen Potentialausgleichpunkten integriert werden, wodurch sich die Anordnung M_m ergibt, die auch für hohe Frequenzen ein niederinduktives Netzwerk darstellt. Die vielfachen Kurzschlussschleifen der M_m-Anordnung wirken als Reduktionsschleifen, die das ursprüngliche magnetische Feld im Bereich des elektronischen Systems reduzieren.

Bild 6.7 zeigt, wie in komplexen Systemen die Vorteile beider Anordnungen kombiniert werden können, wodurch sich Kombination 1 (S_s kombiniert mit M_m) oder Kombination 2 (M_s kombiniert mit M_m) ergibt.

Integration in das Potentialausgleichnetzwerk	Kombination 1	Kombination 2
	S_s / ERP / M_m	M_s / ERP / M_m

——	Potentialausgleichnetzwerk,	ERP	Erdungsbezugspunkt,
—	Potentialausgleichleiter,	S_s	sternförmige Anordnung, integriert über einen Sternpunkt,
☐	Gerät,	M_m	maschenförmige Anordnung, integriert über ein Maschengitter,
•	Anschlusspunkt an das Potentialausgleichnetzwerk,	M_s	maschenförmige Anordnung, integriert über einen Sternpunkt

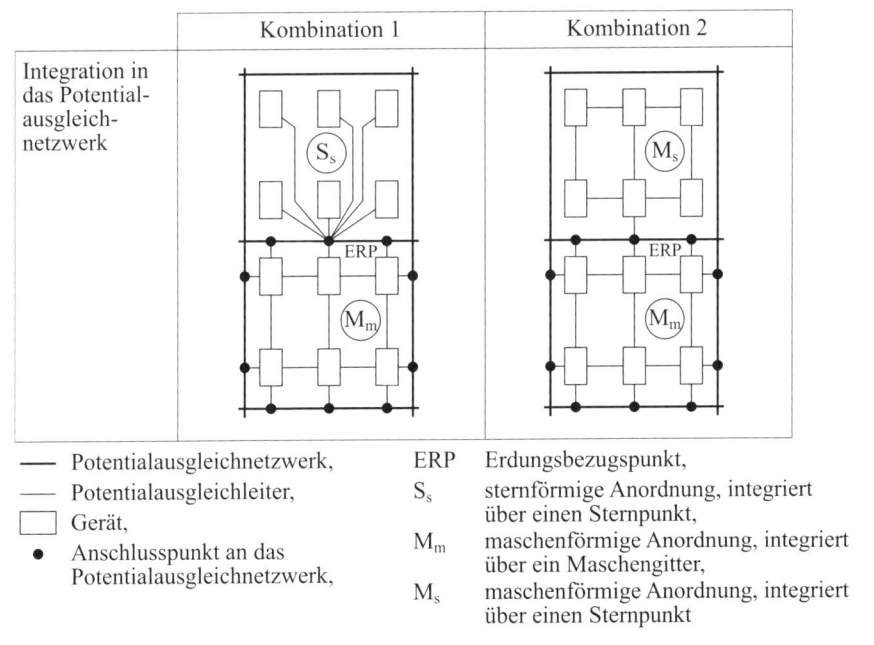

Bild 6.7 Kombination von Integrationsmethoden in das Potentialausgleichnetzwerk (DIN EN 62305-4 (**VDE 0185-305-4**), Bild 10 der Norm)

6.6 Koordiniertes SPD-System

Das Blitzschutzzonenkonzept erfordert die Installation eines koordinierten SPD-Systems mit dem Einbau von Überspannungsschutzgeräten (SPDs), wann immer eine elektrische Leitung die Grenze zwischen zwei Blitzschutzzonen durchdringt. Bei empfindlichen Geräten können zusätzliche SPDs an der Steckdose oder am Geräteeingang notwendig werden.

Diese SPDs müssen energetisch koordiniert sein, damit die Gesamtbelastung auf die SPDs entsprechend ihrer Energietragfähigkeit aufgeteilt wird und um die ursprüngliche Blitzbedrohung auf Werte unterhalb der Festigkeit der zu schützenden Geräte zu reduzieren. Für eine wirksame Koordination müssen die Kenndaten der einzelnen SPDs (wie vom Hersteller angegeben), die Bedrohungswerte an ihrem Einbauort und die Kenndaten der zu schützenden Geräte beachtet werden.

6.6.1 SPDs im Blitzschutzzonenkonzept

An die SPDs an den Grenzen der einzelnen, inneren LPZs werden unterschiedliche Anforderungen gestellt. In DIN EN 62305-4 (**VDE 0185-305-4**) werden diese Anforderungen aufgezeigt, und es wird beschrieben, wie die SPDs untereinander und mit den elektronischen Geräten koordiniert werden. Die Situation wird anhand von **Bild 6.8** erläutert.

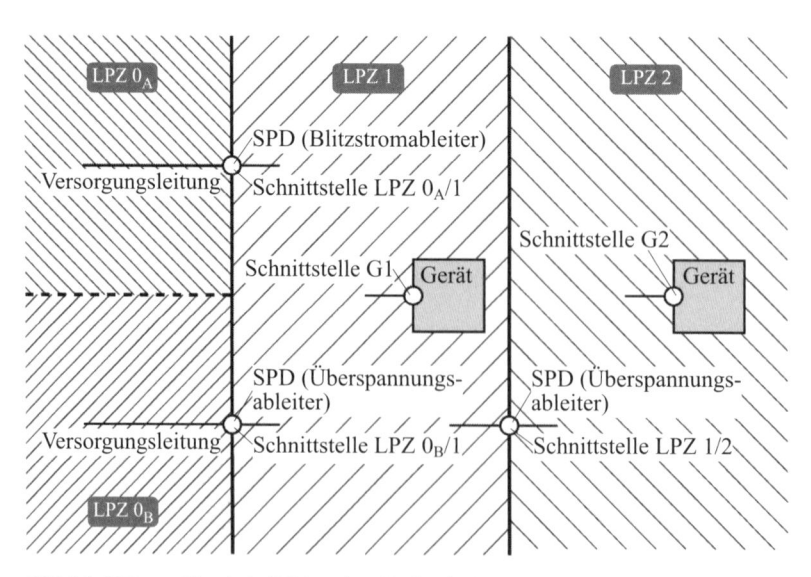

Bild 6.8 SPDs am Eintritt in LPZs und an Geräteeingängen

Aus LPZ 0_A kommende energie- und informationstechnische Leitungen werden an der Schnittstelle LPZ $0_A/1$ durch Blitzstromableiter mit dem Erdungssystem verbunden. Die anteiligen Blitzströme in Form von Stoßströmen 10/350 µs mit individuell zu ermittelnden Scheitelwerten müssen zerstörungsfrei geführt werden. Es muss sichergestellt sein, dass am Ausgang der Blitzstromableiter sowohl ein maximal zulässiger Spannungsschutzpegel eingehalten wird als auch die nachgeschalteten Überspannungsableiter an der Schnittstelle LPZ 1/2 sowie Geräte in LPZ 1 durch die Reststörenergie energetisch nicht überlastet werden.

Aus LPZ 0_B kommende energie- und informationstechnische Leitungen werden an der Schnittstelle LPZ $0_B/1$ durch Überspannungsableiter mit dem Erdungssystem verbunden. Hierbei müssen die induzierten Störimpulse in Form von Stoßspannungen 1,2/50 µs (bei offenen oder hochohmigen Schaltkreisen) oder in Form von Stoßströmen 8/20 µs (bei kurzgeschlossenen oder niederohmigen Schaltkreisen) mit individuell zu ermittelnden Scheitelwerten zerstörungsfrei geführt werden. Bei energietechnischen Systemen können dies Überspannungsableiter Typ 2 oder Typ 3 nach DIN EN 61643-11 (**VDE 0675-6-11**) (**Tabelle 6.7**) sein. Bei informationstechnischen Systemen können dies z. B. Überspannungsableiter entsprechend **Tabelle 6.8** sein. Es muss sichergestellt sein, dass am Ausgang der Überspannungsableiter sowohl ein maximal zulässiger Spannungsschutzpegel eingehalten wird als auch die nachgeschalteten Überspannungsableiter an der Schnittstelle LPZ 1/2 sowie Geräte in LPZ 1 durch die Reststörenergie energetisch nicht überlastet werden.

Aus LPZ 1 in LPZ 2 eintretende Leitungen werden an der Schnittstelle LPZ 1/2 ebenfalls mit Überspannungsableitern beschaltet, die von den Überspannungsschutzgeräten an den Schnittstellen LPZ $0_A/1$ und LPZ $0_B/1$ durchgelassene Reststörenergie ebenso wie in LPZ 1 entstandene, induzierte Spannungen und Ströme weiter begrenzen müssen. Bei energietechnischen Systemen sind dies Überspannungsableiter Typ 2 oder Typ 3 nach DIN EN 61643-11 (**VDE 0675-6-11**) (Tabelle 6.7). Bei informationstechnischen Systemen sind dies ebenfalls Überspannungsableiter entsprechend Tabelle 6.8. Es muss sichergestellt sein, dass am Ausgang der Überspannungsableiter

Norm / Typ/Bezeichnung	IEC 61643-11	EN 61643-11	DIN EN 61643-11 (VDE 0675-6-11)	Typischer Stoßstrom	Typischer Einbauort
Blitzstromableiter, Kombiableiter	SPD Class I	SPD Type 1	SPD Typ 1	10/350 µs	LPZ $0_A/1$
Überspannungsableiter für Verteilung, Unterverteilung, feste Installation	SPD Class II	SPD Type 2	SPD Typ 2	8/20 µs	LPZ 1/2
Überspannungsableiter für Steckdose/Endgerät	SPD Class III	SPD Type 3I	SPD Typ 3	8/20 µs	Steckdose, Endgerät

Tabelle 6.7 Einteilung von SPDs für energietechnische Systeme

Kategorie	Art der Prüfung	Stoß-spannung	Stoßstrom	Mindestzahl der Impulse	Prüfung für	Typischer Einbauort
C1		0,5 kV oder 1 kV, 1,2/50 µs	0,25 kA oder 0,5 kA, 8/20 µs	300	Überspannungs-ableiter	Steckdose, Endgerät
C2	schnelle Anstiegs-flanke	2 kV, 4 kV oder 10 kV, 1,2/50 µs	1 kA, 2 kA oder 5 kA, 8/20 µs	10		LPZ 1/2 Unterverteiler
C3		≥ 1 kV, 1 kV/µs	10 A, 25 A oder 100 A, 10/1 000 µs	300		Steckdose, Endgerät
D1	hohe Energie	≥ 1 kV	0,5 kA, 1 kA oder 2,5 kA, 10/350 µs	2	Blitzstrom-/ Kombiableiter	LPZ 0_A/1 Hauptverteiler

Tabelle 6.8 Einteilung von SPDs für informationstechnische Systeme (Auszug aus Tabelle 3 der DIN EN 61643-21 (**VDE 0845-3-1**))

sowohl ein maximal zulässiger Spannungsschutzpegel eingehalten wird als auch die Geräte (ggf. mit Überspannungsableitern an den Geräteeingängen) nicht überlastet werden.

Weitere Informationen finden sich in den Normen IEC 61643-12 bzw. DIN CLC/TS 61643-12 (**VDE V 0675-6-12**) und DIN VDE 0100-534, die den Schutz gegen Überströme und die Folgen von SPD-Ausfällen behandeln.

6.6.2 Auswahl der SPDs

6.6.2.1 Klassifizierung von SPDs

SPDs müssen je nach Einbauort verschiedene Stoßströme beherrschen: anteilige Blitzströme bis zu einigen 10 kA mit der typischen Wellenform 10/350 µs, verbleibende Stoßströme am Ausgang von vorgeschalteten SPDs und sekundär induzierte Stoßströme bis zu einigen Kiloampere mit der typischen Wellenform 8/20 µs. Entsprechend können SPDs nach ihrer Stromtragfähigkeit klassifiziert werden:

- für energietechnische Systeme nach Tabelle 6.7,
- für informationstechnische Systeme nach Tabelle 6.8.

6.6.2.2 Auswahl hinsichtlich des Schutzpegels

Zunächst müssen dabei die Bemessungs-Stehstoßspannung U_w der Geräte und der Schutzpegel U_p der SPDs aufeinander abgestimmt werden. Bei SPDs, die anteilige Blitzströme ableiten sollen, muss auch der Spannungsfall an den Verbindungsleitern von etwa 1 kV/m oder zumindest ein Sicherheitszuschlag von 20 % und damit statt U_P die Spannung $U_{P/F}$ berücksichtigt werden. Wie in DIN EN 62305-4 (**VDE 0185-305-4**), Anhang C.2.1 ausgeführt, gilt dann:

Die Wahl des geeigneten Schutzpegels U_P für ein SPD hängt ab von:
- der Bemessungsstoßspannung U_w des zu schützenden Betriebsmittels,
- der Länge der Verbindungsleitungen zum SPD,
- der Länge und der Leitungsführung zwischen dem SPD und dem Betriebsmittel.

Die Bemessungsstoßspannung U_w des zu schützenden Betriebsmittels sollte bestimmt werden für:
- mit Stromversorgungsleitungen verbundene Betriebsmittel nach IEC 60664-1/ DIN EN 60664-1 (**VDE 0110-1**) und IEC 61643-12 bzw. DIN CLC/TS 61643-12 (**VDE V 0675-6-12**),
- mit Telekommunikationsleitungen verbundene Betriebsmittel nach IEC 61643-22 bzw. DIN CLC/TS 61643-12 (**VDE V 0675-6-12**), ITU-T K.20, K.21 und K45,
- andere Leitungen und Geräteeingänge nach den Angaben der Hersteller.

Anmerkung 1: Der Schutzpegel U_P eines SPD ist definiert für den Nennstrom I_n. Fließen höhere oder niedrigere Ströme durch das SPD, ändert sich die Spannung an den Klemmen des SPD entsprechend.

Anmerkung 2: Der Spannungsschutzpegel U_P sollte mit der Bemessungsstoßspannung U_w des Betriebsmittels verglichen werden, die unter den gleichen Prüfbedingungen wie bei SPDs ermittelt wurde (Wellenform und Energie von Überspannungen und -strömen, Geräte unter Betriebsbedingungen usw.). Dieses Thema ist in Beratung.

Anmerkung 3: Betriebsmittel können innere SPDs enthalten. Die Kennwerte dieser inneren SPDs können die Koordination beeinflussen.

Wenn ein SPD an ein zu schützendes Betriebsmittel angeschlossen ist, addiert sich der induktive Spannungsfall ΔU an den Verbindungsleitern zum Schutzpegel U_P des SPD. Der effektive Schutzpegel $U_{P/F}$, definiert als Spannung am Ausgang des SPD, der sich aus dem Schutzpegel und dem Spannungsfall an den Verbindungsleitern ergibt (siehe Bild 6.8), kann wie folgt angenommen werden:

$U_{P/F} = U_P + \Delta U$ für spannungsbegrenzende SPD(s),

$U_{P/F} = \max(U_P, \Delta U)$ für spannungsschaltende SPD(s).

Anmerkung 4: Für einige spannungsschaltende SPDs kann es nötig sein, die Lichtbogenspannung zu ΔU zu addieren. Diese Lichtbogenspannung kann einige 100 V betragen. Für kombinierte SPDs können komplexere Formeln nötig werden.

Wenn ein SPD am Gebäudeeintritt einer Leitung installiert ist, sollte für $\Delta U = 1$ kV je Meter Länge angenommen werden. Wenn die Länge der Verbindungsleiter ≤ 0,5 m ist, kann $U_{P/F} = 1{,}2 \cdot U_P$ angenommen werden. Wenn ein SPD nur induzierte Ströme führt, kann ΔU vernachlässigt werden.

Wenn ein SPD anspricht, ist am Einbauort die Spannung an den Klemmen auf $U_{P/F}$ begrenzt. Wenn die Leitung zwischen SPD und Betriebsmittel zu lang ist, können Wanderwellen zu Schwingungsvorgängen führen. Bei offenem Eingang des Betriebsmittels kann dadurch die Überspannung bis $2 \cdot U_{P/F}$ ansteigen und das Betriebsmittel kann beschädigt werden, auch wenn $U_{P/F} \leq U_w$ ist.

Informationen zu Verbindungsleitern und Verbindungsschaltungen für SPDs und zur Stoßstromfestigkeit von Sicherungen finden sich in IEC 61643-12 bzw. DIN CLC/TS 61643-12 (**VDE V 0675-6-12**) und DIN VDE 0100-534.

Darüber hinaus können Blitzeinschläge in die bauliche Anlage oder nahe der baulichen Anlage eine Überspannung U_i in die Leiterschleife zwischen SPD und Betriebsmittel induzieren, die sich zu $U_{P/F}$ addiert und dadurch die Wirksamkeit des SPD-Schutzes verringert. Die induzierten Überspannungen vergrößern sich mit den Abmessungen der Schleife (Leitungsführung: Länge der Leitung, Abstand zwischen PE und den Außenleitern, Schleifenfläche zwischen Stromversorgungs- und Datenleitungen) und verkleinern sich mit der Dämpfung des magnetischen Felds (räumliche Schirmung und/oder Leitungsschirmung).

*Anmerkung 5: Die induzierten Überspannungen U_i können nach DIN EN 62305-4 (**VDE 0185-305-4**), Anhang A.5 der Norm bestimmt werden.*

Innere Systeme sind geschützt, wenn

- sie energetisch koordiniert sind mit den vorgeschalteten SPDs,
- eine der folgenden drei Bedingungen erfüllt ist:

  1) $U_{P/F} \leq U_w$: wenn die Leitungslänge zwischen SPD und dem Betriebsmittel vernachlässigbar ist (typisch, wenn ein SPD am Geräteeingang installiert ist);

  2) $U_{P/F} \leq 0{,}8 \cdot U_w$: Wenn die Leitungslänge weniger als 10 m beträgt (typisch, wenn ein SPD in einer Unterverteilung oder an einer Steckdose installiert ist);

Anmerkung 6: Wenn der Ausfall von internen Systemen den Verlust von Menschenleben oder den Verlust einer Dienstleistung für die Öffentlichkeit bewirken kann, dann sollte eine Verdoppelung der Spannung durch Schwingungsvorgänge berücksichtigt werden, und das Kriterium $U_{P/F} < U_w/2$ ist anzuwenden.

  3) $U_{P/F} \leq (U_w - U_i)/2$: Wenn die Leitungslänge mehr als 10 m beträgt (typisch, wenn ein SPD am Gebäudeeintritt oder manchmal auch in einer Unterverteilung installiert ist);

Anmerkung 7: Für geschirmte Telekommunikationsleitungen können wegen der Steilheit der Wellenfront andere Anforderungen gelten. Informationen zu diesem Effekt sind in Kapitel 10 des Blitzschutzhandbuchs der ITU-T angegeben.

Die induzierten Überspannungen U_i sind normalerweise vernachlässigbar und müssen in den Fällen nicht berücksichtigt werden, wenn eine räumliche Schirmung des Gebäudes (oder einzelner Räume) oder eine Leitungsschirmung vorhanden ist.

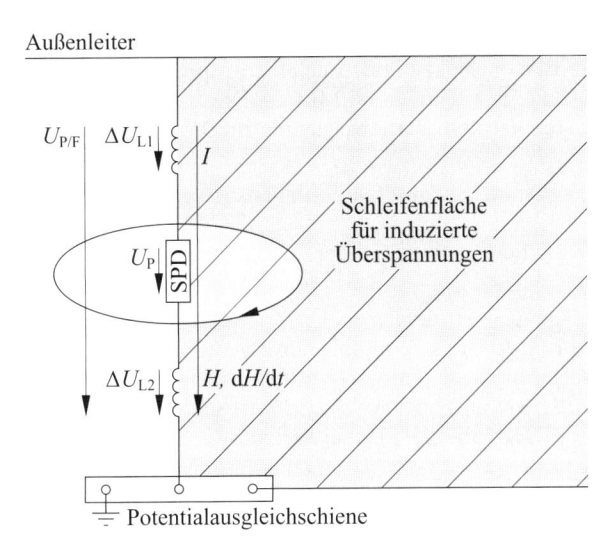

Bild 6.9 Stoßspannung zwischen Außenleiter und Potentialausgleichschiene

*Anmerkung: Die Stoßspannung $U_{P/F}$ zwischen dem Außenleiter und der Potentialausgleichschiene ist höher als der Schutzpegel U_P des SPD wegen des induktiven Spannungsfalls ΔU an den Potentialausgleichleitern (wenn auch die Höchstwerte von U_P und ΔU nicht notwendigerweise gleichzeitig auftreten). Das ist der anteilige Blitzstrom, der durch das SPD fließt, induziert außerdem eine zusätzliche Spannung in die Schleife auf der geschützten Seite des Stromkreises hinter dem SPD. Deshalb kann der Höchstwert der Spannung, die ein angeschlossenes Betriebsmittel gefährdet, beträchtlich höher sein als der Schutzpegel U_P des SPD (**Bild 6.9**).*

6.6.2.3 Auswahl hinsichtlich Einbauort und Entladestrom

Die Stromtragfähigkeit der SPDs muss dem zu erwartenden Stoßstrom am Einbauort entsprechen. Ausgehend von der ursprünglichen Blitzbedrohung entsprechend dem gewählten Gefährdungspegel muss die Aufteilung des Blitzstroms im System bestimmt werden (Kapitel 6.2), damit die für den jeweiligen Einbauort geeigneten SPDs ausgewählt werden können. Wie in DIN EN 62305-4 (**VDE 0185-305-4**), Anhang C.2.2 der Norm ausgeführt, gilt dann:

Das neue Beiblatt 1 der DIN EN 62305-4 (**VDE 0185-305-4**) enthält weiterführende Informationen zur Berechnung der Blitzstromverteilung in Gebäuden und in den angeschlossenen Versorgungsleitungen für die Fälle S1 (direkter Blitzeinschlag in das Gebäude) und S3 (direkter Blitzeinschlag in die eingeführten Versorgungsleitungen).

SPDs sollten den Entladestrom aushalten, der an ihrem Einbauort in Übereinstimmung mit Anhang E von DIN EN 62305-1 (**VDE 0185-305-1**) erwartet wird. Die Auswahl des Nennentladestroms eines SPD hängt von der Art des Anschlusses und von der Art des Netzwerks ab. Weitere Informationen dazu finden sich für Stromversorgungssysteme in DIN VDE 0100-534 sowie in IEC 61643-12 bzw. DIN CLC/TS 61643-12 (**VDE V 0675-6-12**) und für Telekommunikationssysteme in DIN EN 61643-21 (**VDE 0845-3-1**).

SPDs sollen nach ihrem vorgesehenen Einbauort wie folgt ausgewählt werden:

a) Am Leitungseintritt in die bauliche Anlage (an der Grenze von LPZ 1, z. B. in der Hauptverteilung MB):

- SPDs geprüft mit I_{imp} (Klasse-I-Prüfung):
Der notwendige Stoßstrom I_{imp} des SPD soll den (anteiligen) Blitzstrom abdecken, der an seinem Einbauort und bei dem gewählten LPL nach Anhang E.2 (Schadensquelle S1) und/oder Anhang E.3.1 (Schadensquelle S3) von DIN EN 62305-1 (**VDE 0185-305-1**) zu erwarten ist.

- SPDs geprüft mit I_n (Klasse-II-Prüfung):
Diese Art der SPDs kann verwendet werden, wenn sich die eingeführten Versorgungsleitungen vollständig innerhalb LPZ 0_B befinden oder wenn die Wahrscheinlichkeit für den Ausfall von SPDs durch die Schadensquellen S1 und S3 vernachlässigt werden kann. Der notwendige Nennentladestrom I_n des SPD muss den am Einbauort und bei dem gewählten LPL nach Anhang E.2.2 von DIN EN 62305-1 (**VDE 0185-305-1**) zu erwartenden Stoßstrompegel abdecken.

Anmerkung 1: Das Ausfallrisiko der SPDs durch die Schadensquellen S1 und S3 kann vernachlässigt werden, wenn die Gesamtzahl direkter Blitzeinschläge in die bauliche Anlage (N_D) und in die Leitung (N_L) die Bedingung $N_D + N_L \leq 0,01$ erfüllt.

b) Nahe an dem zu schützenden Betriebsmittel (an der Grenze von LPZ 2 und höher, z. B. in der Unterverteilung SB oder an der Steckdose SA):

- SPDs geprüft mit I_n (Klasse-II-Prüfung):
Der notwendige Nennentladestrom I_n des SPDs soll für das SPD so gewählt werden, dass der am Einbauort und bei dem gewählten LPL nach Anhang E.4 von DIN EN 62305-1 (**VDE 0185-305-1**) zu erwartende Stoßstrompegel abdeckt ist.

Anmerkung 2: An diesem Einbauort kann ein SPD eingesetzt werden, das die Charakteristiken von Klasse-I- und Klasse-II-geprüfter SPDs aufweist.

- SPDs geprüft mit einem Hybridgeneratorimpuls U_{OC} (Klasse-III-Prüfung):
Diese Art der SPDs kann verwendet werden, wenn sich die eingeführten Versorgungsleitungen vollständig innerhalb LPZ 0_B befinden oder wenn die Wahrscheinlichkeit für den Ausfall von SPDs durch die Schadensquellen S1 und S3 vernachlässigt werden kann. Die notwendige Nennleerlaufspannung U_{OC} (woraus der Kurzschlussstrom I_{SC} bestimmt werden kann, weil

die Klasse-III-Prüfung mit einem Hybridgenerator mit 2 Ω Innenwiderstand durchgeführt wird) soll für das SPD so gewählt werden, dass der am Einbauort und bei dem gewählten LPL nach Anhang E.4 von DIN EN 62305-1 (**VDE 0185-305-1**) zu erwartende Stoßstrompegel abdeckt ist.

6.6.3 Installation eines koordinierten SPD-Systems

Wie in DIN EN 62305-4 (**VDE 0185-305-4**), Anhang C.3 der Norm ausgeführt, hängt die Wirksamkeit eines koordinierten SPD-Systems nicht nur von der richtigen Auswahl der SPDs, sondern auch von ihrer sachgemäßen Installation ab. Zu berücksichtigende Gesichtspunkte umfassen die Einbauorte der SPDs und die Verbindungsleiter.

6.6.3.1 Einbauorte der SPDs

Die Einbauorte der SPDs sollten Anhang C.3.2 der DIN EN 62305-4 (**VDE 0185-305-4**) entsprechen und sind hauptsächlich bestimmt durch:

- die jeweilige Schadensquelle, z. B. Blitzeinschläge in eine bauliche Anlage (S1), in eine Versorgungsleitung (S3), in die Erde neben einer baulichen Anlage (S2) oder in die Erde neben einer Versorgungsleitung (S4),
- die nächstgelegene Möglichkeit, den Stoßstrom zur Erde abzuleiten (so nahe wie möglich an der Einführungsstelle der Leitung in die bauliche Anlage).

Das erste zu berücksichtigende Kriterium ist: Je näher am Eintrittspunkt einer eingeführten Leitung ein SPD eingebaut ist, desto größer ist die Anzahl der von diesem SPD geschützten Betriebsmittel (wirtschaftlicher Vorteil). Anschließend sollte das zweite Kriterium überprüft werden: Je näher an den zu schützenden Betriebsmitteln ein SPD eingebaut ist, desto besser ist der Schutz (technischer Vorteil).

6.6.3.2 Verbindungsleiter

Verbindungsleiter von SPDs sollten die in **Tabelle 6.9** angegebenen Mindestquerschnitte haben.

Komponente für den Potentialausgleich		Werkstoff[1]	Querschnitt[2] in mm²
Potentialausgleichschienen (Kupfer, kupferüberzogener Stahl oder verzinkter Stahl)		Cu, Fe	50
Leiter für die Verbindung von Potentialausgleichschienen zum Erdungssystem oder zu weiteren Potentialausgleichschienen (sie führen den vollen oder einen großen Teil des Blitzstroms)		Cu	16
		Al	22
		Fe	50
Leiter für die Verbindung von inneren metallenen Teilen zu Potentialausgleichschienen (sie führen anteilige Blitzströme)		Cu	6
		Al	10
		Fe	16
Erdungsleiter für den Anschluss von SPD (sie führen den vollen oder einen großen Teil des Blitzstroms)[3]	Klasse I	Cu	16
	Klasse II		6
	Klasse III		1
	andere SPDs[4]		2

[1] Werden andere Werkstoffe verwendet, müssen sie einen widerstandsgleichen Querschnitt haben.
[2] In manchen Ländern können kleinere Leiterabmessungen verwendet werden, solange sie die thermischen und mechanischen Anforderungen erfüllen (siehe DIN EN 62305-1 (**VDE 0185-305-1**):2010-10, Anhang D).
[3] Für Verbindungsleiter von SPDs, die in Stromversorgungssystemen eingesetzt werden, sind weitere Informationen in DIN VDE 0100-534 und IEC 61643-12 bzw. DIN CLC/TS 61643-12 (**VDE V 0675-6-12**) angegeben.
[4] Andere SPDs beinhalten SPDs, die in Telekommunikations- und Signalverarbeitungssystemen eingesetzt werden.

Tabelle 6.9 Mindestquerschnitte von Komponenten für den Potentialausgleich
(Tabelle 1 aus DIN EN 62305-4 (**VDE 0185-305-4**))

6.6.3.3 Koordination der SPDs

In einem koordinierten SPD-System müssen hintereinander geschaltete SPDs nach IEC 61643-12/DIN CLC/TS 61643-12 (**VDE V 0675-6-12**) und/oder IEC 61643-22/ DIN CLC/TS 61643-22 (**VDE V 0845-3-2**) energetisch koordiniert werden. Dazu bieten die Hersteller heute über Koordinationskennzeichen aufeinander abgestimmte SPDs (ggf. mit zugehörigen Entkopplungsgliedern) an.

Ein koordinierter SPD-Schutz kann dann wie folgt installiert werden:

- Installiere SPD 1 am Leitungseintritt in die bauliche Anlage (an einer Grenze von LPZ 1, z. B. am Einbauort MB) entsprechend der Anforderungen in Kapitel 6.6.1.3 dieses Buchs,
- bestimme die Bemessungsstoßspannung U_w des zu schützenden inneren Systems,
- wähle den Schutzpegel U_{P1} von SPD 1,
- prüfe, ob die Anforderungen nach Kapitel 6.6.1.2 dieses Buchs erfüllt werden.

Wenn diese Bedingungen erfüllt sind, ist das Betriebsmittel durch SPD 1 ausreichend geschützt. Andernfalls ist/sind zusätzlich(e) SPD(s) 2 erforderlich.

- Dann installiere SPD 2 näher am Betriebsmittel (an der Grenze von LPZ 2, z. B. am Einbauort SB oder SA) entsprechend der Anforderungen in Kapitel 6.6.1.3 dieses Buchs, und koordiniere es energetisch mit dem vorgeschalteten SPD 1 (siehe Kapitel 6.6.2.3 dieses Buchs),
- wähle den Schutzpegel U_{P2} von SPD 2,
- prüfe, ob die Anforderungen nach Kapitel 6.6.1.2 dieses Buchs erfüllt werden.

Wenn diese Bedingungen erfüllt sind, ist das Betriebsmittel durch SPD 1 und SPD 2 ausreichend geschützt.

- Andernfalls ist/sind zusätzlich(e) SPD(s) 3 nahe am Betriebsmittel (z. B. am Einbauort der Steckdose SA) entsprechend der Anforderungen in Kapitel 6.6.1.3 dieses Buchs erforderlich und mit den vorgeschalteten SPD 1 und SPD 2 energetisch zu koordinieren (siehe Kapitel 6.6.2.3 dieses Buchs),
- prüfe die Anforderung $U_{P/F3} \leq U_w$ (siehe Kapitel 6.6.1.2 dieses Buchs).

6.6.4 Schaltungen von SPDs für energietechnische Systeme

In **Bild 6.10** sind die im Folgenden verwendeten Schaltsymbole zusammengestellt.

Symbol	Beschreibung
	SPD (Funkenstrecke) Typ 1, Blitzstromableiter für energietechnische Systeme
	SPD Typ 2, Überspannungsableiter für energietechnische Systeme
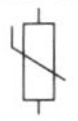	Varistor für SPDs Typ 2 oder Typ 3, für energietechnische Systeme bzw. für SPDs für informationstechnische Systeme
	Gasentladungsableiter als Komponente eines SPDs Typ 3 für energietechnische Systeme
	Vorsicherung eines SPDs für energietechnische Systeme (falls die vorgeordnete Netzsicherung größer als die vorgeschriebene Ableiter-Vorsicherung ist)
	Drosselspule zum Entkoppeln von SPDs im energietechnischen System
	Gasentladungsableiter für informationstechnische Systeme
	Suppressordiode, Zenerdiode für informationstechnische Systeme
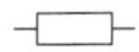	Entkopplungs-Element (R, L, C, Filter) für informationstechnische Systeme

Bild 6.10 Schaltsymbole für SPDs

In den **Bildern 6.11** bis **6.15** sind die SPDs für energietechnische Leitungen an den Schnittstellen LPZ $0_A/1$, LPZ $0_B/1$ und LPZ 1/2 für die unterschiedlichen Netzformen zusammengestellt. Dabei sind die Überspannungskategorien I bis IV nach DIN EN 60664-1 (**VDE 0110-1**) und die Prüfschärfegrade 1 bis 4 bzw. X für die zu schützenden Geräte entsprechend der Normenreihe DIN EN 61000-4 (**VDE 0847-4**) zu berücksichtigen.

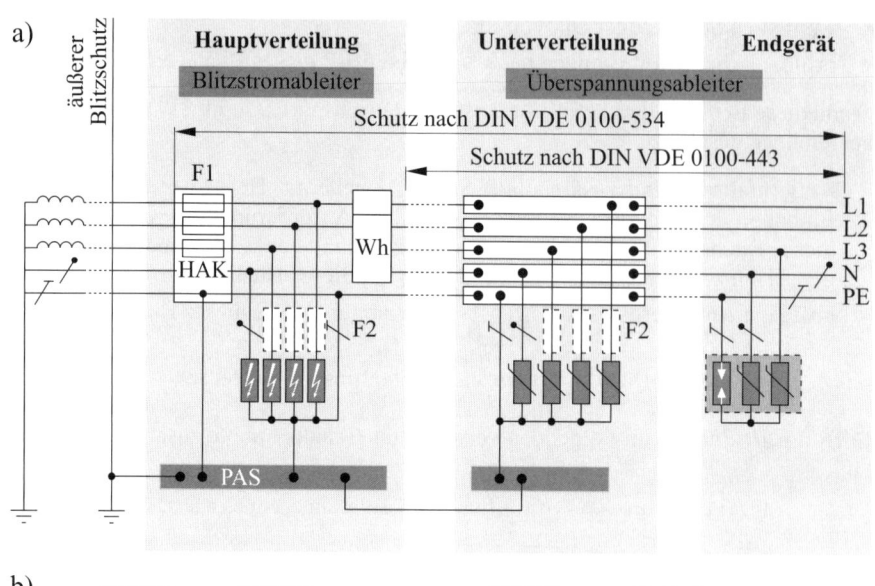

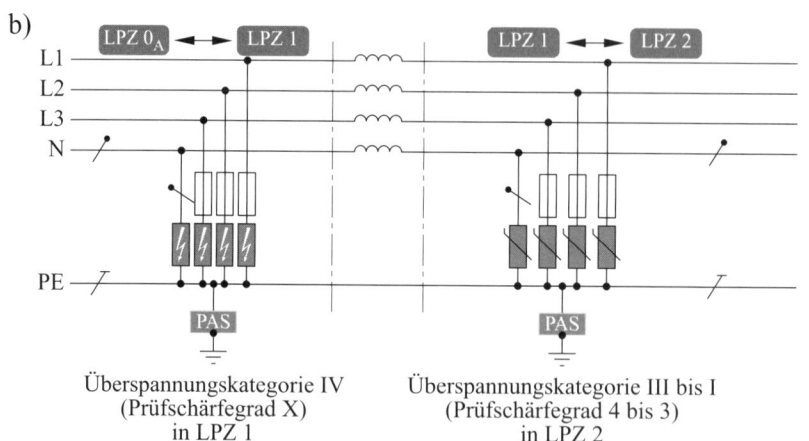

Bild 6.11 Anordnung von SPDs im TN-S-System
a) Einsatz von SPDs entsprechend DIN VDE 0100-534,
b) Einsatz von SPDs entsprechend DIN EN 62305-4 (**VDE 0185-305-4**)

Nach den Technischen Anschlussbedingungen (TAB) der Elektrizitätsversorgungsunternehmen (EVU) dürfen Überspannungsschutzgeräte Typ 1 auch vor dem Zähler installiert werden [46].

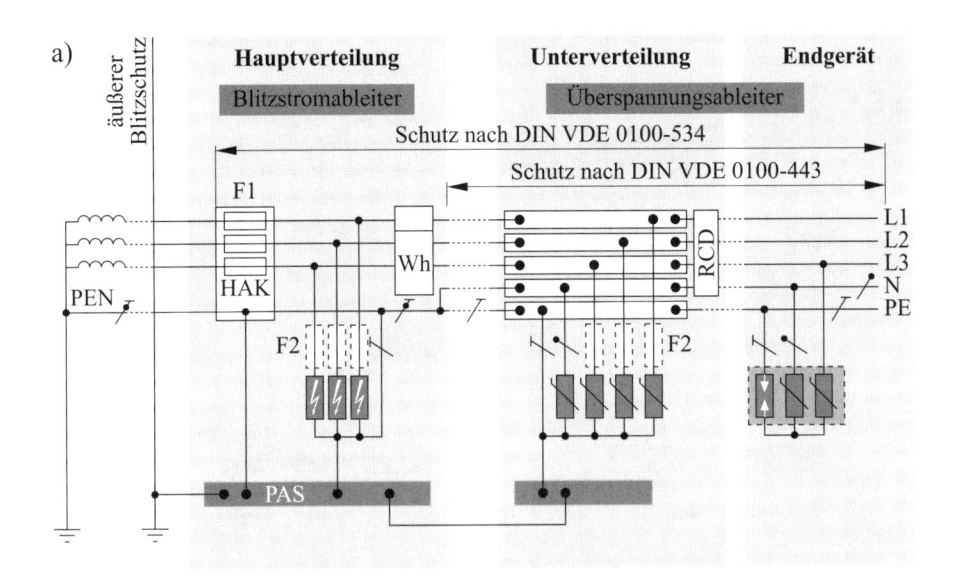

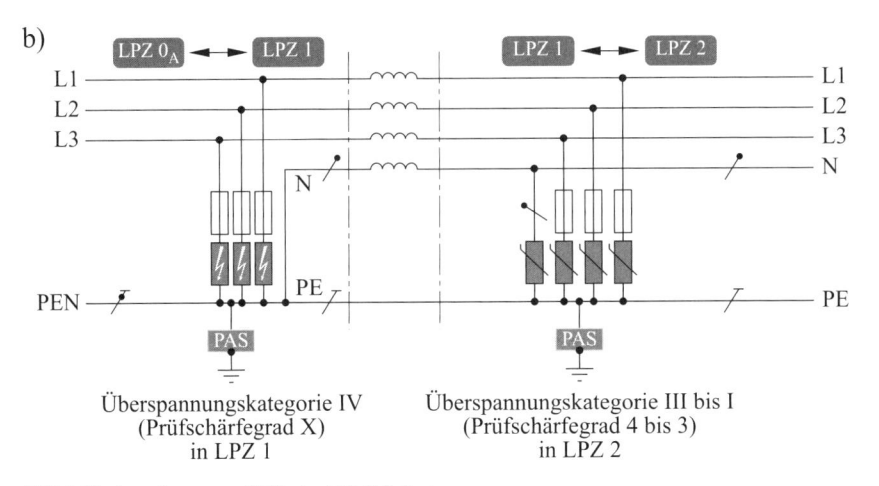

Bild 6.12 Anordnung von SPDs im TN-C-S-System
a) Einsatz von SPDs entsprechend DIN VDE 0100-534,
b) Einsatz von SPDs entsprechend DIN EN 62305-4 (**VDE 0185-305-4**)

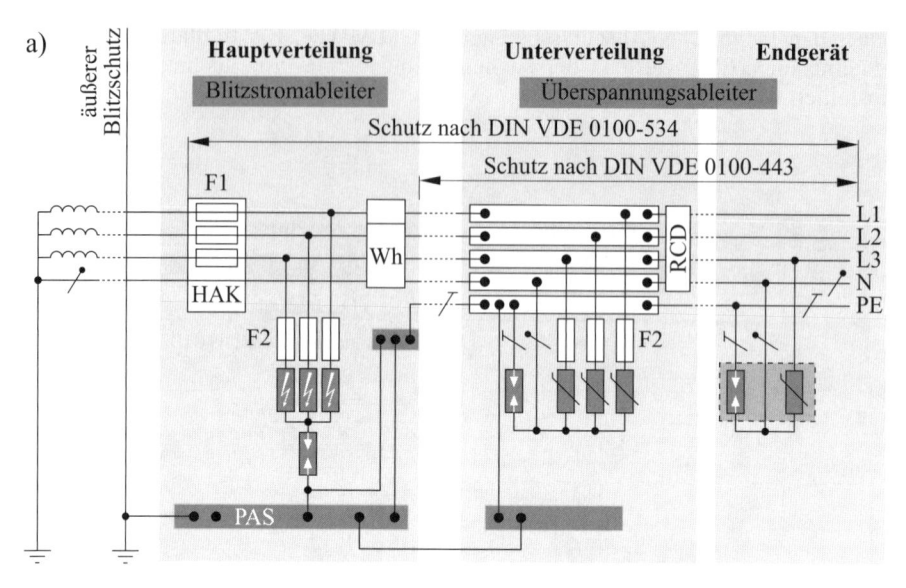

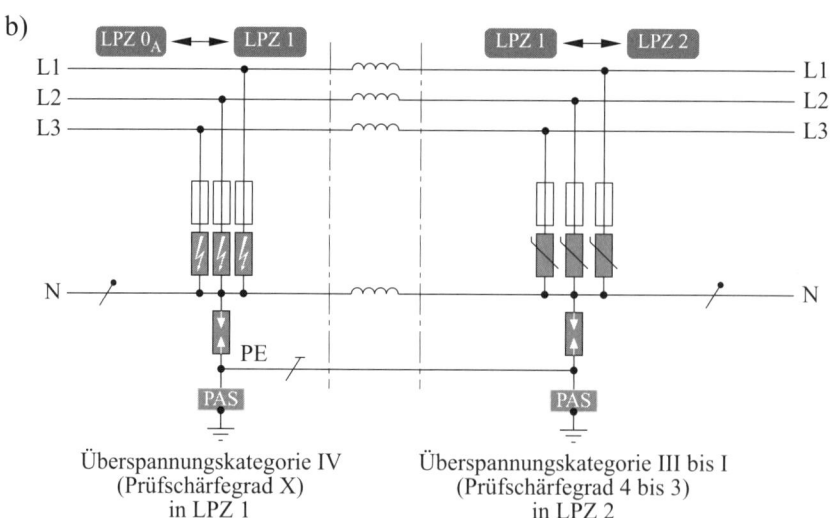

Bild 6.13 Anordnung von SPDs im TT-System
a) Einsatz von SPDs entsprechend DIN VDE 0100-534,
b) Einsatz von SPDs entsprechend DIN EN 62305-4 (**VDE 0185-305-4**)

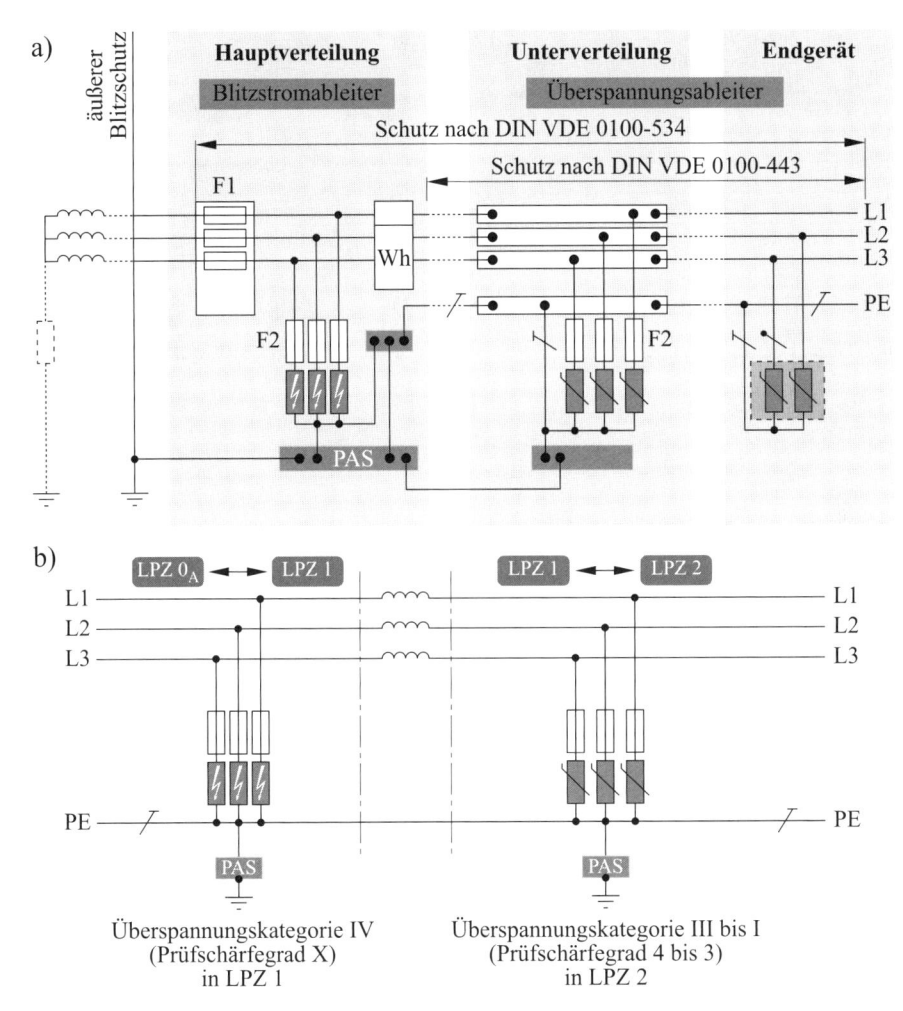

Bild 6.14 Anordnung von SPDs im IT-System
a) Einsatz von SPDs entsprechend VDE 0100-534,
b) Einsatz von SPDs entsprechend DIN EN 62305-4 (**VDE 0185-305-4**)

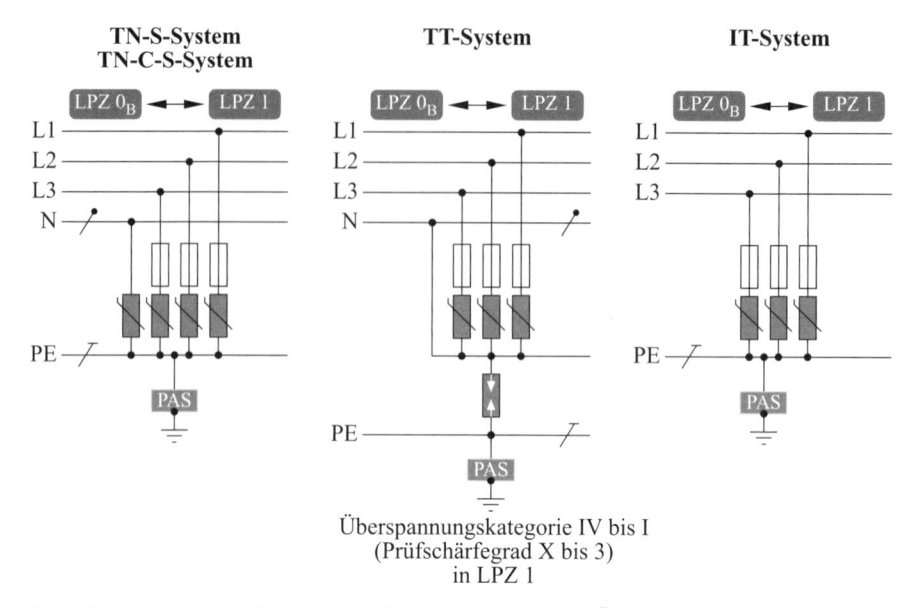

Bild 6.15 Anordnung von SPDs in unterschiedlichen Systemen am Übergang LPZ $0_B/1$

6.6.5 Schaltungen von SPDs für informationstechnische Systeme

In **Bild 6.16** und **Bild 6.17** sind die Prinzipschaltungen der SPDs für informationstechnische Systeme an den Schnittstellen LPZ $0_A/1$, LPZ $0_B/1$ und LPZ 1/2 zusammengestellt. Dabei sind die Prüfschärfegrade 1 bis 4 bzw. X für die zu schützenden Geräte entsprechend Normenreihe DIN EN 61000-4 (**VDE 0847-4**) zu berücksichtigen.

Für die einzelnen Schnittstellen werden von Herstellern angepasste und koordinierte SPDs angeboten.

Nachfolgend ist eine **Checkliste zur Auswahl von geeigneten SPDs** angegeben. Detaillierte Ausführungen zur Auswahl und Installation von SPSs und ihren Schnittstellen finden sich in [47]. Sind die Einzelheiten der Schnittstellen im Planungsstadium noch nicht bekannt, so sind sie während der Detailplanung zu bestimmen und hieraus die geeigneten SPDs festzulegen.

Der LEMP-Schutz-Planer ermittelt mit folgenden Schritten die geeigneten SPDs:

- Feststellen der Schnittstellen:
  zum Beispiel Arcnet; AS-i; ATM; KNX (vormals EIB); Ethernet 10 Base 2 oder 5; Ethernet 100 Base T, TX oder T4; Ex(i)-Messkreise; Funkanlagen; Profibus-DP, -FMS oder -PA; PT100 (Temperaturmessung); RS-485 oder RS-422; V11; Telekom-Leiterpaare Analog bzw. ISDN S_0; S_{2m}/U_{2m} oder U_{K0}/U_{P0}; Token-Ring; TTY; TV; V24(RS-232C); VG-Any-LAN; Video Zweidraht oder Koax.

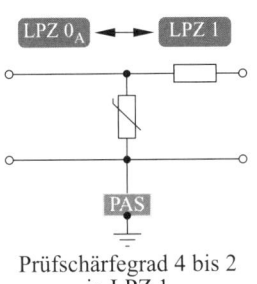

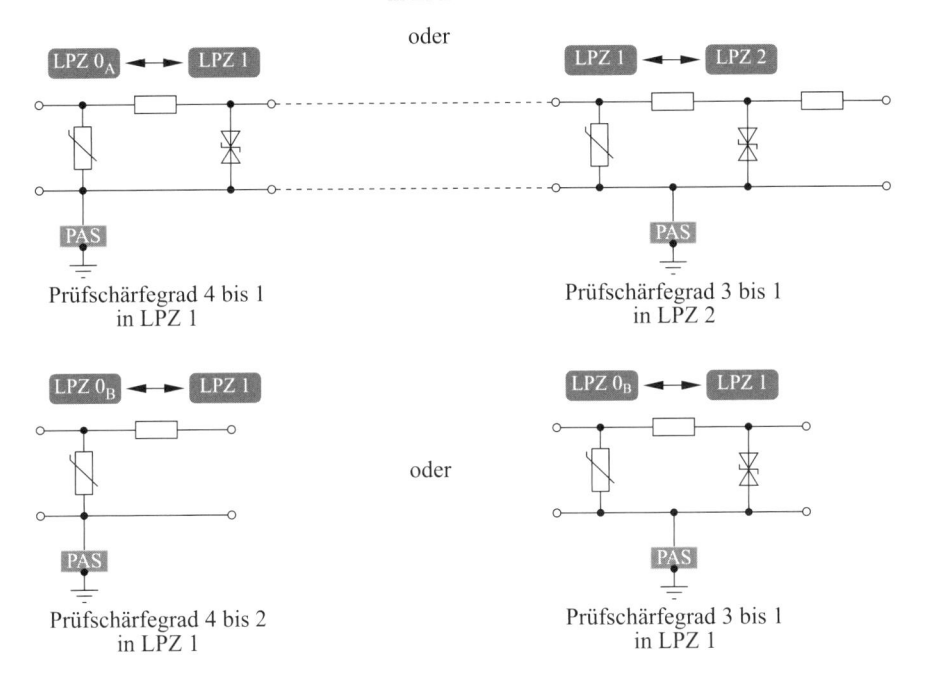

Bild 6.16 Prinzip des Einsatzes von SPDs in informationstechnischen Systemen

- Feststellen der Anschlusstechnik:
  zum Beispiel Reihenklemmtechnik, LSA-Plus-Schneidklemmentechnik, Kabeladapter, HF-Technik.
- Festlegen der Schutzbeschaltung:
  zum Beispiel Leiter gegen Leiter für symmetrische Schnittstellen; Leiter gegen Erde für unsymmetrische Schnittstellen; Leiter gegen Leiter und gegen Erde (z. B. Optokoppler).
- Feststellen der Grenzfrequenz:
  Die Signalfrequenz muss deutlich unter der Grenzfrequenz der SPDs liegen.

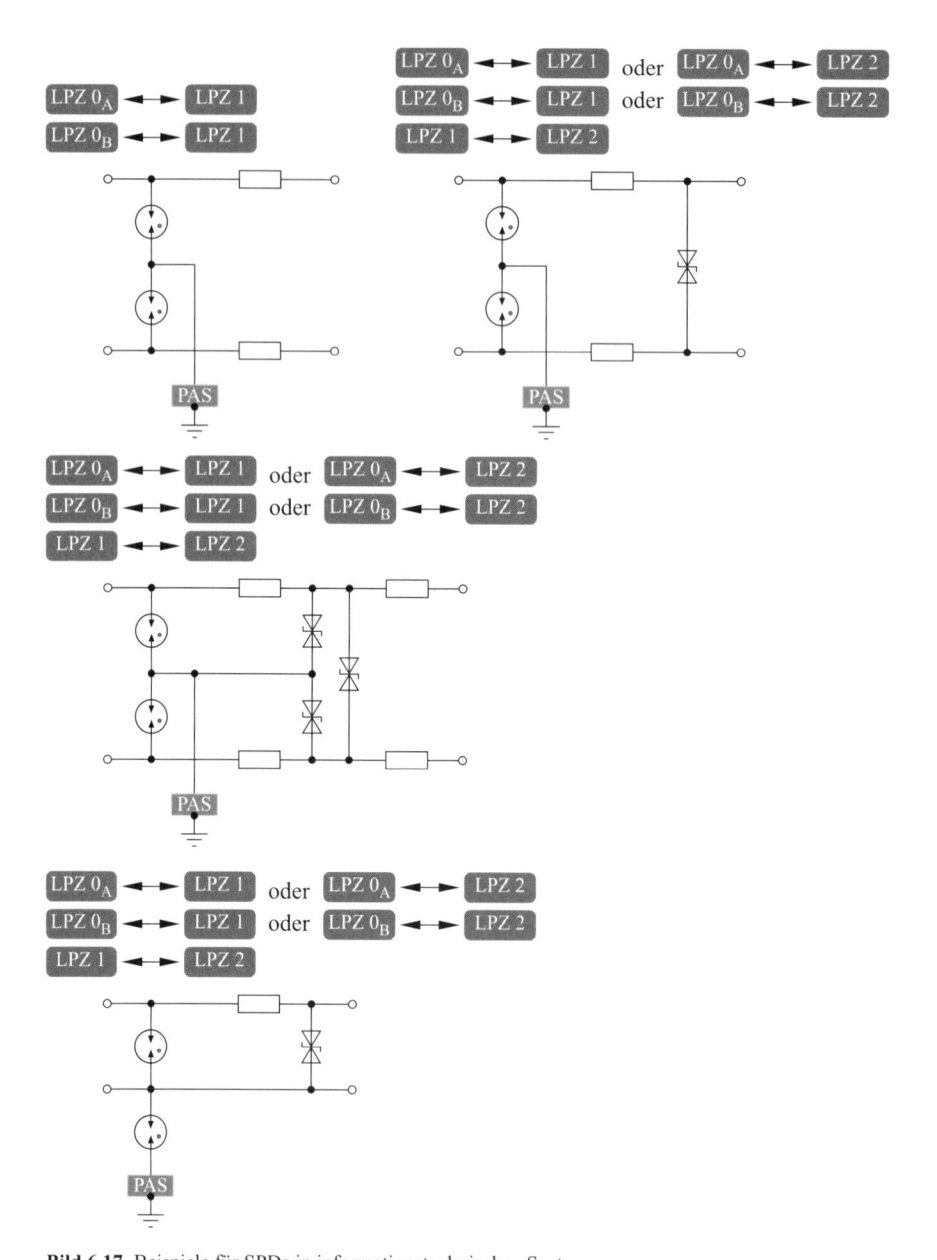

Bild 6.17 Beispiele für SPDs in informationstechnischen Systemen

- Feststellen des Betriebsstroms:
  Der Betriebsstrom darf den Nennstrom der SPDs nicht überschreiten.
- Feststellen der Betriebsspannung:
  Symmetrische bzw. unsymmetrische Betriebsspannung. Die Betriebsspannung darf die Bemessungsspannung der SPDs nicht überschreiten.
- Feststellen der zulässigen zusätzlichen Längsimpedanz zur Entkopplung:
  Maximale Bürde bzw. maximaler Schleifenwiderstand.
- Feststellen der Zerstör- bzw. Störfestigkeit der Geräte:
  Prüfung nach DIN EN 61000-4-5 (**VDE 0847-4-5**) bzw. DIN EN 55024 (**VDE 0878-24**). Der Schutzpegel darf den durch den Prüfschärfegrad festgelegten Wert des zu schützenden Geräts nicht überschreiten.

Eine beispielhafte Checkliste zeigt **Tabelle 6.10**.

Schnittstelle x/y (aus LPZ x in LPZ y)				
Spezifikation		Leitung		
		1	2	3
Kabel/Leitung	Bezeichnung			
	Typ			
äußerer Schirm	ja			
	nein			
innerer Schirm	ja			
	nein			
nicht benutzte Leiter	ja			
	nein			
Energietechnik	Spannung			
	Netzart/System			
	Vorsicherung			
	Frequenz			
Informationstechnik	Schnittstelle			
	Anschlusstechnik			
	Spannung			
	Signalstrom			
	Übertragungsfrequenz			
	analoges System			
	digitales System			
	symmetrisches System			
	unsymmetrisches System			
	maximal zulässiger Leitungswiderstand			

Tabelle 6.10 Anforderungen für SPDs für energie- und informationstechnische Systeme

6.7 Räumliche Schirmung

Die magnetischen Gebäude- und Raumschirme der inneren Blitzschutzzonen LPZ 1 und folgende sollen die magnetischen Felder der Blitzentladungen soweit reduzieren, dass

- keine gestrahlten Störungen (d. h. Impulsmagnetfelder) elektrische und elektronische Geräte bzw. Systeme unmittelbar zerstören,
- keine leitungsgebundenen Störungen (d. h. induzierte Stoßwellen in durch energie- und informationstechnische Leitungen gebildeten Schleifen) Eingänge der elektronischen Geräte bzw. Systeme zerstören.

Die Schirmung gegen Magnetfelder [48] erfordert im Gegensatz zur Schirmung gegen elektrostatische Felder die vielfach vermaschte, leitfähige Verbindung der Schirmkomponenten, um einen möglichst großflächigen Stromfluss zu ermöglichen, der das magnetische Störfeld schwächt. Da der Frequenzbereich der zu betrachtenden Impulsmagnetfelder bis zu einigen Megahertz reicht, sind zum Erreichen einer ausreichenden Schirmwirkung möglichst engmaschige Schirme mit einer kleinen resultierenden Maschenweite von $w_m < 5$ m nötig.

Die Gleichungen für die Impulsmagnetfelder, die bei 25 kHz (typisch für den ersten positiven Teilblitz), bei 250 kHz (typisch für den ersten negativen Teilblitz) und bei 1 MHz (typisch für die Folgeblitze) in den inneren Blitzschutzzonen zu erwarten sind (siehe auch Tabelle 6.11), sind für direkte Blitzeinschläge in Kapitel 6.7.2 und für nahe Blitzeinschläge in Kapitel 6.7.3 angegeben.

6.7.1 Sicherheitsabstand und geschütztes Volumen

Die so berechneten Impulsmagnetfelder gelten für ein geschütztes Volumen V_s (zur Installation für empfindliche innere Systeme), das einen Sicherheitsabstand von der Schirmwandung aufweisen muss (**Bild 6.18**). Zwischen geschütztem Volumen und Schirm sind die Impulsmagnetfelder wesentlich höher. Dort verlegte Leitungen sind erforderlichenfalls in Schirmen zu führen, die in das Potentialausgleichnetzwerk integriert sind.

Anmerkung: In der Norm sind die Sicherheitsabstände als $d_{s/1}$ (für einen blitzstromdurchflossenen Schirm) bzw. $d_{s/2}$ (für passive, nicht blitzstromdurchflossene Schirme) definiert. Dies führte zu vielen Missverständnissen, weil die Indizes/1 bzw./2 als "zu LPZ 1 gehörig" bzw. als "zu LPZ 2 gehörig" falsch interpretiert wurden. Deshalb werden die Sicherheitsabstände als d_{DF} (statt $d_{s/1}$) und als d_{SF} (statt $d_{s/2}$) definiert, wobei DF für "direct flashes" bzw. SF für "shielding factor" steht.

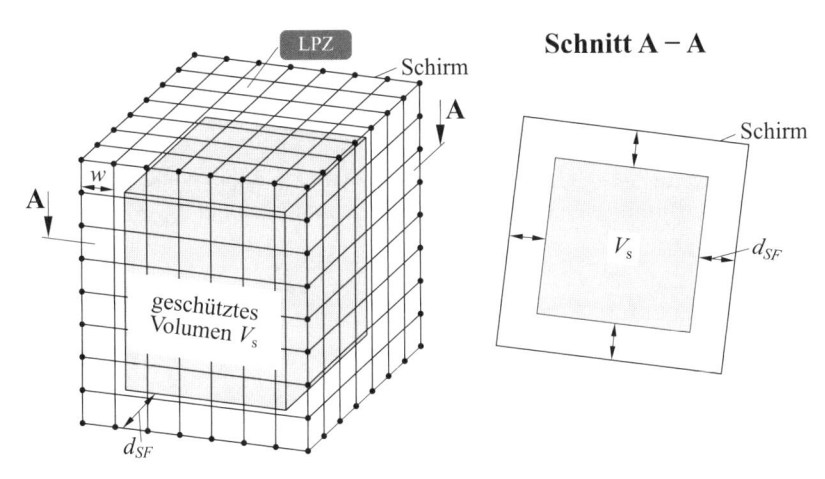

Bild 6.18 Geschütztes Volumen V_s für empfindliche innere Systeme innerhalb einer LPZ

6.7.1.1 Vom Blitzstrom durchflossener Schirm

Bei direkten Blitzeinschlägen in LPZ 1 (S1) fließen Blitzströme im Schirm von LPZ 1 und erzeugen Magnetfelder.

Die berechneten Werte des magnetischen Felds gelten nur im Sicherheitsvolumen V_s innerhalb des gitterförmigen Schirms mit dem Sicherheitsabstand d_{DF} zum Schirm (Bild 6.18):

$$d_{DF} = w_m \quad \text{in m}.$$

Dieser Sicherheitsabstand gilt:

- für den Schirm von LPZ 1 nur bei direkten Blitzeinschlägen (S1) in diesen Schirm.

Anmerkung:
*Der Sicherheitsabstand von $d_{DF} = w_m$ entspricht der bisherigen Norm DIN EN 62305-4 (**VDE 0185-305-4**):2006-10.*
*Eine Korrektur dieses Werts mit SF/10 für SF $\geq$ 10 wie in Gl. (A.5) der neuen Norm DIN EN 62305-4 (**VDE 0185-305-4**):2011-10 ist nicht möglich. Begründung: Anhang A.4.1.1 der Norm behandelt den vom Blitzstrom durchflossenen Schirm, der Magnetfelder erzeugt, nicht aber einfallende Felder dämpft. Deshalb ist die Definition eines Schirmfaktors SF (der ein einfallendes Magnetfeld dämpft) und damit auch eine Korrektur mit SF nicht möglich.*

6.7.1.2 Nicht vom Blitzstrom durchflossener Schirm

Passive (nicht vom Blitzstrom durchflossene) Schirme dämpfen ein einfallendes Impulsmagnetfeld von H_n auf den reduzierten Wert H_{n+1}. In diesem Fall definiert der Schirmfaktor *SF* die Dämpfung des Magnetfelds.

Die berechneten Werte des magnetischen Felds gelten nur im Sicherheitsvolumen V_s innerhalb des gitterförmigen Schirms mit dem Sicherheitsabstand d_{SF} zum Schirm (Bild 6.18):

$$d_{SF} = w_m \cdot \frac{SF}{10} \quad \text{in m} \quad \text{für } SF \geq 10;$$

$$d_{SF} = w_m \quad \text{in m} \quad \text{für } SF < 10.$$

Dieser Sicherheitsabstand gilt:

- für den Schirm von LPZ 1 nur bei nahen Blitzeinschlägen (S2), aber
- für die Schirme LPZ 2 und höher bei direkten (S1) oder bei nahen (S2) Blitzeinschlägen.

Anmerkung:
Der Sicherheitsabstand von d_{SF} entspricht der neuen Norm DIN EN 62305-4 (VDE 0185-305-4):2011-10.
Anhang A.4.1.2 der DIN EN 62305-4 (VDE 0185-305-4) behandelt den passiven (nicht vom Blitzstrom durchflossenen) Schirm, der einfallende Magnetfelder von H_n auf den reduzierten Wert H_{n+1} dämpft. Dann ist die Definition eines Schirmfaktors SF und die Korrektur des Sicherheitsabstands mit SF nach den Gln. (A.15) und (A.16) in DIN EN 62305-4 (VDE 0185-305-4) möglich und sinnvoll (der Korrekturfaktor SF/10 darf aber nicht im Exponenten stehen, wie fälschlich in IEC 62305-4:2010-12 angegeben).

6.7.2 LEMP-Situation bei einem Blitzeinschlag

Die Grenze zwischen den äußeren Blitzschutzzonen **LPZ 0_A** und **LPZ 0_B** wird mithilfe des Blitzkugelverfahrens festgelegt. Der Blitzkugelradius ist durch den gewählten Gefährdungspegel (Kapitel 6.1) bestimmt. Die Blitzkugel wird in allen möglichen Positionen über das zu schützende Objekt herum- und über es hinweggerollt: Die von der Blitzkugel berührten Bereiche gehören zu LPZ 0_A, wo direkte Blitzeinschläge möglich sind und das originale magnetische Feld der Blitzstörquelle herrscht; die nicht von der Blitzkugel berührten Bereiche gehören zu LPZ 0_B, wo zwar direkte Blitzeinschläge ausgeschlossen sind, aber das originale magnetische Feld der Blitzstörquelle herrscht.

Falls bestimmte Gebäudeteile oder Installationen (z. B. eine Klimaanlage auf dem Dach) aus LPZ 0_A in LPZ 0_B verlagert werden sollen, sind entsprechende Fangeinrichtungen (Fangstangen und/oder Fangleitungen) zu planen. Es hat sich als vorteilhaft erwiesen, Installationen auf dem Dach durch Überspannen mit Fangleitungen, die auf Isolierstützen montiert sind, vor direkten Blitzeinschlägen zu schützen und sie damit in LPZ 0_B einzubringen (siehe Kapitel 9.1).

Die LPZ 0_B grenzt nach außen an LPZ 0_A und nach innen an LPZ 1.

Die Festlegung der Anzahl und der Qualität der inneren Blitzschutzzonen **LPZ 1 und folgende** richtet sich sowohl nach der anzusetzenden Blitzstörquelle, die durch den gewählten Gefährdungspegel (Kapitel 6.1) festgelegt ist, als auch nach der Zerstörfestigkeit der Störsenke, also der zu schützenden Systeme (**Bild 6.19**).

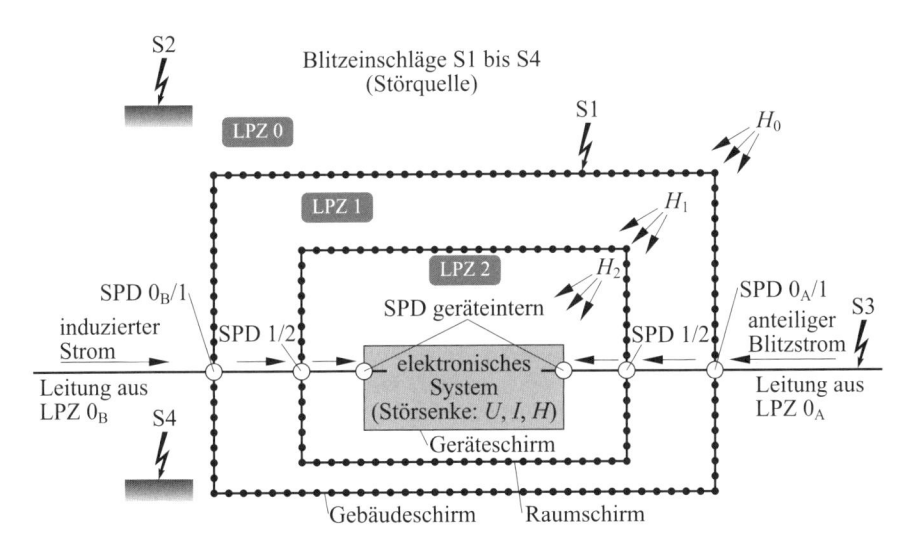

Blitzeinschläge S1 bis S4 (Störquelle),
definiert entsprechend dem gewählten Gefährdungspegel durch:
I_0 Impuls 10/350 µs und 0,25/100 µs DIN EN 62305-1 (**VDE 0185-305-1**),
H_0 Impuls 10/350 µs und 0,25/100 µs DIN EN 62305-4 (**VDE 0185-305-4**)

Elektronisches System (Störsenke),
definiert durch die Störfestigkeit gegen leitungsgebundene (U, I) und gestrahlte (H) Blitzwirkungen:
U Impuls 1,2/50 µs DIN EN 61000-4-5 (**VDE 0847-4-5**),
I Impuls 8/20 µs,
H Impuls 8/20 µs,
   gedämpfte Schwingung 25 kHz, T_P = 10 µs DIN EN 61000-4-9 (**VDE 0847-4-9**),
H Impuls 0,2/0,5 µs,
   gedämpfte Schwingung 1 MHz, T_P = 0,25 µs DIN EN 61000-4-10 (**VDE 0847-4-10**)

Bild 6.19 LEMP- bzw. EMV-Situation bei einem Blitzeinschlag

In einem **ersten Schritt** wird geprüft, ob mit der Einrichtung von nur einer inneren Blitzschutzzone LPZ 1 die Störquelle mit der Störsenke verträglich gemacht werden kann. Ist dies nicht möglich, wird in einem **zweiten Schritt** die Einrichtung einer weiteren inneren Blitzschutzzone LPZ 2 geplant. Die Entscheidung zur Einrichtung einer weiteren Blitzschutzzone kann durch folgende Kriterien begründet sein:

- Die zu erwartenden Blitzfeldstärken innerhalb von LPZ 1 sind größer als die Zerstörfestigkeitfeldstärken der elektronischen Geräte.

- Das akzeptierbare Schadensrisiko für besonders sensible elektronische Systeme ist kleiner als für die übrigen Systeme. Dann kann die Errichtung einer eigenen LPZ 2 für diese Systeme sinnvoll sein.

- Das Impulsmagnetfeld in LPZ 1 kann in den Leitungen Störspannungen induzieren, die für das betrachtete elektronische System unzulässig hoch sind. Durch SPDs an der Schnittstelle einer LPZ 2 können diese Störspannungen begrenzt werden (zur Berechnung der Störspannungen siehe Kapitel 6.8).

6.7.3 Magnetfelder bei direkten Blitzeinschlägen

6.7.3.1 LPZ 1 bei direkten Blitzeinschlägen

Die **Impulsmagnetfelder in LPZ 1** bei einem **direkten Blitzeinschlag** sind abhängig vom Gefährdungspegel LPL, von der Maschenweite w_{m1} des Schirms von LPZ 1 und von den Abständen vom Schirm (DIN EN 62305-4 (**VDE 0185-305-4**), Anhang A.3.1.1 der Norm).

Anmerkung: Wenn innerhalb von LPZ 1 ein vermaschtes Potentialausgleichnetzwerk mit einer typischen Maschenweite von etwa 5 m installiert wird, werden durch die hierbei gebildeten Reduktionsschleifen die Werte für die Impulsmagnetfelder halbiert. In den Gleichungen ist dies durch den Einflussfaktor k_{PN} berücksichtigt.

Das **Impulsmagnetfeld** in einem bestimmten Punkt in LPZ 1 ist **ortsabhängig** und wird für den kürzesten Abstand des Punkts zur Wand d_w und für den Abstand zur Decke d_r berechnet (**Bild 6.20a**):

$$H_1 = k_h \cdot I_0 \cdot \frac{w_{m1}}{d_w \cdot \sqrt{d_r}} \cdot k_{PN} \quad \text{in A/m},$$

mit:

k_h Geometriefaktor $k_h = 0{,}01$ in $1/\sqrt{m}$,

I_0 Scheitelwert des Blitzstroms in LPZ 0_A in A,

w_{m1} Maschenweite des Schirms von LPZ 1 in m,

d_w kürzester Abstand zur Wand von LPZ 1 in m,

d_r Abstand zur Decke von LPZ 1 in m,

k_{PN} Faktor für vermaschtes Potentialausgleichnetzwerk (ohne: $k_{PN} = 1$, mit: $k_{PN} = 0{,}5$).

a)

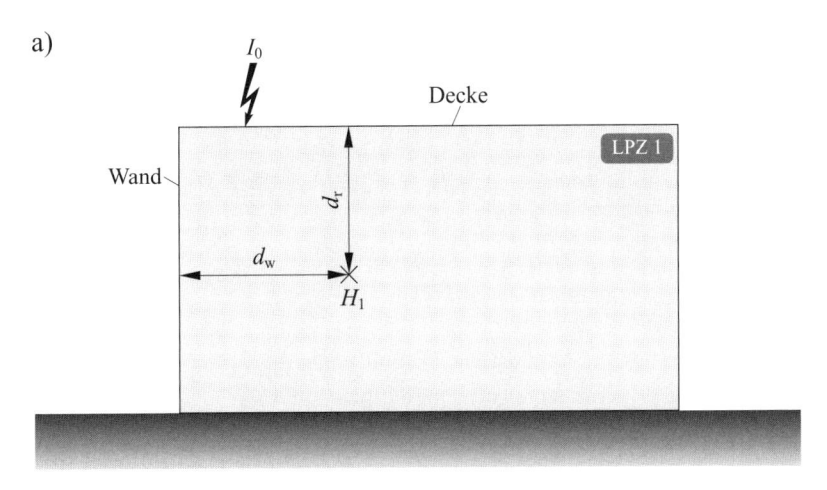

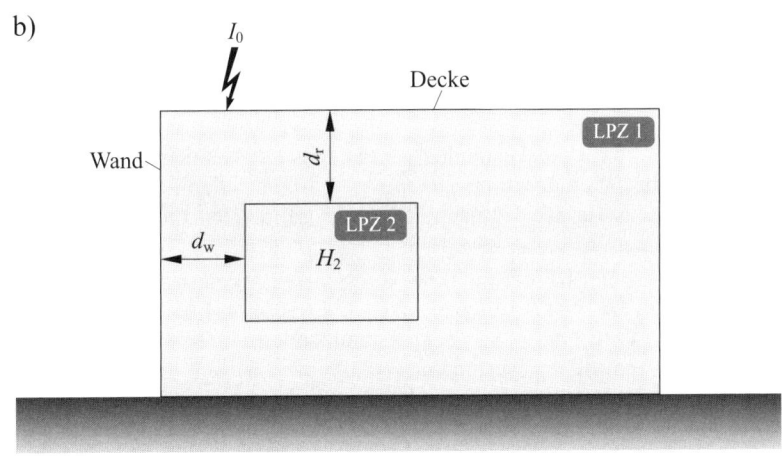

b)

innerhalb von LPZ 1	$H_1 = k_h \cdot I_0 \cdot M_1 / \left(d_w \cdot \sqrt{d_r} \right)$
innerhalb von LPZ 2	$H_2 = H_1 / 10^{SF/20}$

Bild 6.20 Bestimmung der magnetischen Feldstärke bei Blitzeinschlag direkt in eine bauliche Anlage (S1)
Anmerkung: Die Abstände d_w zur Wand und d_r zur Decke sind unterschiedlich definiert:
a) für Magnetfelder in LPZ 1 werden d_w und d_r durch den betrachteten Punkt definiert; H_1 innerhalb von LPZ 1 ist ortsabhängig,
b) für Magnetfelder in LPZ 2 werden d_w und d_r durch die Grenze von LPZ 2 definiert; mit diesem Werten wird der Wert H_1 für die Formel H_2 berechnet; H_2 innerhalb von LPZ 2 ist ortsunabhängig

Daraus folgt für den Höchstwert des magnetischen Felds in LPZ 1:

- positiver erster Teilblitz: $H_{1/F/max} = k_h \cdot I_{F/max} \cdot \dfrac{w_{m1}}{d_w \cdot \sqrt{d_r}} \cdot k_{PN}$ in A/m,

- negativer erster Teilblitz: $H_{1/FN/max} = k_h \cdot I_{FN/max} \cdot \dfrac{w_{m1}}{d_w \cdot \sqrt{d_r}} \cdot k_{PN}$ in A/m,

- Folgeblitz: $H_{1/S/max} = k_h \cdot I_{S/max} \cdot \dfrac{w_{m1}}{d_w \cdot \sqrt{d_r}} \cdot k_{PN}$ in A/m,

mit:
$I_{F/max}$ der Höchstwert des ersten positiven Teilblitzes in A,
$I_{FN/max}$ der Höchstwert des ersten negativen Teilblitzes in A,
$I_{S/max}$ der Höchstwert der Folgeblitze in A.

Diese Werte des magnetischen Felds gelten nur im Sicherheitsvolumen V_s innerhalb des gitterförmigen Schirms von LPZ 1 mit dem Sicherheitsabstand $d_{DF/1}$ zum Schirm (Kapitel 6.7.1.1):

$d_{DF/1} = w_{m1}$ in m.

$H_{1/F/max}$ und $H_{1/S/max}$ sind für die Abstände d_w und d_r des Orts, an dem die elektronischen Systeme installiert werden sollen, zu ermitteln. Sollen beliebige Installationen innerhalb des Volumens für elektronische Systeme (Bild 6.18) möglich sein, ist $d_w = d_r = w_{m1}$ anzusetzen.

Nun werden die Zerstörfestigkeiten bzw. die Störfestigkeiten (entsprechend DIN EN 61000-4-9 (**VDE 0847-4-9**) bzw. DIN EN 61000-4-4 (**VDE 0847-4-4**), DIN EN 61000-4-10 (**VDE 0847-4-10**) der zu schützenden Systeme gegen Impulsmagnetfelder mit den ermittelten Werten von $H_{1/F/max}$ bzw. $H_{1/S/max}$ verglichen. Sind diese Festigkeiten größer als die zu erwartenden Blitzfeldstärken, ist die magnetische Schirmung von LPZ 1 ausreichend. Ansonsten muss entweder die Maschenweite w_{m1} von LPZ 1 verkleinert oder eine weitere Blitzschutzzone LPZ 2 eingerichtet werden.

6.7.3.2 LPZ 2 und höher bei direkten Blitzeinschlägen

Die **Impulsmagnetfelder in LPZ 2** bei einem **direkten Blitzeinschlag** sind abhängig von der Maschenweite w_{m2} des Schirms von LPZ 2, die den Schirmungsfaktor SF_2 in dB bestimmt (DIN EN 62305-4 (**VDE 0185-305-4**), Anhang A.3.1.3 der Norm).
Im Gegensatz zu LPZ 1 wird das **Impulsmagnetfeld** in LPZ 2 als homogen und **ortsunabhängig** angenommen. Zur Bestimmung dieses Felds wird zunächst der „Worst-case"-Wert des Felds $H_{1/F/max}$ bzw. $H_{1/S/max}$ in LPZ 1 am Ort des Schirms von LPZ 2, d. h., für dessen kürzesten Abstand zur Wand d_w und zur Decke d_r berechnet (**Bild 6.20b**). Diese Werte werden durch den Schirmungsfaktor SF_2 weiter reduziert, woraus sich die Werte $H_{2/F/max}$ bzw. $H_{2/S/max}$ in LPZ 2 ergeben.

Impulsmagnetfeld des ersten positiven Teilblitzes in LPZ 2 bei direktem Blitzeinschlag:

$$H_{2/\text{F/max}} = \frac{H_{1/\text{F/max}}}{10^{SF_2/20}} \quad \text{in A/m}.$$

Impulsmagnetfeld der Folgeblitze in LPZ 2 bei direktem Blitzeinschlag:

$$H_{2/\text{S/max}} = \frac{H_{1/\text{S/max}}}{10^{SF_2/20}} \quad \text{in A/m},$$

mit:
$H_{1/\text{F/max}}$ Scheitelwert des Impulsmagnetfelds des ersten positiven Teilblitzes in LPZ 1,
$H_{1/\text{S/max}}$ Scheitelwert des Impulsmagnetfelds der Folgeblitze in LPZ 1,
SF_2 Schirmungsfaktor für LPZ 2 mit w_{m2} nach **Tabelle 6.11**.

Wenn innerhalb von LPZ 2 ein vermaschtes Potentialausgleichnetzwerk mit einer typischen Maschenweite von etwa 5 m installiert wird, werden durch die hierbei gebildeten Reduktionsschleifen die Werte für die Impulsmagnetfelder halbiert. In den Gleichungen ist dies durch eine Erhöhung des Schirmfaktors SF um 6 dB berücksichtigt.

Werkstoff	SF in dB (siehe Anmerkungen 1 und 2)	
	25 kHz (gültig für den ersten positiven Teilblitz)	**1 MHz** (gültig für Folgeblitze) oder **250 kHz** (gültig für den ersten negativen Teilblitz)
Kupfer oder Aluminium	$20 \cdot \log\left(\dfrac{8,5}{w_m}\right)$	$20 \cdot \log\left(\dfrac{8,5}{w_m}\right)$
Stahl (siehe Anmerkung 3)	$20 \cdot \log\left(\dfrac{\dfrac{8,5}{w_m}}{\sqrt{1 + \dfrac{18 \cdot 10^{-6}}{r^2}}}\right)$	$20 \cdot \log\left(\dfrac{8,5}{w_m}\right)$

w_m in m   Maschenweite des gitterförmigen Schirms,
r in m   Radius eines Stabs des gitterförmigen Schirms,
Anmerkung 1: $SF = 0$, wenn das Ergebnis der Gleichungen negativ wird.
Anmerkung 2: SF erhöht sich um 6 dB, wenn ein vermaschtes Potentialausgleichnetzwerk installiert ist.
Anmerkung 3: Permeabilität $\mu_r \approx 200$

Tabelle 6.11 Schirmungsfaktor von gitterförmigen räumlichen Schirmen nach DIN EN 62305-4 (**VDE 0185-305-4**), Tabelle A.3 der Norm

Diese Werte des magnetischen Felds gelten nur im Sicherheitsvolumen V_s innerhalb des gitterförmigen Schirms von LPZ 2 mit dem Sicherheitsabstand $d_{SF/2}$ zum Schirm (Kapitel 6.7.1.2):

$d_{SF/2} = w_{m2} \cdot \dfrac{SF_2}{10}$ in m für $SF_2 \geq 10$,

$d_{SF/2} = w_{m2}$ in m für $SF_2 < 10$.

Für LPZ 3 und folgende gelten analog die Gleichungen für LPZ 2.

6.7.3.3 Messung des Magnetfelds mit einem „Low-Level"-Test

Weiterhin kann an einem vorhandenen Gebäude in einem „Low-Level"-Test nach DIN EN 62305-4 (**VDE 0185-305-4**) das Impulsmagnetfeld $H_{n/F}$ bzw. $H_{n/S}$ im Inneren des Gebäudes direkt gemessen werden (**Bild 6.21**). Der direkte Blitzeinschlag wird dabei mit einem Teststrom simuliert, der den zeitlichen Verlauf des Blitzstroms aufweist, aber in der Amplitude typisch um den Faktor 10 bis 100 reduziert ist.

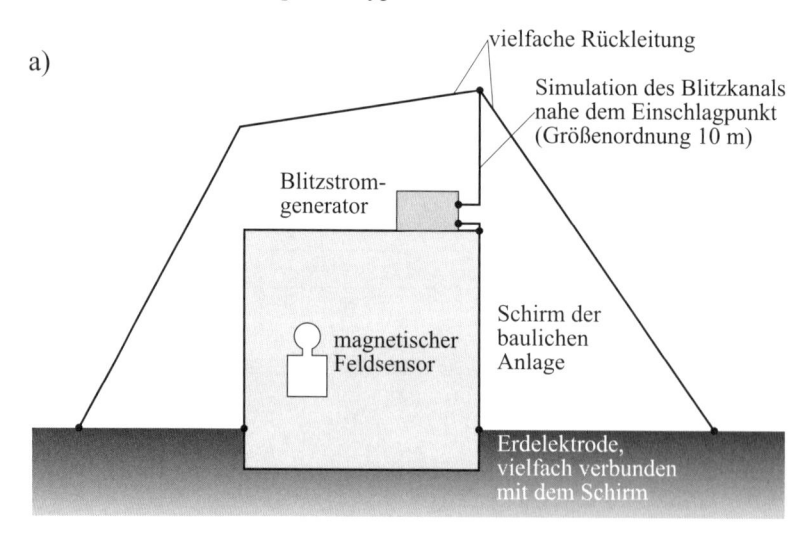

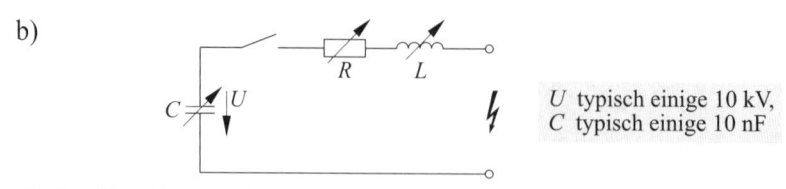

Bild 6.21 Vorschlag einer „Low-Level"-Blitzstrom-Prüfung zur Ermittlung des Impulsmagnetfelds innerhalb einer geschirmten baulichen Anlage (siehe DIN EN 62305-4 (**VDE 0185-305-4**), Bild A.13 der Norm) – a) Prüfanordnung, b) Blitzstromgenerator

6.7.4 Magnetfelder bei nahen Blitzeinschlägen

6.7.4.1 LPZ 1 bei nahen Blitzeinschlägen

Die **Impulsmagnetfelder in LPZ 1** bei einem **nahen Blitzeinschlag** sind abhängig vom Abstand s_a zum Blitzeinschlagpunkt und von der Maschenweite w_{m1} des Schirms von LPZ 1, die den Schirmungsfaktor SF_1 in dB bestimmt (DIN EN 62305-4 (**VDE 0185-305-4**), Anhang A.4.1.2 der Norm). Diese Situation ist im **Bild 6.22** dargestellt.

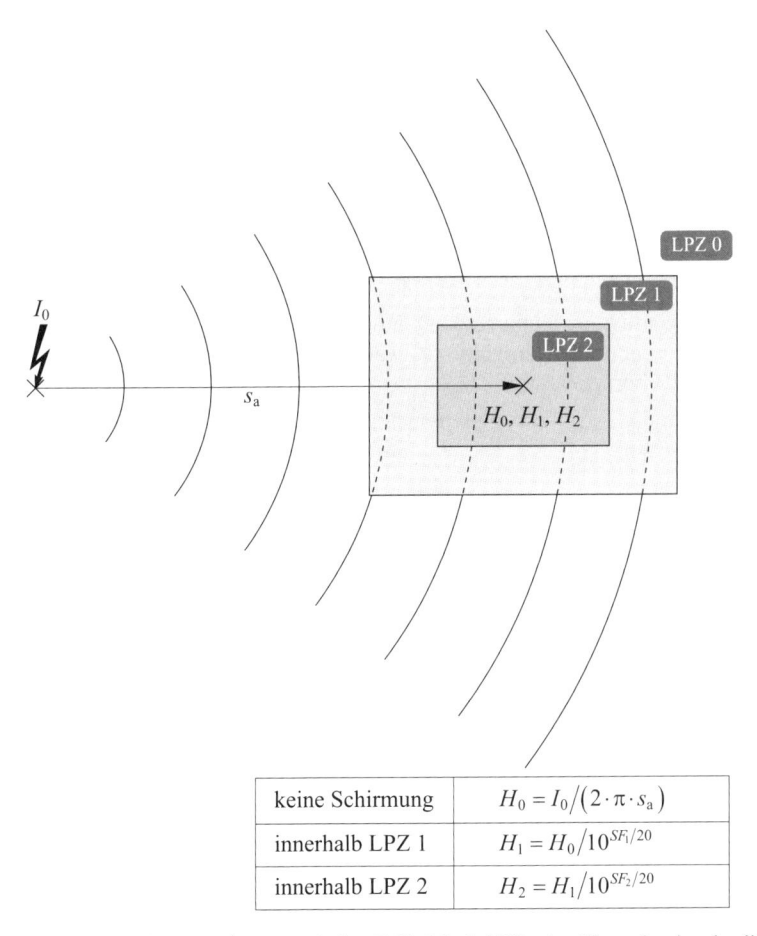

keine Schirmung	$H_0 = I_0 / (2 \cdot \pi \cdot s_a)$
innerhalb LPZ 1	$H_1 = H_0 / 10^{SF_1/20}$
innerhalb LPZ 2	$H_2 = H_1 / 10^{SF_2/20}$

Bild 6.22 Bestimmung der magnetischen Feldstärke bei Blitzeinschlag nahe einer baulichen Anlage

Impulsmagnetfeld des ersten positiven Teilblitzes in LPZ 1 bei nahem Blitzeinschlag:

$$H_{1/\text{F/max}} = \frac{\frac{I_{\text{F/max}}}{2 \cdot \pi \cdot s_a}}{10^{SF_1/20}} \quad \text{in A/m}.$$

Impulsmagnetfeld der Folgeblitze in LPZ 1 bei nahem Blitzeinschlag:

$$H_{1/\text{S/max}} = \frac{\frac{I_{\text{S/max}}}{2 \cdot \pi \cdot s_a}}{10^{SF_1/20}} \quad \text{in A/m},$$

mit:
$I_{\text{F/max}}$ Scheitelwert des ersten positiven Teilblitzes in A,
$I_{\text{S/max}}$ Scheitelwert der Folgeblitze in A; $I_{\text{S/max}} = \frac{1}{4} \cdot I_{\text{F/max}}$,
s_a Abstand vom Blitzeinschlagpunkt zur Raummitte (Bild 6.22),
SF_1 Schirmungsfaktor für LPZ 1 mit w_{m1} nach Tabelle 6.11.

Ein vermaschtes Potentialausgleichnetzwerk innerhalb von LPZ 1 vermindert die Impulsmagnetfelder wieder um den Faktor 2, was in Tabelle 6.11 durch eine Erhöhung von SF um 6 dB berücksichtigt ist.

Diese Werte des magnetischen Felds gelten nur im Sicherheitsvolumen V_s innerhalb des gitterförmigen Schirms von LPZ 1 mit dem Sicherheitsabstand $d_{SF/1}$ zum Schirm (Kapitel 6.7.1.2):

$$d_{SF/1} = w_{m1} \cdot \frac{SF_1}{10} \quad \text{in m} \quad \text{für } SF_1 \geq 10,$$

$$d_{SF/1} = w_{m1} \quad \text{in m} \quad \text{für } SF_1 < 10.$$

Nun werden die Zerstörfestigkeiten der elektronischen Geräte bzw. Systeme gegen Impulsmagnetfelder (entsprechend DIN EN 61000-4-9 (**VDE 0847-4-9**) bzw. DIN EN 61000-4-10 (**VDE 0847-4-10**) mit den ermittelten Werten von $H_{1/\text{F/max}}$ bzw. $H_{1/\text{S/max}}$ verglichen. Sind die Festigkeiten größer als die zu erwartenden Blitzfeldstärken, ist die magnetische Schirmung von LPZ 1 ausreichend. Ansonsten muss entweder die Maschenweite w_{m1} von LPZ 1 verkleinert oder eine weitere Blitzschutzzone LPZ 2 eingerichtet werden.

6.7.4.2 LPZ 2 und höher bei nahen Blitzeinschlägen

Die Impulsmagnetfelder in LPZ 2 bei einem **nahen Blitzeinschlag** sind abhängig von der Maschenweite w_{m2} des Schirms von LPZ 2, die den Schirmungsfaktor SF_2

in dB bestimmt (DIN EN 62305-4 (**VDE 0185-305-4**), Anhang A.3.1.3 der Norm). Die Größe von w_{m2} ist nach Festlegung von LPZ 2 abzuschätzen.

Impulsmagnetfeld des ersten positiven Teilblitzes in LPZ 2 bei nahem Blitzeinschlag:

$$H_{2/F/\max} = \frac{H_{1/F/\max}}{10^{SF_2/20}} \quad \text{in A/m}.$$

Impulsmagnetfeld der Folgeblitze in LPZ 2 bei nahem Blitzeinschlag:

$$H_{2/S/\max} = \frac{H_{1/S/\max}}{10^{SF_2/20}} \quad \text{in A/m},$$

mit:

$H_{1/F/\max}$ Scheitelwert des Impulsmagnetfelds des ersten positiven Teilblitzes in LPZ 1,
$H_{1/S/\max}$ Scheitelwert des Impulsmagnetfelds der Folgeblitze in LPZ 1,
SF_2 Schirmungsfaktor für LPZ 2 mit w_{m2} nach Tabelle 6.11.

Ein vermaschtes Potentialausgleichnetzwerk innerhalb von LPZ 2 vermindert die Impulsmagnetfelder wieder um den Faktor 2, was in Tabelle 6.11 durch eine Erhöhung von SF um 6 dB berücksichtigt ist.

Diese Werte des magnetischen Felds gelten nur im Sicherheitsvolumen V_s innerhalb des gitterförmigen Schirms von LPZ 1 mit dem Sicherheitsabstand $d_{SF/2}$ zum Schirm (Kapitel 6.7.1.2).

$$d_{SF/2} = w_{m2} \cdot \frac{SF_2}{10} \quad \text{in m} \quad \text{für } SF_2 \geq 10,$$

$$d_{SF/2} = w_{m2} \quad \text{in m} \quad \text{für } SF_2 < 10.$$

Für LPZ 3 und folgende gelten analog die Gleichungen für LPZ 2.

6.7.4.3 Messung des Schirmfaktors

Grundsätzlich besteht auch die Möglichkeit, bei erstellten Gebäuden oder bei vergleichbaren Gebäuden den resultierenden Schirmfaktor SF des Gebäude- bzw. Raumschirms zu messen. Hierzu wird z. B. in Anlehnung an das VG 95370-15 beschriebene Verfahren mit einem Sender außerhalb des Schirms ein Magnetfeld bei einer Frequenz im Bereich von 25 kHz bis 1 MHz erzeugt und das Magnetfeld mit einem Empfänger innerhalb des Schirms gemessen (**Bild 6.23**). Der resultierende Schirmfaktor SF ergibt sich als Quotient der beiden Feldwerte. Das Verfahren setzt aber fundierte Kenntnisse in der EMV-Messtechnik voraus, da es leicht zu Fehlinterpretationen kommen kann.

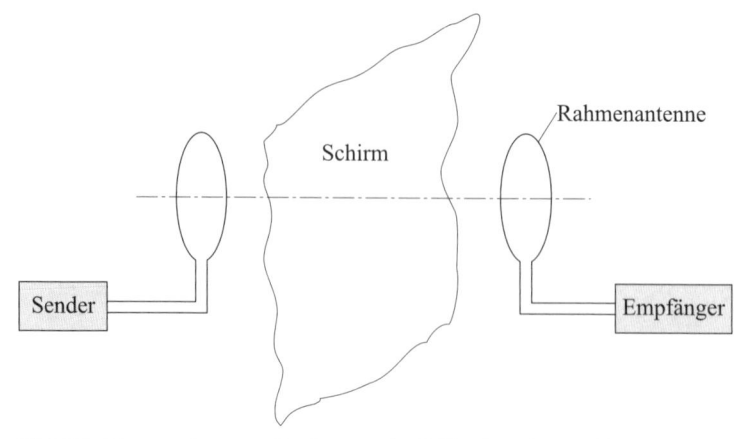

Bild 6.23 Messanordnung zur Bestimmung der Schirmdämpfung Anlehnung an VG 95370-15

6.7.5 Praktische Ausführung der räumlichen Schirmung

Bei der Ausbildung der Gebäude- und Raumschirme werden so weit als irgend möglich bauseits vorhandene Komponenten herangezogen, wie

- Armierungen in Wänden, Decken, Böden, Dächern und Kellerfundamenten,
- Blechdächer und -fassaden,
- metallene Tragekonstruktionen, Rahmen und Stützen,
- verlorene Blechschalungen in Böden, Decken und Wänden,
- metallene Gitter und Streckmetalle,
- metallene Rohrsysteme.

Bild 6.24 zeigt als Beispiel, wie eine Stahlarmierung unter Einbeziehung metallener Fenster- und Türrahmen zu einem gitterförmigen Schirm ausgebildet werden kann.

Anmerkung: In der Praxis wird es für ausgedehnte bauliche Anlagen nicht möglich sein, tatsächlich an jedem Punkt zu schweißen (oder zu klemmen). Aber die meisten Punkte sind natürlicherweise verbunden durch festen Berührungskontakt oder durch Verrödeln. Für die Praxis genügt deshalb etwa eine Verbindung je Meter.

Besteht ein Gebäude- bzw. Raumschirm aus verschieden großen Maschen (z. B. Armierungsmatten, Fensterrahmen, Fassadenelemente) oder in Teilbereichen aus Metallblechen (z. B. Dächer), so kann eine konservativ geschätzte, mittlere Maschenweite angesetzt werden. Wenn nötig, können bauseits vorhandene Maschen durch zusätzliche Maßnahmen, z. B. das Einfügen von Zwischenstäben, reduziert werden.

Die Armierung im Beton ist eine wesentliche Komponente der Gebäude- und Raumschirmung (siehe Beispiel in Bild 6.4). Es hat sich bei Neubauten als Standard herausgebildet, dem Armierungsgitter im Raster von etwa 5 m zusätzliche (feuerverzinkte)

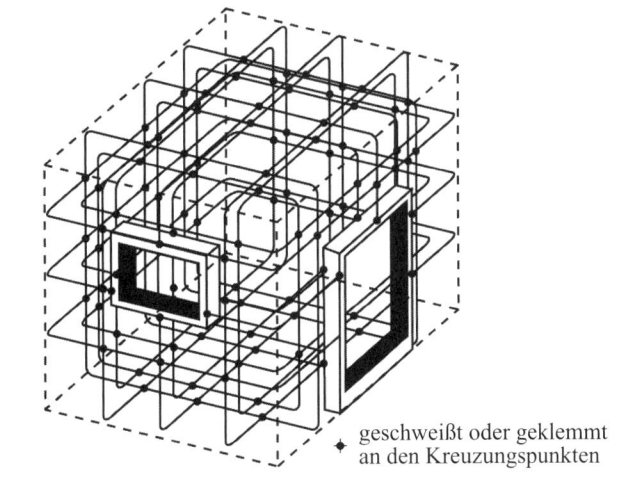

Bild 6.24 Gebäude- oder Raumschirm, gebildet durch metallene Armierung und metallene Rahmen

◆ geschweißt oder geklemmt an den Kreuzungspunkten

Stahl-Flachbänder oder Rundleiter zu überlagern und diese etwa jeden Meter mit dem Armierungsgitter zu verschweißen oder zu verklemmen. Diese Bänder oder Rundleiter gewährleisten den leitfähigen Kontakt der Armierungsstäbe untereinander und schaffen ein Potentialausgleichnetz mit 5 m Maschenweite. An diese Bänder oder Rundleiter werden im Bedarfsfall auch die Potentialausgleichschienen angeschlossen (z. B. über Erdungsfestpunkte, siehe Kapitel 9.2).

Schweißarbeiten an Armierungen werden immer wieder diskutiert. Lichtbogenhandschweißen an Stählen im Beton, die gemäß Normenreihe DIN 488 hergestellt sind und keine tragende Funktion hinsichtlich Lasteinleitung haben, ist generell zulässig, wenn die Schweißarbeiten von einem Fachbetrieb nach DIN EN ISO 17660-2 und Normenreihe DIN 1045 ausgeführt werden. Die Verbindungen zwischen den Stahlflachbändern des 5-m-Maschennetzes und den Bewehrungsstäben sind als Kreuzungsstoß nach DIN EN ISO 17660-2 auszuführen. Dies gilt auch für das Anschweißen von Leitungen zu einer Potentialausgleichschiene. Das Schweißen an vorgespannten Teilen ist dagegen untersagt. Wo aus statischen Gründen Schweißen nicht zugelassen ist, sind Klemmen einzusetzen.

Die Armierungen von Fertigbetonplatten sollen, wenn sie als Schirmkomponenten genutzt werden sollen, mindestens an den vier Ecken mit Anschlussfahnen (bei Korrosionsgefahr aus nicht rostendem Stahl) versehen werden, damit sie untereinander und mit anderen Metallteilen vernetzt werden können. Fassadenbleche sind ebenfalls möglichst an den Ecken untereinander und im Raster von etwa 5 m mit den Stahlgerüsten und darunter liegenden Armierungen zu verbinden.

Die Armierungen der Köcherfundamente sind untereinander und mit der Bodenarmierung zu verbinden. Die durchverbundenen Armierungen in Stützen sind wiederum mit dem Fundament und der Dachtragekonstruktion zu verbinden. Metallene Tür- und Fensterrahmen sind mehrfach an die Armierung anzuschließen.

a)

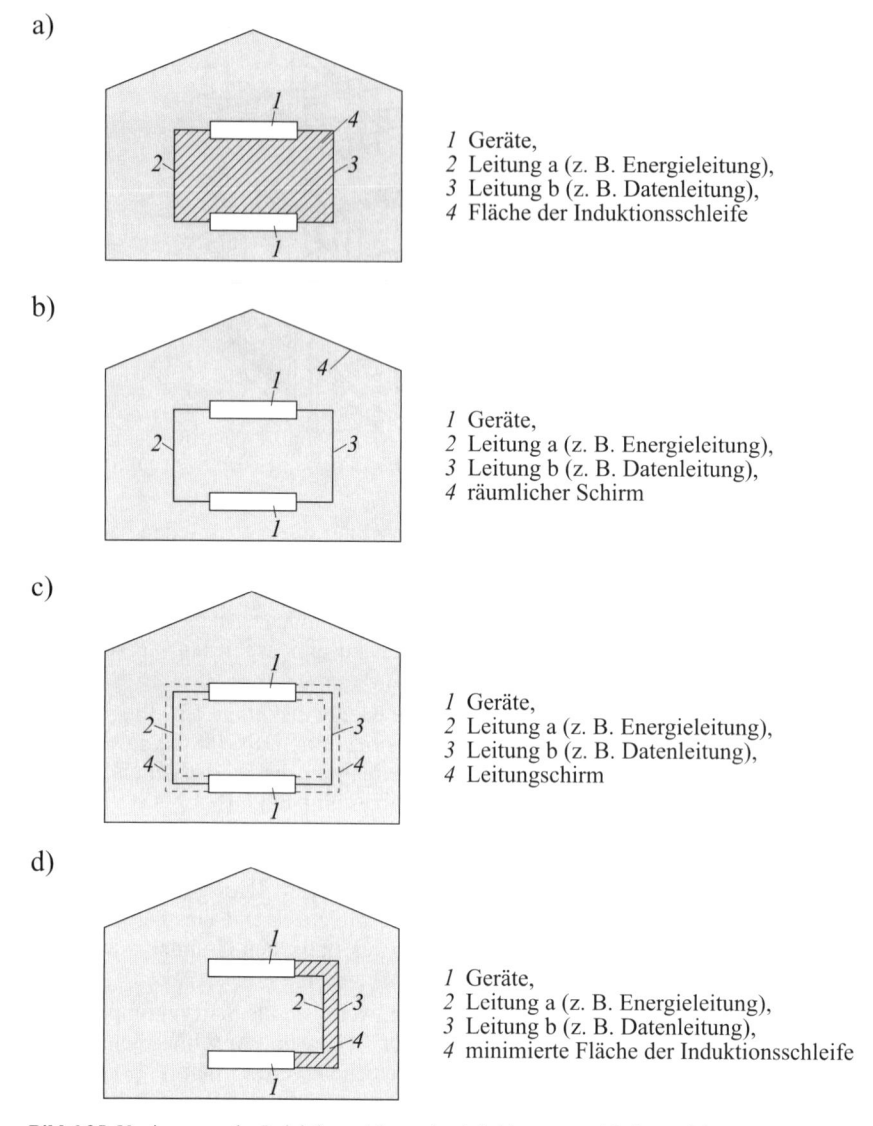

1 Geräte,
2 Leitung a (z. B. Energieleitung),
3 Leitung b (z. B. Datenleitung),
4 Fläche der Induktionsschleife

b)

1 Geräte,
2 Leitung a (z. B. Energieleitung),
3 Leitung b (z. B. Datenleitung),
4 räumlicher Schirm

c)

1 Geräte,
2 Leitung a (z. B. Energieleitung),
3 Leitung b (z. B. Datenleitung),
4 Leitungschirm

d)

1 Geräte,
2 Leitung a (z. B. Energieleitung),
3 Leitung b (z. B. Datenleitung),
4 minimierte Fläche der Induktionsschleife

Bild 6.25 Verringerung der Induktionswirkung durch Schirmung und Leitungsführung
a) ungeschütztes System,
b) Verringerung des Magnetfelds innerhalb einer LPZ durch räumliche Schirmung,
c) Verringerung der Magnetfeldwirkung durch geschirmte Leitungen,
d) Verringerung der Induktionsschleife durch geeignete Leitungsführung

6.8 Leitungsführung und -schirmung

Die Impulsmagnetfelder innerhalb der einzelnen inneren Blitzschutzzonen LPZ 1 und folgende erzeugen in den dort installierten Leiterschleifen induzierte Überspannungen, die umso höher sind, je größer die von den Leiterschleifen eingeschlossenen Flächen sind. Besonders kritisch sind die Spannungen, die zwischen verschiedenen Leitungen, z. B. einer energie- und informationstechnischen Leitung, entstehen. Diese Spannungen wirken zwischen den energie- und informationstechnischen Eingängen. Im **Bild 6.25** sind die Maßnahmen der Leitungsführung und -schirmung zur Vermeidung dieser Überspannungen dargestellt und bewertet (siehe auch Kapitel 4.7 und 5.3).

Bei den energietechnischen Leitungen wirken PE-Leiter, die eng parallel zu den aktiven Leitern geführt sind, in der Regel als ausreichende Schirmleiter. Die informationstechnischen Leitungen werden zweckmäßig mit geschlossenen, beidseitig aufgelegten (geerdeten) Schirmen versehen. Als Leitungsschirme dienen Metallgeflechtschirme oder Metallwellschläuche sowie geschlossene, in Längsrichtung durchverbundene Kabelpritschen, Kabelbühnen und Metallrohre. Bei einer M_m-Konfiguration nach Kapitel 6.5.2 werden die Leitungsschirme in das Potentialausgleichnetzwerk integriert.

Mit den folgenden Gleichungen können die induzierten Schleifenspannungen, die in ungeschirmten oder nicht durchgehend geschirmten Leitungsinstallationen entstehen, näherungsweise berechnet werden. Aus der Höhe der Spannungen können dann die notwendigen Maßnahmen der Leitungsführung und -schirmung abgeleitet werden. Die betrachtete Schleifenkonfiguration ist im **Bild 6.26** dargestellt.

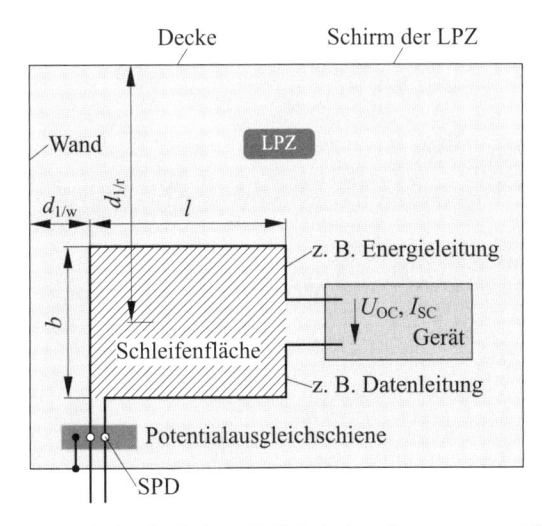

Bild 6.26 In eine Leiterschleife induzierte Spannungen und Ströme

Die Amplitude von induzierten Spannungen ist proportional zur Stromsteilheit des induzierenden Stroms. Folgeblitze haben $^1/_4$ der Amplitude und $^1/_{40}$ der Stirnzeit des ersten positiven Teilblitzes (Tabelle 3.1). Daraus ergibt sich für Folgeblitze eine um den Faktor 10 ($^1/_4 : {}^1/_{40}$) höhere Steilheit, die auch eine um den Faktor 10 höhere induzierte Spannung bewirkt: $U_{OC/S} = 10 \cdot U_{OC/F}$.

6.8.1 Induzierte Spannungen bei direkten Blitzeinschlägen

6.8.1.1 LPZ 1 bei direkten Blitzeinschlägen

Für den **direkten Blitzeinschlag** gelten nachfolgende Gleichungen für die Scheitelwerte der in offene Leiterschleifen induzierten Leerlaufspannung U_{OC} (DIN EN 62305-4 (**VDE 0185-305-4**), Anhang A.5.2 der Norm).
In der Blitzschutzzone **LPZ 1** ist wegen des vom Blitzstrom durchflossenen Schirms die **magnetische Feldstärke ortsabhängig**. Die induzierte Spannung hängt deshalb vom Abstand der Leiterschleife zur Wand $d_{l/w}$ und zur Decke $d_{l/r}$ (Bild 6.26) ab, wobei $U_{OC/1/F/max}$ durch den ersten positiven Teilblitz $I_{F/max}$ und $U_{OC/1/S/max}$ durch die Folgeblitze $I_{S/max}$ entsteht:
Für das magnetische Feld H_1 innerhalb des Volumens V_s von LPZ 1 gilt (Kapitel 6.7.2):

$$H_1 = k_h \cdot l_0 \cdot \frac{w_{m1}}{d_w \cdot \sqrt{d_r}} \cdot k_{PN} \quad \text{in A/m}.$$

Für die Leerlaufspannung U_{OC} gilt:

$$U_{OC} = \mu_0 \cdot b \cdot \ln\left(1 + \frac{l}{d_{l/w}}\right) \cdot k_h \cdot \left(\frac{w_{m1}}{\sqrt{d_{l/r}}}\right) \cdot \frac{dI_0}{dt} \cdot k_{PN} \quad \text{in V}.$$

Während der Stirnzeit T_1 tritt der maximale Wert $U_{OC/max}$ auf:

$$U_{OC/max} = \mu_0 \cdot b \cdot \ln\left(1 + \frac{l}{d_{l/w}}\right) \cdot k_h \cdot \left(\frac{w_{m1}}{\sqrt{d_{l/r}}}\right) \cdot \frac{I_{0/max}}{T_1} \cdot k_{PN} \quad \text{in V},$$

mit:
μ_0 gleich $4\pi \cdot 10^{-7}$ in Vs/Am;
b die Breite der Leiterschleife in m;
$d_{l/w}$ der Abstand der Leiterschleife von der Wand des Schirms in m, wobei $d_{l/w} \geq d_{DF/1}$ ist;

$d_{l/r}$ der mittlere Abstand der Leiterschleife von der Decke des Schirms in m;
I_0 der Blitzstrom in LPZ 0_A in A;
$I_{0/max}$ der Höchstwert des Blitzstroms in LPZ 0_A in A;
k_h der Geometriefaktor $k_h \cdot 0,01$ in $1/\sqrt{m}$;
k_{PN} Faktor für vermaschtes Potentialausgleichnetzwerk (ohne: $k_{PN} = 1$, mit: $k_{PN} = 0,5$);
l die Länge der Leiterschleife in m;
T_1 die Stirnzeit des Blitzstroms in LPZ 0_A in s;
w_{m1} die Maschenweite des gitterförmigen Schirms in m.

Daraus folgt für den Höchstwert der Leerlaufspannung in LPZ 1:

positiver erster Teilblitz:

$$U_{OC/1/F/max} = 1,26 \cdot 10^{-3} \cdot b \cdot \ln\left(1 + \frac{l}{d_{l/w}}\right) \cdot \left(\frac{w_{m1}}{\sqrt{d_{l/r}}}\right) \cdot I_{F/max} \cdot k_{PN} \quad \text{in V}.$$

Folgeblitz:

$$U_{OC/1/S/max} = 50,4 \cdot 10^{-3} \cdot b \cdot \ln\left(1 + \frac{l}{d_{l/w}}\right) \cdot \left(\frac{w_{m1}}{\sqrt{d_{l/r}}}\right) \cdot I_{S/max} \cdot k_{PN} \quad \text{in V}.$$

Anmerkung: Es gilt $U_{OC/1/S/max} = 10 \cdot U_{OC/1/F/max}$, weil $I_{F/max} = 4 \cdot I_{S/max}$ und $T_{1/F} = 40 \cdot T_{1/S}$ ist.

Die Gleichungen gelten für den Sicherheitsabstand $d_{DF/1} \geq w_{m1}$ der Schleife vom Schirm von LPZ 1. Im ungünstigsten Fall ist $d_{l/w} = d_{DF/1} = w_{m1}$. Für b, l und $d_{l/r}$ sind typische Werte anzunehmen.

6.8.1.2 LPZ 2 und höher bei direkten Blitzeinschlägen

In der Blitzschutzzone **LPZ 2**, deren Schirm nicht von Blitzströmen durchflossen wird, kann eine **ortsunabhängige magnetische Feldstärke** angenommen werden, sodass die Abstände zu Wand und Decke keinen Einfluss haben. Es entsteht $U_{OC/2/F/max}$ durch den ersten positiven Teilblitz $I_{F/max}$ und $U_{OC/2/S/max}$ durch die Folgeblitze $I_{S/max}$:

Für das magnetische Feld H_2 innerhalb des Volumens V_s von LPZ 2 gilt (Kapitel 6.7.2):

$$H_2 = \frac{H_1}{10^{SF_2/20}} \quad \text{in A/m}.$$

Für die Leerlaufspannung U_{OC} gilt:

$$U_{OC} = \mu_0 \cdot b \cdot l \cdot \frac{dH_2}{dt} \text{ in V}.$$

Während der Stirnzeit T_1 tritt der maximale Wert $U_{OC/max}$ auf:

$$U_{OC/max} = \mu_0 \cdot b \cdot l \cdot \frac{H_{2/max}}{T_1} \text{ in V},$$

mit:

μ_0 gleich $4\pi \cdot 10^{-7}$ in Vs/Am;
b die Breite der Leiterschleife in m;
H_2 Impulsmagnetfeld des ersten positiven Teilblitzes in LPZ 2 in A/m;
$H_{2/max}$ Scheitelwert des Impulsmagnetfelds des ersten positiven Teilblitzes in LPZ 2 in A/m;
k_h der Geometriefaktor $k_h = 0{,}01$ in $1/\sqrt{m}$;
l die Länge der Leiterschleife in m;
T_1 die Stirnzeit des Blitzstroms in LPZ 0_A in s;

Daraus folgt für den Höchstwert der Leerlaufspannung in LPZ 2:
positiver erster Teilblitz:

$$U_{OC/2/F/max} = 0{,}126 \cdot b \cdot l \cdot H_{2/F/max} \text{ in V}.$$

Folgeblitz:

$$U_{OC/2/S/max} = 5{,}04 \cdot b \cdot l \cdot H_{2/S/max} \text{ in V}.$$

Anmerkung: Es gilt $U_{OC/2/S/max} = 10 \cdot U_{OC/2/F/max}$, weil $I_{F/max} = 4 \cdot I_{S/max}$ und $T_{1/F} = 40 \cdot T_{1/S}$ ist,

mit:

b Breite der Leiterschleife in m,
l Länge der Leiterschleife in m,
$H_{2/F/max}$ Scheitelwert des Impulsmagnetfelds des ersten positiven Teilblitzes in LPZ 2,
$H_{2/S/max}$ Scheitelwert des Impulsmagnetfelds der Folgeblitze in LPZ 2.

Die Gleichungen gelten für den Sicherheitsabstand $d_{SF/2}$ der Schleife vom Schirm von LPZ 2 (siehe Kapitel 6.7.2). Für b und l sind typische Werte anzunehmen. Für LPZ 3 und folgende gelten analog die Gleichungen für LPZ 2.

6.8.2 Induzierte Spannungen bei nahen Blitzeinschlägen

Für den **nahen Blitzeinschlag** gelten nachfolgende Gleichungen für die Scheitelwerte der induzierten Leerlaufspannung U_{OC} DIN EN 62305-4 (**VDE 0185-305-4**), Anhang A.5.3 der Norm. Da in diesem Fall keiner der Schirme von Blitzströmen durchflossen wird, kann in jeder LPZ eine **ortsunabhängige magnetische Feldstärke** angenommen werden, sodass die Abstände zu Wand und Decke keinen Einfluss haben.
Für die Leerlaufspannung U_{OC} gilt:

$$U_{OC} = \mu_0 \cdot b \cdot l \cdot \frac{dH}{dt} \quad \text{in V}.$$

Während der Stirnzeit T_1 tritt der maximale Wert $U_{OC/max}$ auf:

$$U_{OC/max} = \mu_0 \cdot b \cdot l \cdot \frac{H_{max}}{T_1} \quad \text{in V},$$

mit:

μ_0 gleich $4\pi \cdot 10^{-7}$ in Vs/Am;
b die Breite der Leiterschleife in m;
l die Länge der Leiterschleife in m;
$\frac{dH}{dt}$ Steilheit des Impulsmagnetfelds in $\frac{A/m}{s}$;
H_{max} Scheitelwert des Impulsmagnetfelds A/m;
T_1 die Stirnzeit des Blitzstroms in LPZ 0_A in s.

6.8.2.1 LPZ 1 bei nahen Blitzeinschlägen

In der **Blitzschutzzone LPZ 1** entstehen $U_{OC/1/F/max}$ durch den ersten positiven Teilblitz $I_{F/max}$ und $U_{OC/1/S/max}$ durch die Folgeblitze $I_{S/max}$:

$$U_{OC/1/F/max} = 0{,}126 \cdot b \cdot l \cdot H_{1/F/max} \quad \text{in V},$$

$$U_{OC/1/S/max} = 5{,}04 \cdot b \cdot l \cdot H_{1/S/max} = 10 \cdot U_{OC/1/F/max} \quad \text{in V}.$$

Die Gleichungen gelten für einen Sicherheitsabstand $d_{SF/1}$ der Schleife vom Schirm von LPZ 1 (Kapitel 6.7.3). Für b und l sind typische Werte anzunehmen.
$H_{1/F/max}$ und $H_{1/S/max}$ in A/m sind die nach Kapitel 6.7.3 berechneten Scheitelwerte der Impulsmagnetfelder des ersten positiven Teilblitzes bzw. der Folgeblitze in LPZ 1.

6.8.2.2 LPZ 2 und höher bei nahen Blitzeinschlägen

In der **Blitzschutzzone LPZ 2** entstehen $U_{OC/2/F/max}$ durch den ersten positiven Teilblitz $I_{F/max}$ und $U_{OC/2/S/max}$ durch die Folgeblitze $I_{S/max}$:

$$U_{OC/2/F/max} = 0,126 \cdot b \cdot l \cdot H_{2/F/max} \quad \text{in V},$$

$$U_{OC/2/S/max} = 5,04 \cdot b \cdot l \cdot H_{2/S/max} = 10 \cdot U_{OC/2/F/max} \quad \text{in V}.$$

Die Gleichungen gelten für einen Sicherheitsabstand $d_{SF/2}$ der Schleife vom Schirm von LPZ 2. Für b und l sind typische Werte anzunehmen.

$H_{2/F/max}$ und $H_{2/S/max}$ in A/m sind die nach Kapitel 6.7.4.2 berechneten Scheitelwerte der Impulsmagnetfelder des ersten positiven Teilblitzes bzw. der Folgeblitze in LPZ 2.

Für LPZ 3 und folgende gelten analog die Gleichungen für LPZ 2.

6.8.3 Spannungsfestigkeit bei leitungsgebundenen Störungen

Die höchsten induzierten Spannungen entstehen wegen der hohen Stromsteilheit durch die Folgeblitze. Diese Maximalwerte der berechneten, induzierten Leerlaufstoßspannungen U_{OC} müssen nun den Zerstör- bzw. Störfestigkeiten der Systeme und Geräte nach Kapitel 6.3.2 gegenübergestellt werden.

Sind die berechneten Spannungen U_{OC} kleiner als die Zerstör- bzw. Störfestigkeiten der elektronischen Systeme (definiert durch die Leerlaufspannung in Tabelle 6.6), sind keine besonderen Leitungsführungs- und Leitungsschirmungsmaßnahmen notwendig. Sind diese Spannungen (z. B. bei ungünstiger Leitungsführung und fehlender oder unvollständiger Leitungsschirmung) aber zu hoch, so muss die räumliche Schirmung der Blitzschutzzonen verbessert oder ein Konzept für die Leitungsführung und -schirmung erstellt werden.

6.8.4 Induzierte Ströme bei direkten Blitzeinschlägen

Die Amplitude von induzierten Strömen ist proportional zum induzierenden Strom. Weil Folgeblitze $^1/_4$ der Amplitude des ersten positiven Teilblitzes haben (Tabelle 3.1), ergibt sich daraus für Folgeblitze ein um den Faktor 1/4 kleinerer induzierter Strom:
$I_{SC/S/max} = 1/4 \cdot I_{SC/F/max}$.

Bei **direkten Blitzeinschlägen** gelten nachfolgende Gleichungen für die Scheitelwerte der induzierten Kurzschlussströme I_{SC} (DIN EN 62305-4 (**VDE 0185-305-4**), Anhang A.5.2 der Norm), wobei die Impulsmagnetfelder in LPZ 1 **vom Blitzstrom durchflossenen Schirm abgestrahlt** werden.

6.8.4.1 LPZ 1 bei direkten Blitzeinschlägen

In der Blitzschutzzone **LPZ 1** entsteht dabei der Kurzschlussstrom $I_{SC/1/F/max}$ durch den ersten positiven Teilblitz $I_{F/max}$:

$$I_{SC/1/F/max} = 12{,}6 \cdot 10^{-6} \cdot b \cdot \ln\left(1 + \frac{l}{d_{l/w}}\right) \cdot \left(\frac{w_{m1}}{\sqrt{d_{l/r}}}\right) \cdot \frac{I_{F/1/max}}{L_S} \cdot k_{PN} \quad \text{in A}.$$

Weil die Amplitude von $I_{S/max} = 1/4 \cdot I_{F/max}$ ist, ergibt sich für die Folgeblitze:

$$I_{SC/1/S/max} = \frac{1}{4} \cdot I_{SC/1/F/max},$$

mit:

- b Breite der Leiterschleife in m,
- l Länge der Leiterschleife in m,
- $I_{F/max}$ Scheitelwert des ersten positiven Teilblitzes in kA,
- $I_{S/max}$ Scheitelwert der Folgeblitze in kA,
- w_{m1} Maschenweite des Schirms von LPZ 1 in m,
- $d_{l/w}$ Abstand der Leiterschleife von der Wand von LPZ 1 in m,
- $d_{l/r}$ mittlerer Abstand der Leiterschleife von der Decke von LPZ 1 in m,
- k_{PN} Faktor für vermaschtes Potentialausgleichnetzwerk (ohne: $k_{PN} = 1$, mit: $k_{PN} = 0{,}5$).

Die für die Berechnung nötige Induktivität L_S kann aus den Abmessungen der Leiterschleife (Breite b, Länge l und Leiterradius r_c) bestimmt werden:

$$L_S = \left\{ 0{,}8 \cdot \sqrt{l^2 + b^2} - 0{,}8 \cdot (l + b) + 0{,}4 \cdot l \cdot \ln\left[\frac{\frac{2 \cdot b}{r_c}}{1 + \sqrt{1 + \left(\frac{b}{l}\right)^2}}\right] \right.$$

$$\left. + 0{,}4 \cdot b \cdot \ln\left[\frac{\frac{2 \cdot l}{r_c}}{1 + \sqrt{1 + \left(\frac{l}{b}\right)^2}}\right] \right\} \cdot 10^{-6} \quad \text{in H},$$

mit:

b Breite der Leiterschleife in m,
l Länge der Leiterschleife in m,
r_c Radius des Leiters in m.

6.8.4.2 LPZ 2 und höher bei direkten Blitzeinschlägen

In der Blitzschutzzone **LPZ 2** entsteht der Kurzschlussstrom $I_{SC/2/F/max}$ durch das vom ersten positiven Teilblitz bewirkte Impulsmagnetfeld $H_{2/F/max}$, das nach Kapitel 6.7.3.2 berechnet wird:

$$I_{SC/2/F/max} = 1,26 \cdot 10^{-6} \cdot b \cdot l \cdot \frac{H_{2/F/max}}{L_S} \text{ in A}.$$

Weil die Amplitude von $I_{S/max} = 1/4 \cdot I_{F/max}$ ist, ergibt sich für die Folgeblitze:

$$I_{SC/2/S/max} = \frac{1}{4} \cdot I_{SC/2/F/max}.$$

Für LPZ 3 und folgende gelten analog die Gleichungen für LPZ 2.

6.8.5 Induzierte Ströme bei nahen Blitzeinschlägen

Für den **nahen Blitzeinschlag** gelten nachfolgende Gleichungen für die Scheitelwerte der induzierten Kurzschlussströme I_{SC}, wobei die Impulsmagnetfelder H_0 **vom Blitzkanal abgestrahlt** werden sowie durch den Schirm von LPZ 1 auf H_1 und schließlich durch den Schirm von LPZ 2 auf H_2 gedämpft werden. Diese Impulsmagnetfelder können nach Kapitel 6.7.3 berechnet werden.

6.8.5.1 LPZ 1 bei nahen Blitzeinschlägen

In der **Blitzschutzzone LPZ 1** entsteht durch das Impulsmagnetfeld des ersten positiven Teilblitzes (DIN EN 62305-4 (**VDE 0185-305-4**), Anhang A.5.3 der Norm):

$$I_{SC/1/F/max} = 1,26 \cdot 10^{-6} \cdot b \cdot l \cdot \frac{H_{1/F/max}}{L_S} \text{ in A}.$$

Weil aber $I_{S/max} = 1/4 \cdot I_{F/max}$ und damit auch $H_{S/max} = 1/4 \cdot H_{F/max}$ ist, ergibt sich für die Folgeblitze unmittelbar:

$$I_{SC/1/S/max} = \frac{1}{4} \cdot I_{SC/1/F/max}.$$

6.8.5.2 LPZ 2 und höher bei nahen Blitzeinschlägen

In der **Blitzschutzzone LPZ 2** entstehen analog:

$$I_{SC/2/F/max} = 1,26 \cdot 10^{-6} \cdot b \cdot l \cdot \frac{H_{2/F/max}}{L_S} \text{ in A },$$

$$I_{SC/2/S/max} = \frac{1}{4} \cdot I_{SC/2/F/max} .$$

Für LPZ 3 und folgende gelten analog die Gleichungen für LPZ 2.

6.8.6 Stromtragfähigkeit bei leitungsgebundenen Störungen

Die höchsten induzierten Ströme entstehen wegen der großen Amplitude durch den ersten positiven Teilblitz. SPDs und zu schützende Geräte müssen nun so ausgewählt werden, dass ihre Stromtragfähigkeit größer ist als die Maximalwerte der berechneten Kurzschlussströme, um Störungen oder Zerstörungen zu vermeiden. Eine Alternative ist die Einrichtung weiterer Blitzschutzzonen.

6.9 Schutzmaßnahmen in bestehenden baulichen Anlagen

In bestehenden baulichen Anlagen müssen geeignete Schutzmaßnahmen gegen Blitzwirkungen die **vorhandene Konstruktion und vorgegebene Bedingungen** von baulichen Anlagen und von bestehenden elektrischen und elektronischen Systemen berücksichtigen. Anhand der **Checkliste im Anhang B von DIN EN 62305-4 (VDE 0185-305-4)** können spezielle Punkte erkannt und die kostengünstigsten Maßnahmen für den Schutz von elektrischen und elektronischen Systemen gefunden werden. Die Checkliste erleichtert die Risikoanalyse und die Auswahl der am besten geeigneten Schutzmaßnahmen. Insbesondere für bestehende bauliche Anlagen ist die systematische Planung für das Blitzschutzzonenkonzept und für Erdung, Potentialausgleich, Leitungsführung und Schirmung wichtig.

6.9.1 Integration von neuen elektrischen Systemen

Bild 6.27 zeigt ein Beispiel, in dem eine bestehende Installation (auf der linken Seite) mit einer neuen Installation (auf der rechten Seite) zusammengeschaltet ist. Die bestehende Installation schränkt die anwendbaren Schutzmaßnahmen ein. Trotzdem können durch entsprechende Planung und Auslegung der neuen Installation alle notwendigen Schutzmaßnahmen eingesetzt werden, wie folgende Übersicht zeigt:

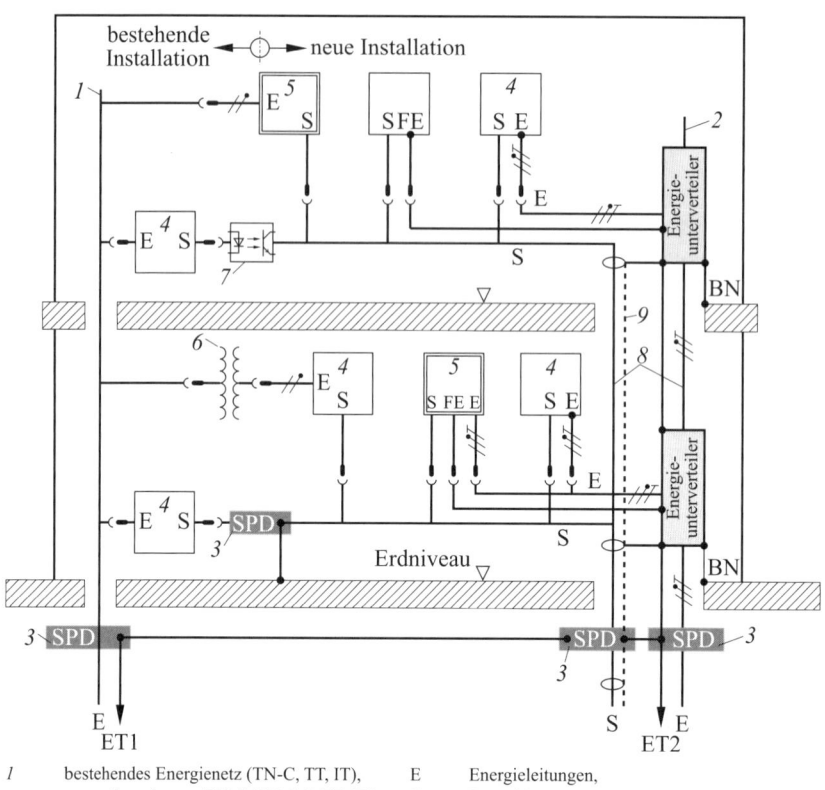

1	bestehendes Energienetz (TN-C, TT, IT),	E	Energieleitungen,
2	neues Energienetz (TN-S, TN-C-S, TT, IT),	S	Datenleitungen (geschirmt oder ungeschirmt),
3	Überspannungsschutzgerät (SPD),	ET	Erdungsanlage,
4	Klasse I, Standardisolation,	BN	Potentialausgleichnetzwerk,
5	Klasse II, doppelte Isolation ohne PE,	PE	Schutzleiter,
6	Isoliertransformator,	FE	Funktionserdungsleiter (soweit vorhanden),
7	Optokoppler oder Lichtwellenleiter,	─//─	Drei-Ader-Energieleitung: L, N, PE,
8	benachbarte Führung von energie- und informationstechnischen Leitungen,	─//─	Zwei-Ader-Energieleitung: L, N,
9	geschirmte Kabelkanäle,	─●─	Potentialausgleichpunkte (PE, FE, BN)

Bild 6.27 Verbesserung von Blitzschutz und EMV in bestehenden Gebäuden

- Energieversorgung:
  Die bestehende Energieversorgung (*1*) (Bild 6.27) in einer baulichen Anlage ist sehr oft vom Typ TN-C, was netzfrequente Störungen verursachen kann. Solche Störungen können durch isolierende Schnittstellen vermieden werden (siehe unten). Wenn eine neue Energieversorgung (*2*) (Bild 6.27) installiert wird, wird dringend der Typ TN-S empfohlen.
- Überspannungsschutzgeräte:
  Um vom Blitz erzeugte, leitungsgebundene Stoßströme zu begrenzen, müssen SPDs an der Grenze zu jeder LPZ und ggf. auch an den zu schützenden Geräten installiert werden (*3*) (Bild 6.27 und Bild 6.28).
- Isolierende Schnittstellen:
  Um netzbedingte Störungen zu vermeiden, können isolierende Schnittstellen zwischen bestehenden und neuen Geräten eingesetzt werden: Klasse-II-isolierte Geräte (*5*) (Bild 6.27), Isoliertransformatoren (*6*) (Bild 6.27), Lichtwellenleiterkabel oder Optokoppler (*7*) (Bild 6.27).
- Leitungsführung und -schirmung:
  Zur Reduktion von induzierten Spannungen sollten energie- und informationstechnische Leitungen eng benachbart geführt werden (*8*) (Bild 6.27). Außerdem wird der Einsatz von geschirmten informationstechnischen Leitungen und von metallenen Kabelkanälen (*9*) (Bild 6.27) empfohlen. Maßnahmen bei Leitungsführung und -schirmung sind umso wichtiger, je geringer die Schirmwirkung des räumlichen Schirms von LPZ 1 und je größer die Fläche der Leiterschleife ist, die aus energie- und informationstechnischen Leitungen gebildet wird.
- Räumliche Schirmung:
  Eine LPZ 1, die von einem äußeren Blitzschutz nach DIN EN 62305-3 (**VDE 0185-305-3**) gebildet wird, hat Maschenweiten und typische Abstände größer als 5 m. Deshalb ist ihre Schirmwirkung vernachlässigbar. Wenn eine höhere Schirmwirkung nötig ist, muss der äußere Blitzschutz aufgerüstet werden. Blitzschutzzonen LPZ 2 und höher brauchen meist eine räumliche Schirmung, die auch empfindliche elektronische Systeme schützt.

6.9.2 Varianten für die Blitzschutzzonen

Abhängig von Anzahl, Typ und Empfindlichkeit der Geräte können geeignete, innere LPZs definiert werden, von kleinen, lokalen Blitzschutzzonen (bis herab zum Gehäuse eines einzelnen Geräts) bis zu großen, integrierten Blitzschutzzonen (die auch das gesamte Gebäude umfassen können).

Bild 6.28 zeigt die typische Auslegung von LPZs für den LEMP-Schutz von elektrischen Systemen und zeigt verschiedene Lösungen, die insbesondere auch für bestehende bauliche Anlagen geeignet sind:

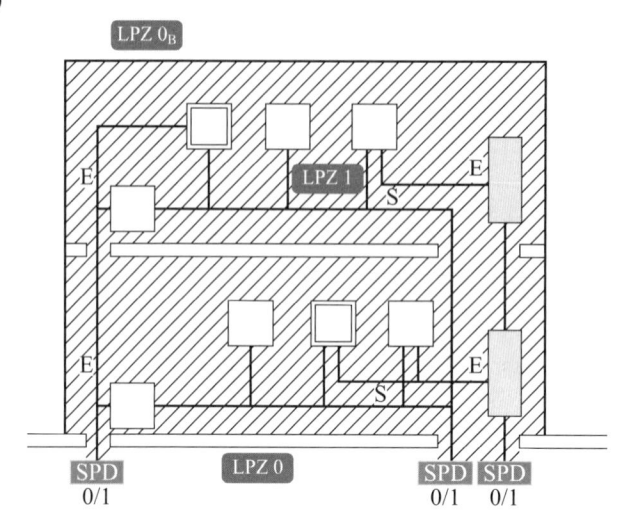

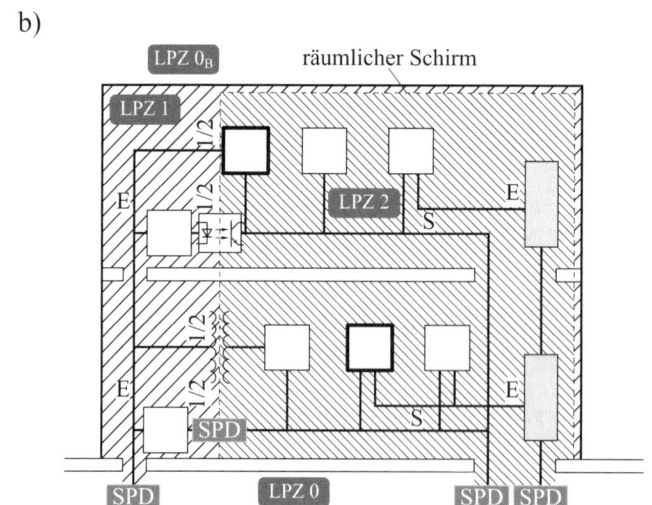

Bild 6.28 Varianten für LPZs in bestehenden Gebäuden
a) ungeschirmte LPZ 1 für robuste elektrische Systeme,
b) ausgedehnte LPZ 2 für empfindliche elektrische Systeme

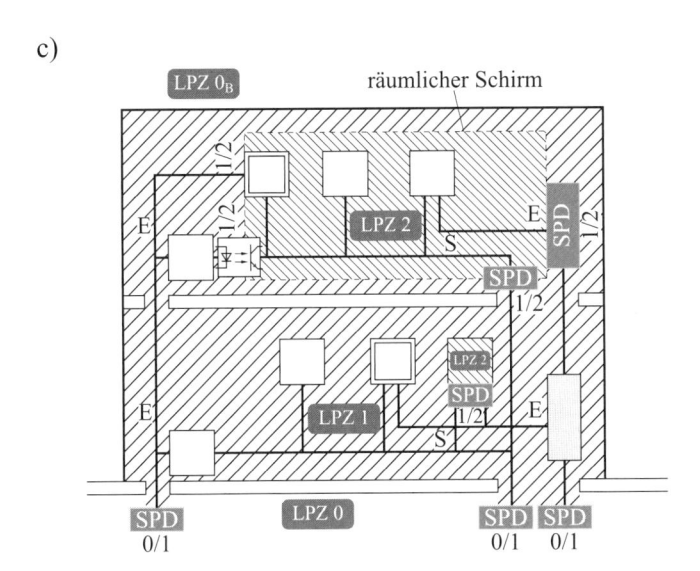

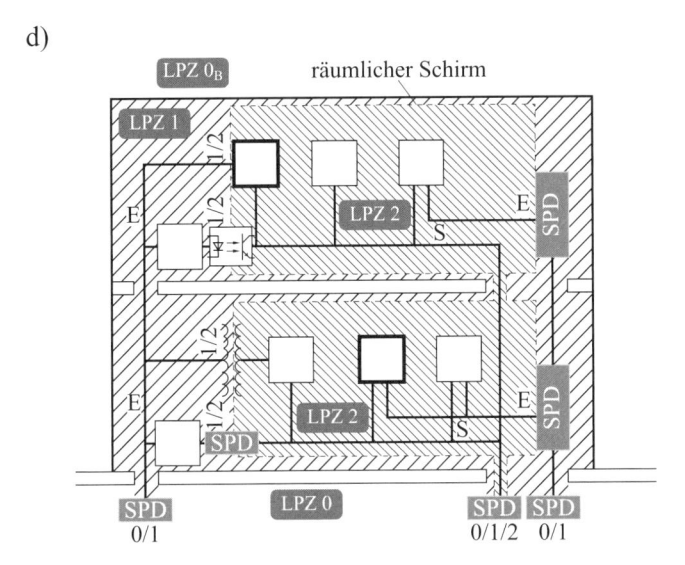

Bild 6.28 Varianten für LPZs in bestehenden Gebäuden
c) große und kleine, lokale LPZ 2 für empfindliche elektrische Systeme,
d) zwei verbundene LPZ 2 für empfindliche elektrische Systeme

Bild 6.28a zeigt eine **einzelne LPZ 1**, wodurch ein geschütztes Volumen innerhalb der gesamten baulichen Anlage entsteht, das für robuste elektronische Systeme geeignet ist. Wenn diese LPZ 1 durch einen äußeren Blitzschutz nach DIN EN 62305-3 (**VDE 0185-305-3**) gebildet wird, besteht zwar Schutz gegen direkte Blitzeinschläge, nicht aber gegen das magnetische Feld, das innerhalb von LPZ 1 nahezu ungedämpft bleibt (ein äußerer Blitzschutz mit typischen Abständen von mehr als 5 m hat praktisch keine Schirmwirkung).

Bild 6.28b zeigt eine **große, integrierte LPZ 2** innerhalb von LPZ 1 für empfindliche elektronische Systeme. Der gitterförmige räumliche Schirm von LPZ 2 bewirkt eine signifikante Dämpfung des magnetischen Blitzfelds. Die SPDs für alle Leitungen, die aus LPZ 0 kommen, müssen an den direkten Übergang von LPZ 0 über LPZ 1 nach LPZ 2 angepasst sein.

Bild 6.28c zeigt **mehrere einzelne LPZ 2** innerhalb von LPZ 1. In diesem Fall müssen zusätzliche SPDs für die energie- und informationstechnischen Leitungen an der Grenze von jeder LPZ 2 installiert werden. Diese SPDs müssen mit den SPDs an der Grenze von LPZ 1 koordiniert werden.

Bild 6.28d zeigt eine **durchgehende LPZ 2**, die durch Verbinden von mehreren einzelnen LPZ 2 über geschirmte Kabelkanäle entsteht. Auf diese Weise werden für die Leitungen, die aus LPZ 0 kommen und über einen Kabelkanal direkt in LPZ 2 eintreten, nur an einer Stelle SPDs benötigt, die aber an den direkten Übergang von LPZ 0 über LPZ 1 nach LPZ 2 angepasst sein müssen.

6.9.3 Beispiele für besondere Schutzmaßnahmen

Aufrüsten der internen Energieversorgung

Die bestehende Energieversorgung in einer baulichen Anlage ist oft vom Typ TN-C, was wegen der PEN-Leiter zu netzfrequenten Störungen führen kann, wenn geerdete informationstechnische Leitungen mit diesen Leitern verbunden werden. Dies kann durch isolierende Schnittstellen (Klasse-II-isolierte elektrische Geräte oder Trenntransformatoren) oder besser durch die Installation einer neuen Energieversorgung von Typ TN-S vermieden werden.

Schutz durch Überspannungsschutzgeräte

Eine unkoordinierte Anwendung von SPDs innerhalb des Gebäudes kann zu Fehlfunktionen oder Zerstörungen im elektronischen System führen, insbesondere wenn lokale SPDs oder SPDs innerhalb von Geräten das ordnungsgemäße Funktionieren der SPDs am Gebäudeeintritt verhindern. Deshalb müssen die Einbauorte neuer und schon vorhandener SPDs dokumentiert und alle SPDs in einem umfassenden Gesamtkonzept miteinander koordiniert werden.

Schutz durch isolierende Schnittstellen

Netzfrequente Störströme in Geräten und ihren informationstechnischen Leitungen können durch große Leiterschleifen oder durch das Fehlen eines ausreichend niederinduktiven Potentialausgleichnetzwerks, insbesondere in TN-C-Installationen, entstehen. Solche Störungen lassen sich durch geeignete Trennung zwischen bestehenden und neuen Installationen vermeiden. Als isolierende Schnittstellen können z. B. Klasse-II-isolierte Geräte, Trenntransformatoren, Lichtwellenleiter ohne metallene Komponenten oder Optokoppler verwendet werden. Ihre Isolierung sollte eine erhöhte Spannungsfestigkeit von typisch etwa 5 kV für eine Wellenform 1,2/50 μs aufweisen und muss außerdem durch SPDs gegen Überlastung geschützt werden.

Schutzmaßnahmen durch Leitungsführung und -schirmung

Diese Maßnahmen sind besonders wichtig, wenn die räumliche Schirmwirkung von LPZ 1 vernachlässigbar klein ist. In diesem Fall können die folgenden Maßnahmen einen guten Schutz gegen die Wirkungen des LEMP bieten:

- **Minimierung der Flächen von Leiterschleifen:**
  Die Energieeinspeisung neuer Geräte aus dem bestehenden Netz sollte vermieden werden, weil dadurch Leiterschleifen mit großer Fläche entstehen, was das Risiko von Zerstörungen an der Isolation signifikant erhöht.
- **Verwendung von geschirmten Kabeln oder metallenen Kabelkanälen:**
  Es werden geschirmte informationstechnische Leitungen empfohlen, wobei der Schirm zumindest an beiden Enden mit dem Potentialausgleich verbunden sein muss. Zusätzliche Schirmung ist möglich durch metallene Platten oder Kabelkanäle, die an den Potentialausgleich angeschlossen und gut durchverbunden sein müssen.

Aufrüsten des äußeren Blitzschutzes zum räumlichen Schirm von LPZ 1

Ein bestehender äußerer Blitzschutz nach DIN EN 62305-3 (**VDE 0185-305-3**) kann zu einem effektiven, magnetischen räumlichen Schirm aufgerüstet werden: durch Integration von bestehenden, metallenen Fassaden und metallenen Dächern, durch Einbinden der Betonarmierung, durch Verringerung der Abstände von Ableitungen und der Maschenweite von Fangeinrichtungen typisch unter 5 m und durch leitfähige Überbrückung von Armierungen an Dehnungsfugen.

Schutz durch ein Potentialausgleichnetzwerk

Bestehende Erdungssysteme für Netzfrequenz stellen möglicherweise keinen ausreichenden Potentialausgleich für Blitzströme mit Frequenzen bis zu einigen Megahertz dar. Auch der Blitzschutz-Potentialausgleich nach DIN EN 62305-3 (**VDE 0185-305-3**) kann für empfindliche elektronische Systeme unzureichend sein. Deshalb wird die Installation eines vermaschten, niederinduktiven Potentialausgleichnetzwerks dringend empfohlen.

Schutzmaßnahmen für außen angebrachte Geräte

Beispiele für außen angebrachte Geräte sind Antennen, meteorologische Sensoren, Überwachungskameras oder Sensoren für Druck, Temperatur, Durchfluss usw. Anlagen der Verfahrenstechnik. Für deren Schutz sind zwei Maßnahmen wichtig:

- **Schutz gegen direkten Blitzeinschlag:**
  Wenn immer möglich, sollen die Geräte in eine LPZ 0_B gebracht werden, ggf. durch eine lokale Fangeinrichtung. In vielen Fällen können Geländer, Leitern, Rohre usw. die Funktion der Fangeinrichtung übernehmen. Wo das, wie bei Antennen an exponierter Stelle, nicht möglich ist, müssen diese selbstschützend sein und Sender oder Empfänger durch SPDs an den Zuleitungskabeln vor zu hohen Impulsspannungen geschützt werden.

- **Verminderung von Überspannungen in Kabeln:**
  Leitungen sollten, wo immer möglich, in geerdeten Kanälen, Trassen oder metallenen Rohren geführt werden. Dabei können die inhärenten Schirmungseigenschaften der baulichen Anlage genutzt werden, indem Kabel unter bestmöglicher Nutzung der natürlichen Schirmung innerhalb von rohrförmigen Komponenten oder zumindest dicht an der Oberfläche von metallenen Rohren, stählernen Leitern und anderen gut geerdeten Teilen geführt werden.

Aufrüstung von Verbindungsleitungen zwischen baulichen Anlagen

Verbindungsleitungen zwischen getrennten baulichen Anlagen sind entweder isolierend (Lichtwellenleiter ohne metallene Komponenten) oder metallen (z. B. Drahtpaare, Koaxialkabel, Mehraderleitungen, aber auch Lichtwellenleiter mit durchgehenden metallenen Komponenten) auszuführen. Die Schutzanforderungen hängen ab von Typ und Anzahl der Leitungen und davon, ob die Erdungsanlagen der baulichen Anlagen miteinander verbunden sind:

- **Isolierende Leitungen:**
  Wenn Lichtwellenleiter ohne metallene Komponenten (z. B. ohne metallene Armierung, Feuchtigkeitssperrfolie oder internen Stahldraht) verwendet werden, um getrennte bauliche Anlagen miteinander zu verbinden, sind keine Schutzmaßnahmen für diese Leitungen nötig.

- **Metallene Leitungen:**
  Ohne geeignete Verbindung der Erdungsanlagen von getrennten baulichen Anlagen fließt ein wesentlicher Teil des Blitzstroms entlang der Verbindungsleitungen. Der Potentialausgleich an den Eingängen in beide LPZ 1 schützt nur die Geräte innerhalb, nicht aber die Leitungen außerhalb. Die Leitungen können durch einen zusätzlichen Potentialausgleichleiter parallel zu den Verbindungsleitungen geschützt werden, weil sich der Blitzstrom dann zwischen ihnen aufteilt. Die empfohlene Methode ist aber, die Leitungen in metallenen Kabelkanälen zu führen, weil dann sowohl die Leitungen als auch die Geräte geschützt sind.

Auch bei geeigneter Verbindung der Erdungsanlagen von getrennten baulichen Anlagen wird der Schutz der Leitungen mit metallenen Kabelkanälen empfohlen. Wenn aber sehr viele Leitungen die beiden baulichen Anlagen verbinden, können die Schirme oder Armierungen der Kabel die Funktion der Kabelkanäle übernehmen.

7 Risikomanagement nach DIN EN 62305-2 (VDE 0185-305-2)

*Anmerkung: Das zu schützende Objekt in der Risikoanalyse ist im Folgenden immer eine bauliche Anlage, für die ein Blitzschutz durch ein LPS nach DIN EN 62305-3 (**VDE 0185-305-3**) oder durch ein SPM nach DIN EN 62305-4 (**VDE 0185-305-4**) in Betracht gezogen wird.*

7.1 Risikoanalyse

Seit einigen Jahren hat sich in der Blitzschutzplanungstechnik das Denken in Schadensrisiken durchgesetzt. Risikoanalysen [4, 8, 9, 45] haben die Objektivierung und Quantifizierung der Gefährdung von Gebäuden und ihrer Inhalte durch direkte und indirekte Blitzeinschläge als Ziel. Aus der ermittelten Höhe des Risikos kann durch Vergleich mit einem akzeptierbaren Restrisiko nachvollziehbar abgeleitet werden, ob Blitzschutzmaßnahmen erforderlich sind und wenn ja, mit welchem Aufwand und mit welcher Qualität.

Eine Risikoanalyse kann z. B. ergeben, dass eine notwendige und sinnvolle Blitzschutzmaßnahme darin besteht, nur die energie- und informationstechnischen Leitungen am Gebäudeeintritt mit SPDs zu beschalten, ohne gleichzeitig eine Gebäude-Blitzschutzanlage zu errichten. Dies ist ein geeigneter Blitzschutz, wenn die erste Risikoanalyse ergibt, dass das Schadensrisiko durch direkte Blitzeinschläge in das Gebäude kleiner ist als das akzeptierbare Risiko, während das Risiko durch nahe Blitzeinschläge und durch Blitzstörungen, die über die in das Gebäude eingeführten Leitungen übertragen werden, nicht akzeptierbar ist.

Andererseits kann eine Risikoanalyse ergeben, dass auch das beste Blitzschutzsystem der Schutzklasse I nach DIN EN 62305-3 (**VDE 0185-305-3**) nicht ausreicht, um elektrische und elektronische Systeme im Gebäude mit dem akzeptierbaren Restrisiko zu schützen.

Auf der Basis einer fundierten Risikoanalyse und ihrer Interpretation ist gewährleistet, dass ein für alle Beteiligten eindeutig nachvollziehbares Blitzschutzkonzept erstellt werden kann, das durch wirtschaftlich/technische Optimierung den notwendigen Schutz bei geringstmöglichem Aufwand gewährleistet.

Neben der DIN EN 62305-2 (**VDE 0185-305-2**) sind national zugehörig folgende Beiblätter zu berücksichtigen:

- Beiblatt 1 DIN EN 62305-2 (**VDE 0185-305-2**): Blitzgefährdung in Deutschland,
- Beiblatt 2 DIN EN 62305-2 (**VDE 0185-305-2**): Berechnungshilfe zur Abschätzung des Schadensrisikos für bauliche Anlagen,
- Beiblatt 3 DIN EN 62305-2 (**VDE 0185-305-2**): zusätzliche Information zur Anwendung der DIN EN 62305-1 (**VDE 0185-305-2**).

Die im Beiblatt 3 modifizierten Tabellen sind in den nachfolgenden Betrachtungen mit ergänzt sowie kommentiert.

7.2 Schadensquellen

Die primäre Schadensquelle ist der Blitz. Abhängig von der Einschlagstelle werden in DIN EN 62305-2 (**VDE 0185-305-2**) vier Schadensquellen unterschieden:

- **S1** Blitzeinschläge direkt in die bauliche Anlage,
- **S2** Blitzeinschläge in den Erdboden neben der baulichen Anlage,
- **S3** Blitzeinschläge direkt in eine Versorgungsleitung,
- **S4** Blitzeinschläge in den Erdboden neben einer Versorgungsleitung.

7.3 Schadensursachen

Folgende für die Praxis wichtige Schadensursachen werden in DIN EN 62305-2 (**VDE 0185-305-2**) betrachtet:

- **D1** Verletzungen von Lebewesen,
- **D2** physikalische Schäden,
- **D3** Ausfälle von elektrischen und elektronischen Systemen.

Durch elektrischen Schlag infolge von Berührungs- und Schrittspannungen können Verletzungen oder Tod von Lebewesen eintreten. Diese Gefahr besteht innerhalb und außerhalb der baulichen Anlage (außerhalb auf Erdniveau im Umkreis bis zu 3 m nahe von Ableitungen, die anteilige Blitzströme führen können).

Physikalische Schäden entstehen durch Feuer, Explosion, mechanische und chemische Wirkungen, die durch die Einwirkung des Blitzstroms einschließlich der Funkenbildung hervorgerufen werden können.

Die Ursache für Störungen von elektrischen und elektronischen Systemen ist der elektromagnetische Blitzimpuls (LEMP), der alle Wirkungen eines Blitzeinschlags umfasst: Blitzstrom und gefährliche Funkenbildung, aber zusätzlich auch die Wirkungen von elektrischem und magnetischem Feld und von induzierten Spannungen und Strömen. DIN EN 62305-2 (**VDE 0185-305-2**) betrachtet dabei nur bleibende physikalische Schäden, nicht aber reversible Störungen.

7.4 Schadensarten

Jede Schadensursache kann, allein oder in Kombination mit anderen, unterschiedliche Schadensarten zur Folge haben. In DIN EN 62305-2 (**VDE 0185-305-2**) werden folgende Schadensarten betrachtet:

- L1 Verlust von Menschenleben oder dauerhafte Verletzung,
- L2 Verlust von Dienstleistungen für die Öffentlichkeit,
- L3 Verlust von unersetzlichem Kulturgut,
- L4 wirtschaftliche Verluste.

Der Verlust von Menschenleben (L1) umfasst Verletzung oder Tod von Personen, die im Wesentlichen durch die Schadensursachen D1 und D2 hervorgerufen werden. Die Schadensursache D3 spielt nur in besonderen Fällen eine Rolle, wenn durch den Ausfall elektronischer Geräte eine unmittelbare Lebensgefahr entstehen kann, beispielsweise in einer Intensivstation eines Krankenhauses.

Der Verlust von Dienstleistungen für die Öffentlichkeit (L2) wird durch die Schadensursachen D2 und D3 hervorgerufen, die zu Störungen und zum Ausfall der Versorgung mit Strom, Gas, Wasser oder Telekommunikation führen können.

Der Verlust von unersetzlichem Kulturgut (L3) wird im Wesentlichen nur durch die Schadensursache D2 bewirkt, insbesondere durch Brand in Galerien oder Museen.

Wirtschaftliche Verluste (L4) umfassen bauliche Anlagen, deren Inhalt, elektrische und elektronische Systeme, den Verlust der Verfügbarkeit von Anlagen und den Verlust von Nutztieren. Sie können durch alle Schadensursachen entstehen.

Die möglichen Kombinationen von Schadensursachen und Schadensarten abhängig von der Einschlagstelle zeigt **Tabelle 7.1**.

Einschlagstelle	Beispiel	Schadens-quelle	Bauliche Anlage	
			Schadens-ursache	Schadensart
bauliche Anlage		S1	D1 D2 D3	L1, L4^a L1, L2, L3, L4 L1^b, L2, L4
Erdboden neben baulicher Anlage		S2	D3	L1^b, L2, L4
eingeführte Versorgungsleitung		S3	D1 D2 D3	L1, L4^a L1, L2, L3, L4 L1^b, L2, L4
Erdboden neben eingeführter Versorgungsleitung		S4	D3	L1^b, L2, L4

[a] Nur bei landwirtschaftlichen Einrichtungen mit möglichen Tierverlusten.
[b] Nur bei baulichen Anlagen mit Explosionsrisiko und bei Krankenhäusern oder anderen baulichen Anlagen, in denen Ausfälle von inneren Systemen unmittelbar Menschenleben bedrohen.

Tabelle 7.1 Schadensquellen, Schadensursachen und Schadensarten abhängig von der Einschlagstelle (DIN EN 62305-2 (**VDE 0185-305-2**), Tabelle 1 der Norm)

7.5 Bestimmung des Risikos aus Risikokomponenten

Für jede Schadensart setzt sich das zugehörige Schadensrisiko R aus der Summe der unterschiedlichen Risikokomponenten R_X zusammen:

$$R = \sum_X R_X \,.$$

Jede Risikokomponente R_X hängt ab von:

- der Häufigkeit von gefährlichen Ereignissen N,
- der Schadenswahrscheinlichkeit P und
- dem Verlustwert L

und kann wie folgt berechnet werden:

$$R_X = N_X \cdot P_X \cdot L_X \,.$$

Abhängig von der Schadensquelle (S1 bis S4) und damit von der Einschlagstelle sind die in **Tabelle 7.2** aufgeführten Risikokomponenten R_X zu berücksichtigen.

Schadensursache	Schadensquelle durch Blitzeinschläge			
	S1 in eine bauliche Anlage	S2 neben einer baulichen Anlage	S3 in eine Versorgungsleitung	S4 neben einer Versorgungsleitung
	$N_1 = N_D$	$N_2 = N_M$	$N_3 = N_L + N_{DJ}$	$N_4 = N_I$
D1 Verletzung von Lebewesen	$R_A = N_1 \cdot P_A \cdot L_A$		$R_U = N_3 \cdot P_U \cdot L_U$	
D2 physikalischer Schaden	$R_B = N_1 \cdot P_B \cdot L_B$		$R_V = N_3 \cdot P_V \cdot L_V$	
D3 Ausfall el. Systeme	$R_C = N_1 \cdot P_C \cdot L_C$	$R_M = N_2 \cdot P_M \cdot L_M$	$R_W = N_3 \cdot P_W \cdot L_W$	$R_Z = N_4 \cdot P_Z \cdot L_Z$

Tabelle 7.2 Risikokomponenten, abhängig von Schadensquelle und Schadensursache
(DIN EN 62305-2 (**VDE 0185-305-2**), Tabelle 6 der Norm)

Abhängig von der Schadensart müssen nur bestimmte Risikokomponenten berücksichtigt werden. **Tabelle 7.3** zeigt in einer Übersicht die für jede Schadensart relevanten Risikokomponenten, wobei auch Sonderfälle mit berücksichtigt sind.

L1: Verlust von Menschenleben				L2: Verlust von Dienstleistungen				L3: Verlust von Kulturgut				L4: wirtschaftliche Verluste			
S1	S2	S3	S4	S1	S2	S3	S4	S1	S2	S3	S4	S1	S2	S3	S4
D1 R_A		R_U		D1 R_A		R_U		D1 R_A		R_U		D1 R_A		R_U	
D2 R_B		R_V		D2 R_B		R_V		D2 R_B		R_V		D2 R_B		R_V	
D3 R_C	R_M	R_W	R_Z	D3 R_C	R_M	R_W	R_Z	D3 R_C	R_M	R_W	R_Z	D3 R_C	R_M	R_W	R_Z

L1 bis L4 Schadensarten
S1 bis S4 Schadensquellen
D1 bis D3 Schadensursachen
R_X Risikokomponente

R_X	relevant	
R_X	nur Sonderfälle	L1: Zeile D3 nur bei Explosionsrisiko und bei unmittelbarer Lebensgefahr (z. B. Krankenhäuser), L2: Zeile D1 nur bei landwirtschaftlichen Anlagen (Verlust von Tieren)
R_X	nicht relevant	

Tabelle 7.3 Schadensarten und zugehörige Risikokomponenten

Die einzelnen Risikokomponenten sind in DIN EN 62305-2 (**VDE 0185-305-2**) wie folgt definiert:

Blitzeinschläge direkt in die bauliche Anlage (S1):

R_A Komponente, die sich auf die Verletzung von Lebewesen bezieht. Sie wird durch elektrischen Schlag als Folge von Berührungs- und Schrittspannungen innerhalb der baulichen Anlage und in einem Bereich bis zu 3 m um Ableitungen herum außerhalb der baulichen Anlage verursacht. Entstehen kann die Schadensart L1 und im Falle landwirtschaftlicher Anlagen auch die Schadensart L4 mit möglichen Tierverlusten.

*Anmerkung: In bestimmten baulichen Anlagen können Personen durch direkte Blitzeinschläge gefährdet werden (z. B. auf der obersten Etage eines Parkhauses oder in Stadien). Diese Fälle können auch nach den Grundsätzen dieses Teils von DIN EN 62305 (**VDE 0185-305**) berücksichtigt werden.*

R_B Komponente, die sich bezieht auf physikalische Schäden durch gefährliche Funkenbildung innerhalb der baulichen Anlage mit der Folge von Feuer und Explosion. Auch die Umgebung kann gefährdet werden. Alle Schadensarten (L1, L2, L3, L4) können auftreten.

R_C Komponente, die sich auf den Ausfall innerer Systeme durch LEMP bezieht. Die Schadensarten L2 und L4 können in allen Fällen auftreten, darüber hinaus auch ggf. Schadensart L1 im Fall von baulichen Anlagen mit Explosionsrisiko und bei Krankenhäusern oder anderen baulichen Anlagen, in denen Ausfälle von inneren Systemen unmittelbar zur Gefährdung von Menschenleben führen können.

Blitzeinschläge in den Erdboden neben der baulichen Anlage (S2)

R_M Komponente, die sich auf den Ausfall innerer Systeme durch LEMP bezieht. Die Schadensarten L2 und L4 können in allen Fällen auftreten, darüber hinaus auch ggf. Schadensart L1 im Fall von baulichen Anlagen mit Explosionsrisiko und bei Krankenhäusern oder anderen baulichen Anlagen, in denen Ausfälle von inneren Systemen unmittelbar zur Gefährdung von Menschenleben führen können.

Blitzeinschläge direkt in eine Versorgungsleitung (S3)

R_U Komponente, die sich auf Verletzungen von Lebewesen bezieht. Sie wird durch elektrischen Schlag als Folge von Berührungsspannungen innerhalb von baulichen Anlagen verursacht. Entstehen kann die Schadensart L1 und im Falle landwirtschaftlicher Anlagen auch die Schadensart L4 mit möglichen Tierverlusten.

R_V Komponente, die sich auf physikalische Schäden als Folge des auf oder längs der eingeführten Versorgungsleitung in die bauliche Anlage eingeleiteten Blitzstroms bezieht (Auslösung von Feuer oder Explosion durch gefährliche Funkenbildung zwischen der äußeren Installation und metallischen Teilen, im Allgemeinen an der Eintrittsstelle der Versorgungsleitung in die bauliche Anlage). Alle Schadensarten (L1, L2, L3, L4) können auftreten.

R_W Komponente, die sich auf den Ausfall innerer Systeme bezieht. Sie wird durch auf den eingeführten Versorgungsleitungen induzierte Überspannungen verursacht, die in die bauliche Anlage übertragen werden. Die Schadensarten L2 und L4 können in allen Fällen auftreten, darüber hinaus auch ggf. Schadensart L1 im Fall von baulichen Anlagen mit Explosionsrisiko und bei Krankenhäusern oder anderen baulichen Anlagen, in denen Ausfälle von inneren Systemen unmittelbar zur Gefährdung von Menschenleben führen können.

Anmerkung 1: In dieser Risikoabschätzung sind nur die Versorgungsleitungen zu berücksichtigen, die in die bauliche Anlage eingeführt werden.

Anmerkung 2: Blitzeinschläge in oder neben Rohre(n) werden nicht als Schadensursache betrachtet, vorausgesetzt, die Rohre sind mit der Potentialausgleichschiene der baulichen Anlage verbunden. Wenn der Potentialausgleich nicht durchgeführt ist, muss auch diese Bedrohung berücksichtigt werden.

Blitzeinschläge in den Erdboden neben einer Versorgungsleitung (S4)

R_Z Komponente, die sich auf den Ausfall innerer Systeme bezieht. Sie wird durch auf den eingeführten Versorgungsleitungen induzierte Überspannungen verursacht, die in die bauliche Anlage übertragen werden. Die Schadensarten L2 und L4 können in allen Fällen auftreten, darüber hinaus auch ggf. Schadensart L1 im Fall von baulichen Anlagen mit Explosionsrisiko und bei Krankenhäusern oder anderen baulichen Anlagen, in denen Ausfälle von inneren Systemen unmittelbar zur Gefährdung von Menschenleben führen können.

Anmerkung 1: In dieser Risikoabschätzung sind nur die Versorgungsleitungen zu berücksichtigen, die in die bauliche Anlage eingeführt werden.
Anmerkung 2: Blitzeinschläge in oder neben Rohre(n) werden nicht als Schadensursache betrachtet, vorausgesetzt, die Rohre sind mit der Potentialausgleichschiene der baulichen Anlage verbunden. Wenn der Potentialausgleich nicht durchgeführt ist, muss auch diese Bedrohung berücksichtigt werden.

7.6 Parameter für die Risikokomponenten

Zur Abschätzung der Risikokomponenten werden folgende Parameter nach **Tabelle 7.4** benötigt:

N Die Häufigkeit der gefährlichen Ereignisse (DIN EN 62305-2 (**VDE 0185-305-2**), Anhang A der Norm), bestimmt durch:
- die örtliche Erdblitzdichte,
- die Abmessungen der baulichen Anlage,
- die Eigenschaften der Umgebung,
- Anzahl und Eigenschaften der eingeführten Versorgungsleitungen.

P Die Schadenswahrscheinlichkeit (DIN EN 62305-2 (**VDE 0185-305-2**), Anhang B der Norm), bestimmt durch:
- die Eigenschaften der baulichen Anlage,
- den Inhalt der baulichen Anlage,
- die Eigenschaften der internen Installationen,
- die Eigenschaften der eingeführten Versorgungsleitungen,
- die Eigenschaften der elektrischen und elektronischen Systeme,
- die realisierten Schutzmaßnahmen.

L Der Verlustwert (DIN EN 62305-2 (**VDE 0185-305-2**), Anhang C der Norm), bestimmt durch:
- die Nutzungsart bzw. den Verwendungszweck der baulichen Anlage,
- die Art der Dienstleistung für die Öffentlichkeit,
- die Maßnahmen, die Ausmaß und Wert des Schadens reduzieren,
- die Eigenschaften des Bodens innerhalb und außerhalb der baulichen Anlage,
- einen Erhöhungsfaktor bei besonderer Gefährdung von Personen,
- zusätzliche Verluste bei Gefährdung benachbarter Anlagen oder der Umgebung,
- den Zonenfaktor nach Tabelle 7.5.

Schadensursache	Schadensquelle durch Blitzeinschläge			
	S1 in eine bauliche Anlage	S2 neben einer baulichen Anlage	S3 in eine Versorgungsleitung	S4 neben einer Versorgungsleitung
	$N_1 = N_D$ $N_1 = N_G \cdot A_D \cdot C_D \cdot 10^{-6}$	$N_2 = N_M$ $N_2 = N_G \cdot A_M \cdot 10^{-6}$	$N_3 = N_L + N_{DJ}$ $N_3 = N_G \cdot (A_L \cdot C_I \cdot C_E + A_D \cdot C_D) \cdot C_T \cdot 10^{-6}$	$N_4 = N_I$ $N_4 = N_G \cdot A_I \cdot C_I \cdot C_E \cdot C_T \cdot 10^{-6}$
D1 Verletzung von Lebewesen	$P_A = P_{TA} \cdot P_B$ $L_A = r_t \cdot L_{TA} \cdot f_1$		$P_U = P_{TU} \cdot P_{EB} \cdot P_{LD} \cdot C_{LD}$ $L_U = r_t \cdot L_{TU} \cdot f_1$	
D2 physikalischer Schaden	$P_B = P_B$ $L_B = r_p \cdot r_f \cdot h_z \cdot L_F \cdot f_2$		$P_V = P_{EB} \cdot P_{LD} \cdot C_{LD}$ $L_V = r_p \cdot r_f \cdot h_z \cdot L_F \cdot f_2$	
D3 Ausfall el. Systeme	$P_C = P_{SPD} \cdot C_{SD}$ $L_C = L_O \cdot f_3$	$P_M = P_{SPD} \cdot P_{MS}$ $L_M = L_O \cdot f_3$	$P_W = P_{SPD} \cdot P_{LD} \cdot C_{LD}$ $L_W = L_O \cdot f_3$	$P_Z = P_{SPD} \cdot P_{LI} \cdot P_{CI}$ $L_Z = L_O \cdot f_3$

N_X Häufigkeit der gefährlichen Ereignisse DIN EN 62305-2 (**VDE 0185-305-2**), Anhang A der Norm;
P_X Schadenswahrscheinlichkeit DIN EN 62305-2 (**VDE 0185-305-2**), Anhang B der Norm;
L_X Verlustwert DIN EN 62305-2 (**VDE 0185-305-2**), Anhang C der Norm;
f_X Zonenfaktor Tabelle 7.5 dieses Buchs

Tabelle 7.4 Parameter für die Risikokomponenten abhängig von Schadensquelle und Schadensursache

Schadensursache	Schadensart			
	L1 Verlust von Menschenleben	L2 Verlust von Dienstleistungen	L3 Verlust von Kulturgut	L4 wirtschaftliche Verluste
D1 Verletzung von Lebewesen	$f_1 = \dfrac{n_z}{n_t} \cdot \dfrac{t_z}{8760}$			$f_1 = \dfrac{c_a}{c_t}$
D2 physikalischer Schaden	$f_2 = \dfrac{n_z}{n_t} \cdot \dfrac{t_z}{8760}$	$f_2 = \dfrac{n_z}{n_t}$	$f_2 = c_z/c_t$	$f_2 = \dfrac{c_a + c_b + c_c + c_s}{c_t}$
D3 Ausfall el. Systeme	$f_3 = \dfrac{n_z}{n_t} \cdot \dfrac{t_z}{8760}$	$f_3 = \dfrac{n_z}{n_t}$		$f_3 = \dfrac{c_s}{c_t}$

Tabelle 7.5 Zonenfaktoren für die Risikokomponenten abhängig von Schadensart und Schadensursache

f Der Zonenfaktor (**Tabelle 7.5**), der abhängig von der Schadensart L1 bis L4 bestimmt ist durch folgende Parameter:

L1 die Gesamtzahl der Personen n_t und
   die Anzahl der Personen n_z in jeder Zone mit ihrer Aufenthaltsdauer t_z,

L2 die Gesamtzahl der Nutzer n_t und
   die Anzahl der von jeder Zone versorgten Nutzer n_z,

L3 den Gesamtwert der baulichen Anlage und ihres Inhalts c_t und
   den Wert des Kulturguts in jeder Zone c_z,

L4 den Gesamtwert der baulichen Anlage und ihres Inhalts c_t und
   die Werte in jeder Zone für Tiere c_a, Gebäude c_b, Gebäudeinhalt c_c und innere Systeme einschließlich deren Aktivitäten c_s.

Anmerkung: In DIN EN 62305-2 (VDE 0185-305-2), Anhang C sind diese Parameter nur implizit in den Gleichungen enthalten. Zur besseren Übersicht sind sie hier in den Zonenfaktoren von Tabelle 7.5 zusammengefasst.

7.7 Häufigkeit N_X von gefährlichen Ereignissen (DIN EN 62305-2 (VDE 0185-305-2), Anhang A)

7.7.1 Erdblitzdichte N_G

In einem ersten Schritt ist die jährliche **Erdblitzdichte** N_G als Anzahl von Blitzeinschlägen je Quadratkilometer und Jahr für die betreffende Region zu ermitteln. Die im **Bild 7.1** kartografische Darstellung gibt eine farbliche Zuordnung zu Wertebereichen der Erdblitzdichte N_G für die Kfz-Kennzeichengebiete in Deutschland. Die Erdblitzdichtenkarte ist Bestandteil des Beiblatts 1 der DIN EN 62305-2 (**VDE 0185-305-2**).

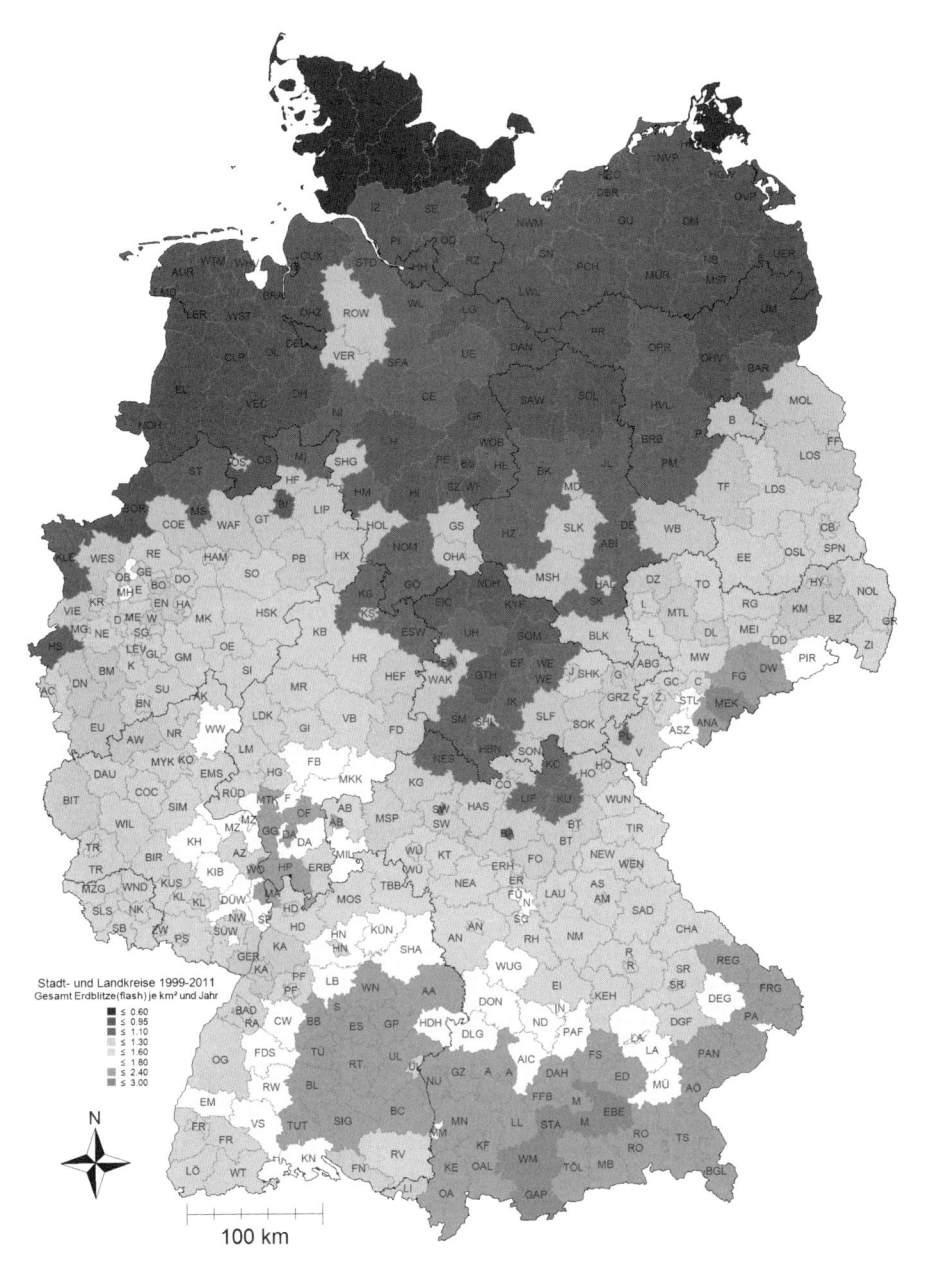

Bild 7.1 Erdblitzdichte in Deutschland (Durchschnitt der Jahre 1999 bis 2011)
Quelle: Blitz-Informations-Dienst von Siemens

Die ausgewiesenen Werte basieren auf der Betrachtung Lightning Flash. Als Flash (Erdblitz) bezeichnet man eine elektrische Entladung atmosphärischen Ursprungs zwischen Wolke und Erde. Diese kann aus einem Teilblitz oder mehreren Teilblitzen bestehen. Die Werte in der Karte zeigen den Erdblitz, wobei die Anzahl möglicher Teilblitze nicht mit beinhaltet ist.

Folgende Wertebereiche für die Erdblitzdichte N_G in Deutschland können somit definiert werden:

- Norddeutschland: $N_G = 0{,}60$ bis $1{,}10$ in $1/(km^2 \cdot Jahr)$,
- Mitteldeutschland: $N_G = 0{,}95$ bis $3{,}00$ in $1/(km^2 \cdot Jahr)$,
- Süddeutschland: $N_G = 0{,}95$ bis $3{,}00$ in $1/(km^2 \cdot Jahr)$.

Detailliertere Angaben für N_G können aus den Daten von Blitzortungs-Systemen kommerzieller Anbieter gewonnen werden: Für Europa von EUCLID (**Eu**ropean **C**ooperation for **L**ightning **D**etection – www.euclid.org), für Deutschland und die Schweiz von BLIDS (Blitz-Informations-Dienst von Siemens – www.blids.de) und für Österreich von ALDIS (Austrian Lightning Detection and Information System – www.aldis.at).

Näherungsweise kann N_G auch aus dem meteorologischen Kennwert der Anzahl der jährlichen Gewittertage T_D ermittelt werden (Beiblatt 1 der DIN EN 62305 (**VDE 0185-305-2**)):

$$N_G = 0{,}1 \cdot T_D \quad \text{in } 1/(km^2 \cdot Jahr).$$

Aufgrund der Tatsache, dass ein Blitz mehrere, räumlich voneinander getrennte Fußpunkte auf der Erdoberfläche haben kann, wird für Risikoabschätzungen eine Verdoppelung der N_G-Werte empfohlen. Mitunter wird dadurch berücksichtigt, dass ein Erdblitz auch mehrere Folgeblitze mit jeweils hohen Stromsteilheiten haben kann.

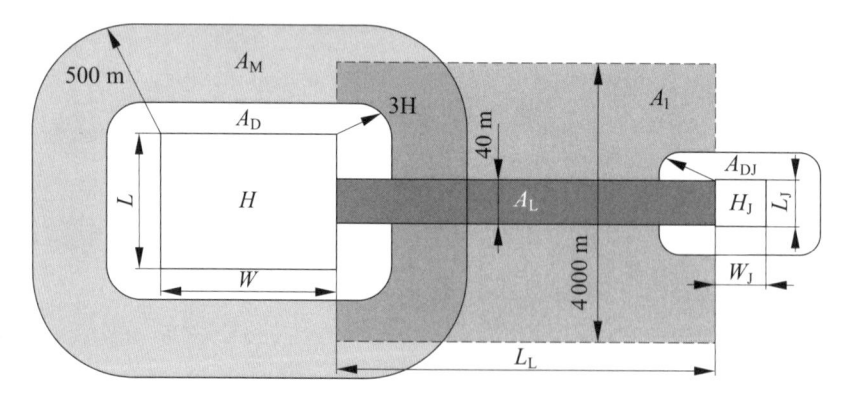

Bild 7.2 Äquivalente Einfangflächen

Die jährlich zu erwartende Zahl der gefährlichen Ereignisse ergibt sich dann für jede Schadensquelle S1 bis S4 durch Multiplikation der Erdblitzdichte N_G mit einer äquivalenten Einfangfläche A_x, die durch eine Begrenzungslinie mit dem Abstand D_x zum betrachteten Objekt definiert wird (**Bild 7.2**). Gegebenenfalls sind noch Korrekturfaktoren C_y zu berücksichtigen.

7.7.2 Gefährliche Ereignisse $N_1 = N_D$ (Schadensquelle S1)

N_1 ist die durchschnittliche jährliche Anzahl von gefährlichen Ereignissen durch Blitzeinschläge in die bauliche Anlage (S1). Sie hängt von der Erdblitzdichte im betroffenen Gebiet und von den Eigenschaften der baulichen Anlage ab:

$$N_1 = N_D = N_G \cdot A_D \cdot C_D \cdot 10^{-6},$$

mit:

N_G Erdblitzdichte in 1/(km² · Jahr),
A_D äquivalente Einfangfläche der frei stehenden baulichen Anlage in m²,
C_D Standortfaktor.

Für eine frei stehende bauliche Anlage wird die äquivalente Einfangfläche A_D durch eine Begrenzungslinie gebildet, die sich aus der Schnittlinie einer Geraden mit einer Steigung von 1/3 mit der Erdbodenoberfläche ergibt. Die Gerade wird jeweils als Tangente an den höchsten Punkten der baulichen Anlage angesetzt und um die gesamte bauliche Anlage herumgeführt. Daraus ergibt sich ein seitlicher Abstand der Begrenzungslinie von der Gebäudegrundfläche $D_D = 3H$.

Für eine quaderförmige bauliche Anlage mit Länge L, Breite W und Höhe H ergibt sich daraus die äquivalente Einfangfläche zu:

$$A_D = L \cdot W + 2 \cdot (L+W) \cdot D_D + \pi \cdot D_D^2 \quad \text{mit } D_D = 3H.$$

Bei Dachaufbauten oder unterschiedlichen Gebäudehöhen genügt es meist, einen Mittelwert für die Höhe H anzunehmen. Bei stark überragenden Dachaufbauten (z. B. ein aufgesetzter Mast) mit einer gesamten Höhe H_P wird aber zur Kontrolle noch die Einfangfläche

$$A_D' = \pi \cdot D_D^2 \quad \text{mit } D_D = 3H_P$$

berechnet. Die Einfangfläche ist dann der höhere Wert von A_D und A_D'.

Die Topografie der Umgebung und benachbarte Objekte innerhalb einer Entfernung von $3H$ von der baulichen Anlage beeinflussen die äquivalente Einfangfläche merklich. Dieser Einfluss kann überschlägig durch den Standortfaktor C_D nach **Tabelle 7.6** berücksichtigt werden. Eine genauere Berechnung des Einflusses umgebender Objekte könnte unter Berücksichtigung der relativen Höhe der baulichen Anlage in Bezug auf die umgebenden Objekte und den Erdboden innerhalb einer Entfernung von $3H$ von der baulichen Anlage durchgeführt werden. Dafür wird $C_D = 1$ angenommen.

Relative Lage	C_D
bauliche Anlage umgeben von höheren Objekten	0,25
bauliche Anlage umgeben von Objekten mit gleicher oder niedrigerer Höhe	0,5
frei stehende bauliche Anlage: keine weiteren Objekte in der Nähe	1
frei stehende bauliche Anlage auf einer Bergspitze oder einer Kuppe	2

Tabelle 7.6 Bestimmung des Standortfaktors C_D
(DIN EN 62305-2 (**VDE 0185-305-2**), Tabelle A.1 der Norm)

In DIN EN 62305-2 (**VDE 0185-305-2**), Anhang A der Norm wird für bauliche Anlagen mit komplizierten Geometrien (Beispiele dort in der Norm in Bild A.2 und Bild A.3) ein grafisches Verfahren empfohlen, aber nicht weiter erläutert.

Hier wird stattdessen vorgeschlagen, die Begrenzung der äquivalenten Einfangfläche A_D zu bestimmen, indem man eine Blitzkugel mit einem Radius $r = 5H$ unmittelbar um das Gebäude herumrollt (**Bild 7.3**). Die Blitzkugel berührt dabei das Gebäude, den Boden und ggf. benachbarte Objekte. Die Linie der jeweils tiefsten Punkte der Blitzkugel ist dann die gesuchte Begrenzungslinie. Zweckmäßig wird dabei ein Gebäudemodell verwendet, in dem auch die relevanten benachbarten Objekte nachgebildet sind.

Das Verfahren mit der Blitzkugel liefert Ergebnisse, die mit der Norm in Einklang stehen (bei Bodenberührung ergibt sich ebenfalls $D_d = 3H$). Es hat aber den großen

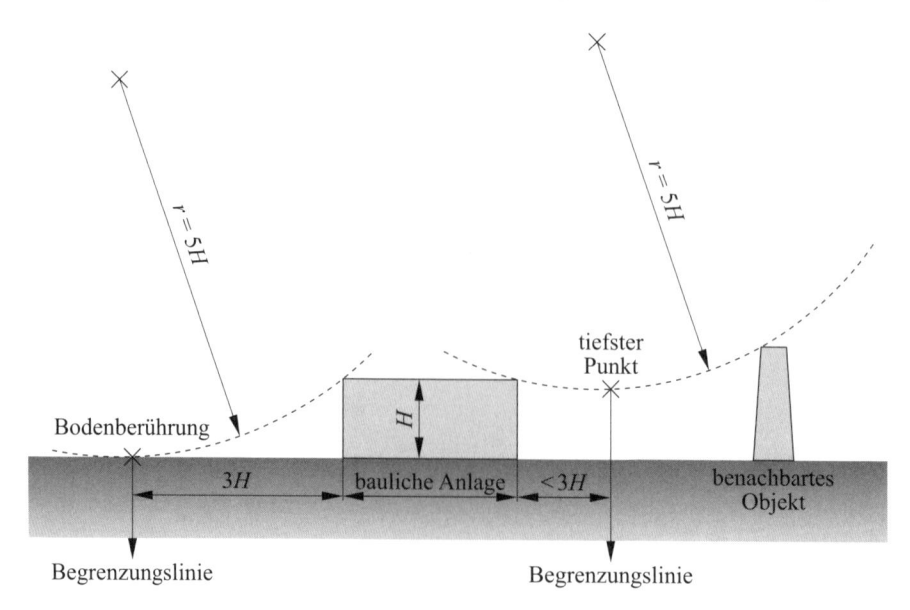

Bild 7.3 Zur Ermittlung der Einfangfläche eines von Objekten umgebenen Gebäudes

Vorteil, auch für komplexere Gebäude und ihre unmittelbare Umgebung genaue Werte für die Einfangfläche A_D zu liefern, und es basiert auf dem gleichen physikalischen Hintergrund wie das Blitzkugelverfahren zur Schutzraum-Bestimmung.

7.7.3 Gefährliche Ereignisse $N_2 = N_M$ (Schadensquelle S2)

N_2 ist die durchschnittliche jährliche Anzahl von gefährlichen Ereignissen durch Blitzeinschläge in den Erdboden oder in geerdete Objekte neben der baulichen Anlage (S2), die zu gefährlichen Induktionswirkungen führen können. Sie hängt von der Erdblitzdichte im betroffenen Gebiet und von den Eigenschaften der baulichen Anlage und ihrer Umgebung ab:

$$N_2 = N_M = N_G \cdot A_M \cdot 10^{-6},$$

mit:

N_G Erdblitzdichte in 1/(km² · Jahr),
A_M äquivalente Einfangfläche für nahe Blitzeinschläge in m²,
A_D äquivalente Einfangfläche für direkte Blitzeinschläge in m²,
C_D Standortfaktor.

Für gefährliche Induktionswirkungen wird ein seitlicher Abstand der Begrenzungslinie von der Gebäudegrundfläche von D_M = 500 m angenommen (siehe Bild 7.2). Für eine quaderförmige bauliche Anlage mit Länge L, Breite W und Höhe H ergibt sich daraus die äquivalente Einfangfläche zu:

$$A_M = 2 \cdot (L + W) \cdot D_M + \pi \cdot D_M^2,$$

mit:

D_M = 500 m.

7.7.4 Gefährliche Ereignisse $N_3 = N_L + N_{DJ}$ (Schadensquelle S3)

N_3 ist die durchschnittliche jährliche Anzahl von gefährlichen Ereignissen durch Blitzeinschläge in die Versorgungsleitung und damit verbundene benachbarte bauliche Anlagen (S3). Bei mehreren Versorgungsleitungen auf unterschiedlichen Wegen ist die Berechnung für jeden Leitungsweg einzeln durchzuführen. Der Wert von N_3 hängt von der Erdblitzdichte im betroffenen Gebiet und von Länge und Art der Leitung (Freileitung oder Erdkabel, Hoch- oder Niederspannung) ab:

$$N_3 = N_L + N_{DJ} = N_G \cdot (A_L \cdot C_I \cdot C_E + A_{DJ} \cdot C_{DJ}) \cdot C_T \cdot 10^{-6},$$

mit:

N_G Erdblitzdichte in 1/(km² · Jahr),
A_L äquivalente Einfangfläche für Blitzeinschläge in die Versorgungsleitung in m²,

C_I Installationsfaktor der Versorgungsleitung (**Tabelle 7.7**),
C_E Umgebungsfaktor der Versorgungsleitung (**Tabelle 7.9**),
A_{DJ} äquivalente Einfangfläche für Blitzeinschläge in eine benachbarte bauliche Anlage in m^2,
C_{DJ} Standortfaktor der benachbarten baulichen Anlage (Tabelle 7.6),
C_T Korrekturfaktor für das Vorhandensein eines HS/NS-Transformators zwischen Einschlagstelle auf der Versorgungsleitung und baulicher Anlage, der die Amplitude der Überspannung innerhalb der baulichen Anlage reduziert (**Tabelle 7.8**).

Die äquivalente Einfangfläche des Abschnitts einer Versorgungsleitung für direkte Blitzeinschläge A_L ist definiert durch die Länge der Leitung L_L und die beiderseitige Entfernung der Begrenzungslinie $2D_L = 40$ m, bis zu der ein Blitz noch die Leitung direkt trifft (Bild 7.2):

$$A_L = 2D_L \cdot L_L = 40 \cdot L_L$$

Art der Leitungsverlegung	C_I
Freileitung	1
erdverlegt	0,5
erdverlegt und vollständig innerhalb einer vernetzten Erdungsanlage (Abschnitt 5.2 von DIN EN 62305-4 (**VDE 0185-305-4**))	0,01

Tabelle 7.7 Installationsfaktor C_I
(DIN EN 62305-2 (**VDE 0185-305-2**), Tabelle A.2)

Transformator	C_T
LV-Stromversorgungsleitung, Telekommunikations- oder Datenleitung	1
HV-Stromversorgungsleitung (mit HV/LV-Transformator)	0,2

Tabelle 7.8 Transformatorfaktor C_T
(DIN EN 62305-2 (**VDE 0185-305-2**), Tabelle A.3)

Umgebung	C_E
ländlich	1
vorstädtisch	0,5
städtisch	0,1
städtisch, mit Gebäudehöhen größer als 20 m	0,01

Tabelle 7.9 Umgebungsfaktor C_E
(DIN EN 62305-2 (**VDE 0185-305-2**), Tabelle A.4)

Ist die Länge des Abschnitts der Versorgungsleitung nicht bekannt, soll $L_L = 1\,000$ m angenommen werden.

Der spezifische Erdbodenwiderstand beeinflusst die Einfangfläche A_L von erdverlegten Leitungsabschnitten. Grundsätzlich gilt, dass die Einfangfläche umso größer ausfällt, je größer der spezifische Erdbodenwiderstand ist (A_L proportional zu $\sqrt{\rho}$). Der Installationsfaktor nach Tabelle 7.7 basiert auf $\rho = 400$ Ωm.

Für eine quaderförmige benachbarte bauliche Anlage mit Länge L_J, Breite W_J und Höhe H_J ergibt sich daraus die äquivalente Einfangfläche zu:

$$A_{DJ} = L_J \cdot W_J + 2 \cdot (L_J + W_J) \cdot D_J + \pi \cdot D_J^2 \quad \text{mit } D_J = 3 H_J.$$

Für komplexere Geometrien sollten die Regeln aus Kapitel 7.7.2 angewendet werden.

7.7.5 Gefährliche Ereignisse $N_4 = N_I$ (Schadensquelle S4)

N_4 ist die durchschnittliche jährliche Anzahl von gefährlichen Ereignissen durch Blitzeinschläge in den Erdboden oder in geerdete Objekte neben der Versorgungsleitung (S4) zu gefährlichen Induktionswirkungen mit Spannungen über 1 kV führen können. Bei mehreren Versorgungsleitungen auf unterschiedlichen Wegen ist die Berechnung für jeden Leitungsweg einzeln durchzuführen. Der Wert von N_4 hängt von der Erdblitzdichte im betroffenen Gebiet und von Länge und Art der Leitung (Freileitung oder Erdkabel, Hoch- oder Niederspannung) ab:

$$N_4 = N_I = N_G \cdot A_I \cdot C_I \cdot C_E \cdot C_T \cdot 10^{-6},$$

mit:

N_G Erdblitzdichte in $1/(\text{km}^2 \cdot \text{Jahr})$,

A_I äquivalente Einfangfläche für Blitzeinschläge neben der Versorgungsleitung in m^2,

C_I Installationsfaktor der Versorgungsleitung (Tabelle 7.7),

C_E Umgebungsfaktor der Versorgungsleitung (Tabelle 7.9),

C_T Korrekturfaktor für das Vorhandensein eines HS/NS-Transformators zwischen Einschlagstelle auf der Versorgungsleitung und baulicher Anlage, der die Amplitude der Überspannung innerhalb der baulichen Anlage reduziert (Tabelle 7.8).

Die äquivalente Einfangfläche des Abschnitts einer Versorgungsleitung für Blitzeinschläge neben der Versorgungsleitung A_I ist definiert durch die Länge der Leitung L_L und die beiderseitige Entfernung der Begrenzungslinie $2 D_I = 4\,000$ m (Bild 7.2):

$$A_I = 2 D_I \cdot L_L = 4\,000 \cdot L_L.$$

Ist die Länge des Abschnitts der Versorgungsleitung nicht bekannt, soll $L_L = 1\,000$ m angenommen werden.

7.7.6 Versorgungsleitungen auf mehreren unabhängigen Trassen

Oft werden die Versorgungsleitungen auf mehreren unabhängigen Trassen in die bauliche Anlage eingeführt. Jede dieser Trassen hat für N_3, N_4 und für P_U, P_V, P_W, P_Z ihre eigenen individuellen Werte.
Wenn in einer einzelnen Trasse verschiedenartige Versorgungssysteme enthalten sind (Stromversorgung, Telekommunikation, Daten, Rohrleitungen), sind für diese Trasse jeweils die „Worst-Case"-Werte für die Parameter anzusetzen.
Die Gesamtrisiken R_U, R_V, R_W, R_Z ergeben sich als Summe der Einzelwerte aller Trassen.

Anmerkung:
Eine getrennte Berechnung der Versorgungsleitungen nach ihrer Art (z. B. Stromversorgung oder Telekommunikation) und unabhängig von der Trassenführung ist physikalisch nicht sinnvoll. Ein Blitzeinschlag in eine Trasse schädigt gleichzeitig alle in der Trasse geführten Versorgungsleitungen, sodass nur eine „Worst-Case"-Betrachtung innerhalb der Trasse sinnvoll ist.
Außerdem ergibt sich ein unsinniges Ergebnis, wenn in ein und derselben Trasse mehrere Versorgungsleitungen verschiedener Art geführt sind, diese aber getrennt berechnet und dann summiert werden. Durch die getrennte Berechnung gehen die Werte der Einfangflächen A_L, A_I und die zugehörigen Werte für N_3, N_4 mehrfach (für jede Art von Versorgungsleitung) in die Summe ein, obwohl es diese nur einmal (für die Trasse) geben kann.

7.8 Schadenswahrscheinlichkeiten P_X (DIN EN 62305-2 (VDE 0185-305-2), Anhang B)

Folgende Schadenswahrscheinlichkeiten sind zu berücksichtigen:

für die Schadensursache D1: P_A, P_U
Schadenswahrscheinlichkeit, dass ein Blitzeinschlag in die bauliche Anlage (S1) oder in eine eingeführte Versorgungsleitung (S3) zu gefährlichen Berührungs- und Schrittspannungen führt;

für die Schadensursache D2: P_B, P_V
Schadenswahrscheinlichkeit, dass ein Blitzeinschlag in die bauliche Anlage (S1) oder in eine eingeführte Versorgungsleitung (S3) zu physikalischen Schäden führt (Feuer, Explosion, mechanische und chemische Wirkungen);

für die Schadensursache D3: P_C, P_M, P_W, P_Z
Schadenswahrscheinlichkeit, dass ein Blitzeinschlag in die bauliche Anlage (S1), in den Erdboden neben der baulichen Anlage (S2), direkt in eine eingeführte Versorgungsleitung (S3) oder in den Erdboden daneben (S4) zu Ausfällen von elektrischen und elektronischen Systemen durch Überspannungen führt. Diese Wahrscheinlich-

keiten werden durch die Eigenschaften der baulichen Anlage, der eingeführten Versorgungsleitungen, der elektrischen und elektronischen Systeme und durch Schutzmaßnahmen beeinflusst.

Anmerkung: Abweichend von der Norm werden im Folgenden zuerst grundlegende Faktoren (P_X, K_X, C_X) erläutert, die auf die Wahrscheinlichkeiten P_X Einfluss haben. Alle diese Faktoren sind implizit in der Norm enthalten (oft im Text oder Anmerkungen). Die für diese Faktoren verwendeten Symbole weichen vereinzelt von der Norm ab, weil sie dort entweder nicht vorhanden sind oder mehrdeutig verwendet werden (z. B. C_{SD}, L_{TA}, L_{TU}). Selbstverständlich sind die Ergebniswerte für die Wahrscheinlichkeiten P_X mit denen der Norm identisch.

7.8.1 Schutz gegen physikalische Schäden

Der Schutz gegen physikalische Schäden erfordert den äußeren Blitzschutz (Fangeinrichtung, Ableitungseinrichtung, Erdungsanlage) und den inneren Blitzschutz gegen gefährliche Funkenbildung (Blitzschutz-Potentialausgleich, Trennungsabstand). Ein LPS nach DIN EN 62305-3 (**VDE 0185-305-3**) erfüllt diese Forderung. Aber auch ein SPM nach DIN EN 62305-4 (**VDE 0185-305-4**) kann geeignet sein, wenn diese Forderung erfüllt oder sogar übertroffen ist (z. B. durch einen engmaschigen, Blitzstrom tragfähigen Schirm um LPZ 1).

Die Werte für den entsprechenden Faktor P_B sind in **Tabelle 7.10** angegeben.

*Anmerkung: Es sind auch andere Werte für P_B möglich als die in Tabelle B.2 der DIN EN 62305-2 (**VDE 0185-305-2**) angegebenen, sofern sie auf einer detaillierten Untersuchung beruhen, die die Anforderungen der Kriterien für Dimensionierung und Einfangen nach DIN EN 62305-1 (**VDE 0185-305-1**) berücksichtigt.*

Eigenschaften der baulichen Anlage	Blitzschutzklasse	P_B
bauliche Anlage ist nicht durch ein LPS geschützt	–	1
bauliche Anlage ist durch ein LPS geschützt	IV	0,20
	III	0,10
	II	0,05
	I	0,02
bauliche Anlage mit einer Fangeinrichtung für Blitzschutzklasse I und einer durchgehenden metallenen Gebäudekonstruktion (auch Bewehrung), die als natürliche Ableitungseinrichtung dient	–	0,01
bauliche Anlage mit einem metallenen Dach oder einer Fangeinrichtung (die auch natürliche Komponenten beinhalten kann), sodass ein vollständiger Schutz aller Dachaufbauten gegen direkte Blitzschläge besteht, und einer durchgehenden metallenen Gebäudekonstruktion (auch Bewehrung), die als natürliche Ableitungseinrichtung dient	–	0,001

Tabelle 7.10 Faktor P_B, abhängig von Schutzmaßnahmen gegen physikalische Schäden (DIN EN 62305-2 (**VDE 0185-305-2**), Tabelle B.2)

7.8.2 Schutz gegen Berührungs- und Schrittspannungen

Die Werte für den Faktor P_{TA} (außerhalb der baulichen Anlage), abhängig von den Schutzmaßnahmen gegen Berührungs- und Schrittspannungen, sind in **Tabelle 7.11** angegeben. Wenn mehr als eine Vorkehrung angewendet wird, ist der Wert für P_{TA} das Produkt der entsprechenden Werte.

Die Werte für den Faktor P_{TU} (innerhalb der baulichen Anlage), abhängig von den Schutzmaßnahmen gegen Berührungsspannungen, sind in **Tabelle 7.12** angegeben. Wenn mehr als eine Vorkehrung angewendet wird, ist der Wert für P_{TU} das Produkt der entsprechenden Werte.

Schutzmaßnahme	P_{TA}
keine Schutzmaßnahmen	1
Warnhinweise	10^{-1}
elektrische Isolierung der exponierten Ableitung (z. B. mit mindestens 3 mm vernetztem Polyethylen)	10^{-2}
wirksame Potentialsteuerung im Erdboden	10^{-2}
physikalische Einschränkungen oder Verwendung der Gebäudekonstruktion als Ableitungseinrichtung	0

Tabelle 7.11 Faktor P_{TA}, abhängig von Schutzmaßnahmen gegen Berührungs- und Schrittspannungen (Beiblatt 2 der DIN EN 62305-2 (**VDE 0185-305-2**), Tabelle NB.1)

Schutzmaßnahme	P_{TU}
keine Schutzmaßnahmen	1
Warnhinweise	10^{-1}
elektrische Isolierung	10^{-2}
physikalische Einschränkungen	0

Tabelle 7.12 Faktor P_{TU}, abhängig von Schutzmaßnahmen gegen Berührungsspannungen (Beiblatt 3 der DIN EN 62305-2 (**VDE 0185-305-2**), Tabelle NB.6)

7.8.3 Überspannungsschutz

Beim Überspannungsschutz muss unterschieden werden zwischen

- Blitzschutz-Potentialausgleich am Gebäudeeintritt mit SPDs nach DIN EN 62305 (**VDE 0185-305-3**) zum Schutz gegen gefährliche Funkenbildung (relevant für P_U, P_V), hierfür dient der Faktor P_{EB} nach **Tabelle 7.13**, und
- koordiniertem SPD-Schutz nach DIN EN 62305-4 (**VDE 0185-305-4**) zum Schutz von elektrischen und elektronischen Systemen gegen Überspannungen (relevant für P_C, P_M, P_W, P_Z), hierfür dient der Faktor P_{SPD} nach **Tabelle 7.14**.

Schutzmaßnahme nach DIN EN 62305-3 (VDE 0185-305-3) (LPS)	LPL	P_{EB}
kein Blitzschutz-Potentialausgleich am Gebäudeeintritt mit SPDs	–	1
Blitzschutz-Potentialausgleich am Gebäudeeintritt mit SPDs	III – IV	0,05
	II	0,02
	I	0,01
Stromtragfähigkeit der SPDs 50 % höher als nach LPL I gefordert	–	0,005
Stromtragfähigkeit der SPDs 100 % höher als nach LPL I gefordert	–	0,002
Stromtragfähigkeit der SPDs 200 % höher als nach LPL I gefordert	–	0,001

Tabelle 7.13 Faktor P_{EB}, abhängig vom Blitzschutz-Potentialausgleich nach DIN EN 62305-3 (**VDE 0185-305-3**) (Beiblatt 3 der DIN EN 62305-2 (**VDE 0185-305-2**), Tabelle NB.7)

*Anmerkung: Die Werte für P_{EB} dürfen verringert werden, wenn die ausgewählten SPDs bessere Schutzeigenschaften (höhere Stromtragfähigkeit I_n, niedriger Schutzpegel U_P usw.) aufweisen, als für den Gefährdungspegel I an den betreffenden Installationsstellen gefordert (Informationen zu Stromtragfähigkeiten finden sich in DIN EN 62305-1 (**VDE 0185-305-1**), Tabelle A.3 sowie für Blitzstromaufteilung in DIN EN 62305-1 (**VDE 0185-305-1**), Anhang E und Beiblatt 1 der DIN EN 62305-4 (**VDE 0185-305-4**)).*

Schutzmaßnahme nach DIN EN 62305-4 (VDE 0185-305-4) (SPM)	LPL	P_{SPD}
kein koordinierter SPD-Schutz	–	1
koordinierter SPD-Schutz	III – IV	0,05
	II	0,02
	I	0,01
Schutzpegel U_P 10 % niedriger als für LPL I	–	0,005
Schutzpegel U_P 30 % niedriger als für LPL I	–	0,002
Schutzpegel U_P 50 % niedriger als für LPL I	–	0,001

Tabelle 7.14 Faktor P_{SPD}, abhängig vom koordinierten SPD-Schutz nach DIN EN 62305-4 (**VDE 0185-305-4**) (analog zu Beiblatt 3 der DIN EN 62305-2 (**VDE 0185-305-2**), Tabelle NB.3)

*Anmerkung 1: Ein koordiniertes SPD-System ist nur dann wirksam zur Verringerung von P_C, wenn die bauliche Anlage durch ein LPS geschützt ist oder in baulichen Anlagen mit durchgehenden metallenen oder bewehrten Beton-Konstruktionen, die als natürliches LPS ausgebildet sind, wobei die Anforderungen an den Potentialausgleich und die Erdung nach DIN EN 62305-3 (**VDE 0185-305-3**) eingehalten sind.*

Anmerkung 2: Die Werte für P_{SPD} dürfen verringert werden, wenn die ausgewählten SPDs bessere Schutzeigenschaften (höhere Stromtragfähigkeit I_n, niedriger Schutzpegel U_P usw.) aufweisen als für den Gefährdungspegel I an den betreffenden

Installationsstellen gefordert (Tabelle A.3 der DIN EN 62305-4 *(VDE 0185-305-4)*, Anhang D). Die gleichen Anhänge können auch benutzt werden für SPDs mit höheren Wahrscheinlichkeiten P_{SPD}.

Anmerkung 3: Zudem kann mithilfe des Werts P_{SPD} das Verhältnis von Schutzpegel U_P des koordinierten SPD-Systems zur Stehstoßspannung U_w der zu schützenden Einrichtungen bewertet werden. Der Schutzpegel U_P des koordinierten SPD-Systems wird dabei bestimmt entsprechend der für die an den betreffenden Installationsstellen geforderte Stromtragfähigkeit des koordinierten SPD-Systems bei den jeweiligen Gefährdungspegeln LPL. Die Stehstoßspannung U_w der zu schützenden Einrichtungen wird beschrieben entsprechend der Überspannungskategorien I bis IV nach DIN EN 60664-1 *(VDE 0110-1)* (analog dazu DIN EN 62305-4 *(VDE 0185-305-4)*, Tabelle A.1).

7.8.4 Raumschirmung, innere Verkabelung, Spannungsfestigkeit

Bei diesen Schutzmaßnahmen werden folgende Faktoren berücksichtigt:

- Faktor K_{S1} Raumschirmung außen an der Grenze LPZ 0/1,
- Faktor K_{S2} Raumschirmung innen an den Grenzen LPZ 1/2 und höher,
- Faktor K_{S3} Eigenschaften der inneren Verkabelung,
- Faktor K_{S4} Bemessungs-Stehstoßspannung des zu schützenden Systems.

Entsprechend der Gl. (B.3) der Norm ergeben sich die Faktoren K_{S1} und K_{S2} zu:

$K_{S1} = 0{,}12 \cdot w_{m1} \cdot k_{PN}$ (maximal jedoch = 1),

$K_{S2} = 0{,}12 \cdot w_{m2} \cdot k_{PN}$ (maximal jedoch = 1),

mit:

w_{m1}, w_{m2} Maschenweite der räumlichen Schirmung in m,
k_{PN} Faktor für vermaschtes Potentialausgleichnetzwerk
(ohne: $k_{PN} = 1$, mit: $k_{PN} = 0{,}5$).

Anmerkung 1: Für Abschirmungen aus vollständig durchgängigem Metallblech, dessen Dicke von 0,1 mm beträgt, ist $K_{S1} = K_{S2} = 10^{-4}$ anzunehmen.

Anmerkung 2: Wo ein maschenförmiges Potentialausgleichnetzwerk nach DIN EN 62305-4 *(VDE 0185-305-4)* zur Verfügung steht, können die Werte von K_{S1} und K_{S2} auf die Hälfte reduziert werden ($k_{PN} = 0{,}5$).

Anmerkung 3: Bei kaskadierten inneren Schirmen ergibt sich K_{S2} aus dem Produkt der Einzelwerte.

Die Werte für den Faktor K_{S3}, abhängig von Leitungsführung und -schirmung innerhalb der baulichen Anlage, sind in **Tabelle 7.15** angegeben.

Art der inneren Verkabelung		K_{S3}
ungeschirmtes Kabel	keine Vorkehrungen zur Vermeidung von Installationsschleifen (Schleifen 50 m²)	1
	Vorkehrungen zur Vermeidung großer Installationsschleifen (Schleifen 10 m²)	0,2
	Vorkehrungen zur Vermeidung großer Installationsschleifen (Schleifen 0,5 m²)	0,01
geschirmtes Kabel	Kabelschirme und die metallischen Schirmungen sind an beiden Enden an eine Potentialausgleichschiene angeschlossen, an der auch die Einrichtungen geerdet sind	0,0001

Tabelle 7.15 Faktor K_{S3} abhängig von der Art der inneren Verkabelung
(DIN EN 62305-2 (**VDE 0185-305-2**), Tabelle B.5)

Abhängig von der Bemessungs-Stehstoßspannung des zu schützenden Systems U_w in Kilovolt ergibt sich nach Gl. (B.7) der Norm der Faktor K_{S4} zu:

$$K_{S4} = \frac{1}{U_w} \quad \text{(maximal jedoch = 1)}.$$

7.8.5 Äußere Verkabelung, Spannungsfestigkeit

Die auf den Innenleitern von eingeführten Versorgungsleitungen übertragenen Stoßwellen lassen sich vermindern, wenn diese geschirmt sind. Ihre Schadenswirkung ist umso kleiner, je höher die Spannungsfestigkeit der zu schützenden elektrischen und elektronischen Systeme ist. Daraus ergibt sich bei Blitzeinschlag in eine Versorgungsleitung (S3) der Faktor P_{LD} (**Tabelle 7.16**) und bei Blitzeinschlag nahe einer Versorgungsleitung (S4) der Faktor P_{LI} (**Tabelle 7.17**).

Art der Versorgungsleitung	Verlegeart, Schirmung und Potentialausgleich		Stehstoßspannung U_w in kV				
			1	1,5	2,5	4	6
Stromversorgung oder Telekommunikation	Freileitung oder erdverlegte Leitung, ungeschirmt oder geschirmt, sofern der Schirm nicht mit der PA-Schiene verbunden ist, an der die Einrichtungen geerdet sind		1	1	1	1	1
	geschirmte Freileitung oder erdverlegte Leitung, deren Schirm mit der PA-Schiene verbunden ist, an der die Einrichtungen geerdet sind	$5 < R_S \leq 20\ \Omega/\text{km}$	1	1	0,95	0,9	0,8
		$1 < R_S \leq 5\ \Omega/\text{km}$	0,9	0,8	0,6	0,3	0,1
		$R_S \leq 1\ \Omega/\text{km}$	0,6	0,4	0,2	0,04	0,02

Tabelle 7.16 Faktor P_{LD}, abhängig vom Kabelschirm R_S und der Stehstoßspannung U_w
(DIN EN 62305-2 (**VDE 0185-305-2**), Tabelle B.8)

Art der Versorgungsleitung	Stehstoßspannung U_w in kV				
	1	1,5	2,5	4	6
Stromversorgung	1	0,6	0,3	0,16	0,1
Telekommunikation	1	0,5	0,2	0,08	0,04

Tabelle 7.17 Faktor P_{LI}, abhängig von der Art der Versorgungsleitung (DIN EN 62305-2 (**VDE 0185-305-2**), Tabelle B.9)

Anmerkung: In städtischen/vorstädtischen Gebieten werden für LV-Stromversorgungsleitungen typischerweise ungeschirmte erdverlegte Kabel verwendet, wohingegen für Telekommunikationsleitungen erdverlegte geschirmte Kabel (mit mindestens 20 Adern, Schirmwiderstand 5 Ω/km, Durchmesser der Kupferadern 0,6 mm) verwendet werden. In ländlichen Gebieten werden für LV-Stromversorgungsleitungen ungeschirmte Freileitungen verwendet, ebenso für Telekommunikationsleitungen (Durchmesser der Kupferadern 1 mm). Für erdverlegte HV-Stromversorgungsleitungen werden typischerweise geschirmte Kabel mit einem Schirmwiderstand in der Größenordnung von 1 Ω/km ... 5 Ω/km verwendet.

Anmerkung: Detailliertere Abschätzungen für P_{LI} können für Stromversorgungsleitungen der IEC/TR 62066:2002-06 bzw. DIN VDE 0184:2005-10 und für Telekommunikationsleitungen der ITU-T Recommendation K.46 entnommen werden.

7.8.6 Schirmung, Erdung und Isolationseigenschaften an der Eintrittsstelle

C_{SD}, C_{LD} und C_{LI} sind Faktoren zur Berücksichtigung von Schirmung, Erdung und Isolationseigenschaften an der Eintrittsstelle der Leitung. Dabei gilt

- Faktor C_{SD} nach Anmerkung 1 unter der Tabelle 7.18
  für die Wahrscheinlichkeit P_C und die Schadensquelle S1,
- Faktor C_{LD} nach Tabelle 7.18
  für die Wahrscheinlichkeiten P_U, P_V und P_W und die Schadensquelle S3,
- Faktor C_{LI} nach **Tabelle 7.18**
  für die Wahrscheinlichkeit P_Z und die Schadensquelle S4.

Anmerkung 1: Bei der Abschätzung der Wahrscheinlichkeit P_C (Schadensquelle S1) gelten die Werte $C_{SD} = C_{LD}$ nach Tabelle 7.18 für geschirmte innere Systeme. Für ungeschirmte innere Systeme soll $C_{SD} = 1$ angenommen werden.

Art der externen Versorgungsleitung	Anbindung am Eintritt	C_{LD}	C_{LI}
ungeschirmte Freileitung	beliebig	1	1
ungeschirmte erdverlegte Leitung	beliebig	1	1
Stromversorgungsleitung mit mehrfach geerdetem Neutralleiter	keine	1	0,2
geschirmte erdverlegte Leitung (Stromversorgungs- oder Telekommunikationsleitung)	Schirme nicht mit der PA-Schiene verbunden, an der die Einrichtungen geerdet sind	1	0,3
geschirmte Freileitung (Stromversorgungs- oder Telekommunikationsleitung)	Schirme nicht mit der PA-Schiene verbunden, an der die Einrichtungen geerdet sind	1	0,1
geschirmte erdverlegte Leitung (Stromversorgungs- oder Telekommunikationsleitung)	Schirme mit der PA-Schiene verbunden, an der die Einrichtungen geerdet sind	1	0
geschirmte Freileitung (Stromversorgungs- oder Telekommunikationsleitung)	Schirme mit der PA-Schiene verbunden, an der die Einrichtungen geerdet sind	1	0
Blitzschutzkabel oder Verlegung im Blitzschutz-Kabelkanal, metallen Schirmungen oder metallen Rohren	Schirme mit der PA-Schiene verbunden, an der die Einrichtungen geerdet sind	0	0
(keine externe Versorgungsleitung)	keine Verbindung zu externen Versorgungsleitungen (autarke Einrichtungen)	0	0
beliebige Art	isolierende Trennschichten nach DIN EN 62305-4 (**VDE 0185-305-4**)	0	0

Tabelle 7.18 Faktoren C_{LD} und C_{LI}, abhängig von der Anbindung der externen Leitungen am Eintritt (DIN EN 62305-2 (**VDE 0185-305-2**), Tabelle B.4)

Anmerkung 2: Für ungeschirmte innere Systeme,

- *die nicht an äußere Versorgungsleitungen angeschlossen sind (autarke Einrichtungen),*
- *die an äußere Versorgungsleitungen über isolierende Trennschichten angeschlossen sind,*
- *die an äußere Versorgungsleitungen angeschlossen sind, die als Blitzschutzkabel ausgeführt sind, oder Systeme mit Verkabelungen in Blitzschutz-Kabelkanälen, metallenen Schirmungen oder metallenen Rohren, die mit der PA-Schiene verbunden sind, an der auch die Einrichtungen selbst geerdet sind,*

*ist $C_{LD} = C_{LI} = 0$. Deshalb ist die Anwendung eines koordinierten SPD-Systems zur Verringerung von P_C nicht erforderlich. Dies gilt unter der Voraussetzung, dass die induzierte Spannung U_I nicht höher ist als die Bemessungs-Stehstoßspannung U_w des inneren Systems ($U_I < U_w$). Zur Abschätzung der induzierten Spannung U_I siehe DIN EN 62305-4 (**VDE 0185-305-4**), Anhang A.*

7.8.7 Schadenswahrscheinlichkeiten P_A, P_U (Schadensursache D1)

Die **Wahrscheinlichkeit** P_A für Verletzung von Lebewesen (D1) außerhalb der baulichen Anlage bei Blitzeinschlag in die bauliche Anlage (S1) ist abhängig von:

- Faktor P_{TA} (Tabelle 7.11: Schutz gegen Berührungs- und Schrittspannungen außen),
- Faktor P_B (Tabelle 7.10: Schutz gegen physikalische Schäden),

$$P_A = P_{TA} \cdot P_B.$$

*Anmerkung: Schutzmaßnahmen zur Verringerung von P_A durch ein LPS nach DIN EN 62305-3 (**VDE 0185-305-3**) dürfen nur dann angesetzt werden, wenn bauliche Anlagen eine durchgehende Gebäudekonstruktion aus Metall oder aus Stahlbeton aufweisen, die als natürliches LPS wirkt, sofern die Anforderungen an Potentialausgleich und Erdung nach DIN EN 62305-3 (**VDE 0185-305-3**) erfüllt sind. Bei herkömmlichen LPS ist für P_B der Wert 1 zu wählen.*

Die **Wahrscheinlichkeit** P_U für Verletzung von Lebewesen (D1) innerhalb der baulichen Anlage bei Blitzeinschlag in eine eingeführte Versorgungsleitung (S3) ist nach Gl. (B.8) der Norm abhängig von:

- Faktor P_{TU} (Tabelle 7.12: Schutz gegen Berührungsspannung innen),
- Faktor P_{EB} (Tabelle 7.13: Blitzschutz-Potentialausgleich),
- Faktor P_{LD} (Tabelle 7.16: externer Kabelschirm und Stehstoßspannung),
- Faktor C_{LD} (Tabelle 7.18: Anbindung der externen Leitungen am Eintritt),

$$P_U = P_{TU} \cdot P_{EB} \cdot P_{LD} \cdot C_{LD}.$$

7.8.8 Schadenswahrscheinlichkeiten P_B, P_V (Schadensursache D2)

Die **Wahrscheinlichkeit** P_B für physikalische Schäden (D2) bei Blitzeinschlag in die bauliche Anlage (S1) ist nur abhängig von:

- Faktor P_B (Tabelle 7.10: Schutz gegen physikalische Schäden),

$$P_B = P_B.$$

Die **Wahrscheinlichkeit** P_V für physikalische Schäden (D2) bei Blitzeinschlag in eine eingeführte Versorgungsleitung (S3) ist abhängig von:

- Faktor P_{LD} (Tabelle 7.16: Leitungsschirme außen, Spannungsfestigkeit),
- Faktor P_{EB} (Tabelle 7.13: Blitzschutz-Potentialausgleich),
- Faktor C_{LD} (Tabelle 7.18: Anbindung der externen Leitungen am Eintritt),

$$P_V = P_{EB} \cdot P_{LD} \cdot C_{LD}.$$

7.8.9 Schadenswahrscheinlichkeiten P_C, P_M, P_W, P_Z (Schadensursache D3)

Die **Wahrscheinlichkeit P_C** für Ausfall von elektrischen und elektronischen Systemen (D3) bei Blitzeinschlag in die bauliche Anlage (S1) ist abhängig von:

- Faktor P_{SPD} (Tabelle 7.14: koordinierter SPD-Schutz),
- Faktor C_{SD} (Tabelle 7.18, Anmerkung 1: Anbindung der externen Leitungen am Eintritt),

$$P_C = P_{SPD} \cdot C_{SD}.$$

Die **Wahrscheinlichkeit P_M** für Ausfall von elektrischen und elektronischen Systemen (D3) bei Blitzeinschlag nahe der baulichen Anlage (S2) ist nach den Gln. (B.3) und (B.4) der Norm abhängig von:

- Faktor P_{SPD} (Tabelle 7.14: koordinierter SPD-Schutz),
- Faktoren K_{S1}, K_{S2}, K_{S3}, K_{S4} (Kapitel 7.8.4: Raumschirmung, innere Verkabelung, Spannungsfestigkeit),

$$P_M = P_{SPD} \cdot \left(K_{S1} \cdot K_{S2} \cdot K_{S3} \cdot K_{S4}\right)^2.$$

Die **Wahrscheinlichkeit P_W** für Ausfall von elektrischen und elektronischen Systemen (D3) bei Blitzeinschlag in eine eingeführte Versorgungsleitung (S3) ist abhängig von:

- Faktor P_{SPD} (Tabelle 7.14: koordinierter SPD-Schutz),
- Faktor P_{LD} (Tabelle 7.16: Schirmung der externen Leitungen, Spannungsfestigkeit),
- Faktor C_{LD} (Tabelle 7.18: Anbindung der externen Leitungen am Eintritt),

$$P_W = P_{SPD} \cdot P_{LD} \cdot C_{LD}.$$

Die **Wahrscheinlichkeit P_Z** für Ausfall von elektrischen und elektronischen Systemen (D3) bei Blitzeinschlag nahe einer eingeführte Versorgungsleitung (S4) ist abhängig von:

- Faktor P_{SPD} (Tabelle 7.14: koordinierter SPD-Schutz),
- Faktor P_{LI} (Tabelle 7.17: Art der externen Versorgungsleitung, Spannungsfestigkeit),
- Faktor C_{LI} (Tabelle 7.18: Anbindung der externen Leitungen am Eintritt),

$$P_Z = P_{SPD} \cdot P_{LI} \cdot C_{LI}.$$

7.9 Verlustwerte L_X
(DIN EN 62305-2 (VDE 0185-305-2), Anhang C)

In der Norm DIN EN 62305-2 (**VDE 0185-305-2**) wird leider nicht sauber unterschieden zwischen den Verlustwerten L_X (L_A bis L_Z) je Zone und den Faktoren, aus denen sich diese Werte ergeben. Deshalb werden hier folgende Begriffe für jede Schadensart (L1 bis L4) definiert:

n_t	Gesamtwert als Anzahl aller Personen (L1) oder aller Nutzer (L2),
c_t	wirtschaftlicher Gesamtwert aller Güter (L3 oder L4),
$L_A \ldots L_Z$	relative Verlustwerte bezogen auf den Gesamtwert n_t oder c_t, abhängig von der Schadensursache (D1 bis D3) und der Schadensquelle (S1 bis S4),
L_{TA}, L_{TU}, L_F, L_O	Verlustanteile, abhängig von der Schadensursache (D1 bis D3) und ggf. von der Schadensquelle (S1 oder S3),
r_t, r_f, r_p	Reduktionsfaktoren für Bodenwiderstand, Brandrisiko und Brandschutz,
h_z	Erhöhungsfaktor bei besonderer Gefährdung (nur Schadensart L1),
f_x	Zonenfaktoren.

Abhängig von der Schadensursache (D1 bis D3) werden die folgenden typischen, mittleren, relativen Verlustanteile (Wertebereich 0 … 1) unterschieden:

L_{TA} Verlustanteil durch Verletzung von Lebewesen (D1) aufgrund von Berührungs- und Schrittspannungen bei Blitzeinschlag in die bauliche Anlage (S1),

L_{TU} Verlustanteil durch Verletzung von Lebewesen (D1) aufgrund von Berührungsspannungen bei Blitzeinschlag in eine Versorgungsleitung (S3),

L_F Verlustanteil durch physikalischen Schaden (D2),

L_O Verlustanteil durch Ausfall von elektrischen und elektronischen Systemen (D3).

Die Verlustanteile ($\boldsymbol{L_{TA}, L_{TU}, L_F, L_O}$), die Reduktionsfaktoren für Bodenwiderstand ($\boldsymbol{r_t}$), Brandrisiko ($\boldsymbol{r_f}$), Brandschutz ($\boldsymbol{r_p}$) und der Erhöhungsfaktor bei besonderer Gefährdung ($\boldsymbol{h_z}$) sind den Tabellen in DIN EN 62305-2 (**VDE 0185-305-2**), Anhang C der Norm zu entnehmen.

Die Zonenfaktoren ergeben sich aus Tabelle 7.5.

Aus diesen Faktoren ergibt sich dann der Verlustwert L_X (L_A bis L_Z) als der durchschnittliche relative jährliche Wert eines Schadens, bezogen auf den Gesamtwert n_t, oder c_t für eine bestimmte Schadensursache (D1 bis D3), der als Folge eines Blitzeinschlags (S1 bis S4) auftreten kann, wobei Umfang und Auswirkungen des Schadens berücksichtigt werden. Die Verlustwerte L_X sind für jede relevante Schadensart L1 bis L4 und für jede Zone gesondert zu ermitteln.

7.9.1 Reduktions- und Erhöhungsfaktoren für die Verlustwerte

Je nach Schadensart können die in den folgenden **Tabellen 7.19** bis **7.22** angegebenen Reduktions- oder Erhöhungswerte relevant sein:

Art der Oberfläche [b]	Kontaktwiderstand in kΩ [a]	r_t
landwirtschaftlich genutzte Fläche, Beton	≤ 1	10^{-2}
Marmor, Keramik	1–10	10^{-3}
Kies, Plüsch, Teppiche	10–100	10^{-4}
Asphalt, Linoleum, Holz	≥ 100	10^{-5}

a Werte, gemessen zwischen einer 400-cm^2-Elektrode, aufgepresst mit einer Kraft von 500 N, und einer unendlich weit entfernten Referenzstelle.
b Eine Schicht isolierenden Materials, z. B. Asphalt mit 5 cm Dicke (oder 15 cm Kies) verringert diese Gefährdung üblicherweise auf einen akzeptierbaren Wert.

Tabelle 7.19 Faktor r_t abhängig von der Art der Oberfläche des Erdbodens oder Fußbodens
(DIN EN 62305-2 (**VDE 0185-305-2**), Tabelle C.3)

Maßnahmen	r_p
keine Maßnahmen	1
eine der folgenden Maßnahmen: Feuerlöscher, festinstallierte handbetätigte Feuerlöschanlagen, handbetätigte Alarmanlagen, Hydranten, brandsichere Abschnitte, geschützte Fluchtwege	0,5
eine der folgenden Maßnahmen: festinstallierte automatische Feuerlöschanlagen, automatische Alarmanlagen [a]	0,2

a Nur wenn sie gegen Überspannungen oder andere Schäden geschützt sind und wenn die Zeit bis zum Eintreffen der Feuerwehr weniger als 10 min beträgt

Tabelle 7.20 Faktor r_p, abhängig von der Art der Brandschutzmaßnahmen
(DIN EN 62305-2 (**VDE 0185-305-2**), Tabelle C.4)

Risiko	Umfang des Risikos	r_f
Explosion	Zone 0, 20 und feste Explosivstoffe	1
	Zone 1, 21	10^{-1}
	Zone 2, 22	10^{-3}
Brand	hoch	10^{-1}
	normal	10^{-2}
	gering	10^{-3}
Explosion oder Brand	keines	0

Tabelle 7.21 Faktor r_f abhängig vom Brandrisiko einer baulichen Anlage
(DIN EN 62305-2 (**VDE 0185-305-2**), Tabelle C.5)

Art der besonderen Gefährdung	h_z
keine besondere Gefährdung	1
geringe Panikgefahr (z. B. bauliche Anlage mit höchstens zwei Etagen und einer Personenanzahl bis 100)	2
durchschnittliche Panikgefahr (z. B. bauliche Anlagen für kulturelle oder sportliche Veranstaltungen mit zwischen 100 und 1 000 Besuchern)	5
Schwierigkeiten bei der Evakuierung (z. B. bauliche Anlagen mit hilfsbedürftigen Personen, Krankenhäuser)	5
große Panikgefahr (z. B. bauliche Anlagen für kulturelle oder sportliche Veranstaltungen mit mehr als 1 000 Besuchern)	10

Tabelle 7.22 Faktor h_z, abhängig vom Vorhandensein einer besonderen Gefährdung (DIN EN 62305-2 (**VDE 0185-305-2**), Tabelle C.6)

Anmerkung: Bei baulichen Anlagen mit Explosionsrisiko dürfen Brandschutzmaßnahmen entsprechend Tabelle 7.20 nicht berücksichtigt werden.

*Anmerkung 1: Im Fall einer baulichen Anlage mit Explosionsrisiko und baulichen Anlagen, die explosive Stoffe enthalten, kann eine detailliertere Abschätzung von r_f erforderlich sein (weitere Informationen in Beiblatt 3 der DIN EN 62305-2 (**VDE 0185-305-2**), 3 Anhang NX der Norm sowie Kapitel 7.10 dieses Buchs).*

Anmerkung 2: Als bauliche Anlagen mit hohem Brandrisiko können bauliche Anlagen angesehen werden, die aus brennbaren Werkstoffen aufgebaut sind, oder bauliche Anlagen mit einem Dach aus brennbaren Werkstoffen oder bauliche Anlagen mit einer spezifischen Brandlast größer als 800 MJ/m².

Anmerkung 3: Als bauliche Anlagen mit normalem Brandrisiko können bauliche Anlagen mit einer spezifischen Brandlast zwischen 800 MJ/m² und 400 MJ/m² angesehen werden.

Anmerkung 4: Als bauliche Anlagen mit niedrigem Brandrisiko können bauliche Anlagen mit einer spezifischen Brandlast kleiner als 400 MJ/m² oder bauliche Anlagen, die nur gelegentlich brennbare Materialien enthalten, angenommen werden.

Anmerkung 5: Die spezifische Brandlast ist das Verhältnis der Energie der Gesamtmenge brennbarer Materialien in einer baulichen Anlage zur Gesamtfläche (begehbare Fläche) der baulichen Anlage.

*Anmerkung 6: Für die Anwendung dieses Teils von DIN EN 62305 (**VDE 0185-305**) sollen bauliche Anlagen, die Explosionsschutzzonen oder feste Explosivstoffe enthalten, nicht als Anlagen mit Explosionsgefährdung betrachtet werden, wenn eine der nachstehenden Bedingungen erfüllt ist (weitere Informationen in Beiblatt 3 der DIN EN 62305-2 (**VDE 0185-305-2**), Anhang NX der Norm sowie Kapitel 7.10 dieses Buchs):*

a) Die Zeit des Auftretens von explosionsgefährdeten Stoffen ist geringer als 0,1 h/Jahr.
*b) Das Volumen von explosionsgefährdeter Atmosphäre ist nach EN 60079-10-1 (**VDE 0165-101**) und DIN EN 60079-10-2 (**VDE 0165-102**) vernachlässigbar.*
c) Die Zone ist nicht direkten Blitzeinschlägen ausgesetzt, und gefährliche Funkenbildung in der Zone wird verhindert.

*Anmerkung 7: Im Falle von Explosionsschutzzonen innerhalb von metallischen Gehäusen ist Bedingung c) erfüllt, wenn das Gehäuse als eine natürliche Fangeinrichtung dient, ohne dass eine Durchlöcherung und eine zu starke Temperaturerhöhung auftritt, und wenn innere Systeme im Gehäuse, falls vorhanden, gegen Überspannungen geschützt sind, damit gefährliche Funkenbildung verhindert wird (weitere Informationen in Beiblatt 3 der DIN EN 62305-2 (**VDE 0185-305-2**), Anhang NX der Norm sowie Kapitel 7.10 dieses Buchs).*

7.9.2 Verlustwerte für L1 (Verlust von Menschenleben)

Zunächst sind die Verlustanteile L_{TA}, L_{TU}, L_F, L_O aus **Tabelle 7.23** zu bestimmen. Im Anhang NC des Beiblatts 3 zur DIN EN 62305-2 (**VDE 0185-305-2**) wurden die Verlustwerte genauer definiert welche somit auch in Tabelle 7.23 mit aufgeführt sind.

Anmerkung 1: Die Anwendung der Werte Tabelle 7.23 setzt eine dauerhafte Anwesenheit von Personen in der baulichen Anlage voraus.

*Anmerkung 2: Im Falle einer baulichen Anlage mit Explosionsrisiko kann eine detaillierte Abschätzung von L_F und L_O erforderlich sein, wobei die Art der baulichen Anlage, das Explosionsrisiko, die Einteilung in Explosionsschutzzonen und die Maßnahmen zur Risikoverringerung berücksichtigt werden (weitere Informationen in Beiblatt 3 der DIN EN 62305-2 (**VDE 0185-305-2**), Anhang NX der Norm sowie Kapitel 7.10 dieses Buchs).*

Die Verlustwerte L_A (außen) und L_U (innen), $L_B = L_V$ und $L_C = L_M = L_W = L_Z$ werden aus folgenden Gleichungen ermittelt (DIN EN 62305-2 (**VDE 0185-305-2**), Tabelle C.1):

$$L_A = r_t \cdot L_{TA} \cdot f_1 = r_t \cdot L_{TA} \cdot \frac{n_z}{n_t} \cdot \frac{t_z}{8760},$$

$$L_U = r_t \cdot L_{TU} \cdot f_1 = r_t \cdot L_{TU} \cdot \frac{n_z}{n_t} \cdot \frac{t_z}{8760},$$

$$L_B = L_V = r_p \cdot r_f \cdot h_z \cdot L_F \cdot f_2 = r_p \cdot r_f \cdot h_z \cdot L_F \cdot \frac{n_z}{n_t} \cdot \frac{t_z}{8760},$$

$$L_C = L_M = L_W = L_Z = L_O \cdot f_3 = L_O \cdot \frac{n_z}{n_t} \cdot \frac{t_z}{8760},$$

Schadens-ursache	Typischer Verlustanteil		Art der baulichen Anlage
D1 Verletzung von Lebewesen	L_{TU}	10^{-2}	innerhalb des Gebäudes
	L_{TA}	10^{-2}	außerhalb des Gebäudes, wenn direkt am Straßenrand, Gehwegen
		10^{-3}	außerhalb des Gebäudes, wenn nicht direkt am Straßenrand, Gehwegen
D2 physikalischer Schaden	L_F	$2 \cdot 10^{-1}$	Explosionsrisiko
		$2 \cdot 10^{-1}$	Krankenhaus, Heime
		$2 \cdot 10^{-1}$	Hotel
		$2 \cdot 10^{-1}$	Ärztehaus, Arztpraxis
		$2 \cdot 10^{-1}$	Schule, Kindergarten, Internat
		$2 \cdot 10^{-1}$	Pension, Gästehaus
		$2 \cdot 10^{-1}$	Gefängnis
		10^{-1}	Stadthalle
		10^{-1}	öffentliches Gebäude, Verwaltungsgebäude
		10^{-1}	Universität
		10^{-1}	Sporthalle, Sportstadion, Schwimmhalle
		10^{-1}	Einkaufszentrum, Kaufhaus
		10^{-1}	Bahnhof, Flughafen, Bushof
		10^{-1}	Gebäude mit Unterhaltungseinrichtung (Kino, Theater)
		10^{-1}	Gaststätte
		10^{-1}	Kirche, Kloster
		10^{-1}	Museum, Archiv
		10^{-1}	Hochhaus
		10^{-1}	Mehrfamilienhaus (mehrstöckig)
		10^{-1}	Bürogebäude, Bank
		10^{-1}	Polizeistation, Feuerwehr, Rettungsdienst
		$5 \cdot 10^{-2}$	landwirtschaftliches Anwesen
		$5 \cdot 10^{-2}$	Schutzhütte, Parkhaus
		$5 \cdot 10^{-2}$	Seilbahn, Bergbahn
		$5 \cdot 10^{-2}$	Einfamilienhaus, Zweifamilienhaus (ein- oder zweistöckig)
		$5 \cdot 10^{-2}$	Industrieanlage, Fabrik
		$5 \cdot 10^{-2}$	wirtschaftlich genutzte Anlage
		$2 \cdot 10^{-2}$	Tragluftbau, fliegender Bau
		$2 \cdot 10^{-2}$	Burg, Schloss, Ruine
		10^{-2}	Sonstige
D3 Ausfall innerer Systeme	L_O	10^{-1}	Explosionsrisiko
		10^{-2}	Intensivstation und Operationstrakt eines Krankenhauses
		10^{-3}	andere Bereiche des Krankenhauses, Altersheim, Versammlungsstätte
		10^{-4}	Sonstige

Tabelle **7.23** Verlustanteile der Schadensart L1, abhängig von Schadensursache und Art der baulichen Anlage (Beiblatt 3 der DIN EN 62305-2 (**VDE 0185-305-2**), Tabelle NC.2)

mit:

r_t Faktor für die Art des Erdbodens oder Fußbodens nach Tabelle 7.19,
r_p Faktor für Brandschutzmaßnahmen nach Tabelle 7.20,
r_f Faktor für das Brandrisiko nach Tabelle 7.21,
h_z Erhöhungsfaktor bei besonderer Gefährdung nach Tabelle 7.22,
f_1, f_2, f_3 Zonenfaktoren nach Tabelle 7.5,
n_z Anzahl der möglichen Opfer in der Zone,
n_t Gesamtzahl von Personen in der baulichen Anlage,
t_z Zeit in Stunden pro Jahr, für die Personen an der gefährdeten Stelle anwesend sind.

7.9.3 Verlustwerte für L2 (Verlust von Dienstleistungen für die Öffentlichkeit)

Zunächst sind die Verlustanteile L_F, L_O aus **Tabelle 7.24** zu bestimmen. Im Anhang NC des Beiblatts 3 zur DIN EN 62305-2 (**VDE 0185-305-2**) wurden die Verlustwerte genauer definiert, welche somit auch in Tabelle 7.24 mit aufgeführt sind.

Schadens-ursache	Typischer Verlustanteil		Art der Dienstleistung
D2 physikalischer Schaden	L_F	1	Gas, sonstige Dienstleistung mit Explosionsrisiko
		10^{-1}	Wasser, Stromversorgung, Rettungsdienst, Polizei, Feuerwehr
		10^{-2}	TV, Telekommunikation
D3 Ausfall innerer Systeme	L_O	10^{-2}	Gas, Wasser, Stromversorgung, Rettungsdienst, Polizei, Feuerwehr
		10^{-3}	TV, Telekommunikation

Tabelle 7.24 Verlustanteile der Schadensart L2 abhängig von Schadensursache und Art der baulichen Anlage (Beiblatt 3 der DIN EN 62305-2 (**VDE 0185-305-2**), Tabelle NC.8)

Anmerkung 1: Dienstleistungen, welche ein Grundbedürfnis für den Menschen mit darstellen, sind entsprechend der Wertigkeit der Art der Dienstleistung zuzuordnen.
Anmerkung 2: Wenn die Werte für n_z und n_t unbekannt sind, soll $n_z/n_t = 1$ angenommen werden.

Die Verlustwerte $L_B = L_V$ und $L_C = L_M = L_W = L_Z$ werden aus folgenden Gleichungen ermittelt (DIN EN 62305-2 (**VDE 0185-305-2**), Tabelle C.7):

$$L_B = L_V = r_p \cdot r_f \cdot L_F \cdot f_2 = r_p \cdot r_f \cdot L_F \cdot \frac{n_z}{n_t},$$

$$L_C = L_M = L_W = L_Z = L_O \cdot f_3 = L_O \cdot \frac{n_z}{n_t},$$

mit:

r_p Faktor für Brandschutzmaßnahmen nach Tabelle 7.20,
r_f Faktor für das Brandrisiko nach Tabelle 7.21,
f_2, f_3 Zonenfaktoren nach Tabelle 7.5,
n_z Anzahl der möglichen Opfer in der Zone,
n_t Gesamtzahl von Personen in der baulichen Anlage.

7.9.4 Verlustwerte für L3 (Verlust von unersetzlichem Kulturgut)

Zunächst sind die Verlustanteile L_F aus **Tabelle 7.25** zu bestimmen.

Schadensursache	Typischer Verlustanteil		Art der baulichen Anlage oder Zone
D2 physikalischer Schaden	L_F	10^{-1}	Museum, Galerie

Tabelle 7.25 Verlustanteile der Schadensart L3 abhängig von Schadensursache und Art der baulichen Anlage (DIN EN 62305-2 (**VDE 0185-305-2**), Tabelle C.10)

Die Verlustwerte $L_B = L_V$ werden aus folgender Gleichung ermittelt (DIN EN 62305-2 (**VDE 0185-305-2**), Tabelle C.9):

$$L_B = L_V = r_p \cdot r_f \cdot L_F \cdot f_2 = r_p \cdot r_f \cdot L_F \cdot \frac{c_z}{c_t},$$

mit:

r_p Faktor für Brandschutzmaßnahmen nach Tabelle 7.20,
r_f Faktor für das Brandrisiko nach Tabelle 7.21,
f_2 Zonenfaktor nach Tabelle 7.5,
c_z Wert des Kulturguts in der Zone,
c_t Gesamtwert von Gebäude und Inhalt der baulichen Anlage (Summe aller Zonen).

7.9.5 Verlustwerte für L4 (wirtschaftliche Verluste)

Zunächst sind die Verlustanteile L_{TA}, L_{TU}, L_F, L_O aus **Tabelle 7.26** zu bestimmen. Im Anhang NC des Beiblatts 3 zur DIN EN 62305-2 (**VDE 0185-305-2**) wurden die Verlustwerte genauer definiert, welche somit auch in Tabelle 26 mit aufgeführt sind.

*Anmerkung: Im Falle einer baulichen Anlage mit Explosionsrisiko kann eine detailliertere Abschätzung von L_F und L_O erforderlich sein, wobei die Art der baulichen Anlage, das Explosionsrisiko, die Einteilung in Explosionsschutzzonen und die Maßnahmen zur Risikoverringerung berücksichtigt werden (weitere Informationen in Beiblatt 3 der DIN EN 62305-2 (**VDE 0185-305-2**), Anhang NX der Norm sowie Kapitel 7.10 dieses Buchs).*

Für die Bestimmung der Zonenfaktoren f_1, f_2, f_3 müssen die zu schützenden Werte in jeder Zone bekannt sein:

c_a Wert der Tiere in der Zone,
c_b Wert des Gebäudes, maßgeblich für die Zone,
c_c Wert des Inhalts in der Zone,
c_s Wert der inneren Systeme in der Zone einschließlich ihrer Aktivitäten,
c_t Gesamtwert von Gebäude und Inhalt der baulichen Anlage (Summe aller Zonen).

Diese Werte sollen vom Eigentümer der baulichen Anlage bereitgestellt werden. Ist dies nicht möglich, bietet DIN EN 62305-2 (**VDE 0185-305-2**) die näherungsweise Bestimmung der Werte mit folgenden Schritten an:

- Bestimmung des Gesamtwerts c_t der baulichen Anlage nach **Tabelle 7.27**,
- Bestimmung der Werte c_a, c_b, c_c, c_s für die gesamte Anlage nach **Tabelle 7.28**,
- bei mehr als einer Zone: Aufteilung der Gesamtwerte auf die Zonen proportional zu
  - dem Volumen der Zone zum Gesamtvolumen oder
  - der Anzahl der Mitarbeiter in der Zone zur Gesamtzahl der Mitarbeiter.

Die Verlustwerte L_A (außen) und L_U (innen), $L_B = L_V$ und $L_C = L_M = L_W = L_Z$ werden dann aus folgenden Gleichungen ermittelt (DIN EN 62305-2 (**VDE 0185-305-2**), Tabelle C.11):

$$L_A = r_t \cdot L_{TA} \cdot f_1 = r_t \cdot L_{TA} \cdot \frac{c_a}{c_t},$$

$$L_U = r_t \cdot L_{TU} \cdot f_1 = r_t \cdot L_{TU} \cdot \frac{c_a}{c_t},$$

$$L_B = L_V = r_p \cdot r_f \cdot L_F \cdot f_2 = r_p \cdot r_f \cdot L_F \cdot \frac{c_a + c_b + c_c + c_s}{c_t},$$

$$L_C = L_M = L_W = L_Z = L_O \cdot f_3 = L_O \cdot \frac{c_s}{c_t} \cdot t_z,$$

mit:

r_t Faktor für die Art des Erdbodens oder Fußbodens nach Tabelle 7.19,
r_p Faktor für Brandschutzmaßnahmen nach Tabelle 7.20,
r_f Faktor für das Brandrisiko nach Tabelle 7.21,
f_1, f_2, f_3 Zonenfaktoren nach Tabelle 7.5.

Schadens-ursache	Typischer Verlustanteil		Art der baulichen Anlage
D1 Verletzung von Lebewesen	$L_{TA} = L_{TU}$	10^{-2}	alle Arten
D2 physikalischer Schaden	L_F	1	Explosionsrisiko
		$5 \cdot 10^{-1}$	landwirtschaftliches Anwesen
		$5 \cdot 10^{-1}$	Rechenzentrum
		$5 \cdot 10^{-1}$	Krankenhaus, Altersheim
		$5 \cdot 10^{-1}$	Ärztehaus, Arztpraxis
		$5 \cdot 10^{-1}$	Sporthalle, Sportstadion, Schwimmhalle
		$5 \cdot 10^{-1}$	Kirche, Kloster
		$5 \cdot 10^{-1}$	Museum, Archiv
		$5 \cdot 10^{-1}$	Industrieanlage, Fabrik
		$5 \cdot 10^{-1}$	Tragluftbau, fliegender Bau
		$5 \cdot 10^{-1}$	Gebäude mit Photovoltaik- oder Solarthermieanlagen
		$2 \cdot 10^{-1}$	Hotel
		$2 \cdot 10^{-1}$	Universität
		$2 \cdot 10^{-1}$	Hochregallager
		$2 \cdot 10^{-1}$	Gefängnis
		$2 \cdot 10^{-1}$	Stadthalle
		$2 \cdot 10^{-1}$	öffentliches Gebäude, Verwaltungsgebäude
		$2 \cdot 10^{-1}$	Schule, Kindergarten, Internat
		$2 \cdot 10^{-1}$	Einkaufszentrum, Kaufhaus
		$2 \cdot 10^{-1}$	Bahnhof, Flughafen
		$2 \cdot 10^{-1}$	Gebäude mit Unterhaltungseinrichtung (Kino, Theater)
		$2 \cdot 10^{-1}$	Gaststätte
		$2 \cdot 10^{-1}$	Polizeistation, Feuerwehr, Rotes Kreuz
		$2 \cdot 10^{-1}$	Hochhaus
		$2 \cdot 10^{-1}$	Mehrfamilienhaus (mehrstöckig)
		$2 \cdot 10^{-1}$	Seilbahn, Bergbahn
		$2 \cdot 10^{-1}$	Bushof
		$2 \cdot 10^{-1}$	Bürogebäude, Bank
		$2 \cdot 10^{-1}$	wirtschaftlich genutzte Anlage
		$2 \cdot 10^{-1}$	Pension, Gästehaus
		$2 \cdot 10^{-1}$	Einfamilienhaus, Zweifamilienhaus (ein- oder zweistöckig)
		$2 \cdot 10^{-1}$	Burg, Schloss, Ruine
		10^{-1}	Sonstige

Tabelle 7.26 Verlustanteile der Schadensart L4, abhängig von Schadensursache und Art der baulichen Anlage (Beiblatt 3 der DIN EN 62305-2 (**VDE 0185-305-2**), Tabelle NC.12)

Schadens-ursache	Typischer Verlustanteil	Art der baulichen Anlage	
D3 Ausfall innerer Systeme	L_O	10^{-1}	Explosionsrisiko
		10^{-1}	Rechenzentrum
		10^{-2}	Krankenhaus, Altersheim
		10^{-2}	Ärztehaus, Arztpraxis
		10^{-2}	Industrieanlage, Fabrik
		10^{-2}	Hotel
		10^{-2}	öffentliches Gebäude, Verwaltungsgebäude
		10^{-2}	Universität
		10^{-2}	Bahnhof, Flughafen
		10^{-2}	Polizeistation, Feuerwehr, Rotes Kreuz
		10^{-2}	Seilbahn, Bergbahn
		10^{-2}	Bürogebäude, Bank
		10^{-2}	wirtschaftlich genutzte Anlage
		10^{-3}	Sporthalle, Sportstadion, Schwimmhalle
		10^{-3}	Kirche, Kloster
		10^{-3}	Museum, Archiv
		10^{-3}	landwirtschaftliches Anwesen
		10^{-3}	Tragluftbau, fliegender Bau
		10^{-3}	Gefängnis
		10^{-3}	Stadthalle
		10^{-3}	Einkaufszentrum, Kaufhaus
		10^{-3}	Gebäude mit Unterhaltungseinrichtung (Kino, Theater)
		10^{-3}	Schule, Kindergarten
		10^{-3}	Hochhaus
		10^{-3}	Gebäude mit Photovoltaik- oder Solarthermieanlagen
		10^{-3}	Hochregallager
		10^{-4}	Sonstige

Tabelle 7.26 (*Fortsetzung*) Verlustanteile der Schadensart L4, abhängig von Schadensursache und Art der baulichen Anlage (Beiblatt 3 der DIN EN 62305-2 (**VDE 0185-305-2**), Tabelle NC.12)

Anmerkung: IEC 62305-2 Ed. 2 geht einen anderen Weg, wenn die Werte für c_a, c_b, c_c, c_s nicht bekannt sind: Die Werte aller Zonenfaktoren werden dann $f_1 = f_2 = f_3 = 1$ gesetzt (Fußnote in Tabelle C.11). Damit ergeben sich Risikowerte, die nicht mit Zonenfaktoren gewichtet sind. Das ist prinzipiell richtig, aber diese Werte können nicht mit den sonst überall in der Norm verwendeten (gewichteten) Risikowerten verglichen werden.

Art der Anlage	Bezugswerte		Gesamtwert c_t	
nicht industriell	Wiederherstellungskosten (ohne Verlust der Aktivitäten)	gering	c_t pro Volumen in €/m³	300
		normal		400
		hoch		500
industriell	Gesamtwert der Anlage (mit Verlust der Aktivitäten)	gering	c_t pro Mitarbeiter in k€/Mitarbeiter	100
		normal		300
		hoch		500

Tabelle 7.27 Schätzwert für den Gesamtwert c_t der baulichen Anlage (DIN EN 62305-2 (**VDE 0185-305-2**), Tabelle C.13)

Bedingung	Anteil für Tiere $\dfrac{c_a}{c_t}$	Anteil für Gebäude $\dfrac{c_b}{c_t}$	Anteil für Inhalt $\dfrac{c_c}{c_t}$	Anteil für innere Systeme $\dfrac{c_s}{c_t}$	Alle Güter $\dfrac{c_a + c_b + c_c + c_s}{c_t}$
ohne Tiere	0 %	75 %	10 %	15 %	100 %
mit Tieren	10 %	70 %	5 %	15 %	100 %

Tabelle 7.28 Schätzwerte für die anteiligen Werte in der gesamten baulichen Anlage (DIN EN 62305-2 (**VDE 0185-305-2**), Tabelle C.14)

7.9.6 Schäden für die Umgebung außerhalb der baulichen Anlage

Wenn der Schaden an einer baulichen Anlage durch Blitzeinschlag sich auch auf benachbarte bauliche Anlagen oder die Umgebung erstrecken kann (z. B. chemische oder radioaktive Emissionen), sollten zusätzliche Verlustanteile L_{BT} sowie L_{VT} bei der Abschätzung der gesamten Verlustanteile L_{BE} und L_{VE} berücksichtigt werden.

Für die Schadensart L1 (Verlust von Menschenleben) gelten die Gln. (C.5) und (C.6) der Norm:

$$L_{BT} = L_B + L_{BE},$$

$$L_{VT} = L_V + L_{VE},$$

$$L_{BE} = L_{VE} = L_{FE} \cdot \frac{t_e}{8760},$$

mit:

L_{FE} Prozentsatz aller Personen, die durch physikalische Schäden außerhalb der baulichen Anlage verletzt werden,

t_e Zeit, für die sich Personen an gefährdeten Stellen außerhalb der baulichen Anlage aufhalten.

Anmerkung 1: Wenn die Werte für L_{FE} und t_e unbekannt sind, soll $L_{FF} \cdot t_e/8760 = 1$ angenommen werden.
Für die Schadensart L4 (wirtschaftliche Verluste) gelten die Gln. (C.14) und (C.15) der Norm:

$$L_{BT} = L_B + L_{BE},$$

$$L_{VT} = L_V + L_{VE},$$

$$L_{BE} = L_{VE} = L_{FE} \cdot \frac{c_e}{c_t},$$

mit:

L_{FE} Prozentsatz aller wirtschaftlichen Güter, die durch physikalische Schäden außerhalb der baulichen Anlage beschädigt werden,

c_e Gesamtwert der Güter an gefährdeten Stellen außerhalb der baulichen Anlage.

Anmerkung 2: Wenn der Wert für L_{FE} unbekannt ist, soll $L_{FE} = 1$ angenommen werden.
Anmerkung 3: Die Berücksichtigung von Schäden für die Umgebung ist grundsätzlich richtig. Die Umsetzung in der Norm (siehe oben) ist aber fragwürdig, da sie nicht angibt, wo die (globalen) zusätzlichen Verlustanteile verrechnet werden sollen (z. B. in welcher Zone). Zudem müsste für die Schadensart L1 auch der Faktor n_e/n_t berücksichtigt werden, da die Zahl der betroffenen Personen außerhalb (n_e) viel größer sein kann als die Gesamtzahl der Personen in der baulichen Anlage (n_t).
Eine bessere Lösung für Schäden für die Umgebung erfordert die Definition der Umgebung als zusätzliche eigene Zone. Damit können dann die zu schützenden Werte und die Parameter für diese Zone gesondert ausgewiesen werden. Möglicherweise müssen auch eine weitere Schadensart (D4 Schäden für die Umgebung) und besondere Schutzmaßnahmen definiert werden (z. B. Auffangbecken für auslaufende gefährliche Flüssigkeiten, explosionsfestes Containment). Solche grundlegenden Änderungen müssen aber sorgfältig diskutiert werden und können deshalb nur in die nächste Ausgabe der Norm eingearbeitet werden.

7.10 Risikoanalyse bei explosionsgefährdeten Anlagen

Erstellt man eine Risikoanalyse nach DIN EN 62305-2 (**VDE 0185-305-2**) für explosionsgefährdete Anlagen, so erhält man in den meisten Fällen als Ergebnis sehr hohe Werte der zu betrachtenden Risiken. Aufgrund dieser Problematik wurde im nationalen Beiblatt 3 zur DIN EN 62305-2 (**VDE 0185-305-2**) der Anhang NX mit integriert. Inhaltlich werden Berechnungswege speziell für Ex-Anlagen auch anhand von Beispielen aufgezeigt.

Ex-Zone	Definition
Zone 0	Bereich, in dem explosionsfähige Atmosphäre als Mischung brennbarer Stoffe in Form von Gas, Dampf oder Nebel mit Luft ständig oder langzeitig oder häufig vorhanden ist.
Zone 1	Bereich, in dem damit zu rechnen ist, dass explosionsfähige Atmosphäre als Mischung brennbarer Stoffe in Form von Gas, Dampf oder Nebel mit Luft bei Normalbetrieb gelegentlich auftritt.
Zone 2	Bereich, in dem bei Normalbetrieb nicht damit zu rechnen ist, dass explosionsfähige Atmosphäre als Mischung brennbarer Stoffe in Form von Gas, Dampf oder Nebel mit Luft auftritt, wenn sie aber dennoch auftritt, dann nur kurzfristig.
Zone 20	Bereich, in dem explosionsfähige Atmosphäre in Form einer Wolke brennbaren Staubs in Luft ständig oder langzeitig oder häufig vorhanden ist.
Zone 21	Bereich, in dem damit zu rechnen ist, dass explosionsfähige Atmosphäre in Form einer Wolke brennbaren Staubs in Luft bei Normalbetrieb gelegentlich auftritt.
Zone 22	Bereich, in dem bei Normalbetrieb nicht damit zu rechnen ist, dass explosionsfähige Atmosphäre in Form einer Wolke brennbaren Staubs in Luft auftritt, wenn sie aber dennoch auftritt, dann nur kurzzeitig.

Tabelle 7.29 Definition Ex-Zonen (Beiblatt 3 der DIN EN 62305-2 (**VDE 0185-305-2**), Tabelle ND.1)

Grundlage für die Einstufung einer Anlage als Ex-Anlage bildet das Vorhandensein einer explosionsfähigen Atmosphäre. Diese Atmosphäre kann je nach Häufigkeit sowie Dauer des Auftretens in Ex-Zonen unterteilt werden (**Tabelle 7.29**). Geregelt ist dies in der 1999/92/EG (nationale Umsetzung: BetrSichV). Eine Einteilung in Ex-Zonen muss durch den Anlagenbetreiber erfolgen.

Um die Häufigkeit und Dauer vorhandener explosionsfähiger Atmosphäre in Form von Stunden/Jahr (h/Jahr) bewerten und rechnerisch mit einfließen lassen zu können, sind Richtwerte hierfür in der **Tabelle 7.30** definiert.

Anmerkung 1: ständig: über lange Zeiträume oder häufig: zeitlich überwiegend, bezogen auf die effektive Betriebszeit (Häufigkeit > 50 % der Betriebsdauer).

Anmerkung 2: gelegentlich: täglich, Zeitdauer von etwa 30 min jedoch < 50 % von der Betriebsdauer der Anlage. Sollte die Zeitdauer (Vorhandensein gefährlicher explosionsfähiger Atmosphäre) unbekannt sein, so ist mit einer Zeitdauer < 50 % von der Betriebsdauer zu rechnen.

Brennbare Stoffe als Gemisch mit Luft	Dauer des Vorhandenseins gefährlicher explosionsfähiger Atmosphäre		
	ständig, über lange Zeiträume oder häufig (> 50 % der Betriebsdauer)	gelegentlich (≤ 50 % der Betriebsdauer)	nicht oder kurzzeitig (< 30 min/Jahr) oder (> 12 · t_{ex}/Jahr)
Gase, Dämpfe, Nebel	Zone 0	Zone 1	Zone 2
Stäube	Zone 20	Zone 21	Zone 22

Tabelle 7.30 Richtwerte für Vorhandensein gefährlicher explosionsfähiger Atmosphäre (Beiblatt 3 der DIN EN 62305-2 (**VDE 0185-305-2**), Tabelle ND.2),
Dyrba, B.: Kompendium Explosionsschutz. Loseblattsamllung. Köln (u. a.): Carl Heymanns Verlag

Anmerkung 3: kurzzeitig: wenige Male pro Jahr für < 30 min (z. B. ein Mal pro Monat).
Anmerkung 4: kurzzeitig Worst-Case: 12 · 29 min ≙ 348 min.
Anmerkung 5: Die Zeitdauer für Vorhandensein gefährlicher explosionsfähiger Atmosphäre ist dem Explosionsschutzdokument zu entnehmen.

Die Dauer des Vorhandenseins gefährlicher explosionsfähiger Atmosphäre wird mittels Reduktionsfaktors r_{fex} in der Verlustwertberechnung berücksichtigt.

$$r_{fex} = \frac{t_{ex}}{8760},$$

mit:

r_{fex} Faktor, der den Verlust aufgrund physikalischer Schäden in Abhängigkeit vom Brandrisiko oder vom Explosionsrisiko der baulichen Anlage verringert,

t_{ex} Zeit in Stunden/Jahr, in der sich ein explosionsfähiges Gas-/Luftgemisch in der Anlage/Gebäude/Zone befindet (Tabelle 7.30).

In stark vereinfachter Form kann auch der Wert von r_f für r_{fex} aus Tabelle 7.21 verwendet werden.

7.10.1 Verlustwerte L1 bei Ex-Anlagen (Verlust von Menschenleben)

Die Verlustwerte $L_B = L_V$ und $L_C = L_M = L_W = L_Z$ werden aus folgenden Gleichungen ermittelt (Beiblatt 3 der DIN EN 62305-2 (**VDE 0185-305-2**), Tabelle NX.3):

$$L_B = L_V = r_p \cdot r_{fex} \cdot h_z \cdot L_F \cdot f_2 = r_{fex} \cdot h_z \cdot L_F \cdot \frac{n_z}{n_t} \cdot \frac{t_z}{8760},$$

$$L_C = L_M = L_W = L_Z = L_O \cdot r_{fex} \cdot f_3 = L_O \cdot r_{fex} \cdot \frac{n_z}{n_t} \cdot \frac{t_z}{8760},$$

mit:

r_{fex} Faktor für das Brandrisiko/Explosionsrisiko, berechnet oder nach Tabelle 7.21,
h_z Erhöhungsfaktor bei besonderer Gefährdung nach Tabelle 7.7.22,
f_1, f_2, f_3 Zonenfaktoren nach Tabelle 7.5,
n_z Anzahl der möglichen Opfer in der Zone,
n_t Gesamtzahl von Personen in der baulichen Anlage,
t_z Zeit in Stunden pro Jahr, für die Personen an der gefährdeten Stelle anwesend sind.

7.10.2 Verlustwerte L2 bei Ex-Anlagen
(Verlust von Dienstleistungen für die Öffentlichkeit)

Die Verlustwerte $L_B = L_V$ und $L_C = L_M = L_W = L_Z$ werden aus folgenden Gleichungen ermittelt (Beiblatt 3 der DIN EN 62305-2 (**VDE 0185-305-2**), Tabelle NX.4):

$$L_B = L_V = r_p \cdot r_{fex} \cdot L_F \cdot f_2 = r_p \cdot r_{fex} \cdot L_F \cdot \frac{n_z}{n_t},$$

$$L_C = L_M = L_W = L_Z = L_O \cdot r_{fex} \cdot f_3 = L_O \cdot r_{fex} \cdot \frac{n_z}{n_t},$$

mit:

r_{fex} Faktor für das Brandrisiko/Explosionsrisiko, berechnet oder nach Tabelle 7.21,
f_2, f_3 Zonenfaktoren nach Tabelle 7.5,
n_z Anzahl der möglichen Opfer in der Zone,
n_t Gesamtzahl von Personen in der baulichen Anlage.

7.10.3 Verlustwerte L4 bei Ex-Anlagen (wirtschaftliche Verluste)

Die Verlustwerte $L_B = L_V$ und $L_C = L_M = L_W = L_Z$ werden aus folgenden Gleichungen ermittelt (Beiblatt 3 der DIN EN 62305-2 (**VDE 0185-305-2**), Tabelle NX.5):

$$L_B = L_V = r_p \cdot r_{fex} \cdot L_F \cdot f_2 = r_p \cdot r_{fex} \cdot L_F \cdot \frac{c_a + c_b + c_c + c_s}{c_t},$$

$$L_C = L_M = L_W = L_Z = L_O \cdot f_3 = L_O \cdot \frac{c_s}{c_t} \cdot t_z,$$

mit:

r_{fex} Faktor für das Brandrisiko/Explosionsrisiko, berechnet oder nach Tabelle 7.21,
f_1, f_2, f_3 Zonenfaktoren nach Tabelle 7.5.

7.11 Anwendung der Risikoanalyse

Anmerkung: Für die Anwendung der Risikoanalyse wird wegen der Vielzahl der Parameter und zur Berechnung von verschiedenen Varianten zur Bestimmung der technisch und wirtschaftlich optimalen Lösung die Verwendung von geeigneter Software dringend empfohlen. Dafür stehen ein Programm im Beiblatt zur Norm (Beiblatt 2 der DIN EN 62305-2 (**VDE 0185-305-2**)*) oder kommerzielle Programme zur Verfügung (z. B. unter www.dehn.de oder www.aixthor.com). Alle Beispiele in diesem Buch wurden mit der Software aus Beiblatt 2 der DIN EN 62305-2* (**VDE 0185-305-2**) *berechnet.*

7.11.1 Zu betrachtende bauliche Anlage

Die zu schützende bauliche Anlage umfasst:

- die bauliche Anlage selbst,
- Installationen innerhalb der baulichen Anlage,
- Inhalte der baulichen Anlage,
- Personen innerhalb oder in Bereichen bis zu 3 m außerhalb der baulichen Anlage,
- durch einen Schaden an der baulichen Anlage beeinflusste Umgebung.

Der Schutz umfasst nicht die Versorgungsleitungen außerhalb der baulichen Anlage.

7.11.2 Unterteilung einer baulichen Anlage in Zonen Z_S

Die zu betrachtende bauliche Anlage kann in eine oder in mehrere Zonen Z_S mit jeweils gleichartigen Eigenschaften unterteilt werden. Die Annahme einer einzigen Zone für die bauliche Anlage kann zu überdimensionierten Schutzmaßnahmen führen, weil sich jede Maßnahme über die gesamte bauliche Anlage erstrecken muss. Die Aufteilung in mehrere Zonen gestattet es, die besonderen Eigenschaften jeder Zone zu berücksichtigen und maßgeschneidert für jede Zone die am besten geeigneten Schutzmaßnahmen auszuwählen, womit die Gesamtkosten für den Schutz gegen Blitzeinschlag verringert werden.

Die Zonen Z_S können bestimmt sein durch:

- Art des Erdbodens oder des Fußbodens (Risikokomponenten R_A und R_U),
- brandsichere Abschnitte (Risikokomponenten R_B und R_V),
- räumliche Schirmungen (Risikokomponenten R_C und R_M),
- Anordnung der inneren Systeme (Risikokomponenten R_C und R_M),
- bestehende oder vorzusehende Schutzmaßnahmen (alle Risikokomponenten),
- Verlustwerte L_X.

Das gesamte Schadensrisiko für die bauliche Anlage ist die Summe der Schadensrisiken für alle Zonen. In jeder Zone ist das Schadensrisiko die Summe der Risikokomponenten innerhalb der Zone.

Für die Auswahl der Parameter in einer Zone gelten die folgenden Regeln:

- Wenn für eine Zone mehr als ein Wert eines Parameters existiert, ist der Wert des Parameters anzuwenden, der zu dem höchsten Wert des Schadensrisikos führt.
- Falls mehr als ein inneres System (z. B. 1 = Energieversorgung, 2 = Telekom usw.) in einer Zone vorhanden ist, sind die Werte für P_C und P_M gegeben durch:

$$P_C = 1 - (1 - P_{C1}) \cdot (1 - P_{C2}) \cdot (1 - P_{C3}) \qquad \text{Gl. (14)}$$
in DIN EN 62305 (**VDE 0185-305-2**),

$$P_M = 1 - (1 - P_{M1}) \cdot (1 - P_{M2}) \cdot (1 - P_{M3}) \qquad \text{Gl. (15)}$$
in DIN EN 62305 (**VDE 0185-305-2**),

- Die typischen durchschnittlichen Verlustwerte L_X sind abzuschätzen.

Für jede Zone Z_S müssen bestimmt werden:

- die geometrischen Grenzen,
- die relevanten Kenndaten,
- die Blitzbedrohungsdaten,
- alle für diese Zone relevanten Schadensarten.

Die geometrischen Grenzen sind frei definierbar und können anderweitig definierte Zonen (z. B. durch Ex-Schutz-Experten festgelegte explosionsgefährdete Zonen) mit einbeziehen. Außerdem kann der Eigentümer entscheiden, nur ausgewählte Bereiche zu schützen, wenn es sich ausschließlich um die Schadensart L4 (wirtschaftliche Verluste) handelt. Die geometrischen Grenzen können umfassen:

- die gesamte bauliche Anlage,
- einen Teil der baulichen Anlage,
- eine innere Installation,
- einen Teil einer inneren Installation,
- eine Einrichtung.

Die Risikoabschätzung muss für jede Zone Z_S durchgeführt werden. Sobald die Zonen definiert sind, können durch Anwendung der Risikoanalyse die Notwendigkeit des Blitzschutzes und die für jede Zone am besten geeigneten Blitzschutzmaßnahmen bestimmt werden.

Bauliche Anlage mit nur einer Zone

Eine gesamte bauliche Anlage mit überall gleichartigen Bedingungen wird als eine einheitliche Zone Z_1 definiert. Das Ergebnis der Risikoanalyse ist dann nur ein Satz von Schutzmaßnahmen, beispielsweise ein Blitzschutzsystem der Schutzklasse III nach DIN EN 62305-3 (**VDE 0185-305-3**). Dasselbe Verfahren kann vereinfacht auch für eine bauliche Anlage mit unterschiedlichen Bedingungen verwendet werden, indem für alle Parameter die Werte für den ungünstigsten Fall angenommen werden. Die Schutzmaßnahmen liegen dann auf der sicheren Seite. Die dabei mögliche Überdimensionierung könnte durch Unterteilung in mehrere Zonen vermieden werden.

Bauliche Anlage mit mehreren Zonen

Eine bauliche Anlage mit unterschiedlichen Bedingungen in unterschiedlichen Bereichen kann in mehrere Zonen Z_1, Z_2, Z_3 usw. unterteilt werden, wobei die Risikoanalyse für jede einzelne Zone durchgeführt wird. Das Ergebnis der Risikoanalyse ist dann ein Satz von Schutzmaßnahmen für jede Zone. Beispielsweise könnte das Ergebnis für Z_1 ein Blitzschutzsystem der Schutzklasse II nach DIN EN 62305-3 (**VDE 0185-305-3**) für den Schutz gegen physikalische Schäden sein, während für Z_2 ein LEMP-Schutz nach DIN EN 62305-4 (**VDE 0185-305-4**) erforderlich ist, um den Schutz der energie- und informationstechnischen Systeme sicherzustellen. Jeder Satz von Schutzmaßnahmen beschreibt dann alle Maßnahmen, die zum Schutz der jeweiligen Zone nötig sind. Abschließend müssen noch gegenseitige Abhängigkeiten der Schutzmaßnahmen berücksichtigt werden.

7.11.3 Bestimmung der Notwendigkeit des Blitzschutzes

Als Erstes wird mithilfe der Risikoanalyse geprüft, ob ein Blitzschutz notwendig ist oder nicht.

Wenn der Blitzschutz durch nationale **Vorschriften** (z. B. Bauordnungen der Bundesländer) zwingend vorgeschrieben ist, muss er installiert werden. Dabei wird mindestens ein Blitzschutzsystem LPS der Schutzklasse III nach DIN EN 62305-3 (**VDE 0185-305-3**) empfohlen, wenn diese Vorschriften keine Spezifikation enthalten. Möglicherweise wird der Blitzschutz auch von Sachversicherern gefordert, wenn das zu schützende Objekt versichert ist oder werden soll, siehe z. B. VdS 2010.

Andernfalls wird die Notwendigkeit des Blitzschutzes mithilfe der Risikoanalyse nach DIN EN 62305-2 (**VDE 0185-305-2**) ermittelt. Dazu wird für jede relevante Schadensart der **Schutzbedarf** bestimmt. Zusätzlich empfiehlt die Norm, für die Schadensart L4 die **Wirtschaftlichkeit** der Schutzmaßnahmen zu betrachten: „*Neben dem Erfordernis des Blitzschutzes für eine bauliche Anlage kann es hilfreich sein, die wirtschaftlichen Vorteile der Installation von Schutzmaßnahmen zu ermitteln, um die wirtschaftlichen Verluste L4 zu verringern*" (DIN EN 62305-2 (**VDE 0185-305-2**), Abschnitt 5.5).

7.11.4 Schutzbedarf

Für die Schadensarten **L1** (Verlust von Menschenleben), **L2** (Verlust von Dienstleistungen), **L3** (kulturelle Verluste) wird der Schutzbedarf durch eine Risikoanalyse ermittelt, indem für das noch ungeschützte Objekt das gesamte Schadensrisiko R berechnet und mit dem jeweils festzulegenden akzeptierbaren Schadensrisiko R_T verglichen wird:

Für $R > R_T$ ist ein Blitzschutz notwendig.

*Anmerkung: Der **Schutzbedarf** kann schon im ersten Schritt eindeutig bestimmt werden, weil das Risiko R für das ungeschützte Objekt ebenso wie das akzeptierbare Risiko R_T feste Werte sind.*

Die Festlegung des Werts für das akzeptierbare Risiko liegt in der Verantwortung der Stelle mit dem entsprechenden Kompetenzbereich. Repräsentative Werte für das akzeptierbare Risiko R_T sind in **Tabelle 7.31** angegeben.

Das Verfahren zur Abschätzung des Schutzbedarfs ist in **Bild 7.4** angegeben.

Schadensart		R_T (1/Jahr)
L1	Verlust von Menschenleben oder dauerhafte Verletzung	10^{-5}
L2	Verlust von Dienstleistungen für die Öffentlichkeit	10^{-3}
L3	Verlust von unersetzlichem Kulturgut	10^{-3}

Tabelle 7.31 Typische Werte für das akzeptierbare Risiko R_T
(DIN EN 62305-2 (**VDE 0185-305-2**), Tabelle 4)

7.11.5 Wirtschaftlichkeit von Schutzmaßnahmen

Für die Schadensart L4 (wirtschaftliche Verluste) wird die Notwendigkeit von Schutzmaßnahmen durch eine Kosten-Nutzen-Analyse ermittelt (siehe Anhang D von DIN EN 62305-2 (**VDE 0185-305-2**)).

Der absolute jährliche Verlustwert C_L für die ungeschützte Anlage ergibt sich nach Gl. (D.2) aus DIN EN 62305-2 (**VDE 0185-305-2**) zu:

$$C_L = \sum C_{LZ} = R_4 \cdot c_t .$$

Analog ergeben sich die verbleibenden, absoluten jährlichen Verlustkosten C_{RL} für die geschützte Anlage, wenn die nach Anwendung der Schutzmaßnahmen neu berechneten Risikokomponenten in die Gleichung eingesetzt werden. Dabei sind:

C_L absoluter jährlicher Verlustwert für die ungeschützte bauliche Anlage,
C_{LZ} absoluter jährlicher Verlustwert für eine Zone,
R_4 Gesamtrisiko für die Schadensart L4 (wirtschaftliche Verluste),
c_t Gesamtwert von Gebäude und Inhalt der baulichen Anlage (Summe aller Zonen).

```
Festlegen der zu schützenden baulichen Anlage
                        ↓
Festlegen der Schadensarten
für die zu schützende bauliche Anlage
                        ↓
Für jede Schadensart:
• Festlegen des akzeptierbaren Schadensrisikos $R_T$
• Berechnen aller Risikokomponenten $R_A$ bis $R_Z$
                        ↓
                  $R > R_T$  —nein→  bauliche Anlage geschützt
                        ↓ ja
                 Blitzschutz nötig
```

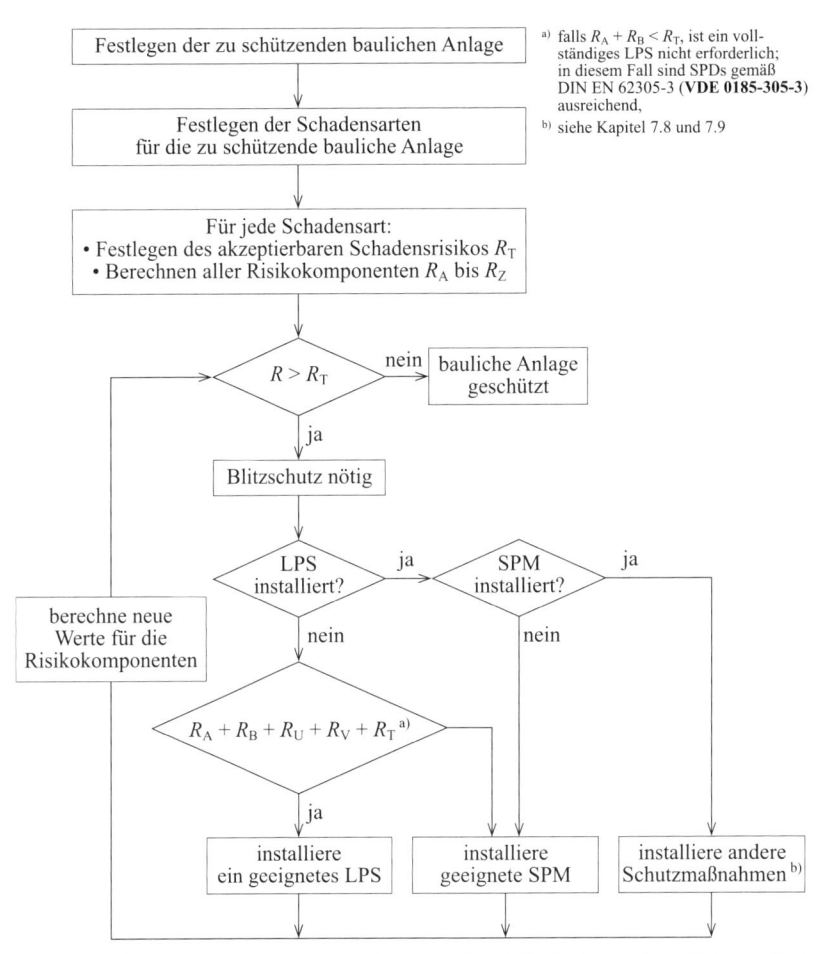

a) falls $R_A + R_B < R_T$, ist ein vollständiges LPS nicht erforderlich; in diesem Fall sind SPDs gemäß DIN EN 62305-3 (**VDE 0185-305-3**) ausreichend,

b) siehe Kapitel 7.8 und 7.9

Bild 7.4 Verfahren zur Bestimmung des Schutzbedarfs und für die Auswahl von Schutzmaßnahmen (analog zu DIN EN 62305-2 (**VDE 0185-305-2**), Bild 1 der Norm)

Die jährlichen Kosten C_{PM} für die Schutzmaßnahmen ergeben sich nach Gl. (D.5) aus DIN EN 62305-2 (**VDE 0185-305-2**) zu:

$$C_{PM} = C_P\left(i + a + m\right),$$

mit:
C_P Kosten für die Schutzmaßnahmen,
i Zinsrate,
a Amortisationsrate,
m Instandhaltungsrate.

Die Wirtschaftlichkeit von Schutzmaßnahmen ergibt sich dann aus dem Vergleich der jährlichen Kosten **ohne Schutz** (jährliche Verluste C_L) und der jährlichen Kosten **mit Schutz** (jährliche Kosten für den Schutz C_{PM} plus verbleibende jährliche Verluste C_{RL}). Wenn die Kosten mit Schutz ($C_{PM} + C_{RL}$) kleiner sind als die Kosten ohne Schutz (C_L), ergibt sich über die Lebensdauer des zu schützenden Objekts eine jährliche Einsparung S_M.

Für $S_M = C_L - (C_{PM} + C_{RL}) > 0$ ist der Schutz wirtschaftlich gerechtfertigt.

Anmerkung 1: Diese Betrachtung der Kosten ist mit besonderer Vorsicht anzuwenden. Insbesondere ist der Eigentümer bei der Entscheidung einzubeziehen, weil nur er die relevanten Folgekosten abschätzen kann und damit neben der reinen Kostenbetrachtung auch andere Prioritäten setzen und immaterielle Entscheidungsgründe (Imageschaden) mit einbringen kann.

*Anmerkung 2: Das Ergebnis der **Kosten-Nutzen-Analyse** ist von den Kosten für den Schutz C_{PM} und für die verbleibenden Verluste C_{RL} abhängig. Ein sinnvolles Ergebnis kann nur erwartet werden, wenn die Analyse auf einem angemessenen Schutzvorschlag einer Blitzschutzfachkraft beruht. Die Erfahrung zeigt, dass die Kosten für so einen angemessenen Schutzvorschlag etwa bei 1 % bis 3 % der Gesamtkosten der betrachteten baulichen Anlage liegen. Dagegen führen geringe oder stark überzogene Schutzmaßnahmen zu Fehlergebnissen: Zum Beispiel ist bei einem wenig wirksamen und damit billigen Schutz C_{PM} niedrig, aber C_{RL} bleibt nahezu unverändert hoch, was zu dem falschen Ergebnis führt, dass ein Blitzschutz nicht notwendig ist. Ebenso entsteht ein unsinniges Ergebnis, wenn ein überzogener und damit sehr teurer Schutz mit großem C_{PM} angesetzt wird, der zwar C_{RL} deutlich reduziert, in der Summe aber einen höheren Wert als C_L ergibt.*

Das Verfahren zur Abschätzung der Wirtschaftlichkeit ist in **Bild 7.5** dargestellt.

7.11.6 Auswahl und Optimierung von Schutzmaßnahmen

Wenn sich die Notwendigkeit eines Blitzschutzes ergeben hat, gibt es eine Reihe von Schutzmaßnahmen, die einzeln oder in Kombination einen geeigneten Schutz ermöglichen. Die Auswahl der am besten geeigneten Schutzmaßnahmen muss vom Planer entsprechend des Anteils jeder Risikokomponente am gesamten Schadensrisiko R und entsprechend technischer und wirtschaftlicher Randbedingungen vorgenommen werden.

Dies ist ein iterativer Prozess, der dazu benutzt werden sollte, den optimalen Schutz zu minimalen Kosten zu finden. Solange das Kriterium $R \leq R_T$ (akzeptierbares Risiko erreicht oder unterschritten) nicht erfüllt ist, sind weitere oder andere Schutzmaßnahmen notwendig. Der wirtschaftliche Nutzen ist nachgewiesen, wenn $S_M = C_L - (C_{PM} + C_{RL}) > 0$ ist.

Ein vereinfachtes Verfahren für die Auswahl von Schutzmaßnahmen in baulichen Anlagen zeigt das Flussdiagramm in Bild 7.5.

```
┌─────────────────────────────────────────┐
│        Festlegen der Werte:             │
│ • der baulichen Anlage und ihres Inhalts│
│ • der inneren Systeme und ihrer Aktivitäten│
└─────────────────────────────────────────┘
                    ↓
┌─────────────────────────────────────────┐
│ berechne die Summe $R_4$ aller Risikokomponenten $R_X$ │
│ für die Schadensart L4 (wirtschaftliche Verluste)      │
└─────────────────────────────────────────┘
                    ↓
┌─────────────────────────────────────────┐
│ berechne die absoluten jährlichen Verlustwerte │
│ $C_L$ für die ungeschützte Anlage und          │
│ $C_{RL}$ für die geschützte Anlage (Anhang D)  │
└─────────────────────────────────────────┘
                    ↓
┌─────────────────────────────────────────┐
│ berechne die jährlichen Kosten $C_{PM}$ der │
│ gewählten Schutzmaßnahmen                   │
└─────────────────────────────────────────┘
                    ↓
            ╱ $C_{PM} + C_{RL} > C_L$ ╲  ja  → Anwendung von Schutz-
            ╲                         ╱      maßnahmen ist ökonomisch
                                              nicht vorteilhaft
                    ↓ nein
┌─────────────────────────────────────────┐
│ Anwendung von Schutzmaßnahmen ist ökonomisch │
│ vorteilhaft                                  │
└─────────────────────────────────────────┘
```

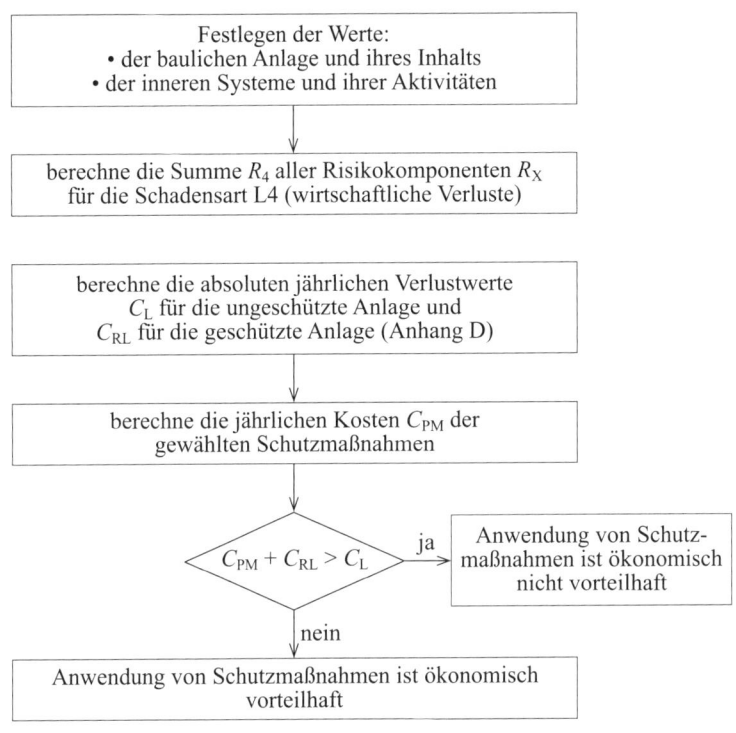

Bild 7.5 Verfahren zur Untersuchung der Wirtschaftlichkeit von Schutzmaßnahmen für die Schadensart L4 (analog zu DIN EN 62305-2 (**VDE 0185-305-2**), Bild 2)

Anmerkung 1: Die Bedingung $R \leq R_T$ gilt nur für die Schadensarten L1, L2, L3. Für die Schadensart L4 ist sie durch die Wirtschaftlichkeitsbedingung $S_M = C_L - (C_{PM} + C_{RL}) > 0$ zu ersetzen.

Anmerkung 2: Die im Bild 7.4 dargestellte Reihenfolge der Schutzmaßnahmen (zuerst LPS, dann SPM, dann andere Schutzmaßnahmen) ist nicht zwingend. Im Gegenteil hat die jahrzehntelange Erfahrung bei der Anwendung des Blitzschutzzonenkonzepts gezeigt, dass bei komplexen baulichen Anlagen von vornherein ein SPM zu wählen ist. Grundsätzlich sind aber die Kriterien $R \leq R_T$ bzw. $S = C_L - (C_{PM} + C_{RL}) > 0$ zu erfüllen.

7.11.7 Einfluss der Schutzmaßnahmen auf die Risikofaktoren

Nach Festlegung eines geeigneten Gefährdungspegels LPL I bis IV, mit dem die primäre Blitzbedrohung definiert wird, können geeignete Schutzmaßnahmen ausgewählt werden. **Tabelle 7.32** zeigt deren Einfluss auf die Faktoren und auf die Risikokomponenten.

Faktor	Schutzmaßnahme(n)	Verminderte Risiko-komponente(n)
Schutz gegen Berührungs- und Schrittspannungen außen (Kapitel 7.8.7 und 7.9)		
P_{TA}	elektrische Isolierungen von Ableitungen, Absperrungen oder Warnhinweise, Erhöhung des Oberflächenwiderstands (z. B. Asphalt), Potentialsteuerung	R_A
P_B	Blitzschutzsystem nach DIN EN 62305-3 (**VDE 0185-305-3**) (Schutzklasse I bis IV) oder blitzstromtragfähiger Schirm um LPZ 1 nach DIN EN 62305-4 (**VDE 0185-305-4**)	
r_t	Art der Oberfläche des Erdbodens	
Schutz gegen Berührungsspannungen innen (Kapitel 7.8.7 und 7.9)		
P_{TU}	Erhöhung des Oberflächenwiderstands innen (z. B. Linoleum), Absperrungen oder Warnhinweise	
P_{EB}	Blitzschutz-Potentialausgleich	
P_{LD}	Erhöhung der Spannungsfestigkeit der elektrischen und elektronischen Systeme, Schirmung von eingeführten Versorgungsleitungen	R_U
C_{LD}	geeignete Anbindung der externen Leitungen am Eintritt	
r_t	Art der Oberfläche des Fußbodens	
Schutz gegen physikalische Schäden (Kapitel 7.8.8 und 7.9)		
P_B	Blitzschutzsystem nach DIN EN 62305-3 (**VDE 0185-305-3**) (Schutzklasse I bis IV) oder blitzstromtragfähiger Schirm um LPZ 1 nach DIN EN 62305-4 (**VDE 0185-305-4**)	R_B
P_{EB}	Blitzschutz-Potentialausgleich	
P_{LD}	Erhöhung der Spannungsfestigkeit der elektrischen und elektronischen Systeme, Schirmung von eingeführten Versorgungsleitungen	R_V
C_{LD}	geeignete Anbindung der externen Leitungen am Eintritt	
r_f	Verringerung des Brandrisikos bzw. der Brandlast	
r_p	Verhinderung und Eindämmung der Auswirkungen von Feuer (Feuerlöscher, Hydranten, Brandmelde- oder Feuerlöscheinrichtungen, geschützte Fluchtwege, Brandschutzräume)	R_B, R_V
Schutz gegen Ausfall von inneren Systemen (Kapitel 7.8.9)		
P_{SPD}	koordinierter SPD-Schutz (wenn das Blitzschutzzonenkonzept angewendet wird, müssen an jeder Zonengrenze koordinierte SPDs eingesetzt werden)	R_C, R_M, R_W, R_Z
C_{SD}	geeignete Anbindung der externen Leitungen am Eintritt	R_C
K_{S1}, K_{S2} K_{S3}, K_{S4}	räumliche Schirmung, Leitungsführung und -schirmung, Erhöhung der Spannungsfestigkeit der elektrischen und elektronischen Systeme	R_M
P_{LD}	Erhöhung der Spannungsfestigkeit der elektrischen und elektronischen Systeme, Schirmung von eingeführten Versorgungsleitungen	R_W
C_{LD}	geeignete Anbindung der externen Leitungen am Eintritt	
P_{LI}	Erhöhung der Spannungsfestigkeit der elektrischen und elektronischen Systeme, Schirmung von eingeführten Versorgungsleitungen	R_Z
C_{LI}	geeignete Anbindung der externen Leitungen am Eintritt	

Tabelle 7.32 Einfluss der Schutzmaßnahmen auf die Faktoren und die Risikokomponenten

8 LEMP-Schutz-Management (SPM-Management)

8.1 Allgemeines

Um ein kostengünstiges und wirksames Schutzsystem zu erreichen, sollte die Auslegung während der Planungsphase der baulichen Anlage und vor ihrer Errichtung festgelegt werden. Auf diese Weise kann die Nutzung natürlicher Komponenten der baulichen Anlage optimiert und die beste Alternative für die Leitungsführung und für die Aufstellung der Betriebsmittel gefunden werden.

Für die Nachrüstung von bestehenden baulichen Anlagen sind die Kosten der SPM im Allgemeinen höher als bei neuen baulichen Anlagen. Die Kosten können aber minimiert werden, indem die LPZ geeignet ausgewählt und bestehende Installationen genutzt oder aufgerüstet werden.

Ein geeigneter Schutz kann nur erreicht werden, wenn:

- die Maßnahmen von einer Blitzschutzfachkraft geplant werden,
- gute Abstimmung zwischen den Experten für den Bau und für die SPM (z. B. zwischen Bau- und Elektroingenieuren) besteht,
- dem Managementplan nach Kapitel 8.2 gefolgt wird.

Die SPM müssen durch Prüfung und Wartung aufrechterhalten bleiben. Nach wesentlichen Änderungen an der baulichen Anlage oder an den Schutzmaßnahmen muss eine erneute Risikobewertung durchgeführt werden.

8.2 SPM-Managementplan

Ein solcher Managementplan für die SPM ist Abschnitt 9.2 von DIN EN 62305-4 (**VDE 0185-305-4**) erläutert und in **Tabelle 8.1** dargestellt. Er ist in sieben Schritte gegliedert:

- erste Risikoanalyse,
- abschließende Risikoanalyse,
- Planung,
- Auslegung,
- Installation und Überprüfung,
- Abnahme,
- wiederkehrende Prüfungen.

Schritt	Ziel	Maßnahme ist durchzuführen von
erste Risikoanalyse [a]	Prüfung der Notwendigkeit eines LEMP-Schutzes. Falls erforderlich, ist ein geeigneter SPM anhand einer Risikobewertung auszuwählen. Prüfung der Verminderung des Risikos nach jeder schrittweise vorgenommenen Schutzmaßnahme	Blitzschutzfachkraft [b], Eigentümer
abschließende Risikoanalyse [a]	Das Kosten-Nutzen-Verhältnis sollte noch einmal mithilfe der Risikoanalyse optimiert werden. Als Ergebnis werden bestimmt: • LPL und die Blitzparameter, • LPZ und deren Grenzen	Blitzschutzfachkraft [b], Eigentümer
Planung der SPM	Definition der SPM: • Maßnahmen für räumliche Schirmung, • Potentialausgleichnetzwerke, • Erdungsanlagen, • Leitungsführung und -schirmung, • Schirmung eingeführter Versorgungsleitungen, • koordiniertes SPD-System, • isolierende Schnittstelle	Blitzschutzfachkraft, Eigentümer, Architekt, Planer der inneren Systeme, Planer maßgeblicher Installationen
Auslegung der SPM	allgemeine Zeichnungen und Beschreibungen, Vorbereitung der Ausschreibungsunterlagen, Detailzeichnungen und Zeitpläne für die Installation	Ingenieurbüro oder gleichwertig
Installation und Überprüfung der SPM	Qualität der Installation, Dokumentation, mögliche Revision von Detailzeichnungen	Blitzschutzfachkraft, Errichter der SPM, Ingenieurbüro, Prüfungsbeauftragter
Abnahme der SPM	Prüfung und Dokumentation des Zustands des Systems	unabhängige Blitzschutzfachkraft, Prüfungsbeauftragter
wiederkehrende Prüfungen	Sicherstellung der angemessenen SPM	Blitzschutzfachkraft, Prüfungsbeauftragter

[a] siehe DIN EN 62305-2 (**VDE 0185-305-2**),
[b] mit fundierten Kenntnissen der EMV und der Installationspraxis

Tabelle 8.1 SPM-Managementplan für neue Gebäude und für umfassende Änderungen von Aufbau oder Nutzung (DIN EN 62305-4 (**VDE 0185-305-4**), Tabelle 2)

Zur Abschätzung des Schadensrisikos werden zunächst die folgenden Daten benötigt:

- Erdblitzdichte für das Gebiet, in dem sich die bauliche Anlage und ihre eingeführten Versorgungsleitungen befinden,
- Eigenschaften der baulichen Anlage,
- Art und Eigenschaften des Inhalts,
- Eigenschaften der Umgebung,
- Eigenschaften des Erdbodens um die bauliche Anlage herum,

- Art, Eigenschaften und Länge der Versorgungsleitungen, die in die bauliche Anlage eingeführt werden,
- Art der internen Installationen und Eigenschaften der Einrichtungen (Spannungsfestigkeit),
- Schutzmaßnahmen gegen elektrischen Schock (z. B. hochohmige Fußböden, Isolierung von exponierten Leitungen usw.),
- Schutzmaßnahmen gegen Überspannungen (z. B. Überspannungsschutzgeräte, Schirmungen usw.),
- Schutzmaßnahmen gegen physikalische Schäden (z. B. Blitzschutzsystem),
- Schutzmaßnahmen zur Reduktion der Auswirkungen eines Schadens (z. B. Absperrungen für gefährdete Bereiche, Brandmelde- und Feuerlöscheinrichtungen),
- Ausmaß der auftretenden Verluste und ihre Auswirkungen auf die Öffentlichkeit und die Umgebung,
- Kosten des Schadens,
- Kosten der erforderlichen Schutzmaßnahmen,
- Wert der baulichen Anlage, deren Nutzung, des Inhalts, der inneren Systeme und von Tieren (nur für L4).

8.2.1 Erste Risikoanalyse

Der klassische Blitzschutz durch ein LPS nach DIN EN 62305 (**VDE 0185-305-3**) ist für bauliche Anlagen mit elektrischen und elektronischen Systemen meist nicht ausreichend. Deshalb muss die Notwendigkeit von umfassenderen Blitzschutzmaßnahmen gegen LEMP durch SPM nach DIN EN 62305-4 (**VDE 0185-305-4**) mithilfe einer Risikoanalyse bestimmt werden.

Für den LEMP-Schutz durch SPM relevant sind meistens nur die Schadensarten **L2** (Verlust von Dienstleistungen für die Öffentlichkeit) oder **L4** (wirtschaftliche Verluste). Nur für besondere bauliche Anlagen (z. B. Krankenhäuser), bei denen der Ausfall der inneren Systeme unmittelbar zur Gefährdung von Menschenleben führen kann, kommt auch die Schadensart **L1** (Verlust von Menschenleben) in Betracht.

Die Notwendigkeit des LEMP-Schutzes durch SPM wird dann für L1 und L2 durch Bestimmen des Schutzbedarfs (orientiert am akzeptierbaren Risiko) nach Kapitel 7.10.4 oder für L4 durch Bestimmen der Wirtschaftlichkeit der Schutzmaßnahmen (orientiert am wirtschaftlichen Nutzen) nach Kapitel 7.10.5 ermittelt.

8.2.2 Abschließende Risikoanalyse

Sobald die Notwendigkeit des LEMP-Schutzes durch SPM feststeht, wird der Schutz in einem iterativen Prozess durch wiederholte Anwendung der Risikoanalyse optimiert, um den besten Schutz zu minimalen Kosten zu finden.

Jede Lösung muss das Kriterium $R \leq R_T$ (akzeptierbares Risiko erreicht oder unterschritten) und/oder $S_M = C_L - (C_{PM} + C_{RL}) > 0$ (wirtschaftlicher Nutzen erreicht) erfüllen.

8.2.3 Planung

Die Konzeptplanung des Blitzschutzes unter EMV-Gesichtspunkten muss von einer mit der EMV-Welt vertrauten Blitzschutzfachkraft durchgeführt werden. Unabdingbar ist dabei der enge Kontakt mit

- dem Bauherrn bzw. dem Eigner,
- dem Architekten und dem Generalunternehmer,
- den Errichtern der energie- und informationstechnischen Systeme,
- den mit Installationsplanungen beauftragten Ingenieurbüros,
- den Subunternehmern.

Hierbei wird ein umfassendes Schutzschema in folgenden Teilschritten erarbeitet:

- **Wahl des Gefährdungspegels LPL** (I bis IV), wodurch die Blitzstromkennwerte und der Blitzkugelradius für die Bestimmung des Schutzraums festgelegt werden. Für den LEMP-Schutz wird im Allgemeinen der Gefährdungspegel LPL II empfohlen, bei ausgedehnten und empfindlichen elektronischen Systemen aber der Gefährdungspegel LPL I.
- **Definieren der Blitzschutzzonen** (äußere LPZ 0_A, LPZ 0_B und Unterteilung der baulichen Anlage in innere LPZ 1, LPZ 2 und höher).
- **Festlegen des Erdungssystems**, bestehend aus dem Potentialausgleichnetzwerk und der Erdungsanlage.
- **Potentialausgleich für Versorgungsleitungen** an der Eintrittsstelle in die inneren LPZs direkt oder durch geeignete SPDs.
- **Integration der elektrischen und elektronischen Systeme** in das Potentialausgleichnetzwerk.
- **Räumliche Schirmung** zur Verringerung von Magnetfeld und Induktion.
- **Leitungsführung und -schirmung** zur Verringerung der Induktion.
- **Isolierende Schnittstellen** an der Eintrittsstelle in die inneren LPZs.
- **Anforderungen an SPDs** bezüglich Schutzpegel und Stromtragfähigkeit.
- **Besondere Maßnahmen** bei bestehenden baulichen Anlagen.

8.2.4 Auslegung

Die Planung des LEMP-Schutzes wird z. B. durch ein elektrotechnisches Ingenieurbüro durchgeführt. Hierbei werden Übersichts- und Detailzeichnungen einschließlich ihrer Beschreibung angefertigt, Ausschreibungstexte und Leistungsverzeichnisse für

Subunternehmer erstellt und Zeitpläne für die koordinierte Installation der Blitzschutzmaßnahmen aufgestellt.

Die Detailplanung des LEMP-Schutzes wird in der Regel von einem elektrotechnischen Ingenieurbüro in Zusammenarbeit mit der Blitzschutzfachkraft geplant. Im Anhang E und in den Beiblättern 1 und 2 von DIN EN 62305-3 (**VDE 0185-305-3**) findet sich eine Vielzahl von Anleitungen, praktischen Hinweisen und beispielhaften Ausführungen, die sinngemäß auch für den LEMP-Schutz anwendbar sind. Aus diesem Grund ist es in diesem Buch nicht erforderlich, im Detail auf die praktische Ausführung von Schutzmaßnahmen einzugehen.

Nach den Planungsvorgaben des LEMP-Schutzes werden dann die nachfolgenden Ausführungs-Unterlagen erstellt:

- Es werden Übersichtszeichnungen mit den eingetragenen LPZs und ihren Schnittstellen zur Beschaltung der energie- und informationstechnischen Leitungen erstellt.

- Es werden die Maßnahmen aufgelistet, die zur Realisierung des vermaschten Erdungssystems ergriffen werden sollen, wobei für das Potentialausgleichnetzwerk eine Vermaschung etwa im 5-m-Raster angestrebt wird.

- Es werden die Schutzmaßnahmen spezifiziert, um die Aufbauten und Anlagen im Dachbereich in LPZ 0_B einzubringen, d. h. gegen direkte Blitzeinschläge zu schützen.

- Es wird die Ausgestaltung der Gebäude- und Raumschirme als Begrenzung der LPZs im Detail festgelegt. Als Komponenten der Gebäudeschirme dienen vorrangig Blechdächer und -fassaden, Stahlarmierungen im Beton sowie metallene Stütz- und Rahmenelemente. Den Armierungen wird zweckmäßig ein Stahlgitter etwa im 5-m-Raster überlagert, das etwa jeden Meter mit Armierungsstäben verschweißt oder verklemmt wird. Die Leiter des Stahlgitters werden als Fahnen herausgeführt, oder es werden Erdungsfestpunkte vorgesehen. Gegebenenfalls sind geschirmte Kabel- bzw. Installationskanäle zwischen Gebäuden oder Gebäudeteilen zu spezifizieren.

- Die lokalen oder ringförmigen Potentialausgleichschienen sind, zweckmäßig über die Erdungsfestpunkte, an das vermaschte Erdungssystem auf kürzest möglichem Weg vorzugsweise mehrfach anzuschließen. Ringpotentialausgleichsschienen werden etwa alle 5 m angeschlossen. Die Potentialausgleichsschienen dienen zur Realisierung des vermaschten Potentialausgleichnetzwerks als erdseitige Anschlusspunkte für die einzusetzenden Überspannungsschutzgeräte an den Grenzen der LPZ sowie zur Integration des Potentialausgleichs elektronischer Systeme in das Erdungssystem. Die Überspannungsschutzgeräte werden auf Schienen, in Racks oder Schaltschränken mit kürzest möglichen Verbindungen zu den Potentialausgleichsschienen installiert.

- Verwendete Verbindungsbauteile, Leitungen und Erder müssen den Normen der Reihe DIN EN 62561 (**VDE 0185-561**) genügen.

- Die Überspannungsschutzgeräte für die im Detail festgelegten energie- und informationstechnischen Leitungen sind in Kontakt mit der Blitzschutzfachkraft definitiv zu spezifizieren und auszuwählen.
- Die Kabelführung und -schirmung ist festzuschreiben, die Kabelpritschen sind zu dimensionieren und die elektronischen Systeme und Geräte sind zu positionieren.
- Für die energie- und informationstechnischen Installationen sind Detailpläne anzufertigen und Ablaufpläne zu erstellen.
- In Leistungsverzeichnissen werden die obigen Maßnahmen aufgelistet und die Geräte spezifiziert.
- Es sind Zeitpläne für die koordinierte Installation der Blitzschutzmaßnahmen aufzustellen.

8.2.5 Installation und Überprüfung

Die Installation des LEMP-Schutzes ist von der Blitzschutzfachkraft oder von dem mit der Planung der LEMP-Schutz-Ausführung beauftragten Ingenieurbüro und ggf. auch von einer öffentlichen Institution zu überwachen, während die Installation selbst vom Fachhandwerk ausgeführt wird.

Die ausgeführte Installation ist durch Sichtkontrollen mit den Vorgaben zu vergleichen und im Zuge der Errichtung durch Fotos und Aktenvermerke zu dokumentieren. Die bei der Planung angefertigten Detailzeichnungen sind auf den aktuellen Stand zu bringen.

Die Dokumentation ist die Basis für die spätere Abnahme und den Qualitätsnachweis und auch im Hinblick auf die Haftung unverzichtbar.

Insbesondere betrifft die Überwachung die Installation der Gebäude- und Raumschirme, des vermaschten Erdungssystems mit dem Potentialausgleichnetzwerk und der Erdungsanlage, der koordinierten Überspannungsschutzgeräte (SPDs) an den Grenzen der LPZs und der Leitungsführung und -schirmung.

8.2.6 Abnahme

Abnahme und Dokumentation der LEMP-Schutzmaßnahmen sind durch eine Blitzschutzfachkraft oder eine Überwachungsinstitution durchzuführen. Die Abnahme erfolgt aufgrund der Sichtkontrolle und der erstellten Dokumentation der LEMP-Schutz-Installation.

Insbesondere ist darauf zu achten, dass ausnahmslos alle Leitungen beim Eintritt in eine LPZ adäquat beschaltet sind und dass die energie- und informationstechnischen Systeme und Geräte die geforderte Zerstör- bzw. Störfestigkeit aufweisen.

Zur Abnahme gehört auch die Dokumentation der von der Blitzschutzfachkraft erstellten, endgültigen Risikoanalyse und der endgültigen Kosten-Nutzen-Analyse (Kapitel 8.2.2).

8.2.7 Wiederkehrende Prüfungen

Wiederkehrende Prüfungen durch eine Blitzschutzfachkraft oder eine Überwachungsinstitution sind notwendig, um den aktuellen Standard der installierten Blitzschutzmaßnahmen zu gewährleisten.

Im Unternehmensbereich Facility-Management sollte in Analogie zu einem Sicherheitsingenieur ein LEMP-Sicherheitsbeauftragter ernannt werden, der z. B. in halbjährlichen Abständen kontrolliert, ob alle energie- und informationstechnischen Leitungen, die in eine LPZ eintreten, mit adäquaten SPDs beschaltet sind. Dieser Sicherheitsbeauftragte muss über alle Weiterungen der Installation und der elektronischen Systeme informiert werden, damit er Vorgaben machen kann für die adäquate Beschaltung der Leitungen beim Eintritt in eine LPZ, für die Leitungsführung und -schirmung sowie für die Zerstör- bzw. Störfestigkeit der neu zu beschaffenden elektrischen Geräte.

Bei größeren Änderungen in der Installation oder Nutzung sollte eine Blitzschutzfachkraft eingeschaltet werden, z. B. um eine neue, lokale LPZ einzurichten.

8.3 Prüfung der SPM

8.3.1 Allgemeines

Die Prüfung umfasst die technische Dokumentation, Sichtprüfungen und Messungen. Mit der Prüfung soll sichergestellt werden, dass

- die SPM mit den Plänen übereinstimmen,
- die SPM ihre geplanten Funktionen erfüllen können,
- jede neu hinzugefügte Schutzmaßnahme sachgerecht in die SPM einbezogen ist.

Prüfungen müssen durchgeführt werden:

- während der Installation der SPM,
- nach der Installation der SPM,
- periodisch,
- nach jeder Änderung von Komponenten, die für die SPM relevant sind,
- ggf. nach einem Blitzeinschlag in die bauliche Anlage (z. B. nach dem Ansprechen eines Blitzzählers oder wenn ein Augenzeuge einen Blitzeinschlag in die bauliche Anlage beobachtet hat oder wenn ein augenscheinlich durch Blitzeinschlag verursachter Schaden an der baulichen Anlage vorliegt).

Die Häufigkeit der periodischen Prüfungen muss festgelegt werden unter Berücksichtigung:

- der lokalen Umgebungsbedingungen, wie korrosiver Boden und Atmosphäre,
- der Art der angewendeten Schutzmaßnahmen.

*Anmerkung: Wenn keine bestimmten Anforderungen durch eine Behörde mit Gerichtsbarkeit festgelegt sind, werden die Zeitintervalle nach Tabelle E.2 von DIN EN 62305-3 (**VDE 0185-305-3**) empfohlen.*

8.3.2 Durchführung der Prüfung

8.3.2.1 Prüfung der technischen Dokumentation

Nach der Installation der neuen SPM muss die technische Dokumentation auf Übereinstimmung mit den zutreffenden Normen und auf Vollständigkeit geprüft werden. Die technische Dokumentation muss anschließend kontinuierlich auf dem neuesten Stand gehalten werden, z. B. nach jeder Änderung oder Erweiterung der SPM.

8.3.2.2 Sichtprüfung

Die Sichtprüfung muss sicherstellen, dass

- es keine lockeren Verbindungen oder Unterbrechungen an Leitungen und Klemmen gibt,
- kein Teil des Systems, insbesondere auf Erdniveau, durch Korrosion beschädigt ist,
- Potentialausgleichleitungen und Kabelschirme unbeschädigt und verbunden sind,
- keine Erweiterungen oder Änderungen vorgenommen wurden, die zusätzliche Schutzmaßnahmen erfordern,
- es keine Anzeichen für Schäden an SPDs und deren Sicherungen oder Abtrennvorrichtungen gibt,
- die geeignete Leitungsführung erhalten geblieben ist,
- die Sicherheitsabstände zu räumlichen Schirmungen eingehalten sind.

8.3.2.3 Messungen

An den Teilen eines Erdungs- und Potentialausgleichsystems, die einer Sichtprüfung nicht zugänglich sind, sollten Durchgangsmessungen gemacht werden.

Anmerkung: Wenn ein SPD keine Statusanzeige hat, dann müssen, falls notwendig, Messungen entsprechend der Vorgaben des Herstellers durchgeführt werden, um den Betriebszustand des SPDs zu überprüfen.

8.3.3 Dokumentation der Prüfung

Zur Erleichterung der Prüfung sollte ein Prüfprotokoll vorbereitet sein. Das Prüfprotokoll sollte ausreichende Angaben enthalten, um den Prüfer so durch seine Aufgabe zu leiten, dass er alle Prüfergebnisse an der Installation und an den Komponenten, die Prüfverfahren und die aufgezeichneten Messwerte dokumentieren kann.

Der Prüfer muss einen Prüfbericht erstellen, der der technischen Dokumentation und den vorhergehenden Prüfberichten hinzugefügt werden muss. Der Prüfbericht muss folgende Angaben enthalten:

- allgemeiner Zustand der SPM,
- jede Abweichung(en) von der technischen Dokumentation,
- Ergebnisse aller durchgeführten Messungen.

8.4 Instandhaltung

Nach einer Prüfung müssen alle festgestellten Mängel unverzüglich beseitigt werden. Wenn nötig, muss die technische Dokumentation auf den neuesten Stand gebracht werden.

9 Bauteile und Schutzgeräte

In diesem Kapitel werden beispielhaft Bauteile und Schutzgeräte Aufbau und Wirkungsweise vorgestellt, die beim Realisieren von EMV-gerechten Blitzschutzzonen eingesetzt werden. Dabei geht es um:

- Fangeinrichtungen, mit denen Fanganlagen errichtet werden, die insbesondere elektrische Einrichtungen auf Flachdächern vor direkten Blitzeinschlägen schützen und somit die Blitzschutzzone LPZ 0_B festlegen,
- Materialien und Bauteile, die zum Errichten von Gebäude- und Raumschirmen für die Blitzschutzzone LPZ 1 und höher dienen,
- Materialien und Bauteile, mit denen Schirme für energie- und informationstechnische Leitungen, die benachbarte Gebäude verbinden, aufgebaut werden können,
- Schirme für Leitungen innerhalb der Blitzschutzzone LPZ 1 und höher,
- Bauteile für Potentialausgleichanlagen,
- Überspannungsschutzgeräte, mit denen energie- und informationstechnische Leitungen an den Schnittstellen der Blitzschutzzonen beschaltet werden, angefangen bei anteilig blitzstromtragfähigen Schutzgeräten an der Schnittstelle LPZ 0/1, bis zu Schutzgeräten, die z. B. direkt an den Eingängen zu schützender Systeme und Geräte installiert werden, wenn diese zu eigenen (lokalen) Schutzzonen ausgebildet sind.

9.1 Fangeinrichtungen

Fangeinrichtungen haben die Aufgabe, die möglichen Blitzeinschlagpunkte festzulegen, unkontrollierte Einschläge zu vermeiden und das zu schützende Volumen vor direkten Einschlägen zu bewahren. Als Fangeinrichtungen kommen grundsätzlich Fangstäbe und Fangleitungen infrage, wobei letztere auch maschenförmig verlegt sein können.

Zur Vermeidung gefährlicher Näherungen sind **Trennungsabstände** zwischen den Fangstangen bzw. den Fangmaschen mit ihren Ableitungen und den zu schützenden Dachaufbauten einzuhalten.

Für die Anordnung von Fangeinrichtungen gibt es mehrere Verfahren (**Bild 9.1**):

- Beim allgemeingültigen **Blitzkugelverfahren** wird jedem Gefährdungspegel LPL I bis IV nach DIN EN 62305-1 (**VDE 0185-305-1**) ein bestimmter Blitzkugelradius r (**Tabelle 9.1**) zugeordnet.

- Das **Schutzwinkelverfahren** mit den Schutzwinkeln α (Tabelle 9.1) kann nur verwendet werden, wenn die Höhe h der Fangeinrichtung kleiner als der Blitzkugelradius r ist.
- Das **Maschenverfahren** mit den Maschenweiten w_m (Tabelle 9.1) kann für den Schutz von ebenen Flächen verwendet werden.

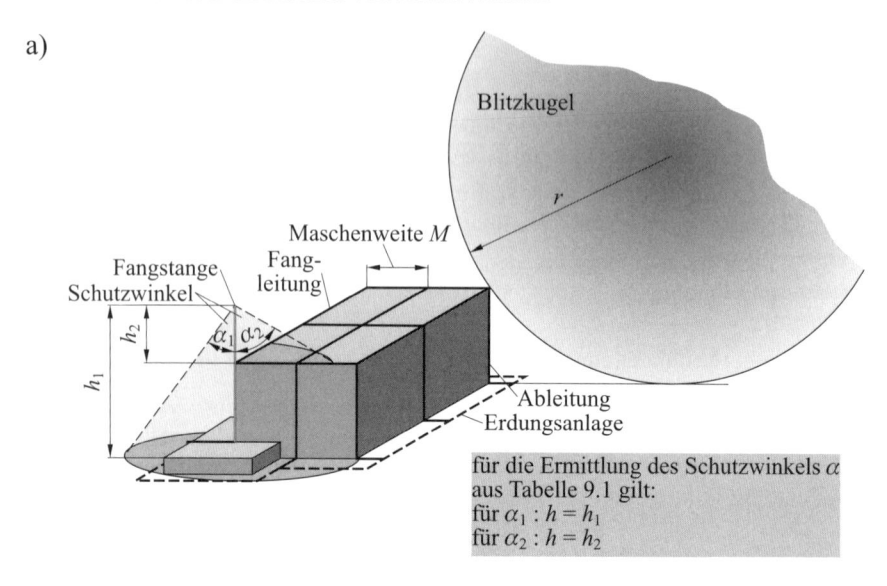

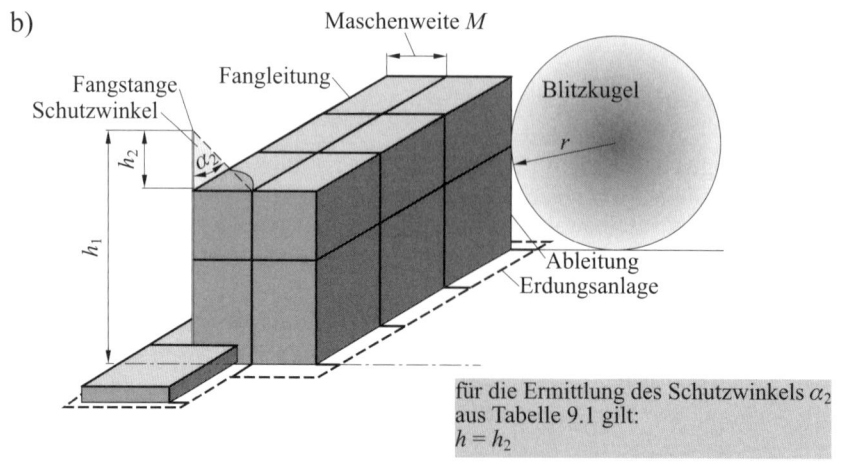

Bild 9.1 Auslegung von Fangeinrichtungen: Blitzkugel-, Schutzwinkel- und Maschenverfahren
a) Blitzkugelradius r größer als die Höhe der Fangeinrichtung h_1,
b) Blitzkugelradius r kleiner als die Höhe der Fangeinrichtung h_1

Gefährdungs-pegel	Blitzkugel-radius r in m	Schutzwinkel α	Maschenweite M in m
I	20		5 · 5
II	30		10 · 10
III	45		15 · 15
IV	60		20 · 20

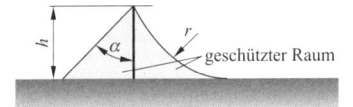

Schutzwinkel-Diagramm: α über h (0 bis 60 m), Kurven für Gefährdungspegel I, II, III–IV.

h Höhe der Fangeinrichtung über den zu schützenden Bereich,
r Blitzkugelradius,
α Schutzwinkel

Tabelle 9.1 Blitzkugelradius r, Maschenweite w_m und Schutzwinkel α, zugeordnet zu den Gefährdungspegeln

Bild 9.2 Getrennte Fangeinrichtungen schützen Dachaufbauten

Fangeinrichtungen werden in der Regel so zu einer Fanganlage zusammengestellt, dass sie Dachaufbauten (wie z. B. Lüfter und Klimaanlagen) vor Blitzeinschlägen schützen (**Bild 9.2**): Hierfür werden auf Flachdächern teilisolierte Blitzschutzanlagen (mit getrennten Fangeinrichtungen) errichtet. Die Fangeinrichtung ist dabei räumlich von der Blitzschutzzone LPZ 1 getrennt, wodurch sich eine Blitzschutzzone LPZ 0_B zwischen der getrennten Fangeinrichtung und der Blitzschutzzone LPZ 1 ergibt.

Aus dem universellen Blitzkugelverfahren lassen sich für die in den Bildern 9.3 bis 9.6 zusammengestellten Fangeinrichtungen kegel- oder quaderförmige Schutzräume ableiten.

9.1.1 Kegelförmiger Schutzraum einer Fangstange

Um eine Fangstange ergibt sich ein kegelförmiger Schutzraum mit dem Winkel α (**Bild 9.3** und **Bild 9.4**).

Der Winkel α kann entweder aus dem Diagramm in Tabelle 9.1 abgelesen (Bild 9.3) oder, wie im Bild 9.4 gezeigt, berechnet werden:

$$\alpha = \arctan\left(\frac{d}{h} + \frac{r \cdot d}{h^2} - \frac{r^2}{h^2} \cdot \arccos\frac{r-h}{r}\right),$$

$$d = \sqrt{r^2 - (r-h)^2},$$

$$r_{um} = h \cdot \tan\alpha,$$

mit:
r   Blitzkugelradius,
h   Höhe der Fangeinrichtung über der zu schützenden Fläche,
r_{um} Radius des Umkreises.

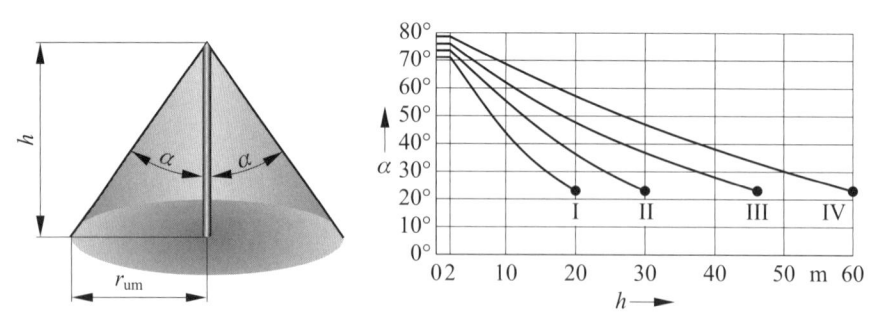

Bild 9.3 Kegelförmiger Schutzraum einer Fangstange

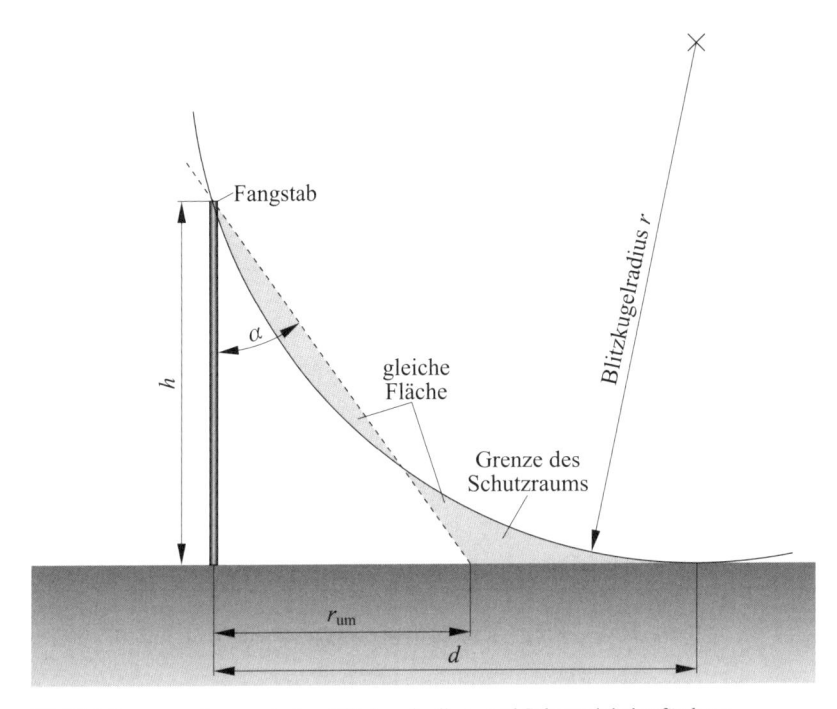

Bild 9.4 Zusammenhang zwischen Blitzkugelradius r und Schutzwinkel α für $h \leq r$

Beispiel für einen kegelförmigen Schutzraum (Bild 9.4)

$r = 20$ m, $h = 10$ m ;

$$d = \sqrt{20^2 - (20-10)^2} = \mathbf{17,3 \; m} \, ,$$

$$\alpha = \arctan\left(\frac{17,3}{10} + \frac{20 \cdot 17,3}{10^2} - \frac{20^2}{10^2} \cdot \arccos \frac{20-10}{20} \right) = \mathbf{45,2°} \, ,$$

$r_{um} = 10 \cdot \tan 45,2° = \mathbf{10,07 \; m}$.

Anmerkung: Der Schutzraum gilt nur in dem Flachdachbereich, in dem das Dach in einem Umkreis r_{um} unter dem Winkel α nicht niedriger als die Basis der Fangstange ist. Ist diese Voraussetzung <u>nicht</u> gegeben, ist eine individuelle Schutzraumermittlung mit dem Blitzkugelverfahren notwendig.

9.1.2 Quaderförmige Schutzräume

Zwischen mehreren Fangstangen, unter mehreren Fangleitungen oder unter Fangmaschen entstehen quaderförmige Schutzräume. Dabei ist die Eindringtiefe p der Blitzkugel zu beachten, wenn der Wert von p einige 10 cm überschreitet. Ist d der Abstand der Auflagepunkte der Blitzkugel, so kann die Eindringtiefe p berechnet werden:

$$p = r - \sqrt{r^2 - \left(\frac{d}{2}\right)^2}\ .$$

Beispiel für einen Schutzraum zwischen zwei Fangstangen/-leitungen (Bild 9.5)

$r = 20$ m, $d = 10$ m.

Der Abstand d ist hier gleich dem Abstand zwischen den Fangstangen.

$$p = 20 - \sqrt{400 - \left(\frac{10}{2}\right)^2} = \mathbf{0{,}64\ m}\ .$$

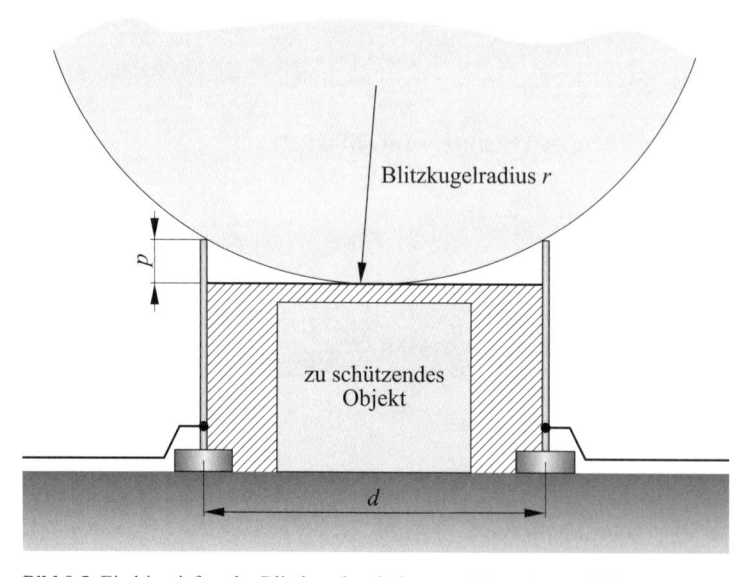

Bild 9.5 Eindringtiefe p der Blitzkugel zwischen zwei Fangstangen/-leitungen

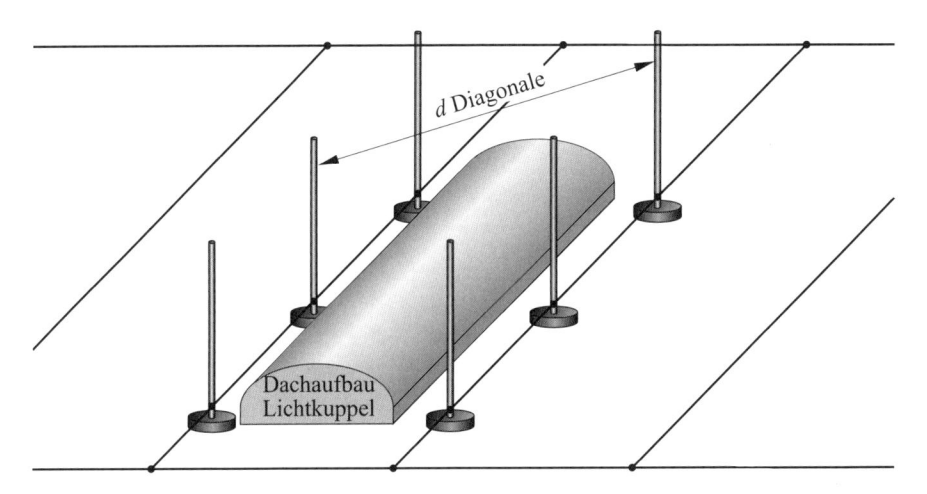

Bild 9.6 Maß d bei mehreren Fangstangen

Beispiel für einen Schutzraum zwischen mehreren Fangstangen (Bild 9.6)

$r = 20$ m, $d = 20$ m.

Bei mehreren vertikalen Fangstangen ist für den Abstand d die Diagonale einzusetzen:

$$p = 20 - \sqrt{400 - \left(\frac{20}{2}\right)^2} = \mathbf{2{,}68\ m}.$$

Beispiel für einen Schutzraum unter einer Fangmasche/Maschennetz (Bild 9.7)

$r = 20$ m, $w_m = 5$ m.

Für den Abstand d ist hier die Maschenweite w_m einzusetzen:

$$p = 20 - \sqrt{400 - \left(\frac{5}{2}\right)^2} = \mathbf{0{,}16\ m}.$$

Bild 9.7 Dachlüfter im Schutzraum von zwei Fangstangen

9.2 Gebäude- und Raumschirme für innere Blitzschutzzonen

Besonders wichtig für die Einrichtung von inneren Blitzschutzzonen (LPZ 1 und höher) sind bauseits vorhandene, metallene Konstruktionskomponenten (z. B. Metalldächer und -fassaden, Stahlarmierungen in Beton, Streckmetalle in Wänden, Gitter, metallene Tragekonstruktionen, Rohrsysteme), die durch vermaschten Zusammenschluss (entsprechend DIN EN 62305-1 (**VDE 0185-305-1**) und DIN EN 62305-4 (**VDE 0185-305-4**)) eine effektive elektromagnetische Schirmung ergeben.
Deshalb sind:

- alle Stahlarmierungen der Decken, Wände und Fußböden untereinander zusammenzuschließen und (mindestens alle 5 m) an die Erdungsanlage anzuschließen (**Bilder 9.8** bis **9.17**). Bei stahlarmierten Fertigbetonteilen sind zum Erreichen einer magnetischen Abschirmung mehrfache Anschlüsse vorzusehen, z. B. an den vier Ecken;
- Metallfassaden (**Bilder 9.18** bis **9.20**) als Abschirmungen auszubilden und (mindestens alle 5 m) an die Erdungsanlage anzuschließen. Die Fassadenbleche sind zum Erreichen einer magnetischen Abschirmung untereinander mehrmals, z. B. an den vier Ecken, zu verbinden;
- verlorene Blechschalungen in Böden, Decken und Wänden untereinander zusammenzuschließen und (mindestens alle 5 m) an die Erdungsanlage anzuschließen;
- Stahlkonstruktionen an die Erdungsanlage anzuschließen (**Bild 9.21**);
- Stahlarmierungen der Fundamente (mindestens alle 5 m) an die Erdungsanlage anzuschließen (**Bild 9.22**).

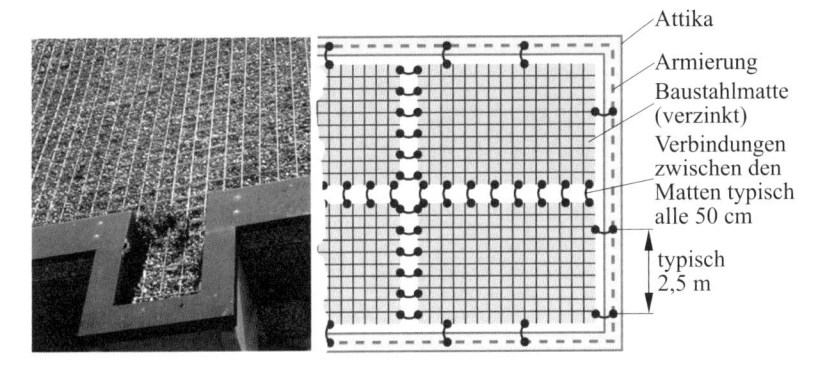

Bild 9.8 Auf dem Dach als Potentialausgleichfläche verlegte Baustahlmatten mit effektiver, elektromagnetischer Schirmung

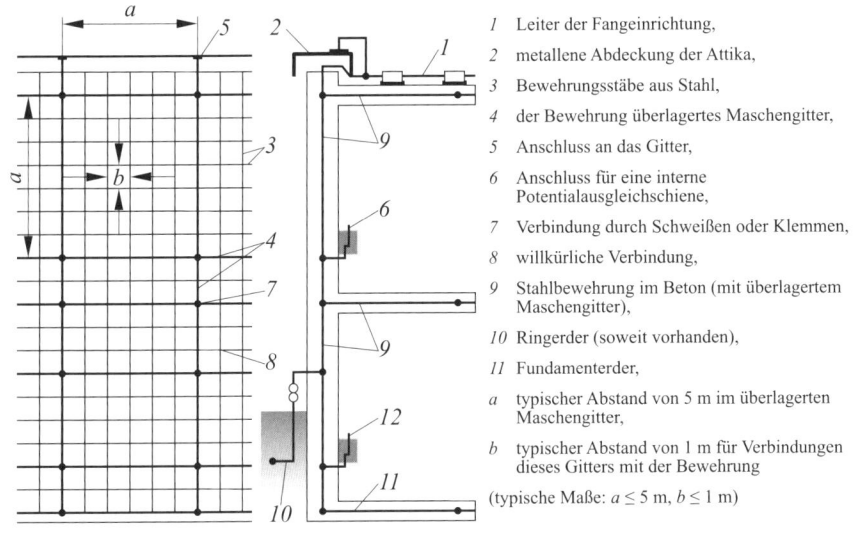

1. Leiter der Fangeinrichtung,
2. metallene Abdeckung der Attika,
3. Bewehrungsstäbe aus Stahl,
4. der Bewehrung überlagertes Maschengitter,
5. Anschluss an das Gitter,
6. Anschluss für eine interne Potentialausgleichschiene,
7. Verbindung durch Schweißen oder Klemmen,
8. willkürliche Verbindung,
9. Stahlbewehrung im Beton (mit überlagertem Maschengitter),
10. Ringerder (soweit vorhanden),
11. Fundamenterder,
a typischer Abstand von 5 m im überlagerten Maschengitter,
b typischer Abstand von 1 m für Verbindungen dieses Gitters mit der Bewehrung

(typische Maße: $a \leq 5$ m, $b \leq 1$ m)

Bild 9.9 Ableitungseinrichtung mit Anschluss an die Fangeinrichtung und Erdungsanlage mit effektiver, elektromagnetischer Schirmung

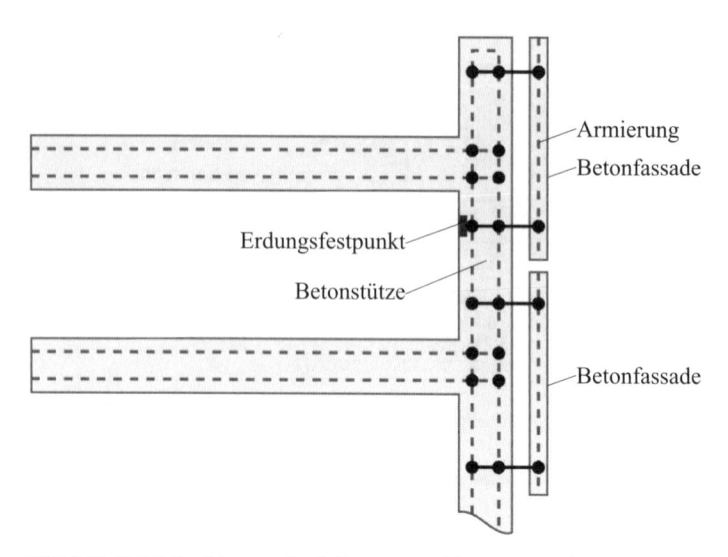

Bild 9.10 Gebäudeschirmung durch Zusammenschluss von Armierungen

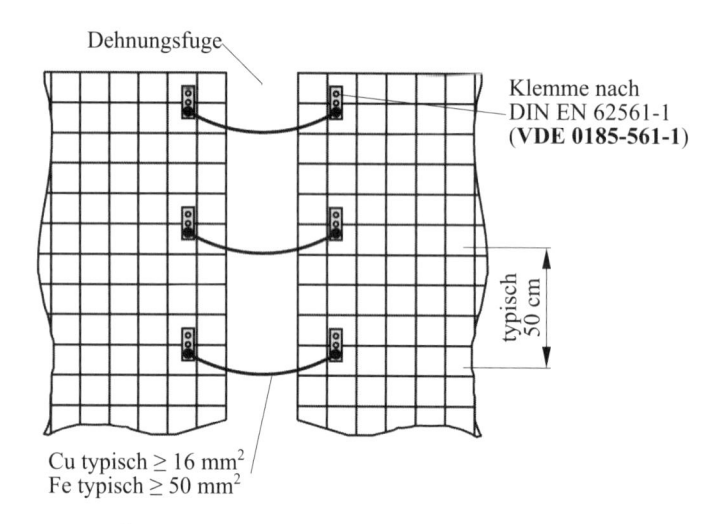

Bild 9.11 Überbrückung von Dehnungsfugen an Decken, Wänden und Böden

Bild 9.12 Fußbodenbewehrung mit Stützerbewehrung über Leitungen und Klemmen verbunden

Bild 9.13 Stützerbewehrungsstäbe mit Bügeln ringförmig verschweißt

Bild 9.14 Fußboden- und Wandbewehrung mit Leitungen und Klemmen verbunden

Bild 9.15 Erdungsfestpunkt mit Anschluss an die Bewehrung

Bild 9.16 Erdungsfestpunkte zum Überbrücken von Dehnungsfugen

Bild 9.17 Metallfassade eines Bürogebäudes

Bild 9.18 Metallene Unterkonstruktion für Metallfassade (*H. Neuhaus*)

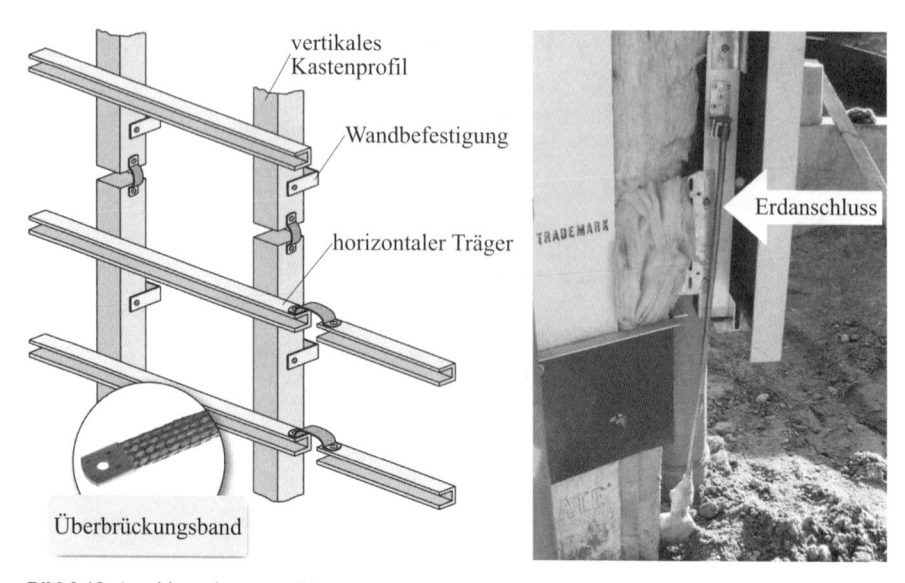

Bild 9.19 Anschluss einer Metallfassade an die Erdungsanlage

Bild 9.20 Anschluss eines Stahlstützers an die Erdungsanlage

Bild 9.21 Feuerverzinkter Bandstahl im Raster 5 m × 5 m, verbunden mit der Bodenplattenbewehrung

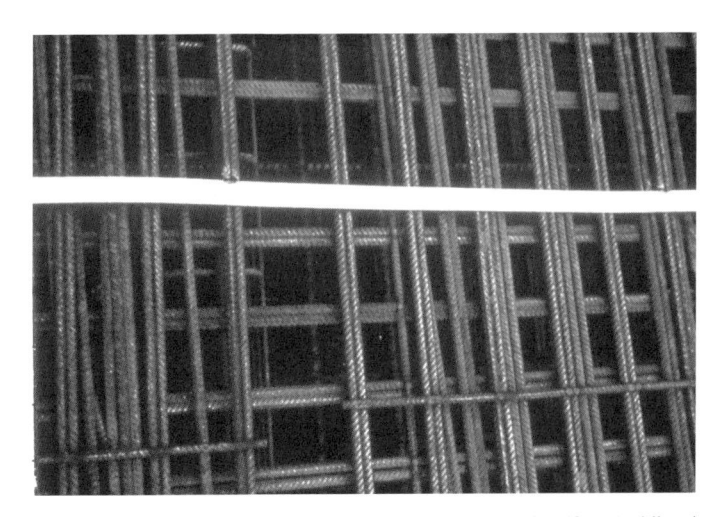

Bild 9.22 Verbindung der Bewehrung mithilfe eines angeschweißten Stahlbands

Die Verbindung der Stahlarmierung in sich und mit benachbarten Bewehrungen erfolgt z. B. durch Verschweißen (Bild 9.22) oder Klemmen, ergänzt durch sorgfältiges Verrödeln; (**Bild 9.23**). Wenn obige Verbindungen nicht möglich sind, sollen zusätzliche Leiter (vorzugsweise verzinkter Stahl) eingelegt werden, die in sich und mit der Bewehrung möglichst oft, vorzugsweise durch leicht kontrollierbare Klemmen, zu verbinden und an den „Erdungssammelleiter" bzw. „Erdungsringleiter" (Ring-Potentialausgleichsschiene) anzuschließen sind (**Bilder 9.24** und **9.25**).

Bild 9.23 Verbindungsklemmen für Bewehrung

Bild 9.24 Herausgeführte Verbindungsleitung der Bewehrungsmatten für den Anschluss an eine Ring-Potentialausgleichschiene („Erdungssammelleiter")

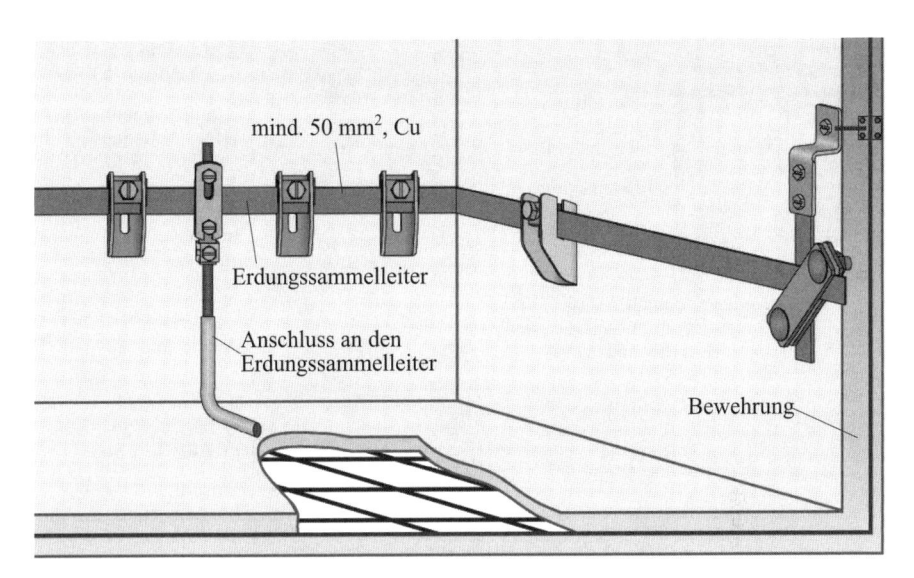

Bild 9.25 Anschluss der Bewehrungsmatten an den „Erdungssammelleiter"

Bild 9.26 zeigt Anschlusselemente für Potentialausgleichschienen an die Bewehrung, wie sie u. a. im Kraftwerksbereich Verwendung finden. Einige der oben vorgestellten Schirmungsmaßnahmen kommen auch bei der Ausgestaltung von Raumschirmen (für Blitzschutzzone LPZ 2 und höher) zur Anwendung.
Dazu gehört das Verwenden von:

- Stahlbewehrungen in Fußböden, Wänden und Decken,
- Streckmetallen in Wänden und Decken,
- Gittern.

Schirme der Blitzschutzzonen LPZ 2 und höher oder Schirme lokaler Blitzschutzzonen werden in der Regel durch Gehäuse (Blechschränke, blechverkleidete Racks, Blechgehäuse) nachrichtentechnischer Systeme und Geräte gebildet.

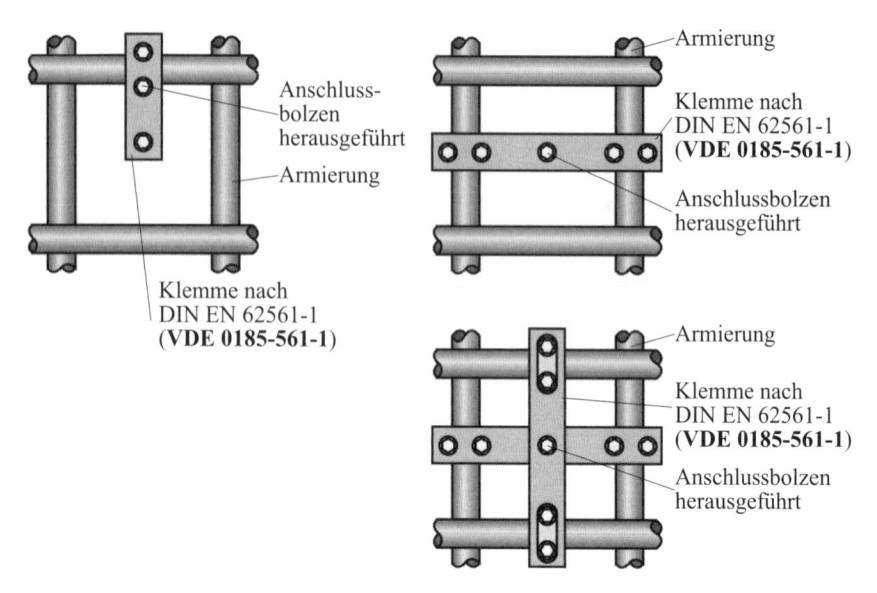

Bild 9.26 Anschlüsse für Potentialausgleichsschienen an die Armierung

9.3 Schirme für Leitungen zwischen räumlich getrennten Blitzschutzzonen

Im Kapitel 4.3 (Bild 4.5 und Bild 4.7) wird gezeigt, wie zwei räumlich getrennte Blitzschutzzonen mithilfe eines Leitungsschirms zu einer einzigen Blitzschutzzone ausgestaltet werden können. Die hierbei zum Einsatz kommenden Schirme werden nachfolgend in ihrem Aufbau beispielhaft vorgestellt.

In **Bild 9.27** und **Bild 9.28** sind Kabelkanäle gezeigt, deren Bewehrung zu einem Schirm zusammengeschlossen ist. Diese Kanäle können z. B. U-förmig ausgebildet und durch einen ebenfalls armierten Deckel verschlossen werden. Die in Längsrichtung zuverlässig, vorzugsweise durch Klemmen oder Schweißen, durchverbundene, in sich verbundene Bewehrung mit einer Maschenweite von typisch 15 cm und einem Stabdurchmesser von typisch 6 mm kann unmittelbar an den Fundamenterder bzw. die Fundamentbewehrung angeschlossen werden.

Bild 9.27 Aufbau eines geschirmten Kabelkanals

Bild 9.28 Praktische Ausführung eines Kabelkanals mit durchverbundenem Bewehrungsstahl

Bild 9.29 Stahlrohre und metallene Ziehkästen bilden einen geschlossenen Leitungsschirm

Die Verlegung von Leitungen zwischen Gebäuden in Stahlrohren ist aus **Bild 9.29** ersichtlich: Sowohl die Rohrstücke als auch die metallenen Kabelziehkästen werden durchgehend miteinander verschweißt, sodass ein vollständig geschlossener Schirm entsteht. Die Verbindung der verzinkten Stahlrohre mit dem Fundamenterder bzw. der Fundamentbewehrung muss ggf. aus Korrosionsschutzgründen über Trennfunkenstrecken (siehe Kapitel 9.6.1, Bild 9.43) hergestellt werden; Rohre aus hochlegiertem Edelstahl oder Kupfer hingegen können direkt angeschlossen werden.

Für gebäudeüberschreitende Leitungen werden auch Kabel mit einem sogenannten „Blitzschutzschirm", der mit entsprechenden Anschlussklemmen kontaktiert wird, (**Bild 9.30**) eingesetzt.

PVC-Außenmantel Kunststoffband Cu-Leiter (feindrähtig)

PE-Isolierung

Cu-Geflecht
(Blitzschutzschirm)

geschirmtes Paar
(PiMF) mit Beidraht

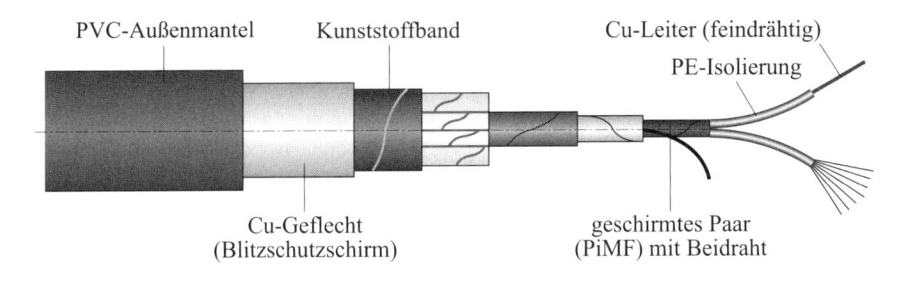

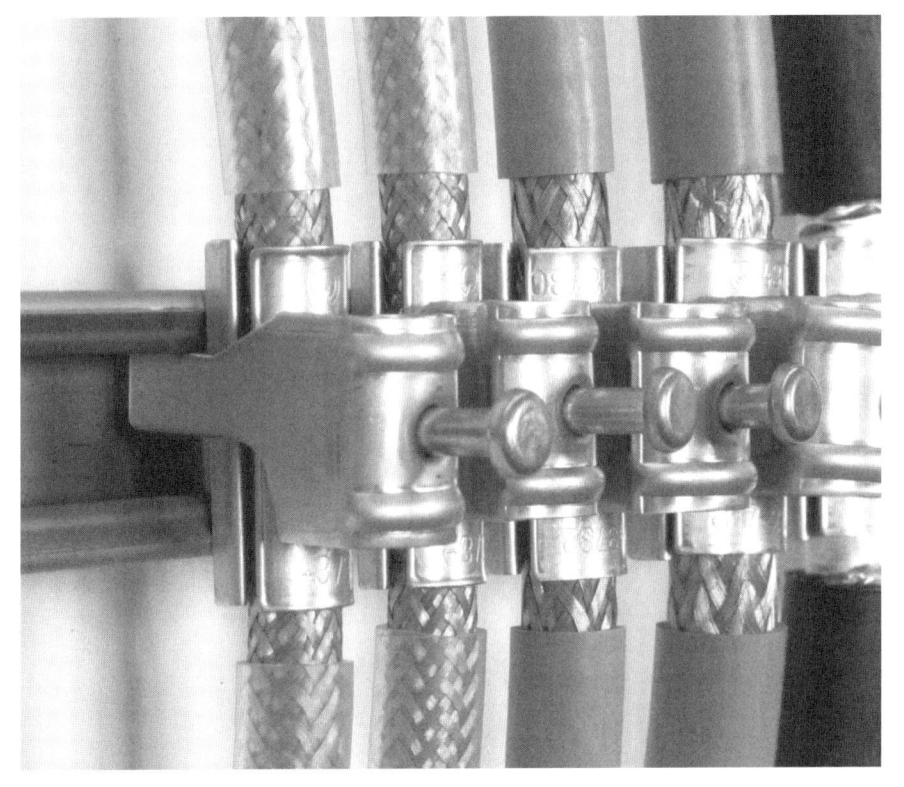

Bild 9.30 Kabel mit äußerem Blitzschutzschirm, Aderpaarschirm und Adern in Paarverseilung –
Einsatzbeispiel einer blitzstromtragfähigen Schirmanschlussklemme

9.4 Schirme für Leitungen in inneren Blitzschutzzonen

In inneren Blitzschutzzonen (LPZ 1 und höher) sollen für informationstechnische Anlagen elektromagnetisch geschirmte Kabel verwendet werden, wobei die Schirme mindestens an beiden Enden zu „erden" (aufzulegen) sind; die Schirme wirken dann auch im Rahmen des vermaschten Funktionspotentialausgleichs als Potentialausgleichleitungen. Einen solchen Kabelschirmanschluss an die örtliche Potentialausgleichschiene zeigt **Bild 9.31**.

Bild 9.32 zeigt den vorteilhaften Einsatz einer Schirmanschlussklemme zum niederimpedanten Anschluss.

Bild 9.31 Anschluss von Kabel-Schirmen an eine örtliche Potentialausgleichschiene

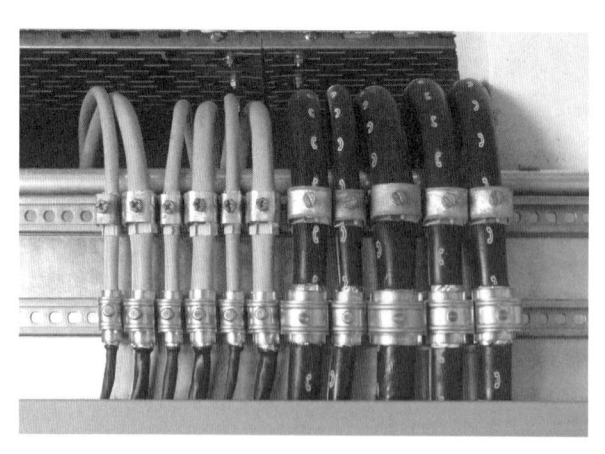

Bild 9.32 Anschluss des Kabelschirms an eine örtliche Potentialausgleichschiene mit einer Schirm-Anschlussklemme

Bild 9.33 Leitungsschirm, gebildet aus metallenen Kabelpritschen und -deckeln, die durchverbunden sind (*H. Neuhaus*); Anmerkung: Rohrkrümmer abgenommen

Alternativen zu geschirmten Kabeln können sein:

- metallene, geschlossene und durchverbundene Kabelbühnen (**Bild 9.33**),
- Metallrohre.

9.5 Potentialausgleichanlagen

Alle metallenen Installationen, die in die Blitzschutzzone LPZ 1 eintreten, werden

- direkt,
- über Trennfunkenstrecken,
- über Blitzstromableiter bei Leitungen aus LPZ 0_A,
- über Überspannungsableiter bei Leitungen aus LPZ 0_B
- an die Blitzschutz-Potentialausgleichschiene (**Bild 9.34** und **Bild 9.35**) angeschlossen.

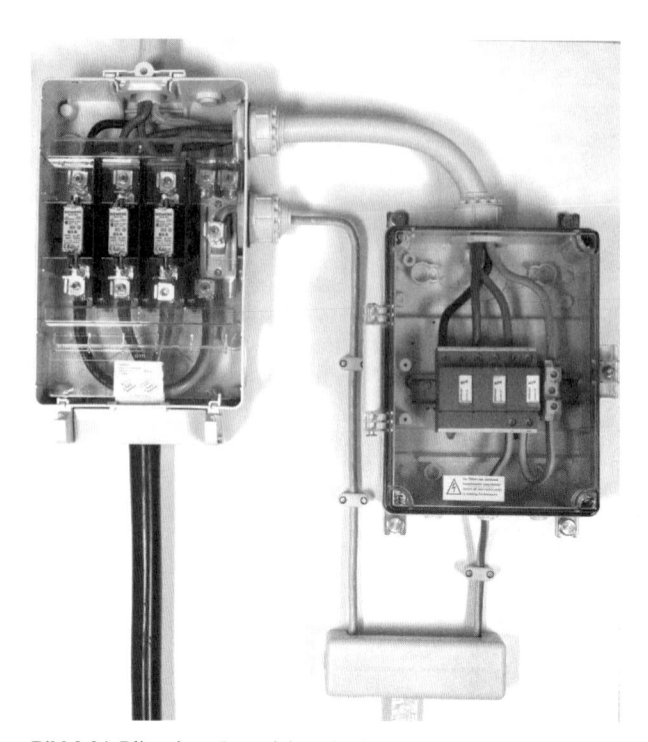

Bild 9.34 Blitzschutz-Potentialausgleich mittels Blitzstromableiter

Solche Installationen sind u. a.:

- Erder
  - Fernmeldeerder,
  - Erder nach DIN EN 50522 (**VDE 0101-2**)/DIN VDE 0141 (direkt oder in Sonderfällen über Trennfunkenstrecken anzuschließen),
  - Hilfserder,
  - Messerder (über Trennfunkenstrecken anzuschließen),
  - erdfühlige Schirmleiter;
- elektrische Leitungen
  - metallene Mäntel und Bewehrungen von Kabeln sowie Schirme von Leitungen,
  - Nachrichtenkabel (Fernmelde- und Datenkabel),
  - Antennenkabel,
  - Energiekabel (unter Beachtung von DIN VDE 0100-410 und DIN VDE 0100-540);

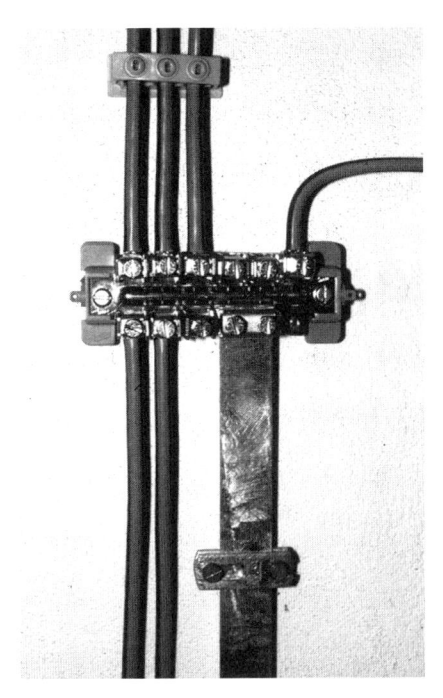

Bild 9.35 Lokale Blitzschutz-Potentialausgleichschiene entsprechend DIN VDE 0618 mit Ansteckklemmen (direkter Anschluss)

- nicht elektrische Leitungen
  - Wasserleitungen,
  - Heizleitungen,
  - Gasleitungen (über Trennfunkenstrecken bei KKS-Anlagen),
  - Lüftungs- und Klimakanäle,
  - Feuerlöschleitungen,
  - Rohrleitungen kathodisch geschützter Anlagen oder solche mit Streustromschutzmaßnahmen (über Trennfunkenstrecken anzuschließen).

Bei umfangreichen, informationstechnischen Anlagen übernimmt die Potentialausgleichschiene für den Blitzschutz (etwa auf Erdniveau im Gebäudeinneren) bei zweckmäßiger Gestaltung auch die Funktion des „Erdungssammelleiters" und wird in der Regel in Form eines „Erdungsringleiters" im Gebäudeinneren verlegt (DIN EN 50310 (**VDE 0800-2-310**)).

Der „Erdungsringleiter", eine Ring-Potentialausgleichschiene, besteht aus einer Kupferschiene mit mindestens 50 mm^2 Querschnitt und ist über Putz, zweckmäßig in einem Abstand von einigen Zentimetern von der Wand, anzubringen.

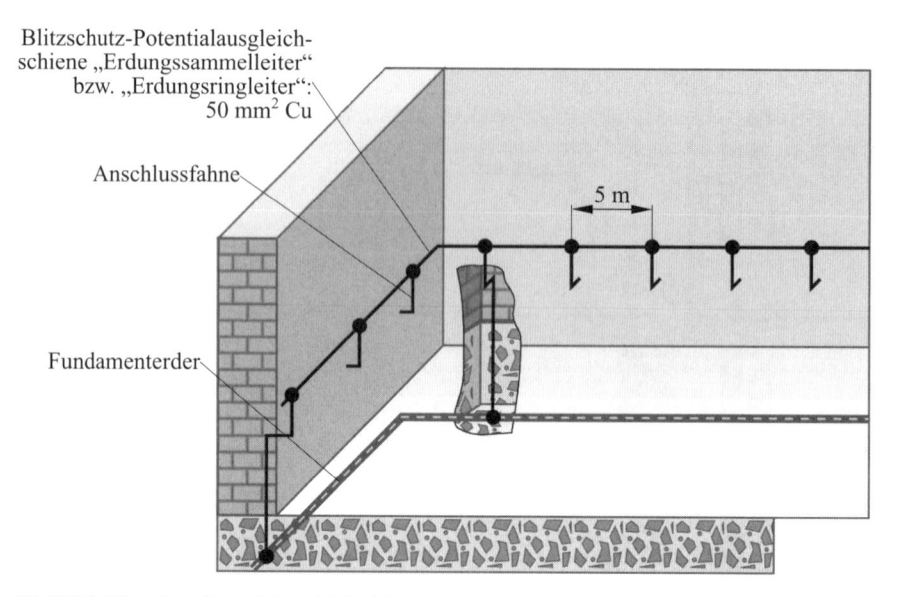

Bild 9.36 Blitzschutz-Potentialausgleichschiene

Er ist in Abständen von einigen Metern (typisch: etwa 5 m) mit dem Fundamenterder zu verbinden (DIN EN 50310 (**VDE 0800-2-310**)) (**Bild 9.36**). Diese Verbindung kann auch über die Bewehrung hergestellt werden. Für kleine lokal angegrenzte Anlagen kann eine Potentialausgleichschiene gemäß Bild 9.35 ausreichend sein.

Wenn die Ableitungseinrichtung aus flächigen, metallenen Bauteilen besteht, die einen effektiven elektromagnetischen Schirm bewirken, können die Potentialausgleichschienen unmittelbar an den Schirm angeschlossen werden. Anschlussmöglichkeiten der Potentialausgleichschienen an die Bewehrung zeigt Bild 9.26. Beim Blitzschutz-Potentialausgleich an der Schnittstelle LPZ 0/1 ist eine niedrigimpedante Ankopplung der externen Leitungen und ihrer Schirme erforderlich. Oft wird deshalb der Potentialausgleichanschluss in Form einer Anschlussplatte und mit mehrfachen radialen oder gar koaxialen Anschlüssen der Rohre bzw. Leitungsschirme ausgeführt (**Bild 9.37**).

Der Potentialausgleich dient nicht nur dem Personenschutz. Durch vermaschte, flächenhafte bzw. raumgreifende Gestaltung kann eine Potentialausgleichanlage niedriger Impedanz als Gesamtheit miteinander verbundener Potentialausgleichleiter einschließlich der metallenen Teile der elektrischen Anlagen (z. B. Gehäuse, Racks, Kabelpritschen u. a.) und des Gebäudes (z. B. Bewehrung in Böden, Wänden und Decken, Tragegestelle von Zwischenböden) erreicht werden. Diese, das gesamte Gebäude umfassende vermaschte Potentialausgleichanlage reduziert in optimaler Weise die Überspannung in den nachrichtentechnischen Anlagen und ist die Basis für den gezielten Einsatz von Überspannungsschutzgeräten.

Cu ≥ 16 mm²
Al ≥ 25 mm²
Fe ≥ 50 mm²
l ≤ 20 cm

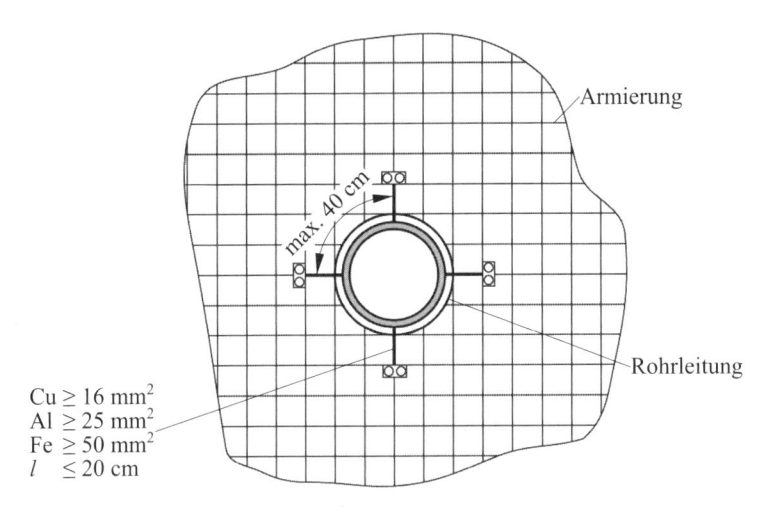

Bild 9.37 Blitzschutz-Potentialausgleich für Rohrleitungen

Im Kapitel 4.8 sind die für informationstechnische Anlagen und Systeme geforderten Funktionspotentialausgleichanlagen in ihren unterschiedlichen Ausführungsformen beschrieben. In Räumen mit informationstechnischen Anlagen und Systemen müssen metallene Gestelle, Schränke, Gehäuse, Kabelpritschen usw. in den vermaschten Funktionspotentialausgleich, wie in **Bild 9.38** und **Bild 9.39** gezeigt, einbezogen werden.

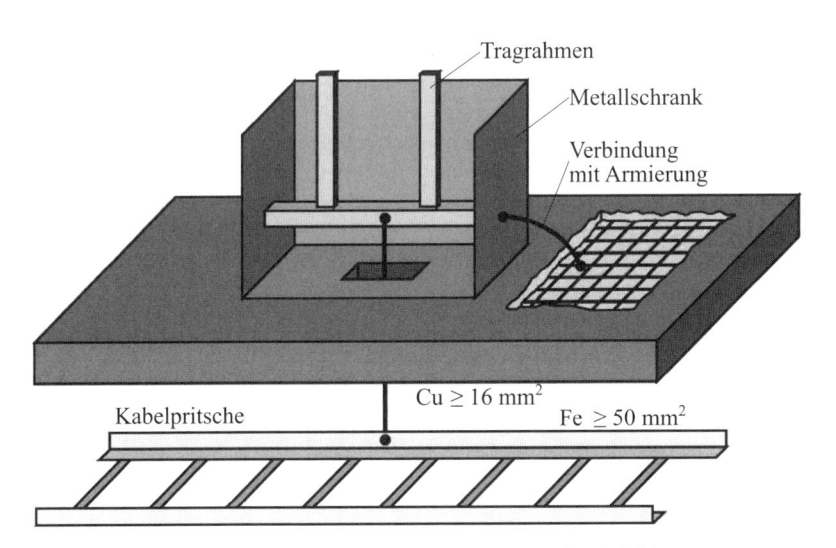

Bild 9.38 Vermaschter Funktionspotentialausgleich an einer Schrankeinführung

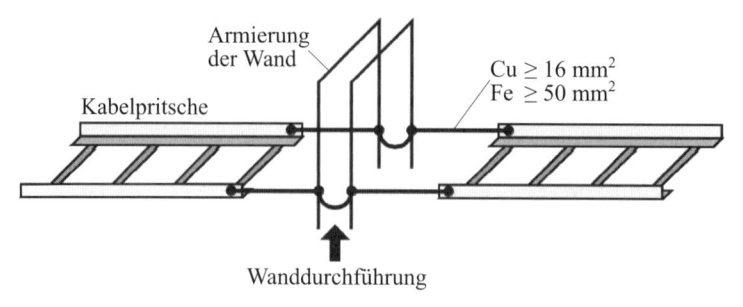

Bild 9.39 Durchführung von Kabelpritschen durch Wände bei vermaschtem Funktionspotentialausgleich

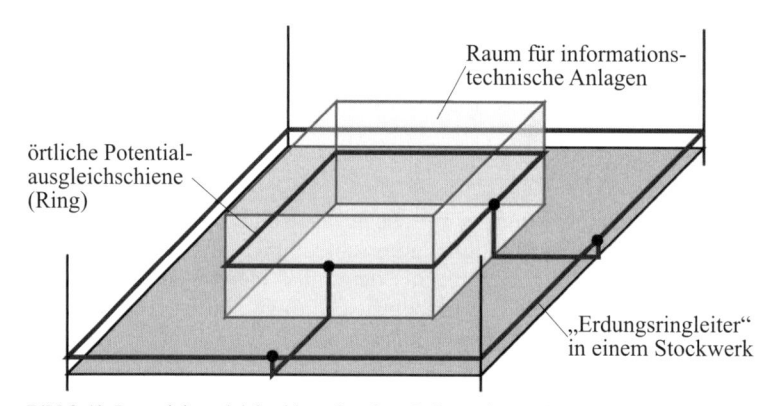

Bild 9.40 Potentialausgleichschiene für einen Informationstechnikraum

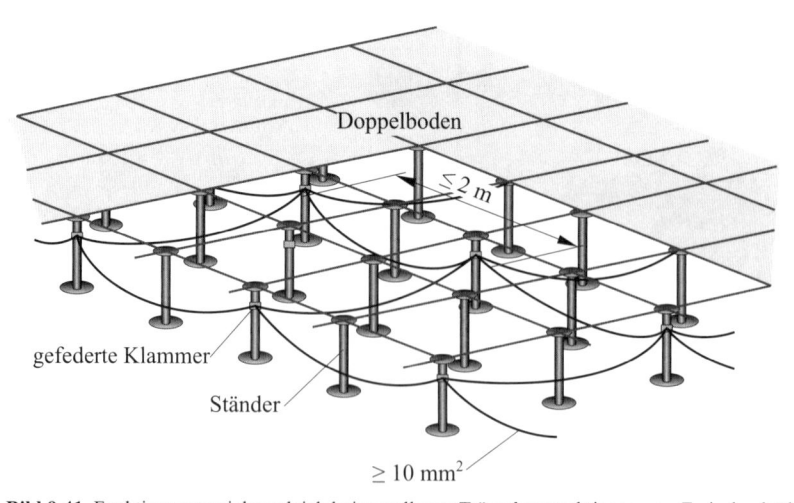

Bild 9.41 Funktionspotentialausgleich bei metallenen Trägerkonstruktionen von Zwischenböden

Eine weitere Möglichkeit, den Funktionspotentialausgleich auszuführen, ist, mithilfe der metallenen Trägerkonstruktion von Zwischenböden ein Potentialausgleichnetzwerk zu erstellen (**Bild 9.40**).

Zweckmäßig ist die Installation einer örtlichen Ring-Potentialausgleichschiene, wie sie im Bild 9.25 gezeigt ist, die dann mehrfach (auch über die Stahlarmierung bzw. den Schutzzonenschirm) mit dem „Erdungsringleiter" verbunden wird (**Bild 9.41**).

In den Funktionspotentialausgleich sollen insbesondere einbezogen werden:

- metallene Gehäuse und Gestelle der informationstechnischen Anlagen,
- die Leiter elektrischer Anlagen, die betriebsmäßig keine Spannungen und/oder Ströme führen,
- die Schutzleiter (PE) der energietechnischen Anlage,
- die Erderleiter der informationstechnischen Anlage,
- die äußeren Schirme der informationstechnischen Kabel,
- ggf. die Masseanschlüsse der elektronischen Geräte und Systeme.

9.6 Schutzgeräte an den Schnittstellen der Blitzschutzzonen

Alle metallenen Installationen einschließlich der elektrischen Leitungen sind an den Schnittstellen der Blitzschutzzonen in den Potentialausgleich durch Klemmverbinder oder Ableiter einzubeziehen. Installationen, die aus der Blitzschutzzone LPZ 0_A in die Blitzschutzzone LPZ 1 eintreten, werden an den Schnittstellen im Rahmen des Blitzschutz-Potentialausgleichs über entsprechende anteilig blitzstromtragfähige Elemente angeschlossen. Bei Installationen, die aus der Blitzschutzzone LPZ 0_B in die Blitzschutzzone LPZ 1 eintreten, werden an den Schnittstellen im Rahmen des Blitzschutz-Potentialausgleichs Elemente eingesetzt, die die induzierten Störgrößen beherrschen.

Installationen, die aus der Blitzschutzzone LPZ 1 in die Blitzschutzzone LPZ 2 (und höher) eintreten, werden an den Schnittstellen im Rahmen des Funktionspotentialausgleichs angeschlossen.

Die Anforderungen an SPDs sind je nach Zonenübergang unterschiedlich. Es wird unterschieden, ob sie Blitzströme bzw. erhebliche Teile davon führen sollen (Blitzstromableiter Typ 1) oder ob sie lediglich zur Begrenzung von Überspannungen (Überspannungsableiter Typ 2) bei vergleichsweise kleinen Stoßströmen eingesetzt werden sollen.

Blitzstromableiter werden mit einem Prüfstoßstrom 10/350 µs (Stirnzeit 10 µs, Rückenhalbwertzeit 350 µs) und Scheitelwerten bis zu 100 kA getestet. Überspannungsableiter dagegen werden mit vergleichsweise energieschwachen Prüfstoßströmen 8/20 µs (Stirnzeit 8 µs, Rückenhalbwertzeit 20 µs) und Scheitelwerten von einigen Kiloampere getestet. Einen Vergleich dieser beiden Prüfströme zeigt **Bild 9.42**.

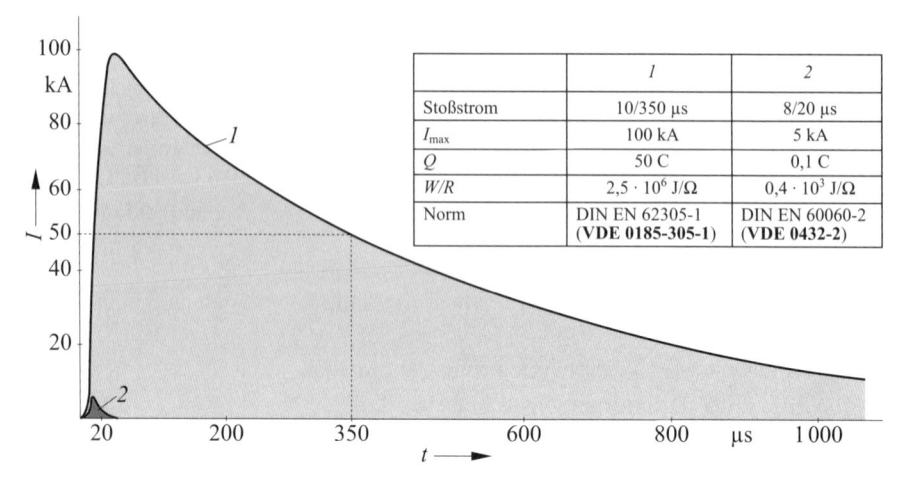

	1	2
Stoßstrom	10/350 µs	8/20 µs
I_{max}	100 kA	5 kA
Q	50 C	0,1 C
W/R	$2,5 \cdot 10^6$ J/Ω	$0,4 \cdot 10^3$ J/Ω
Norm	DIN EN 62305-1 (**VDE 0185-305-1**)	DIN EN 60060-2 (**VDE 0432-2**)

Bild 9.42 Vergleich von Prüfströmen

Ein wichtiges Auswahlkriterium für den koordinierten Überspannungsschutz ist das notwendige Stoßstromableitvermögen der Überspannungsschutzgeräte.

Dabei gilt die allgemeine Forderung, dass das Ableitvermögen der Schutzgeräte dem am Einbauort zu erwartenden Stoßstrom entsprechen muss. Welche Schadensquelle bei der Auswahl der Schutzmaßnahmen für eine bestehende bauliche Anlage berücksichtigt werden muss, kann durch die Risikoanalyse nach DIN EN 62305-2 (**VDE 0185-305-2**) ermittelt werden.

Auch die DIN VDE 0100-443 beschreibt, ob und in welchem Umfang Überspannungsschutzmaßnahmen für eine elektrische Anlage vorgesehen werden müssen.

Das neue Beiblatt 1 der DIN EN 62305-4 (**VDE 0185-305-4**) enthält weiterführende Informationen zur Abschätzung der Blitzstromverteilung in Gebäuden und den angeschlossenen Versorgungsleitungen für die Fälle S1 und S3.

Bild 9.43 zeigt eine entsprechend dem Blitzschutzzonenkonzept aufgebaute anteilig blitzstromtragfähige Schnittstellenbeschaltung für eine Rechnerzentrale. Um die Einwirkungen des elektromagnetischen Felds zu reduzieren, sind an den Schnittstellen LPZ 0/1 sowie LPZ 1/2 Gebäude- bzw. Raumschirmungsmaßnahmen durchgeführt. Das energietechnische Netz ist mit Blitzstromableitern an der Schnittstelle LPZ $0_A/1$ in den Blitzschutz-Potentialausgleich einbezogen, der örtliche Potentialausgleich an der Schnittstelle LPZ 1/2 ist mit Überspannungsableitern durchgeführt. Der Überspannungsschutz des informationstechnischen Netzes ist analog aufgebaut. Die in einer so geschützten Anlage zum Einsatz kommenden Ableiter werden im Folgenden beispielhaft vorgestellt.

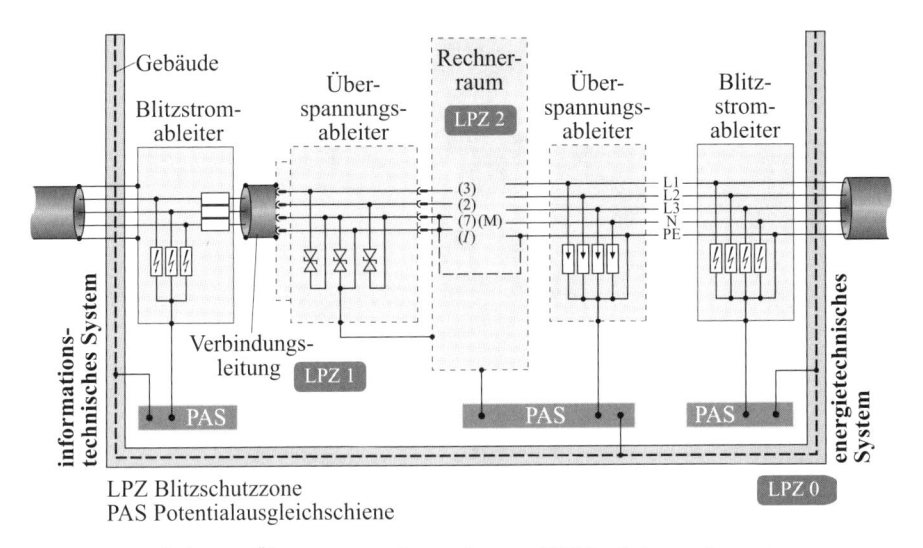

Bild 9.43 Installation von Überspannungsschutzgeräten gemäß Blitzschutzzonenkonzept, Beispiel Computeranlage

9.6.1 Überspannungsschutzgeräte an der Schnittstelle LPZ $0_A/1$

Erdverlegte metallene Anlagen, die z. B. aus Korrosionsschutzgründen im Betrieb nicht dauernd miteinander verbunden sein dürfen, werden an der Schnittstelle LPZ $0_A/1$ in den Blitzschutz-Potentialausgleich über Trennfunkenstrecken (**Bild 9.44**) einbezogen. Beim Blitzeinschlag sprechen solche Trennfunkenstrecken an und verbinden die Anlagen miteinander, sodass über sie der anteilige Blitzstrom abfließen kann. Nach Abklingen des anteiligen Blitzstroms unterbrechen die Funkenstrecken wieder, und der vorherige getrennte Zustand ist wiederhergestellt.

Rohrleitungen, die im Feld (Blitzschutzzone LPZ 0) kathodisch gegen Korrosion geschützt sind, werden über Isolierflansche bzw. Isolierkupplungen galvanisch vom Erdungssystem der Anlage getrennt. Die Gefahr der Zerstörung solcher Isolierstellen durch anteilige Blitzströme wird durch Funkenstrecken beherrscht.

Bild 9.45 zeigt die Anwendung einer explosionsgeschützten Trennfunkenstrecke zur Überbrückung eines Isolierflansches am Eintritt einer Rohrfernleitung in eine Gasverdichteranlage.

Blitzstromableiter und Kombiableiter werden an der Schnittstelle LPZ $0_A/1$ eingesetzt; sie erfüllen die Anforderungen des Typ-1-Ableiters (**Tabelle 9.2**). In **Bild 9.46** ist ein einpoliger Blitzstromableiter dargestellt, dessen Kernstück eine blitzstromtragfähige Gleitfunkenstrecke ist.

Bild 9.44 Einsatz einer Trennfunkenstrecke

Bild 9.45 Ex-Funkenstrecke zur Überbrückung eines Isolierflansches

Typ/Bezeichnung	Norm		
	IEC 61643-11	EN 61643-11	DIN EN 61643-11 (VDE 0675-6-11)
Blitzstromableiter, Kombiableiter	SPD Class I	SPD Type 1	SPD Typ 1
Überspannungsableiter für Verteilung, Unterverteilung, feste Installation	SPD Class II	SPD Type 2	SPD Typ 2
Überspannungsableiter für Steckdose/ Endgerät	SPD Class III	SPD Type 3	SPD Typ 3

Tabelle 9.2 Einteilung der SPDs nach IEC, EN und VDE

Bild 9.46 Blitzstromableiter (Typ 1)

Bild 9.47 zeigt einen Blitzstromableiter Typ 1, der als Kombiableiter, auf Basis einer gesteuerten, blitzstromtragfähigen Gleitfunkenstrecke den Blitzschutz-Potentialausgleich **und** Endgeräteschutz an einer einzigen Stelle, der Schnittstelle LPZ $0_A/2$, sicherstellt.

Dabei werden Überspannungen aus Schalthandlungen ebenso begrenzt, wie Überspannungen, herrührend aus Blitzentladungen.

Durch die integrierte Steuerung wird bei fernen Blitzeinschlägen und Schalthandlungen lediglich die Abbildfunkenstrecke aktiv, sodass Netzfolgeströme vermieden werden (**Bild 9.48**).

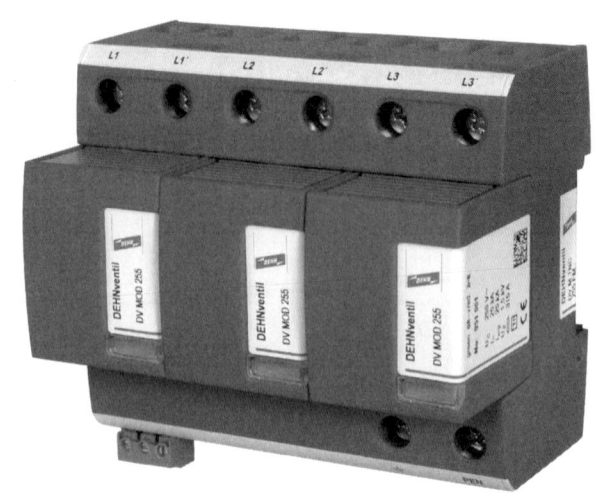

Bild 9.47 Kombiableiter (Typ 1)

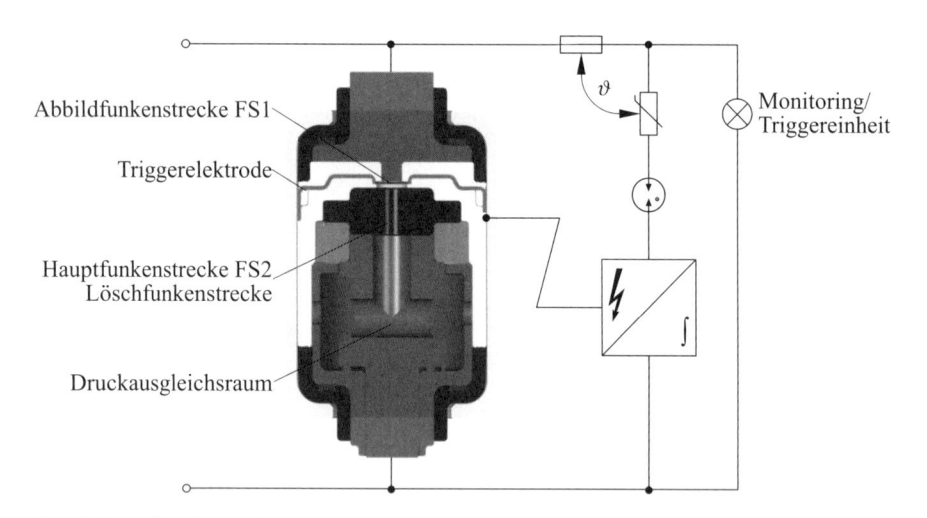

Bild 9.48 Aufbau der Funkenstrecke mit ICE-Technologie im Kombiableiter DEHNventil

Bei Direkteinschlägen mit energiereichen, anteiligen Blitzströmen kommt es zum Ansprechen der Hauptfunkenstrecke. Durch das (patentierte) Radax-Flow-Prinzip wird die Lichtbogenspannung U_{LB} etwa gleich dem Momentanwert der Netzspannung und damit eine deutliche Reduzierung des Netzfolgestroms erreicht, was eine Ausschaltselektivität zu in der Installation vorgelagerten Schutzorganen, wie Sicherungen, ermöglicht (**Bild 9.49** und **Bild 9.50**). **Bild 9.51** zeigt diesen Blitzstromableiter in der Anwendung.

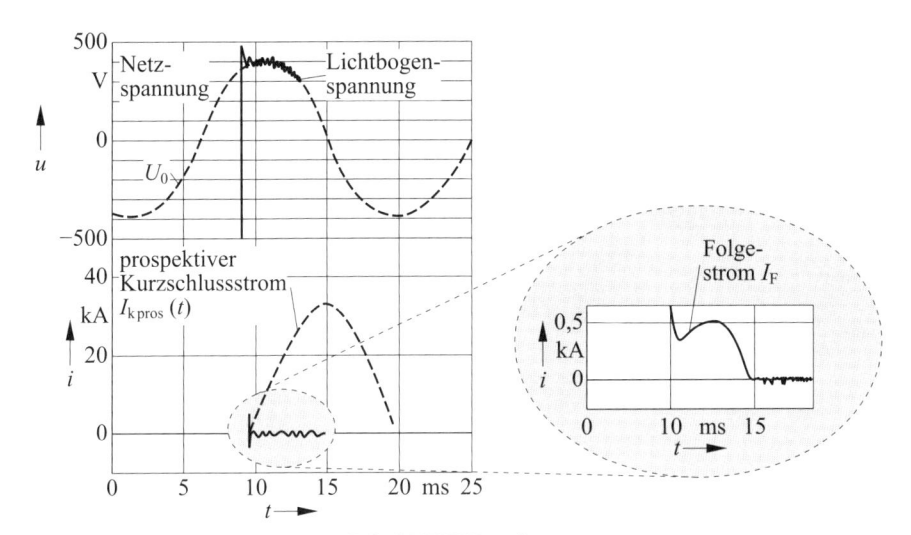

Bild 9.49 Folgestrombegrenzung am Beispiel DEHNventil

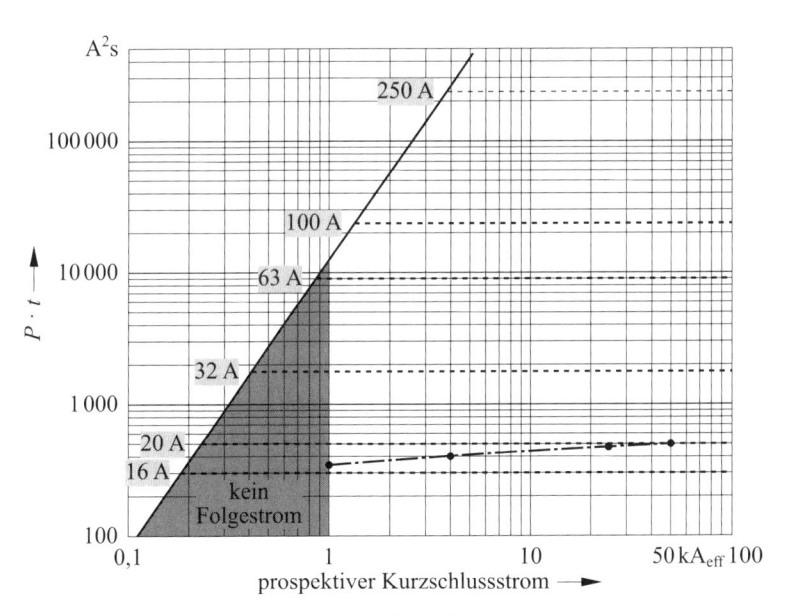

- - - - - Schmelzintegral der Sicherung I^2t in A²s,
   Nennstrom NH-gG Sicherungseinsatz,
— · — Durchlassintegral I^2t der Radax-Flow-Funkenstrecke, z. B. im DEHNventil

Bild 9.50 Selektivitätskennwerte des Blitzstromableiters DEHNventil

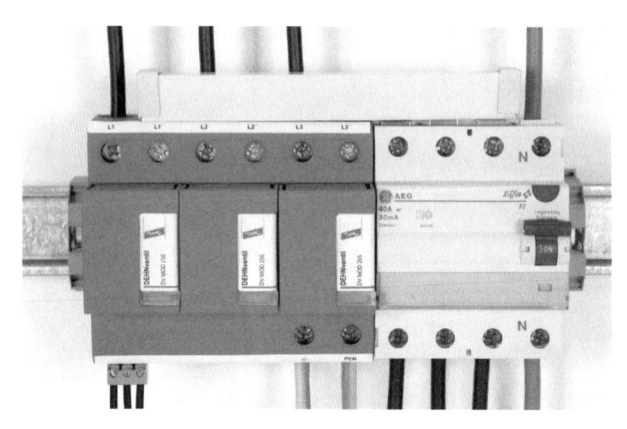

Bild 9.51 DEHNventil TNC, Montagebeispiel

Bild 9.52 Blitzstromableiter für Koaxialleitungen

Die verschiedenartigen Leitungen der informationstechnischen Anlagen müssen mit angepassten Schutzgeräten in den Blitzschutz-Potentialausgleich beim Blitzschutzzonenübergang LPZ 0_A auf LPZ 1 einbezogen werden. Bei der Auswahl dieser SPDs sind neben der Betriebsspannung und dem Betriebsstrom auch die Signalverträglichkeit bei dem zu schützenden System zu beachten. Die anteilige Blitzstrom-Belastung verteilt sich auf die Adern einer Leitung.

Als Bauelemente für derartige Blitzstromableiter kommen Gasentladungsableiter, Gleitfunkenstrecken und Varistoren in Betracht.

Für den Anschluss von Koxialleitungen gibt es, angepasst an ihren Wellenwiderstand, Blitzstromableiter mit 7/16-, N- und BNC-Anschlüssen (**Bild 9.52**).

Die im Bild 9.43 im informationstechnischen Netz angedeuteten Blitzstromableiter können, wie im **Bild 9.53** gezeigt, ausgeführt werden: Der eingesetzte dreipolige Gasentladungsableiter kann die auf die Einzeladern entfallenen anteiligen Blitzströme zerstörungsfrei führen, die Längsimpedanzen sind so bemessen, dass die an der Schnittstelle LPZ 1/2 eingesetzten Überspannungsableiter ausreichend entkoppelt werden.

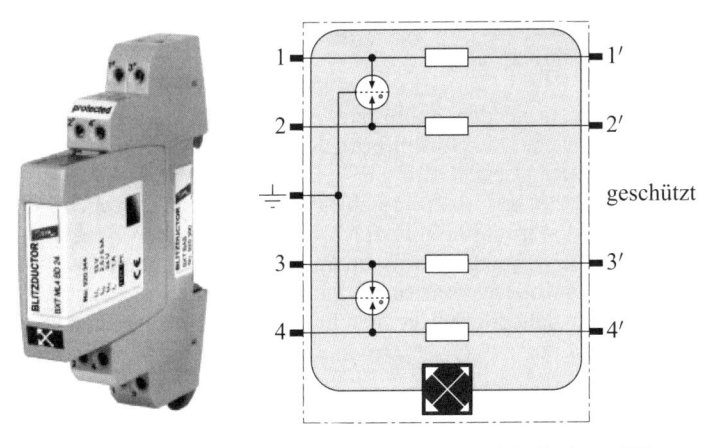

Bild 9.53 Blitzstromableiter: Prinzipschaltbild (am Beispiel Blitzductor XT)

Die an den Blitzstromableitern beim Ableiten von anteiligen Blitzströmen auftretenden Spannungspegel betragen bis zu einige Kilovolt. Sind in der Blitzschutzzone LPZ 1 bereits informationstechnische Systeme oder Geräte installiert, dann sind diese Spannungspegel für ihre Dateneingänge in der Regel zu hoch. Deswegen wird oft ein sogenannter „Staffelschutz" installiert, bei dem Grobschutzteilen (blitzstromtragfähige Überspannungsschutzgeräte), Entkopplungsglieder und Feinschutz (an die Empfindlichkeit der zu schützenden Geräte angepasste Überspannungsschutzgeräte) nachgeordnet werden (**Bild 9.54**). Dieser „Staffelschutz" kann entweder stufenweise an den Schnittstellen aufeinanderfolgender Blitzschutzzonen oder aber in einem einzigen (stufig aufgebauten) Schutzgerät verwirklicht werden.

Grobschutz, z. B. Entladungsstrecke **Entkopplungsglied**, z. B. Widerstand, Induktivität, Kapazität, Filter **Feinschutz**, z. B. Suppressordiode

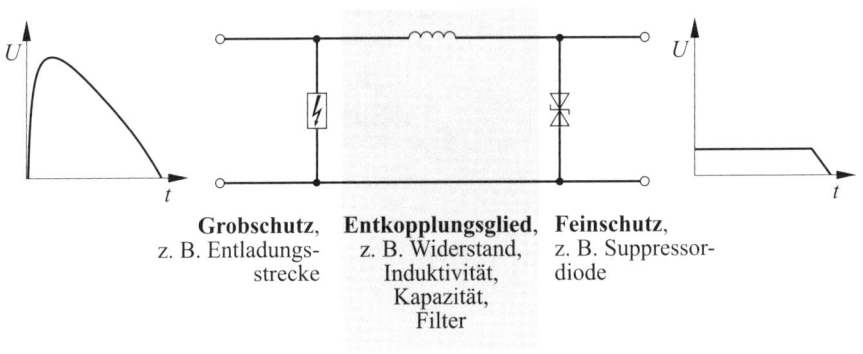

Bild 9.54 „Staffelschutz"

9.6.2 Überspannungsschutzgeräte an den Schnittstellen LPZ $0_B/1$ sowie LPZ 1/2 und höher

Überspannungsableiter werden an den Schnittstellen LPZ $0_B/1$ sowie LPZ 1/2 oder höher installiert, also in energie- und informationstechnischen Anlagen und Systemen in den Gebäuden eingesetzt (**Bild 9.55**). Diese Überspannungsableiter müssen so aufgebaut und gestaltet sein, dass sie sich entsprechend den vorgegebenen Einbaubedingungen problemlos installieren lassen, ohne den regulären Betrieb zu beeinträchtigen. So müssen an Schutzgeräte für energietechnische Anlagen andere Anforderungen als an solche für informationstechnische Anlagen und Systeme gestellt werden. Im Folgenden werden daher diese Überspannungsableiter getrennt nach den Einsatzorten, vorgestellt, z. B. für:

- fest verlegte Gebäudeinstallationen,
- Steckdosen,
- zu schützende Geräte.

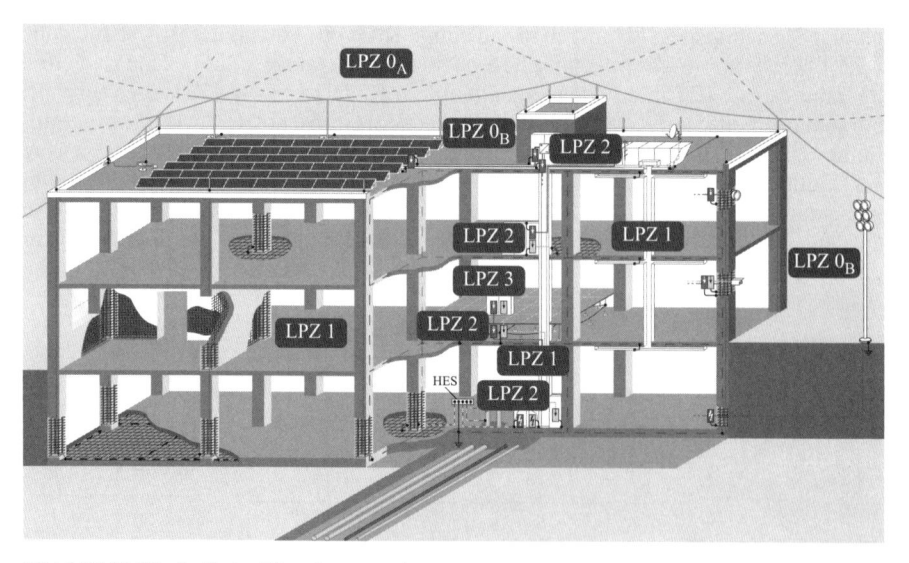

Bild 9.55 EMV-orientiertes Blitzschutzzonenkonzept

9.6.2.1 Überspannungsschutzgeräte für energietechnische Anlagen und Systeme

9.6.2.1.1 Ableiter zum Einsatz in fest verlegten Gebäudeinstallationen

Entsprechend DIN EN 61643-11 (**VDE 0675-6-11**) werden Überspannungsableiter, die im Rahmen des Blitzschutzzonenkonzepts in der fest verlegten Gebäudeinstallation an den Schnittstellen LPZ $0_B/1$ sowie LPZ1/2 eingesetzt werden (**Bild 9.56** und **Bild 9.57**), als SPD Typ 2 bezeichnet (siehe auch Tabelle 9.2).

An den Blitzschutzzonenschnittstellen werden die Außenleiter (L1, L2, L3) des energietechnischen Netzes grundsätzlich mit Überspannungsableitern versehen. In Netzen, in denen der N-Leiter separat vom PE-Leiter geführt wird (TT- und TN-S-Netz), erhält auch dieser einen Ableiter (siehe auch Kapitel 6.6.3).

Überspannungsableiter Typ 2 enthalten heute üblicherweise Zinkoxid-Varistoren, bei denen nahezu kein Folgestrom auftritt, sodass sie ohne in Reihe geschaltete Funkenstrecke betrieben werden können. **Bild 9.58** zeigt den inneren Aufbau eines solchen Überspannungsableiters. Mit diesem Schutzgerät ist eine energetische Koordination zu vorgeschalteten Typ-1-Ableitern möglich. Außerdem ist durch die eingebaute Abtrennvorrichtung eine hohe Überwachungssicherheit für Überlastungen gegeben.

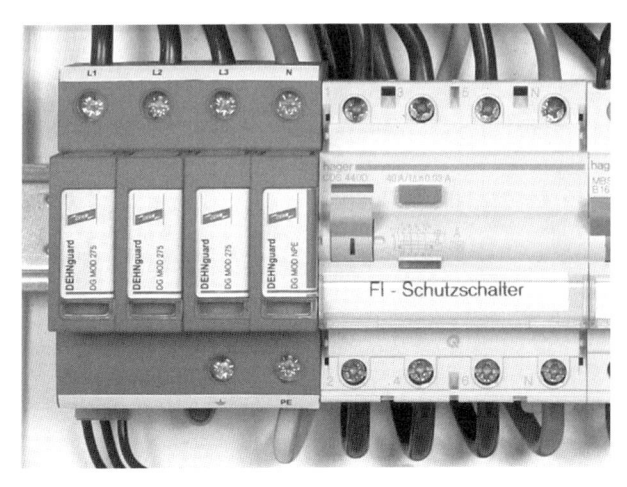

Bild 9.56 Überspannungsableiter SPD Typ 2 zum Aufschnappen auf Tragschienen

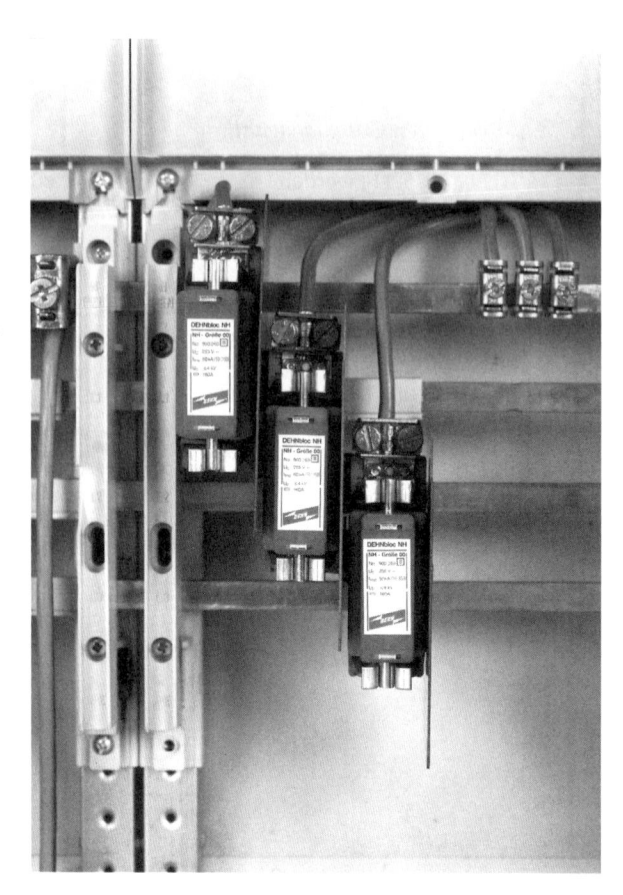

Bild 9.57 Überspannungsableiter SPD Typ 2 zum Einstecken in NH-Sicherungsunterteile

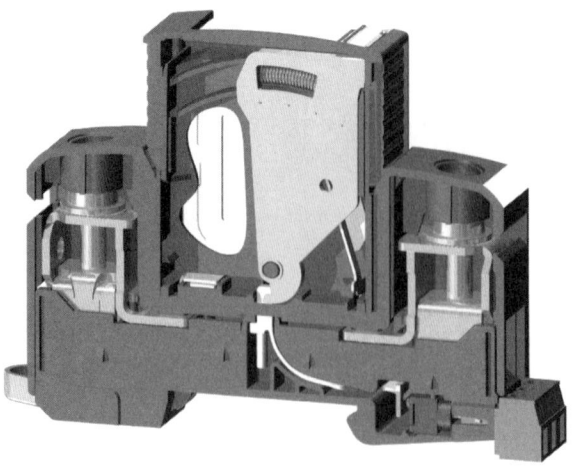

Bild 9.58 Innerer Aufbau eines Überspannungsableiters Typ 2 (mit Abtrennvorrichtung) am Beispiel des DEHNguard

9.6.2.1.2 Ableiter zum Einsatz an Steckdosen und Geräteeingängen

Überspannungsableiter, die im Rahmen des Blitzschutzzonenkonzepts an Steckdosen und Geräteeingängen eingesetzt werden, sind entsprechend DIN EN 61643-11 (**VDE 0675-6-11**) SPD Typ 3. Solche Schutzgeräte (**Bild 9.59**) können auch mit zusätzlichen Filtern ausgerüstet sein.

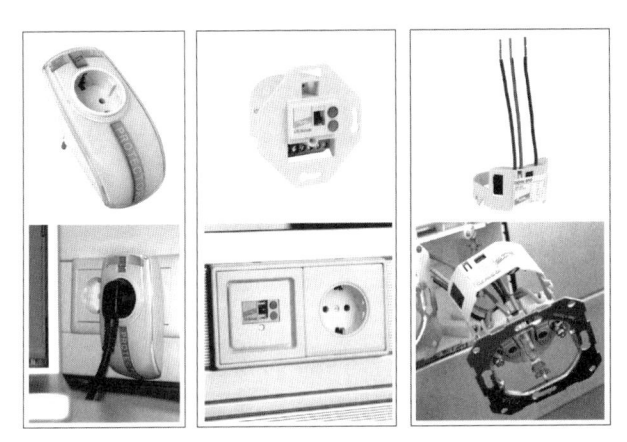

Bild 9.59 SPD Typ 3 als steckbare Geräte (links), als Einbaugeräte in Dosen (Mitte) oder als Zusatzgerät für Steckdosen (rechts)

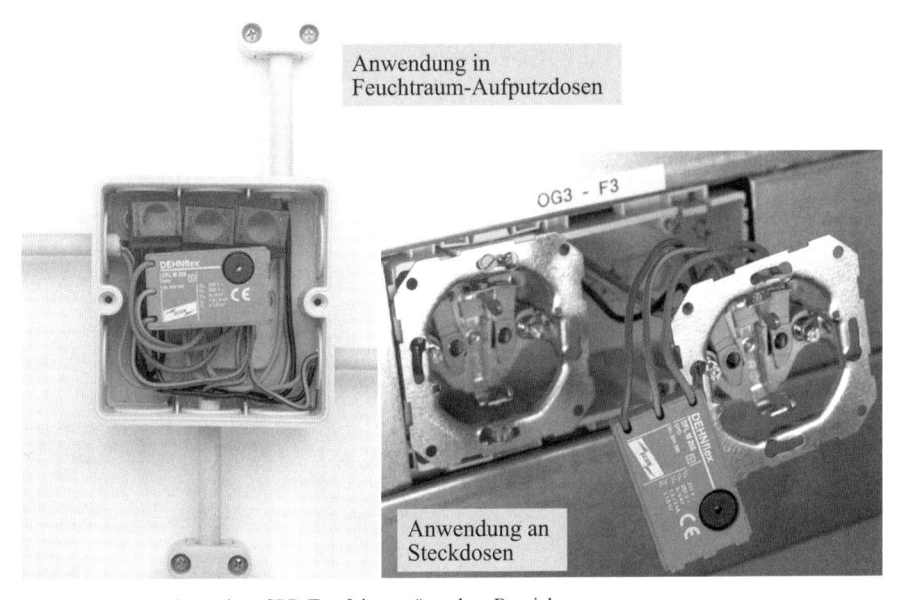

Bild 9.60 Anwendung eines SPD Typ 3 im gerätenahen Bereich

Einen weiteren universellen SPD Typ 3 für den endgerätenahen Bereich zeigt **Bild 9.60**.

9.6.2.2 Überspannungsschutzgeräte für informationstechnische Systeme

Überspannungsableiter, die im Rahmen des Blitzschutzzonenkonzepts in informationstechnischen Anlagen und Systemen eingesetzt werden, sind in DIN EN 61643-21 (**VDE 0845-3-1**) und DIN EN 61643-22 (**VDE 0845-3-2**), beschrieben; sie heißen dort Überspannungsschutzgeräte und werden nach ihrem Ableitvermögen in verschiedene Kategorien eingeteilt (**Tabelle 9.3**).

Nach DIN EN 61643-21 (**VDE 0845-3-1**) versteht man unter dem Oberbegriff Überspannungsschutzgeräte nicht nur Bauelemente, sondern auch Schutzschaltungen, die Überspannungen Anlagen bzw. Geräten auf zulässige Werte begrenzen. Schutzschaltungen bauen Überspannungen durch Hintereinanderschaltung von überspannungsbegrenzenden Bauelementen und Entkopplungsgliedern in Stufen ab. Die überspannungsbegrenzenden Elemente werden dabei mit abnehmender Begrenzungsspannung und Energiebelastbarkeit aneinandergereiht. Entkopplungsglieder können Widerstände, Induktivitäten, Kapazitäten oder Filter sein; sie müssen so bemessen sein, dass sie die an ihnen beim Ableiten von Stoßströmen auftretenden Spannungen zerstörungsfrei aushalten und im ungestörten Betrieb den normalen informationstechnischen Datenfluss nicht unzulässig beeinflussen.

Beispielhaft werden nachfolgend einige bewährte Überspannungsschutzgeräte, die vorzugsweise in informationstechnischen Netzen aber auch an Geräteeingängen eingesetzt werden, Aufbau und Wirkungsweise vorgestellt.

Die Schutzgeräte (**Bild 9.61**) sind als Vierpole aufgebaut (**Bild 9.62**) und begrenzen sowohl Längs- als auch Querspannungen. Man setzt sie bevorzugt in Leitungen der Mess-, Steuer- und Regel- oder der Telekommunikationstechnik ein.

Sie werden nach der Anlagenbetriebsspannung und der Beschaffenheit der zu schützenden elektronischen Geräte ausgewählt (Ausführungen, die in explosionsgefährdeten Anlagen eingesetzt werden dürfen, sind nach ATEX zertifiziert und erhältlich).

Es gibt derartige Schutzgeräte für den Anschluss von Doppeladern und solche für den Anschluss von Einzeladern. Sie werden auf geerdeten Tragschienen montiert; die Befestigungsfeder kann gleichzeitig die Verbindung zwischen dem Erdungspunkt der Schutzbeschaltung und der geerdeten Schiene herstellen. **Bild 9.63** zeigt beispielhaft, wie solche Schutzgeräte direkt im Zug von Reihenklemmen bzw. anstelle dieser Klemmen auf Tragschienen befestigt werden.

Die Besonderheit dieser Geräte liegt in ihrem zweiteiligen Aufbau (Bilder 9.64 bis 9.66). Das Unterteil (Basiselement als Durchgangsklemme) kann universell für alle Oberteile (die den auf das zu schützende Gerät oder System abgestimmten, scharf und schnell begrenzenden Feinschutz enthalten) verwendet werden.

Wird eine Ableiterschutzschaltung durch „LifeCheck" überwacht, dann ist das grafisch auf dem Prinzipschaltbild (**Bild 9.64**) ausgewiesen (**Bild 9.65**). Bei dem gezeigten Beispiel wird die gesamte Schutzschaltung überwacht.

Kategorie	Art der Prüfung	Leerlauf-spannung [a]	Kurzschlussstrom	Mindestanzahl der Impulse	Zu prüfende Anschluss-klemmen
A1	sehr langsame Anstiegsflanke AC	≥ 1 kV Flankensteilheit 0,1 kV/s bis 100 kV/s	10 A ≥ 1 000 µs (Dauer)	nicht anwendbar (NA)	X1–C X2–C X1–X2 [b]
A2		Auswahl der Prüfspezifikation aus DIN EN 61643-21 (**VDE 0845-3-1**), Tabelle 5		Einzelzyklus	
B1	langsame Anstiegsflanke	1 kV 10/1 000 µs	100 A, 10/1 000 µs	300	
B2		1 kV bis 4 kV 10/700 µs	25 A bis 100 A 5/320 µs	300	
B3		≥ 1 kV 100 V/µs	10 A bis 100 A 10/1 000 µs	300	
C1	schnelle Anstiegsflanke	0,5 kV bis 2 kV 1,2/50 µs	0,25 kA bis 1 kA 8/20 µs	300	
C2		2 kV bis 10 kV 1,2/50 µs	1 kA bis 5 kA 8/20 µs	10	
C3		≥ 1 kV 1 kV/µs	10 A bis 100 A 10/1 000 µs	300	
D1	hohe Energie	≥ 1 kV	0,5 kA bis 2,5 kA 10/350 µs	2	
D2		≥ 1 kV	0,5 kA bis 2,5 kA 10/250 µs	5	

[a] Eine andere Leerlaufspannung als 1 kV kann benutzt werden, so lange das zu prüfende Überspannungsschutzgerät arbeitet.
[b] Die Anschlussklemmen X1–X2 sind nur auf Anforderung zu prüfen.

Für den Nachweis von U_p ist nur eine Impulskurvenform aus der Kategorie C verpflichtend festgelegt. Wende fünf positive und fünf negative Impulse an.
Für die Prüfung der Stoßstromfestigkeit ist eine Impulskurvenform aus der Kategorie C verpflichtend festgelegt, während die Kategorien A1, B und D freigestellt sind.
B1, B2, C1, C2 und D2 stellen Prüfungen mit Spannungsimpulsen dar, und daher zeigt die Spalte „Kurzschlussstrom" den erwarteten Kurzschlussstrom am Anschlusspunkt des Prüflings. Die Kategorien B3, C3 und D1 stellen Prüfungen mit Stromimpulsen dar, daher wird der erforderliche Prüfstrom durch den Prüfling eingestellt. Die maximalen Grenzabweichungen der Kurvenform, wie sie in Tabelle 2 der DIN EN 61643-21 (**VDE 0845-3-1**) angegeben sind, dürfen nicht überschritten werden. Bei Prüfungen mit Spannungsimpulsen muss die verwendete effektive Ausgangsimpedanz des Generators 10 Ω für Kategorie B1, 40 Ω für Kategorie B2 und 2 Ω für die Kategorien C1, C2 und D2 betragen.

Anmerkung: Die in dieser Tabelle aufgeführten Werte stellen Mindestanforderungen dar.

Tabelle 9.3 Spannungs- und Stromimpulse zur Feststellung der Impuls-Spannungsbegrenzungs-eigenschaften (DIN EN 61643-21 (**VDE 0845-3-1**):2013-07, Tabelle 3 der Norm)

Bild 9.61 Überspannungsschutzgerät für informationstechnische Systeme (Blitzductor)

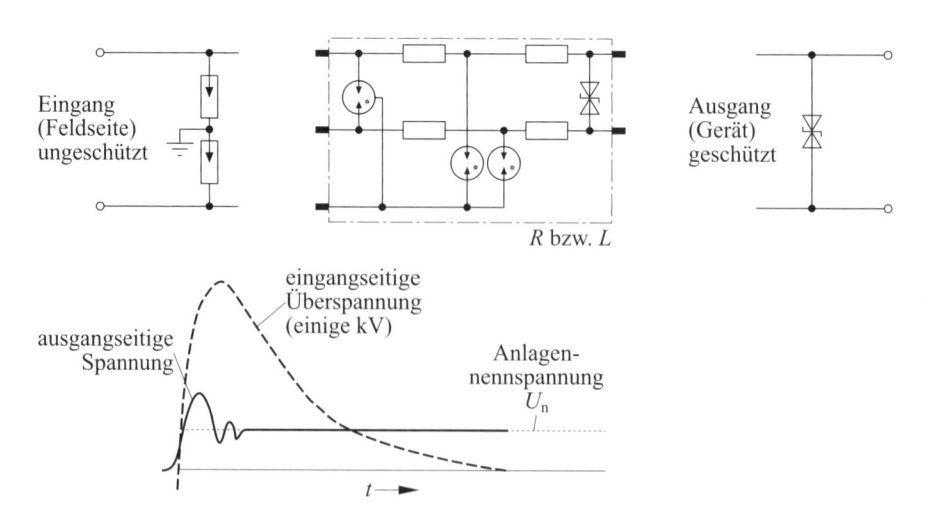

Eingang
(Feldseite)
ungeschützt

R bzw. L

Ausgang
(Gerät)
geschützt

ausgangseitige
Spannung

eingangseitige
Überspannung
(einige kV)

Anlagen-
nennspannung
U_n

Bild 9.62 Schaltungsprinzip – Blitzductor

Bild 9.63 Überspannungsschutzbeschaltung auf Tragschienen

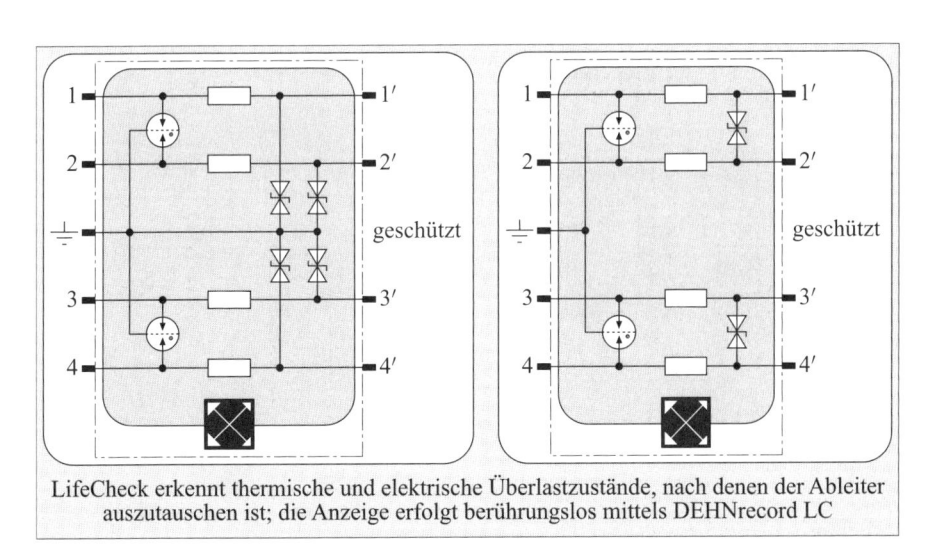

LifeCheck erkennt thermische und elektrische Überlastzustände, nach denen der Ableiter auszutauschen ist; die Anzeige erfolgt berührungslos mittels DEHNrecord LC

Bild 9.64 Prinzipschaltbilder auf Überspannungsschutzgeräten (Blitzductoren) für informationstechnische Systeme

259

Symbol
LifeCheck

Bild 9.65 „LifeCheck"-Symbol

Das Symbol für „LifeCheck" (Bild 9.65) ist auch auf den zugehörigen Prüfgeräten angebracht (damit wird die Kommunikation über RFID-Technologie ausgewiesen). Ein weiterer Vorteil dieser Konstruktion ist, dass beim Abnehmen des Oberteils (z. B. für Mess- und Prüfzwecke) die Verbindung der Klemmen zwischen Ein- und Ausgang im Unterteil bestehen bleibt, sodass keine Unterbrechung des Signalflusses entsteht (**Bild 9.66**).

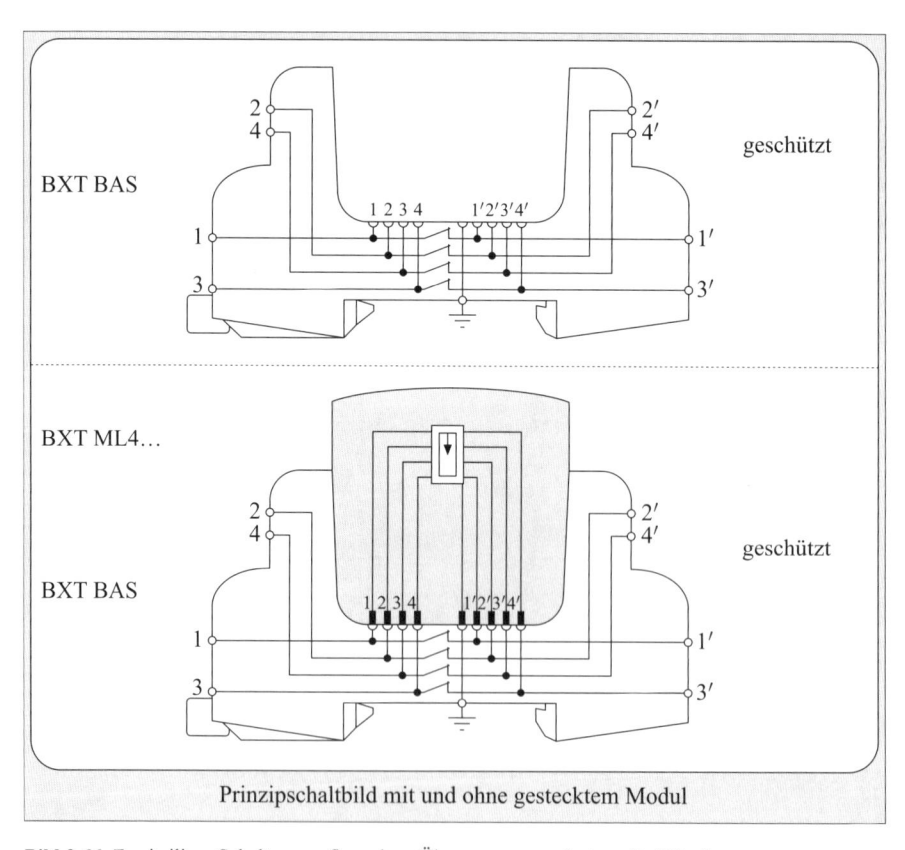

Prinzipschaltbild mit und ohne gestecktem Modul

Bild 9.66 Zweiteiliger Schaltungsaufbau eines Überspannungsschutzgeräts Blitzductor

9.6.2.2.1 Überspannungsschutzgeräte mit actiVsense-Technologie

In der Informationstechnik gibt es eine Vielzahl an Signalschnittstellen mit den unterschiedlichsten Betriebsparametern. Die für den Überspannungsschutz dieser Schnittstellen eingesetzten Ableiter sind meist aus Dioden, Varistoren und Gasentladungsableitern aufgebaut. Dabei werden die verschiedenen physikalischen Eigenschaften und das unterschiedliche Ansprechverhalten der Bauelemente betrachtet. Demzufolge werden mehrere Bauelemente in Schaltungsvarianten kombiniert, um die geforderte Schutzwirkung, angepasst auf das Endgerät oder die Schnittstelle, zu erzielen.

Eine ideale Schutzkomponente ist ein Überspannungsableiter, der für nahezu alle Spannungen angewendet werden kann und dabei einen optimal angepassten Schutzpegel liefert. Ein universell einsetzbares Schutzgerät, das für die unterschiedlichen Einsatzfälle ausgewählt werden kann, hat eine autoadaptive Funktion. Es ist in der Lage sich permanent an den aktuell anliegenden Betriebsspannungs- und Signalpegel einzustellen und den Schutzpegel zu dieser Spannung automatisch anzupassen.

Die Ableiter haben keine fest ausgewiesene Nennspannung, sondern können im Betriebsspannungsbereich U_n von 0 V bis 180 V (bis 400 Hz) mit einer überlagerten Signalspannung U_{Signal} ($\pm$ 5 V) eingesetzt werden (**Bild 9.67**). Mit einer Grenzfrequenz von 50 MHz sind die Schutzgeräte zum Schutz von Schnittstellen für Telekommunikations- und Bussysteme geeignet.

Geräte mit dieser Technologie sind geeignet für den Schutz von Einrichtungen und Systemen vor allem in der Informations-, MSR- und Automatisierungstechnik. Die Ableiter sind als kombinierte Blitzstrom- und Überspannungsableiter ausgeführt und können so flexibel an den unterschiedlichen Schnittstellen gemäß Blitzschutzzonenkonzept eingesetzt werden.

Der „Blitzductor XTU" (**Bild 9.68**) ist ein Ableiter zur Tragschienenmontage mit dem Schutzgrad IP20 zur Montage im Verteilerschrank. Ist an der Stelle, an der das Kabel in ein Gebäude oder eine bauliche Anlage eingeführt wird, gerade kein

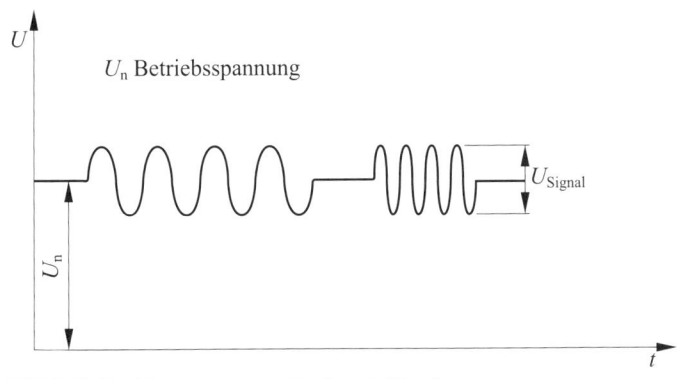

Bild 9.67 Betriebsspannung und überlagerte Signalspannung

Verteilerschrank vorhanden, kann mit einer kompakten DEHNbox (**Bild 9.69**) ein Schutzgerät für die Wandmontage eingesetzt werden. Die Schutzart IP65 ermöglicht auch den Einsatz in rauerer Umgebung (z. B. Feuchträumen). Der Ableiter ist für eine oder zwei Doppeladern ausgelegt. Zudem besteht die Möglichkeit der wahlweise direkten oder indirekten Schirmerdung der Signalleitung. Beim Auftreten von Störereignissen bis 2,5 kA (10/350 µs) bzw. 10 kA (8/20 µs) je Ader haben die Ableiter bei jeder Signalspannung immer einen angepassten Schutzpegel U_P (**Bild 9.70**) und das bietet damit bestmöglichen Schutz der angeschlossenen Geräte und Systemkreise.

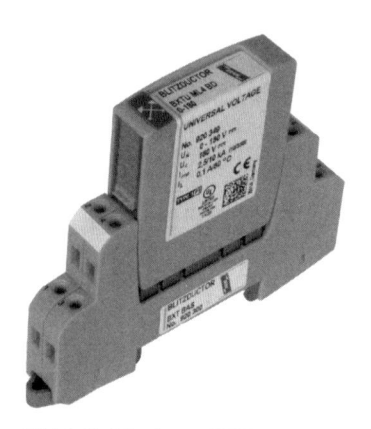

Bild 9.68 Blitzductor XTU   **Bild 9.69** DEHNbox

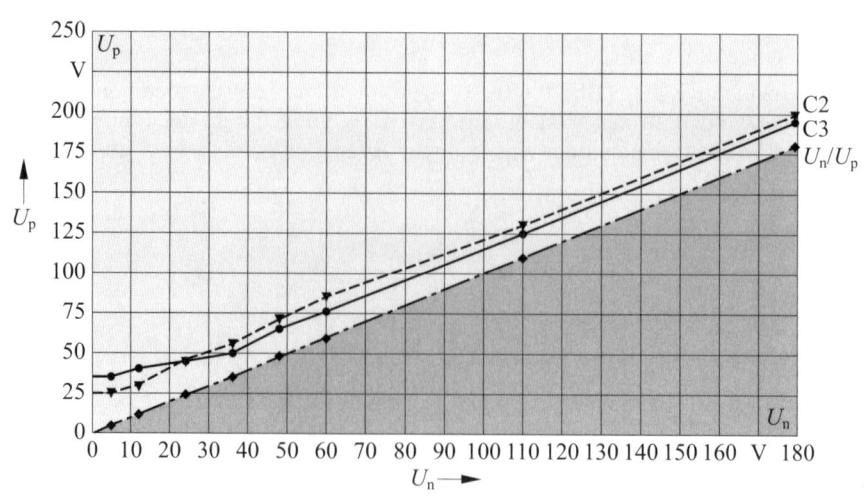

U_p Ad-Ad bei I_n (8/20 µs) C2,
U_p Ad-Ad bei 1 kV/µs C3

Bild 9.70 Betriebsspannungs-Schutzpegeldiagramm

9.6.2.2.2 Überspannungsschutzgeräte zum Einsatz in der Automatisierungs- und Prozesstechnik

Wie im **Bild 9.71** gezeigt, werden die Bereiche der Automatisierungs- und Prozesstechnik in drei Ebenen eingeteilt.

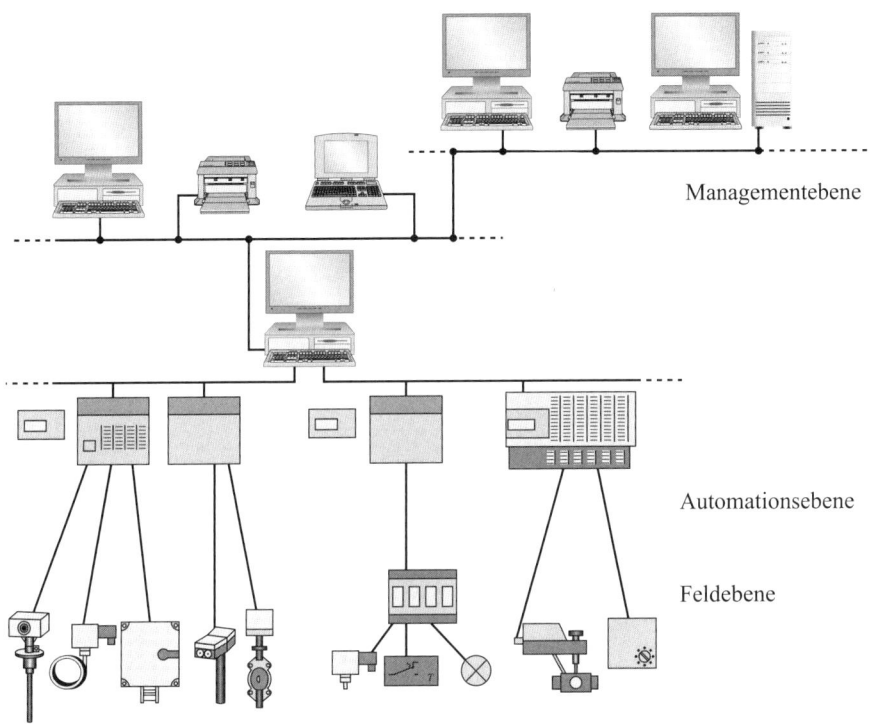

Bild 9.71 Bereiche in der Automatisierungs- und Prozesstechnik

9.6.2.2.3 Managementebene (zentrale Leittechnik)

Die Leitsysteme im industriellen Umfeld bilden das Rückgrat der untergeordneten Prozesstechnik. Sie befinden sich meist in Leitwarten (LPZ 2 oder LPZ 3). Neben früheren proprietären Systemen setzt sich immer mehr Industrial-Ethernet durch.

Ideal sind Überspannungsschutzgeräte, die endgerätenah auf einer Tragschiene montierbar sind und sich so leicht in das Anwendungsumfeld einfügen lassen. Vorteilhaft in diesem Umfeld sind Geräte, die in das Patchkabel integriert sind. Somit können nicht nur Neuanlagen einfach ausgerüstet werden, sondern auch Nachrüstungen jederzeit und ohne großen Aufwand durchgeführt werden. Der Ableiter wird einfach anstelle des herkömmlichen Patchkabels zwischen Leitungsabschluss und Aktivkomponente (z. B. Switch) gesteckt (**Bild 9.72**). Dadurch werden keine zusätzlichen

Steckverbindungen in die Verkabelungsstrecke eingebracht, die zusätzlich mögliche Fehlerquellen bedeuten würden und immer zu einer Minderung der Übertragungsperformance führen. Für eine sichere Erdung sorgt der Tragfuß mit Schnappbefestigung zum Aufrasten auf eine Tragschiene.

Bild 9.72 Industrial Ethernet einer sicherheitsrelevanten Steuerung geschützt mit DEHNpatch

Bild 9.73 Teilbare vierpolige universelle Blitzstrom-/Kombiableiter schützen platzsparend Automatisierungskomponenten

9.6.2.2.4 Automationsebene

Auf der Automations- und Prozesssteuerungsebene werden „intelligente" Komponenten, wie dezentrale Steuerungen, mit verdrillten Leitungen vernetzt. Die Forderung nach „Echt-Zeit-Fähigkeit" für Prozesse ließ besonders schnelle und damit auch sensible Feldbussysteme entstehen. Die Busverkabelung kann über mehrere Kilometer ausgedehnt sein. Tritt eine Busleitung am Gebäude ein, so wird je Adernpaar ein Blitzstromableiter (LPZ $0_A/2$) eingesetzt, mit einer niederimpedanten Schirmerdung direkt am Schutzgerät (**Bild 9.73**).

9.6.2.2.5 Feldebene

In der Prozesstechnik werden gewöhnlich Feldmessumformer mit CE-Kennzeichnung eingesetzt, die den EMV-Störsicherheitsanforderungen der NAMUR-Empfehlung NE 21 für die Betriebsmittel der Prozess- und Labortechnik genügen. Feldgeräte, häufig installiert im Außenbereich (LPZ 0) an Tanks oder Rohrsystemen, liefern Informationen über Temperatur, Durchfluss, Füllstand oder Druck der am Prozess beteiligten Komponenten. Das direkt in das Feldgerät einschraubbare Überspannungsschutzgerät (**Bild 9.74** und **Bild 9.75**) begrenzt Strom, Spannung und Energie leitungsgebundener Störimpulse auf Werte, die unter der Festigkeit der Endgeräte liegen. So sitzen die Schutzkomponenten direkt im Leitungszug, was den energetisch koordinierten Überspannungsschutz ermöglicht. Zum variablen Einsatz gehört die Unterstützung der gängigen Erdungskonzepte für Kabelschirme: direkte, indirekte oder keine Schirmerdung sind möglich; (die indirekte Schirmerdung wird zum Vermeiden von Brummschleifen angewendet).

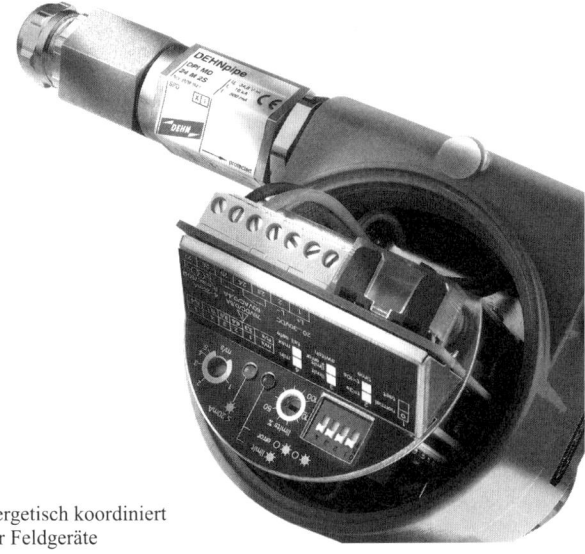

Bild 9.74 DEHNpipe MD ist energetisch koordiniert zum integrierten EMV-Schutz der Feldgeräte

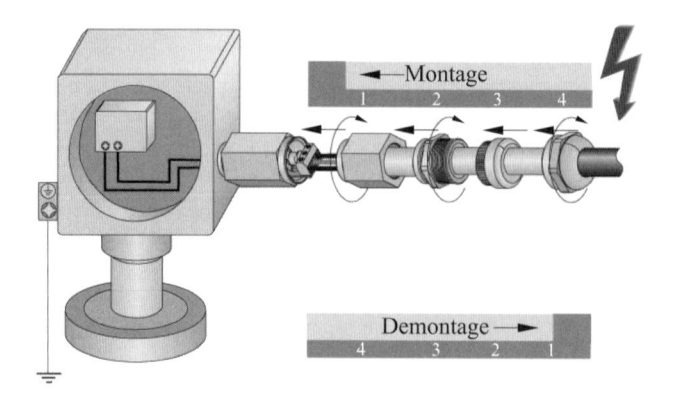

Bild 9.75 Integration von DEHNpipe zwischen Feldgerät und Kabelverschraubung

9.6.2.2.6 Überspannungsschutzgeräte für Telekommunikationsanlagen

Die Telekommunikationsanlage (TK-Anlage) in einem Unternehmen ist eines der wichtigsten Kommunikationsmittel. Sowohl die Amtsleitungen wie auch die Nebenstellenleitungen werden meist über Rangierverteiler geführt.
Die Verteilung der Leitungen wird häufig in LSA-Technik durchgeführt, wobei sich zunehmend die Trennleiste gegenüber der Anschlussleiste durchsetzt.

- Bei den Anschlussleisten werden an gegenüberliegenden Kontakten die Kabelader- und die Rangierseite angeschlossen. Zwischen diesen Anschlusskontakten befinden sich Abgriffkontakte, in die z. B. Überspannungsschutzmodule eingesteckt werden können.

- Die Trennleiste ist im Gegensatz zur Anschlussleiste so aufgebaut, dass durch Einstecken eines Trennsteckers der Kontakt zwischen der Kabeladerseite und der Rangierdrahtseite aufgetrennt werden kann, wodurch eine Schutzbeschaltung mit Entkopplungsglied möglich ist (**Bild 9.76**).

Das Überspannungsschutzgerät für LSA-Trennleisten ermöglicht auch das Prüfen, Trennen und Patchen der angeschlossenen Leitungen. Das modulare Ableitersystem für LSA-Trennleisten kann zum Kombiableiter erweitert werden und hat einen Fail-Safe-Überlastschutz mit optischer Defektanzeige der Ableitelemente.
Die fein begrenzenden LSA-1-DA-Überspannungsableiter lassen sich mit dem passenden Erdungsrahmen direkt in das DRL-Steckmagazin (**Bild 9.77**) oder wahlweise in LSA-Trennleisten einstecken. Die in den Schutzsteckern integrierten Entkopplungsimpedanzen ermöglichen die energetische Koordination zum DRL-Steckmagazin, ohne die Leitungslänge beachten zu müssen. Mit dem 1-DA-Stecker sind auch Teilbestückungen von LSA-Trennleisten möglich, bzw. es können auf einer Leiste Schutzstecker mit verschiedener Beschaltung oder Nennspannung eingesetzt werden.

DRL XX XXX ...

EF 10 DRL

DRL 10 B 180 ...

TL 2 10DA LSA

MB 2 10DA LSA

Überspannungsableiter
⊕Type 3 P1

+

Blitzstromableiter
Type 1 C

= Kombiableiter
Type 1 ⊕ Type 3 P1

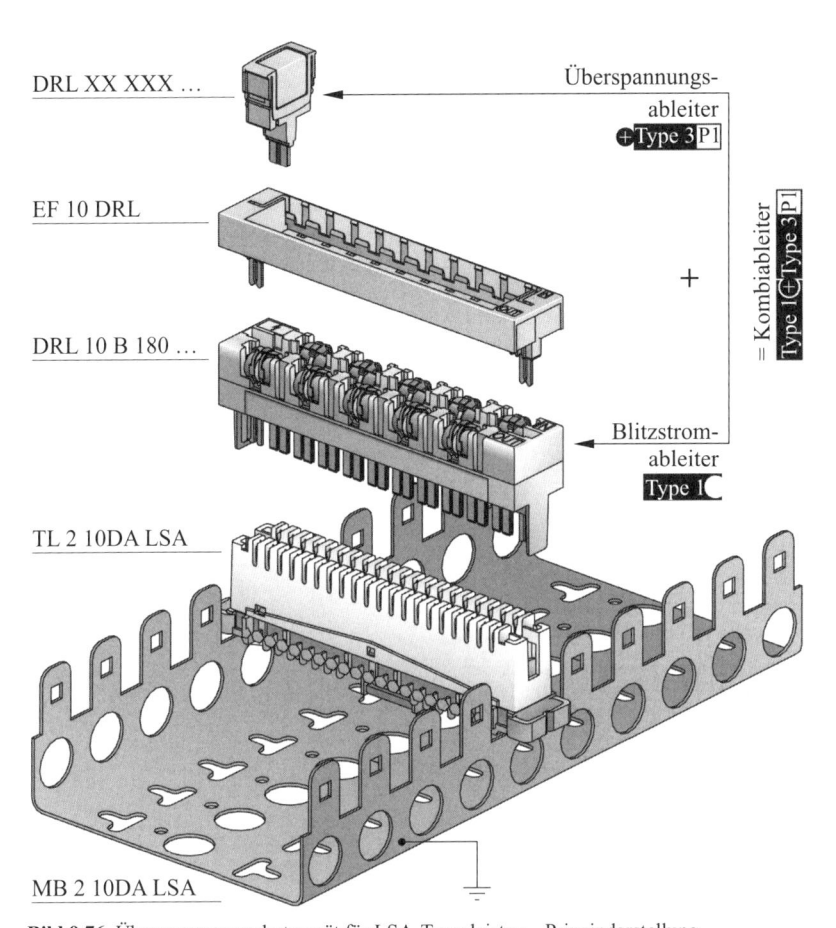

Bild 9.76 Überspannungsschutzgerät für LSA-Trennleisten – Prinzipdarstellung

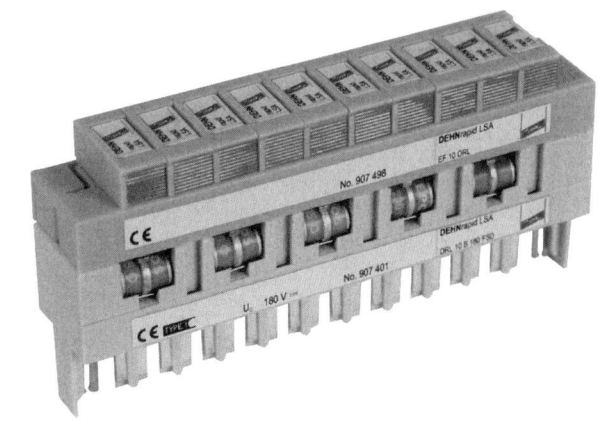

Bild 9.77 Steckmodule für Blitzstromableiter für LSA-Trennleisten

267

Die zusammengesteckte Einheit aus Steckmagazin, Erdungsrahmen und Schutzstecker (Kombiableiter) kann komplett gezogen und gesteckt werden. Der Kombiableiter entspricht der Ableiterklasse GO.

Für Patchpanels in 19-Zoll-Verteilertechnik gibt es 19-Zoll-Einbaugehäuse (**Bild 9.78**), die mit bis zu drei Überspannungsschutzplatinen (**Bild 9.79** und **Bild 9.80**) bestückbar sind. Typische Anwendungen sind E1 und ISDN. Der NET-Protector belegt nur 1 HE und wird meist im Rangierverteiler installiert (**Bild 9.81**). Er wird als Patchfeld mit Überspannungsschutz oder als Nachrüstgerät zum Patchen zwischen Patchfeld und dem zu schützenden Gerät eingefügt.

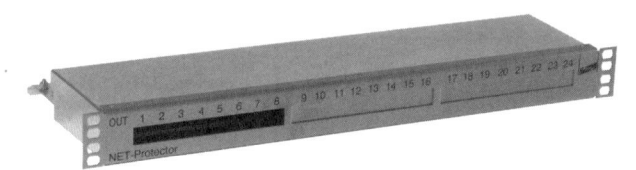

Bild 9.78 Einbaugehäuse zur Aufnahme von bis zu drei Überspannungsschutzplatinen NET-Protector

Bild 9.79 NET-Protector TK-Überspannungsschutz-Platine mit acht Ports in Patchfeldausführung

Bild 9.80 NET-Protector TK-Überspannungsschutzplatine mit acht Ports als Nachrüstvariante mit ein- und ausgangsseitigen RJ45-Buchsen

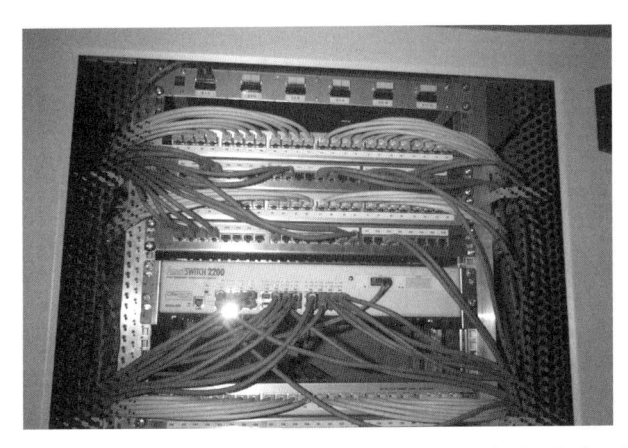

Bild 9.81 NET-Protectoren, eingebaut in einen Netzwerkschrank eines Call-Centers

9.6.2.2.7 Überspannungsschutzgeräte für Datenendeinrichtungen (DTE)

Neben den aus dem Office-Bereich bekannten Datenendeinrichtungen (DTE), wie Telefon, Fax oder PC, hat sich seit Jahren für Industrieanwendungen die Datenfernübertragung über Modemverbindungen etabliert. Über das herkömmliche Fernmeldenetz können Daten von jeder beliebigen Telefonanschlussdose übertragen werden.

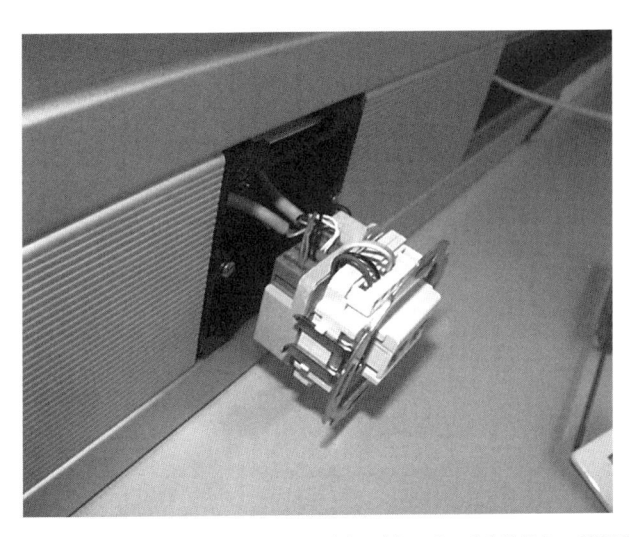

Bild 9.82 DSM-Schutzmodul zum Einbau hinter handelsüblichen ISDN-Datendosen (mit Mehrfachsteckklemmen zur Weiterverdrahtung) sowie Patchkabel mit integriertem Überspannungsschutz eines Netzwerk-PC

Die Übertragung kann als Zwei- oder Vier-Drahtverbindung ausgeführt werden, und die Übertragungsgeschwindigkeit richtet sich nach den Hardwaremöglichkeiten des Modems. Die **Bilder 9.82** bis **9.86** zeigen typische Schutzgeräte für diese Anwendungsfälle.

Bild 9.83 DPA M CAT 6 – am Endgerät wird die Netzwerkkarte geschützt

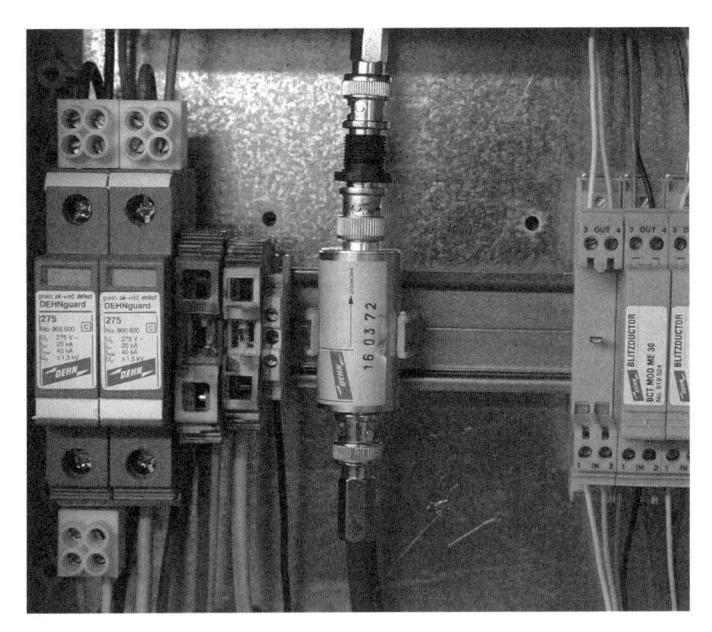

Bild 9.84 Überspannungsableiter als Kabeladapter für koaxiale Systeme wie Videoanlagen und Kamerasysteme

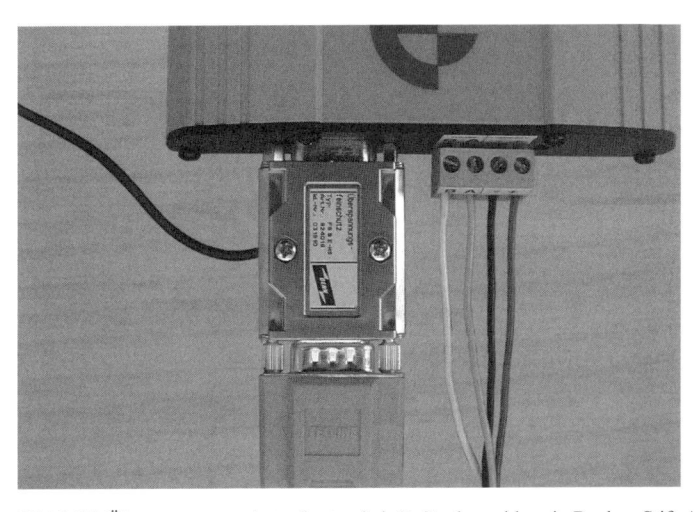

Bild 9.85 Überspannungsschutzadapter, Sub-D-Steckanschluss in Buchse-Stift-Ausführung

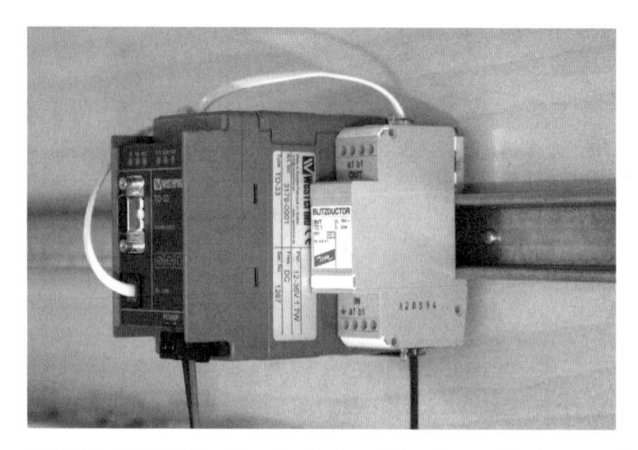

Bild 9.86 BVT TC 1 schützt ein Analogwählmodem, wahlweise unter Verwendung des RJ45- oder Schraubanschlusses

9.6.2.2.8 Kombinierte Überspannungsschutzgeräte für energie- und informationstechnische Geräteeingänge

Geräte in energie- und informationstechnischen Systemen, die selbst als lokale Schutzzone ausgebildet sind, und bei denen die Leitungsführung große Induktionsschleifen aufweist (**Bild 9.87**), müssen an ihren energie- und informationstechnischen Eingängen mit Überspannungsschutzgeräten beschaltet werden.

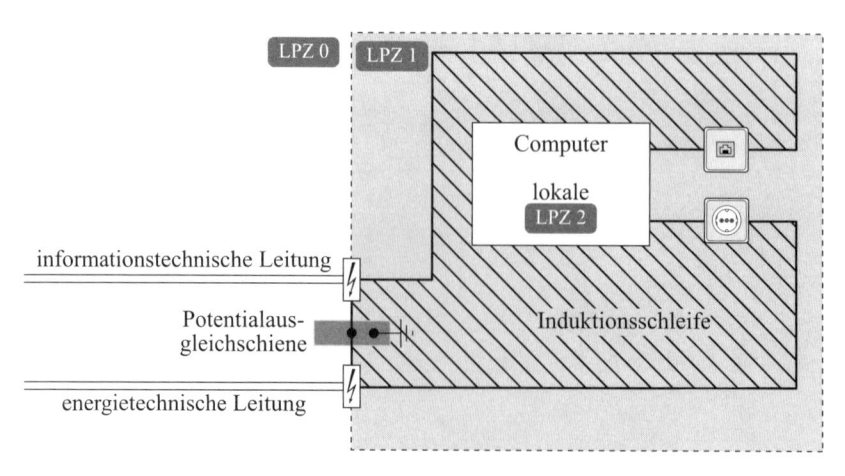

Bild 9.87 Gefährdung eines an zwei Netze angeschlossenen informationstechnischen Geräts durch induzierte Blitz-Überspannungen

Netz 1 —— S_1 —— E_1 zu schützendes Gerät E_2 —— S_2 —— Netz 2

S Schutzgerät
E Eingang

Potentialausgleichschiene

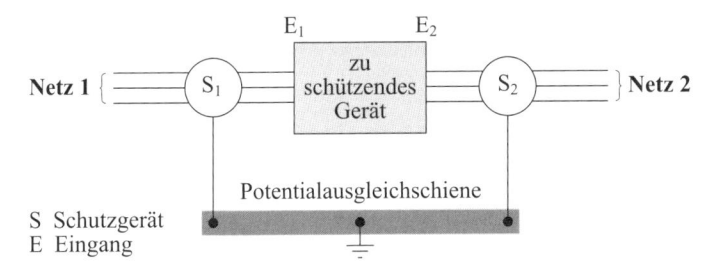

Bild 9.88 Topologie eines Schutzgeräts für Geräte oder Systeme an zwei Netzen

Das Prinzip des Schutzes besteht darin, dass im Überspannungsfall unmittelbar an den Eingängen des Geräts bzw. Systems der Potentialausgleich zwischen den Zuleitungen hergestellt wird (**Bild 9.88**). Die Schutzelemente S_1 und S_2 haben die Aufgabe, die Querspannungen zwischen Netzleitern zu begrenzen (Differential Mode Protection). Das zu schützende Gerät liegt im Nebenschluss zum Schutzgerät. Dieses stellt sicher, dass Spannungen zwischen dem energie- und informationstechnischen Netz so begrenzt werden, dass die Durchschlagspannung des Geräts zwischen den Eingängen E_1 und E_2 nicht überschritten wird. Weiterhin ist sichergestellt, dass die Common-Mode-Ströme von dem energietechnischen Netz in das informationstechnische Netz geleitet werden können und umgekehrt. Darüber hinaus können auch keine gefährlichen Überspannungen zwischen den Leitern eines Netzes entstehen. Das **Bild 9.89** zeigt die Anwendung derartiger Schutzgeräte.

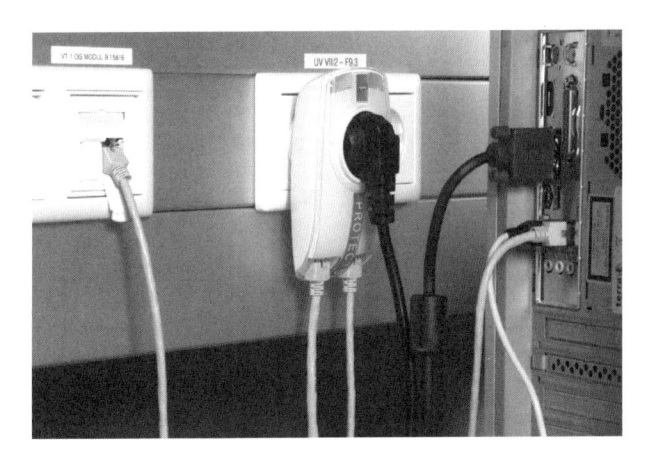

Bild 9.89 Steckbare Protectoren zum Schutz der Geräteeingänge

10 LEMP-Schutz in einem Industriekomplex

10.1 Planungsgrundlagen

10.1.1 Bauvorhaben

In einem Industriekomplex, welcher sowohl aus verschiedenen einzelnen als auch aus zusammenhängenden Gebäudeteilen besteht, soll ein Produktionsgebäude VIII/1 errichtet werden. Dieses wird an eine bestehende Gebäudeeinheit VI/1, VII/1, VII/2 angegliedert. Somit wird zukünftig ein zusammenhängender Gebäudekomplex aus den Gebäudeteilen VI, VII/1, VII/2 sowie VIII/1 entstehen. (**Bild 10.1**).

Da der Neubau VIII/1 an bestehende Gebäude angebaut wird, ist vor Beginn der Risikoanalyse der Umfang der Betrachtung festzulegen. Es ist grundlegend zu entscheiden, ob der Neubau VIII/1 allein oder der zukünftige zusammenhängende Gebäudekomplex VI/1, VII/1, VII/2, inklusive VIII/1, bewertet werden soll. Bei Erstellung einer Risikoanalyse für den kompletten Gebäudekomplex wären somit entsprechend des Ergebnisses bei bereits bestehenden Gebäudeteilen die derzeitigen Schutzmaßnahmen entsprechend der aktuellen normativen Vorgaben zu ertüchtigen. Der Bestandsschutz wäre somit aufgehoben.

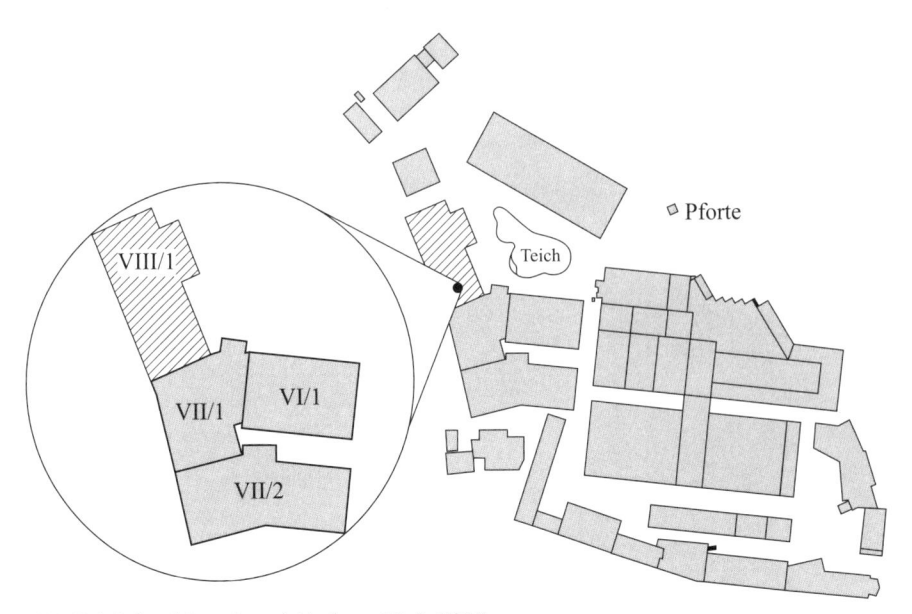

Bild 10.1 Industriekomplex mit Neubaugebäude VIII/1

Folgende bauliche Gegebenheiten müssen vorhanden sein, um den Neubau VIII/1 bei der Risikoanalyse autark betrachten zu können:

- Der bestehende Gebäudekomplex VI/1, VII/1 sowie VII/2 müsste durch eine vertikale Achse von dem Neubau VIII/1 getrennt sein (ist gegeben).
- Die vertikale Trennung der Gebäude muss durch eine Brandwand mit einer Feuerwiderstandsdauer von 120 min erfolgen (ist nicht gegeben).
- Der Neubau darf kein Explosionsrisiko beinhalten (ist gegeben).
- Die Ausbreitung von Überspannungen längs gemeinsamer Leitungen, sofern vorhanden, werden durch SPDs an den Einführungsstellen in die bauliche Anlage oder mit gleichwertigen Schutzmaßnahmen verhindert (ist möglich).

Da eine vertikale Trennung der beiden Gebäudeteile durch eine Brandschutzwand F120 nicht gegeben ist, müssen bei der Risikoanalyse alle zusammenhängenden Gebäudeteile als eine Gebäudeeinheit betrachtet werden.

In dem Gebäudekomplex VI/1, VII/1, VII/2 sowie VIII/1 befinden sich zukünftig Produktionsbereiche, Lagerbereiche, Bistro sowie Büroräume mit EDV-Geräten und Terminals, die an die zentrale EDV-Anlage angeschlossen sind.

Der EDV-Komplex VIII A (**Bild 10.2**) soll als Rechen- und Überwachungszentrum die zentrale EDV-Anlage für das Werk beinhalten. Über Terminals sollen die Buchhaltung, die Bestellungen, die Auftragsbearbeitung, die Materialwirtschaft, die Fertigung, der Warenein- und -ausgang, die Lagerhaltung, der Vertrieb und die Qualitätssicherung EDV-mäßig abgewickelt werden. Weiterhin sollen in dem EDV-Komplex VIII A die Brandmeldezentrale, die Zeiterfassung, die Telefonzentrale mit Telefonentgelterfassung und die Zugangskontrolle installiert werden. Somit müssen die elektronischen Anlagen im EDV-Komplex VIII A eine deutlich höhere Verfügbarkeit aufweisen als die elektronischen Geräte im übrigen Gebäude VI/1, VII/1, VII/2 sowie VIII/1.

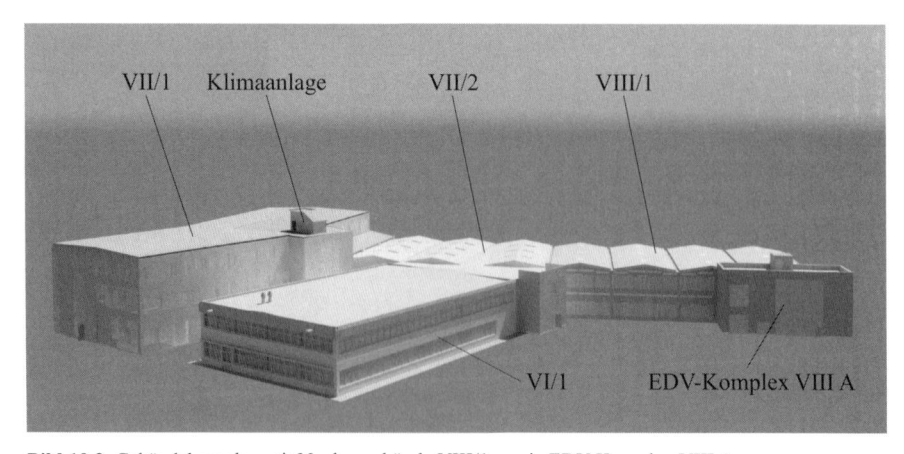

Bild 10.2 Gebäudekomplex mit Neubaugebäude VIII/1 sowie EDV-Komplex VIII A

10.1.2 Schutzkonzept und Gefährdungspegel

Für eine solche bauliche Anlage mit wertvollen und ausgedehnten elektrischen und elektronischen Systemen, deren Ausfall zudem hohe Folgekosten verursacht, ist der klassische Gebäudeblitzschutz mit einem LPS nach DIN EN 62305-3 (**VDE 0185-305-3**) nicht ausreichend. Deshalb soll der zusammenhängende Gebäudekomplex VI/1, VII/1, VII/2 sowie VIII/1 einschließlich seines EDV-Komplexes durch einen gesamten Blitzschutz einschließlich des LEMP-Schutzes SPM nach DIN EN 62305-4 (**VDE 0185-305-4**) geschützt werden, d. h. gegen die Wirkungen des Blitzstroms und der magnetischen Blitzfelder von direkten und indirekten Blitzeinschlägen.

Da es sich bei dem zu schützenden Gebäudekomplex VI, VII/1, VII/2 sowie VIII/1 um einen üblichen Industriekomplex mit elektronischen Systemen handelt, wird der **Gefährdungspegel LPL II** zugrunde gelegt, wodurch die maximalen (Tabelle 3 in DIN EN 62305-1 (**VDE 0185-305-1**):2011-10) und die minimalen Blitzkennwerte (Tabelle 4 in DIN EN 62305-1 (**VDE 0185-305-1**):2011-10) für die Auslegung des LEMP-Schutzes definiert sind. Die wichtigsten dieser Werte sind in **Tabelle 10.1** zusammengestellt. Der Gefährdungspegel LPL II deckt von den zu erwartenden Blitzeinschlägen 98 % hinsichtlich der Maximal- und 97 % hinsichtlich der Minimalwerte ab (Tabelle 5 in DIN EN 62305-1 (**VDE 0185-305-1**):2011-10).

Personen sollen gegen elektrischen Schlag durch Berührungs- und Schrittspannungen (Schadensursache D1), die bauliche Anlage gegen physikalische Schäden durch Feuer, Explosion, mechanische und chemische Wirkungen (Schadensursache D2) und die elektrischen und elektronischen Systeme gegen Überspannungen (Schadensursache D3) geschützt werden.

Symbol	Wert	DIN EN 62305-1 (VDE 0185-305-1): 2011-10	Bemerkung
I	150 kA		maximaler Scheitelwert des ersten positiven Teilblitzes (10/350 µs)
I	75 kA		maximaler Scheitelwert des ersten negativen Teilblitzes (1/200 µs)
I	37,5 kA	Maximalwerte, Tabelle 3 der Norm	maximaler Scheitelwert des Folgeblitzes (0,25/100 µs)
$\dfrac{W}{R}$	5,6 MJ/Ω		spezifische Energie des ersten positiven Teilblitzes
$\dfrac{di}{dt}$	150 kA/µs		mittlere Steilheit des Folgeblitzes
Q_{long}	150 C		Ladung des Langzeitstroms
I	5 kA	Minimalwerte, Tabelle 4 der Norm	kleinster Scheitelwert des ersten positiven Teilblitzes
r	30 m		Blitzkugelradius

Tabelle 10.1 Wichtige Kenndaten für den festgelegten Gefährdungspegel LPL II

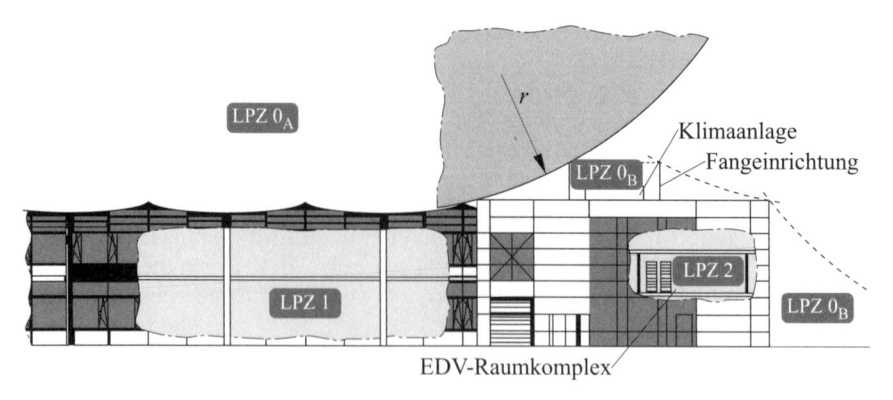

Bild 10.3 Mögliche Blitzschutzzonen LPZ 0 bis LPZ 2 am Gebäudekomplex, exemplarisch Gebäudeteil VIII/1

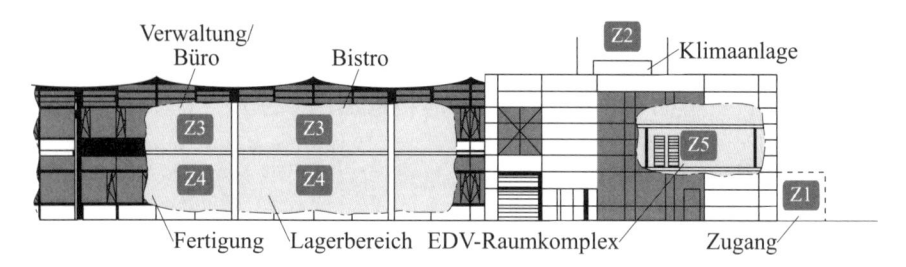

Bild 10.4 Zoneneinteilung Z1 bis Z5 für den Gebäudekomplex, exemplarisch Gebäudeteil VIII/1

Bild 10.3 zeigt zunächst die möglichen Blitzschutzzonen LPZ 0 bis LPZ 2 am Gebäudekomplex, exemplarisch am Gebäudeteil VIII/1. Um später mithilfe der Risikoanalyse den technisch und wirtschaftlich besten Schutz ermitteln zu können, wird das Gebäude unter Berücksichtigung der Blitzschutzzonen in die Zonen Z1 bis Z5 unterteilt (**Bild 10.4**). Die Risikoanalyse muss für jede Zone und für jede relevante Schadensart durchgeführt werden. Abschließend müssen gegenseitige Abhängigkeiten überprüft werden, bevor die endgültigen Schutzmaßnahmen so festgelegt werden, dass der erforderliche Schutz in allen Zonen gewährleistet ist.

10.1.2.1 Blitzschutzzonen

Die durch direkte Blitzeinschläge gefährdete Blitzschutzzone **LPZ 0_A** wird nicht näher betrachtet, da sich dort keine zu schützenden Objekte befinden.

Die gegen direkte Blitzeinschläge geschützte **LPZ 0_B** wird definiert über den Blitzkugelradius (r = 30 m für den Gefährdungspegel LPL II nach Tabelle 10.1). Dazu wird über das Modell der Anlage eine maßstabgerechte Blitzkugel gerollt (**Bild 10.5**).

Bild 10.5 Blitzkugelverfahren zur Bestimmung von LPZ 0_B

Dabei wird nicht nur der Gebäudekomplex VI/1, VII/1, VII/2 sowie VIII/1, sondern auch seine Umgebung berücksichtigt. Alle von der Kugel nicht erreichten Volumina sind LPZ 0_B, wogegen jeder berührte Punkt ein möglicher Einschlagpunkt ist. Auch die Klimaanlage auf dem Dach des Gebäudekomplexes wäre ohne weitere Schutzmaßnahmen durch direkte Blitzeinschläge gefährdet.

Das Gebäudeinnere kann allgemein als Blitzschutzzone **LPZ 1** definiert werden. Besonders schutzbedürftige Bereiche wie der EDV-Komplex können als Blitzschutzzone **LPZ 2** definiert und mit verstärktem Schutz versehen werden.

10.1.2.2 Zoneneinteilung für den Gebäudekomplex VI, VII/1, VII/2 sowie VIII/1

Zone Z1 (Außenbereich um den Gebäudekomplex VI/1, VII/1, VII/2, VIII/1)

Personen auf Erdniveau außerhalb des Gebäudes sind durch elektrischen Schlag infolge von Berührungs- und Schrittspannungen im Umkreis von 3 m um die Blitzableitungen gefährdet (siehe Abschnitt 8 in DIN EN 62305-3 (**VDE 0185-305-3**)). Dieser Bereich wird als Zone Z1 (Teilbereich von LPZ 0_B) festgelegt. Die Risikokomponente R_A bestimmt Notwendigkeit und Art der Schutzmaßnahmen.

Für die Zone Z1 ist das maßgebliche Risiko

$R = R_A$.

Zone Z2 (Dachbereich)

Da Klimaanlagen sowie Dachaufbauten auf den Dächern des Gebäudekomplexes direkten Blitzeinschlägen ausgesetzt wären, sind diese durch Fangeinrichtungen in eine geschützte Zone Z2 (Teilbereich von LPZ 0_B) zu bringen. Es muss dabei beachtet werden, dass die Fangeinrichtungen unter Berücksichtigung der Trennungsabstände sowie den normativen Forderungen nach DIN EN 62305-3 (**VDE 0185-305-3**) für die Schutzklasse II (entsprechend Gefährdungspegel LPL II) errichtet werden. Falls nötig, ist eine isolierte Fangeinrichtung zu installieren.

Zone Z3 (Bistro/Verwaltung)

Der Gebäudekomplex VII/1 beinhaltet im 2. OG ein Bistro. Zudem befinden sich in dem Gebäudekomplex VI/1, VII/1, VII/2 sowie VIII/1 in verschiedenen Etagen Büros, welche dem Zwecke der Verwaltung dienen. Im Vergleich zu den anderen Zonen unterscheiden sich diese teilweise aufgrund der Anzahl der Personen der spezifischen Brandlast (Brandrisiko).

Zone Z4 (Fertigung/Lagerbereich)

Im Gebäudekomplex befinden sich zudem Fertigungs- sowie in verschiedenen Etagen Lagerbereiche. Neben dem Schutz der Personen ist aufgrund des Inhalts in den Lagerbereichen die spezifische Brandlast zu bewerten. Des Weiteren wird in diesen Bereich eine Brandmeldeanlage mit installiert, welche ebenfalls ausreichend mit Schutzgeräten gegen Blitz- und Überspannungen abzusichern ist. Allgemein gilt es, in diesen Zonen den Ausfall innerer Systeme bei der Bewertung zu berücksichtigen. Ein wirtschaftlicher Verlust infolge von auftretenden Schäden wäre sehr hoch.

Zone Z5 (EDV-Komplex)

Der EDV-Komplex wird als Zone Z5 (Bereich der LPZ 2) festgelegt. Dort befinden sich empfindliche elektronische Systeme, deren Ausfall zu hohen Schäden und Folgekosten führen würden.

Für die Zonen Z2, Z3, Z4 und Z5 ist das maßgebliche Risiko

$$R = (R_A + R_U) + (R_B + R_V) + (R_C + R_M + R_W + R_Z).$$

10.1.2.3 Schadensarten

Bei einem Industriekomplex sind die Schadensarten Verlust von Menschenleben (**L1**) und wirtschaftliche Verluste (**L4**) zu beachten.

Mögliche Schutzmaßnahmen:

- Blitzschutzzonenkonzept,
- Potentialausgleichnetzwerk,
- räumliche Schirmung der Blitzschutzzonen,
- Blitzschutz-Potentialausgleich am Gebäudeeintritt,
- koordinierter SPD-Schutz an den Schnittstellen der Blitzschutzzonen,
- Schutzmaßnahmen bei Leitungsführung und -schirmung,
- Schutzmaßnahmen gegen die Folgen von Bränden.

10.2 Kenndaten für den zu schützenden Gebäudekomplex VI/1, VII/1, VII/2, VIII/1

10.2.1 Erdblitzdichte und Kenndaten für das Gebäude

Für den in Süddeutschland gelegenen Industriekomplex wird gemäß Beiblatt 1 von DIN EN 62305-2 (**VDE 0185-305-2**) eine resultierende Erdblitzdichte von $N_G = 1{,}6$ pro km² und Jahr festgelegt. Aufgrund der Tatsache, dass ein Erdblitz mehrere, räumlich voneinander getrennte Fußpunkte auf der Erdoberfläche haben kann, wird der in Beiblatt 1 empfohlene Aufschlag von 100 % berücksichtigt. Somit ist mit einem Wert $N_G = 3{,}2$ pro km² und Jahr zu rechnen. Das würde nach der dort angegebenen Gleichung einem früher verwendeten isokeraunischen Pegel von rund 32 Gewittertagen pro Jahr entsprechen.

Der Gebäudekomplex besteht aus vier Gebäudeteilen, VI/1 bis VIII/1, mit Höhen von 11,2 m bis 16,5 m bestehen (Bild 10.5). Es ist von den Gebäuden II/7, IV/4, V/8, V/9, V/10, IX/2, XX/12 sowie in unmittelbarer Nähe sowie vom Gebäude in größerer Entfernung XX/12 umgeben.

Für überschlägige Berechnungen der Einfangflächen für direkte/indirekte Blitzeinschläge in den Gebäudekomplex können die gemittelten Abmessungen für Länge, Breite und Höhe verwendet werden, wenn zusätzlich der Standortfaktor C_D berücksichtigt wird. Da der Gebäudekomplex von weiteren Gebäuden umgeben ist, wurde der Standortfaktor mit $C_D = 0{,}5$ (Tabelle 7.6) festgelegt.

Diese Daten sind in **Tabelle 10.2** zusammengefasst.

Symbol	Wert	DIN EN 62305-2 (VDE 0185-305-2): 2013-02	Bemerkung
N_G	3,2	Beiblatt 1 zur Norm	Erdblitzdichte pro km² und Jahr
C_D	0,5	Tabelle A.1	Standortfaktor: Neubau, umgeben von (kleineren) Objekten
L	90 m		mittlere Länge und Breite, berechnet für ein flächengleiches Rechteck
W	61 m		
H	14 m		mittlere Höhe des Neubaus

Tabelle 10.2 Erdblitzdichte, Standortfaktor und Abmessungen des Neubaus

Einfangflächen für direkte Blitzeinschläge

In **Bild 10.6** eingezeichnet ist die Einfangfläche für direkte Blitzeinschläge, wie sie mit der in Kapitel 7.7.2 beschriebenen Methode mit einem seitlichen Abstand der Begrenzungslinie von der Gebäudegrundfläche mit $r = 3H$ ermittelt wurde:

$A_D = 23\,716\text{ m}^2$ für den zusammenhängenden Gebäudekomplex.

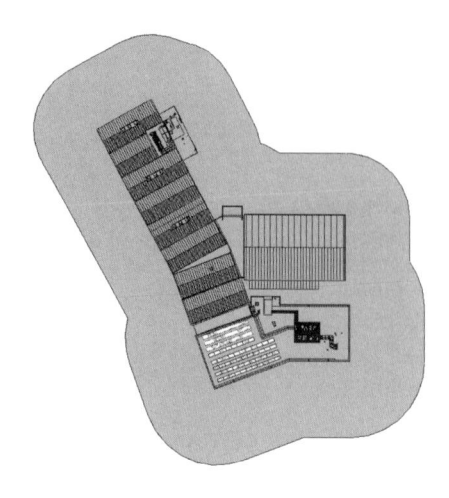

Bild 10.6 Abmessungen und
Einfangflächen von Gebäudekomplex VI/1,
VII/1, VII/2, VIII/1

Die in Tabelle 10.2 angegebenen, gemittelten Abmessungen für Länge, Breite und Höhe dienen hierzu als Grundlage.

10.2.2 Kenndaten für eintretende Versorgungsleitungen

In den Gebäudekomplex VI/1, VII/1, VII/2 sowie VIII/1 treten Versorgungsleitungen für Energie und Daten über insgesamt vier verschiedene Trassen ein (**Bild 10.7**), die jeweils einzeln zu berücksichtigen sind:

- **Trasse 1** als Verbindung zu Gebäude XX/13 mit Erdkabeln für 230/400-V-Netz, Telefon und KNX (vormals EIB),
- **Trasse 2** als Verbindung zu den Gebäuden V/8, IV/4 mit Erdkabeln für 230/400-V-Netz, Daten und Telefon,
- **Trasse 3** als Verbindung über 20-kV-Erdkabel zur Transformatorstation,
- **Trasse 4** als Verbindung zum Gebäude I/1 und von dort zum externen Telefonnetz.

Trasse 1 führt vom Gebäudekomplex VI/1, VII/2, VII/2 sowie VIII/1 zum Gebäude XX/13 und weist eine Länge von 70 m auf. Sie besteht aus Erdkabeln für die 230/400-V-Energieversorgung, für Daten und für Telefon. Da direkte Blitzeinschläge in das verbundene Gebäude anteilige Blitzströme in diesen Leitungen bewirken, sind die Abmessungen des verbundenen Gebäudes nach Kapitel 10.2.2 zu berücksichtigen (**Tabelle 10.3**).

Trasse 2 ist bestimmt durch Leitungen, die als Erdkabel für die 400-V-Energieversorgung, für Daten und für Telefon vom Gebäudekomplex in die unmittelbar benachbarte Gebäudegruppe V/8, IV/4 eintritt. Die Länge der Leitungen ist deshalb zu vernachlässigen: $L_{L2} = 0$. Die Einfangfläche der verbundenen Gebäudegruppe von 29 000 m² ist zu berücksichtigen (**Tabelle 10.4**).

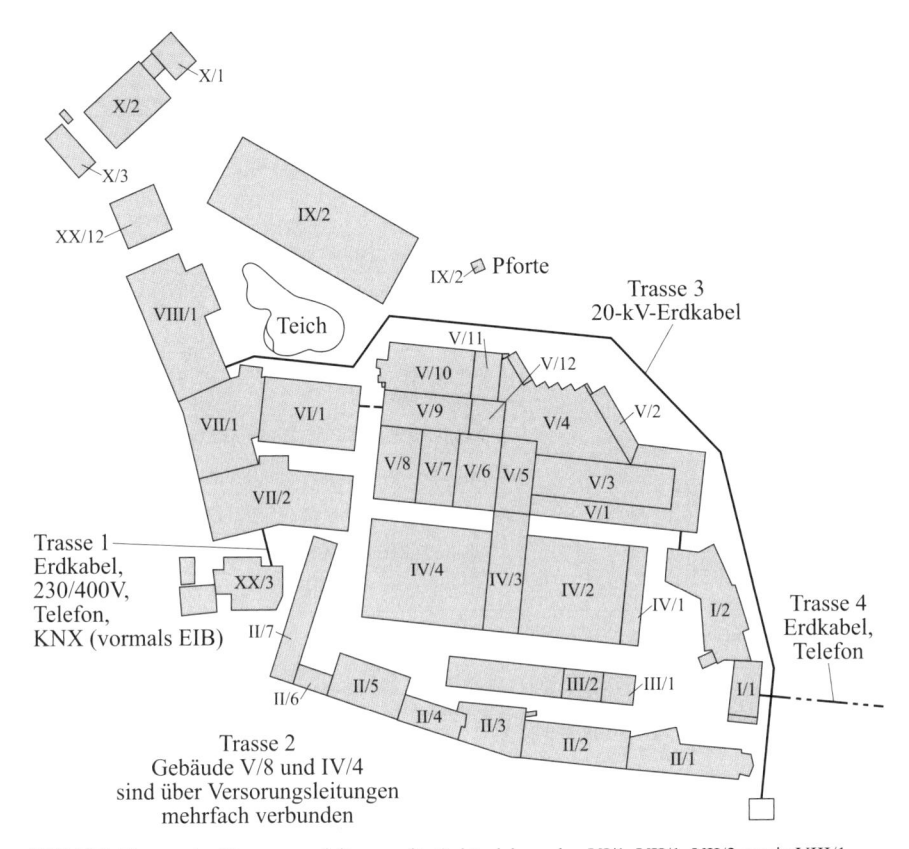

Bild 10.7 Trassen der Versorgungsleitungen für Gebäudekomplex VI/1, VII/1, VII/2 sowie VIII/1

Trasse 3 ist bestimmt durch ein von dem Gebäudekomplex VI, VII/1, VII/2 sowie VIII/1 abgehendes 20-kV-Erdkabel mit einer Länge von 450 m zu einer Transformatorstation. Die Leitung wird nur bis zum nächsten Knotenpunkt, somit bis zur Transformatorstation, betrachtet. Die Transformatorstation wird als verbundenes Gebäude berücksichtigt (**Tabelle 10.5**).

Trasse 4 ist bestimmt durch eine Telefonfernleitung mit einem Telefonerdkabel, das vom Gebäude I/1 zu einer entfernten Vermittlungsstelle führt. Deshalb ist die maximale Länge $L_{L4} = 1\,000$ m anzusetzen. Ein verbundenes Gebäude wird nicht berücksichtigt (**Tabelle 10.6**).

Symbol	Wert	DIN EN 62305-2 (VDE 0185-305-2): 2013-02	Bemerkung
X_{typ}	b		Leitungstyp: Telefonleitung (Worst-Case)
L_{L1}	70		Länge in m
C_I	0,5	Tabelle A.2	Installationsfaktor: Erdkabel
C_T	1	Tabelle A.3	Transformatorfaktor: kein Transformator
C_E	1	Tabelle A.4	Umgebungsfaktor der Trasse: ländlich (wenig bebaut)
R_s	–	Tabelle B.8	Leitungsschirm in Ω/km: keiner
U_w	≤ 1,0		Spannungsfestigkeit der inneren Systeme in kV (Worst-Case)
L_J, W_J, H_J	40, 10, 8		verbundenes Gebäude: Abmessungen in m
C_{DJ}	0,5	Tabelle A.1	verbundenes Gebäude: Standortfaktor
K_{S4}	1	Ergebniswerte	Gl. (B.7) in DIN EN 62305-2 (**VDE 0185-305-2**)
P_{LD}	1		Tabelle B.8 in DIN EN 62305-2 (**VDE 0185-305-2**)
P_{LI}	1		Tabelle B.9 in DIN EN 62305-2 (**VDE 0185-305-2**)

Tabelle 10.3 Kenndaten für die Trasse 1

Symbol	Wert	DIN EN 62305-2 (VDE 0185-305-2): 2013-02	Bemerkung
X_{typ}	b		Leitungstyp: Telefonleitung (Worst-Case)
L_{L1}	0		Länge in m: vernachlässigbar
C_I	0,5	Tabelle A.2	Installationsfaktor: Erdkabel
C_T	1	Tabelle A.3	Transformatorfaktor: kein Transformator
C_E	0,1	Tabelle A.4	Umgebungsfaktor der Trasse: städtisch (dicht bebaut)
R_s	–	Tabelle B.8	Leitungsschirm in Ω/km: keiner
U_w	1,5		Spannungsfestigkeit der inneren Systeme in kV (Worst-Case)
A_{DJ}	29 000		Einfangfläche der verbundenen Gebäude in m²
K_{S4}	0,667	Ergebniswerte	Gl. (B.7) in DIN EN 62305-2 (**VDE 0185-305-2**)
P_{LD}	1		Tabelle B.8 in DIN EN 62305-2 (**VDE 0185-305-2**)
P_{LI}	0,5		Tabelle B.9 in DIN EN 62305-2 (**VDE 0185-305-2**)

Tabelle 10.4 Kenndaten für die Trasse 2

Symbol	Wert	DIN EN 62305-2 (VDE 0185-305-2): 2013-02	Bemerkung
X_{typ}	a		Leitungstyp: Energieleitung
L_{L1}	450		Länge in m
C_I	0,5	Tabelle A.2	Installationsfaktor: Erdkabel
C_T	0,2	Tabelle A.3	Transformatorfaktor: NS-Trenntransformator
C_E	0,5	Tabelle A.4	Umgebungsfaktor der Trasse: vorstädtisch (bebaut)
R_s	–	Tabelle B.8	Leitungsschirm in Ω/km: keiner
U_w	2,5		Spannungsfestigkeit der inneren Systeme in kV (Worst-Case)
L_J, W_J, H_J	4, 3, 4		Verbundenes Gebäude: keines
C_{DJ}	0,5	Tabelle A.1	Verbundenes Gebäude: Standortfaktor
K_{S4}	0,04	Ergebniswerte	Gl. (B.7) in DIN EN 62305-2 (**VDE 0185-305-2**)
P_{LD}	1		Tabelle B.8 in DIN EN 62305-2 (**VDE 0185-305-2**)
P_{LI}	0,1		Tabelle B.9 in DIN EN 62305-2 (**VDE 0185-305-2**)

Tabelle 10.5 Kenndaten für die Trasse 3

Symbol	Wert	DIN EN 62305-2 (VDE 0185-305-2): 2013-02	Bemerkung
X_{typ}	b		Leitungstyp: Telefonleitung
L_{L1}	1 000		Länge in m
C_I	0,5	Tabelle A.2	Installationsfaktor: Erdkabel
C_T	1	Tabelle A.3	Transformatorfaktor: kein Transformator
C_E	1	Tabelle A.4	Umgebungsfaktor der Trasse: ländlich (wenig bebaut)
R_s	–	Tabelle B.8	Leitungsschirm in Ω/km: keiner
U_w	≤ 1,0		Spannungsfestigkeit der inneren Systeme in kV (Worst-Case)
L_J, W_J, H_J			verbundenes Gebäude: keines
C_{DJ}		Tabelle A.1	verbundenes Gebäude: Standortfaktor
K_{S4}	1	Ergebniswerte	Gl. (B.7) in DIN EN 62305-2 (**VDE 0185-305-2**)
P_{LD}	1		Tabelle B.8 in DIN EN 62305-2 (**VDE 0185-305-2**)
P_{LI}	1		Tabelle B.9 in DIN EN 62305-2 (**VDE 0185-305-2**)

Tabelle 10.6 Kenndaten für die Trasse 4

10.2.3 Einflussfaktoren (ungeschützte Anlage)

Für die Ermittlung der Notwendigkeit eines Blitzschutzes müssen zunächst die Werte der Schadenswahrscheinlichkeiten und der Einflussfaktoren für die noch **ungeschützte Anlage** ermittelt werden (**Tabelle 10.7** und **Tabelle 10.11**).
Bauseits vorgegebene Eigenschaften werden berücksichtigt, soweit sie auch ohne Vorgaben des Blitzschutzes auf das Risiko Einfluss haben. Deshalb wird der geplante Linoleumboden berücksichtigt, weil er einen inhärenten Schutz gegen Berührungsspannungen für Personen im Gebäudeinneren ($r_t = 10^{-5}$) bewirkt. Andererseits wird die bauseits vorgesehene, automatisch arbeitende Feuerlöschanlage zunächst nicht berücksichtigt ($r_p = 1$), weil sie für den Blitzschutz erst dann wirksam sein kann, wenn sie gegen Überspannungen geschützt ist (siehe Tabelle 7.20). Andernfalls würde sie gerade bei einem Blitzeinschlag mit hoher Wahrscheinlichkeit den Dienst versagen. Ebenso werden Armierung und Metallfassaden zunächst nicht berücksichtigt ($P_B = 1$), weil sie für den Blitzschutz erst dann wirksam sind, wenn sie dessen Anforderung eines leitfähig durchverbundenen Systems erfüllen, was aber bauseits zunächst nicht garantiert ist.

10.2.3.1 Globale Einflussfaktoren

Symbol	Wert	DIN EN 62305-2 (VDE 0185-305-2): 2013-02	Bemerkung	
P_B	1	Tabelle B.2	kein Blitzschutzsystem (LPS)	
P_{EB}	1	Tabelle B.7	kein Überspannungsschutz am Eintritt der jeweiligen Versorgungsleitung	
K_{S1}	1	Gl. (B.5)	Schirmwirkung von Zone LPZ 1: zunächst nicht berücksichtigt	
X_{sys}	1	Tabelle B.4	Anmerkung 3: innere Systeme (ungeschirmt)	Trasse 1
X_{con}	1		Anbindung der externen Leitungen an der Eintrittstelle (beliebig)	
C_{LD}	1	Ergebniswerte	Tabelle B.4 und Anmerkung 3 in DIN EN 62305-2 (**VDE 0185-305-2**)	
C_{LI}	1			
C_{SD}	1			
X_{sys}	1	Tabelle B.4	Anmerkung 3: innere Systeme (ungeschirmt)	Trasse 2
X_{con}	1		Anbindung der externen Leitungen an der Eintrittstelle (beliebig)	
C_{LD}	1	Ergebniswerte	Tabelle B.4 und Anmerkung 3 in DIN EN 62305-2 (**VDE 0185-305-2**)	
C_{LI}	1			
C_{SD}	1			
X_{sys}	1	Tabelle B.4	Anmerkung 3: innere Systeme (ungeschirmt)	Trasse 3
X_{con}	1		Anbindung der externen Leitungen an der Eintrittstelle (beliebig)	
C_{LD}	1	Ergebniswerte	Tabelle B.4 und Anmerkung 3 in DIN EN 62305-2 (**VDE 0185-305-2**)	
C_{LI}	1			
C_{SD}	1			
X_{sys}	1	Tabelle B.4	Anmerkung 3: innere Systeme (ungeschirmt)	Trasse 4
X_{con}	1		Anbindung der externen Leitungen an der Eintrittstelle (beliebig)	
C_{LD}	1	Ergebniswerte	Tabelle B.4 und Anmerkung 3 in DIN EN 62305-2 (**VDE 0185-305-2**)	
C_{LI}	1			
C_{SD}	1			

Tabelle 10.7 Globale Faktoren (ungeschützte Anlage)

10.2.3.2 Einflussfaktoren für die Zonen

Symbol	Wert	DIN EN 62305-2 (VDE 0185-305-2): 2013-02	Bemerkung	
r_t	10^{-2}	Tabelle C.3	Boden ist Beton	
P_{TA}	1	Tabelle NB.1	kein Schutz gegen Berührungs- und Schrittspannungen von Ableitungen	
P_{TU}	1	Tabelle NB.6	kein Schutz gegen Berührungsspannungen von Leitungen	
r_f	1	Tabelle C.5	Brandrisiko: keines	
r_p	1	Tabelle C.4	Brandschutz: keiner	
K_{S2}	1	Gl. (B.6)	Schirmwirkung innerer Zonen: nicht vorhanden	
K_{S3}	1	Tabelle B.5	interne Leitungen: ungeschirmt und Schleifen > 10 m²	Trasse 1
P_{SPD}	1	Tabelle B.3	kein koordinierter SPD-Schutz	
K_{S3}	1	Tabelle B.5	interne Leitungen: ungeschirmt und Schleifen > 10 m²	Trasse 2
P_{SPD}	1	Tabelle B.3	kein koordinierter SPD-Schutz	
K_{S3}	1	Tabelle B.5	interne Leitungen: ungeschirmt und Schleifen > 10 m²	Trasse 3
P_{SPD}	1	Tabelle B.3	kein koordinierter SPD-Schutz	
K_{S3}	1	Tabelle B.5	interne Leitungen: ungeschirmt und Schleifen > 10 m²	Trasse 4
P_{SPD}	1	Tabelle B.3	kein koordinierter SPD-Schutz	

Tabelle 10.8 Faktoren für die Zone Z1 (außen) (ungeschützte Anlage)

Symbol	Wert	DIN EN 62305-2 (VDE 0185-305-2): 2013-02	Bemerkung	
r_t	10^{-2}	Tabelle C.3	Boden ist Beton	
P_{TA}	1	Tabelle NB.1	kein Schutz gegen Berührungs- und Schrittspannungen von Ableitungen	
P_{TU}	1	Tabelle NB.6	kein Schutz gegen Berührungsspannungen von Leitungen	
r_f	10^{-2}	Tabelle C.5	Brandrisiko: normal (Dachaufbauten, Klimaanlage)	
r_p	1	Tabelle C.4	Brandschutz: keiner	
K_{S2}	1	Gl. B.6	Schirmwirkung innerer Zonen: nicht vorhanden	
K_{S3}	1	Tabelle B.5	interne Leitungen: ungeschirmt und Schleifen $> 10\ m^2$	Trasse 1
P_{SPD}	1	Tabelle B.3	kein koordinierter SPD-Schutz	
K_{S3}	1	Tabelle B.5	interne Leitungen: ungeschirmt und Schleifen $> 10\ m^2$	Trasse 2
P_{SPD}	1	Tabelle B.3	kein koordinierter SPD-Schutz	
K_{S3}	1	Tabelle B.5	interne Leitungen: ungeschirmt und Schleifen $> 10\ m^2$	Trasse 3
P_{SPD}	1	Tabelle B.3	kein koordinierter SPD-Schutz	
K_{S3}	1	Tabelle B.5	interne Leitungen: ungeschirmt und Schleifen $> 10\ m^2$	Trasse 4
P_{SPD}	1	Tabelle B.3	kein koordinierter SPD-Schutz	

Tabelle 10.9 Faktoren für die Zone Z2 (Dach) (ungeschützte Anlage)

Symbol	Wert	DIN EN 62305-2 (VDE 0185-305-2): 2013-02	Bemerkung	
r_t	10^{-5}	Tabelle C.3	Boden ist Linoleum	
P_{TA}	1	Tabelle NB.1	kein Schutz gegen Berührungs- und Schrittspannungen von Ableitungen	
P_{TU}	1	Tabelle NB.6	kein Schutz gegen Berührungsspannungen von Leitungen	
r_f	10^{-2}	Tabelle C.5	Brandrisiko: normal	
r_p	1	Tabelle C.4	Brandschutz: keiner	
K_{S2}	1	Gl. (B.6)	Schirmwirkung innerer Zonen: nicht vorhanden	
K_{S3}	1	Tabelle B.5	interne Leitungen: ungeschirmt und Schleifen > 10 m²	Trasse 1
P_{SPD}	1	Tabelle B.3	kein koordinierter SPD-Schutz	
K_{S3}	1	Tabelle B.5	interne Leitungen: ungeschirmt und Schleifen > 10 m²	Trasse 2
P_{SPD}	1	Tabelle B.3	kein koordinierter SPD-Schutz	
K_{S3}	1	Tabelle B.5	interne Leitungen: ungeschirmt und Schleifen > 10 m²	Trasse 3
P_{SPD}	1	Tabelle B.3	kein koordinierter SPD-Schutz	
K_{S3}	1	Tabelle B.5	interne Leitungen: ungeschirmt und Schleifen > 10 m²	Trasse 4
P_{SPD}	1	Tabelle B.3	kein koordinierter SPD-Schutz	

Tabelle 10.10 Faktoren für die Zone Z3 (Verwaltung/Bistro) (ungeschützte Anlage)

Symbol	Wert	DIN EN 62305-2 (VDE 0185-305-2): 2013-02	Bemerkung	
r_t	10^{-2}	Tabelle C.3	Boden ist Beton (worst case)	
P_{TA}	1	Tabelle NB.1	kein Schutz gegen Berührungs- und Schrittspannungen von Ableitungen	
P_{TU}	1	Tabelle NB.6	kein Schutz gegen Berührungsspannungen von Leitungen	
r_f	10^{-2}	Tabelle C.5	Brandrisiko: normal	
r_p	1	Tabelle C.4	Brandschutz: keiner	
K_{S2}	1	Gl. (B.6)	Schirmwirkung innerer Zonen: nicht vorhanden	
K_{S3}	1	Tabelle B.5	interne Leitungen: ungeschirmt und Schleifen > 10 m^2	Trasse 1
P_{SPD}	1	Tabelle B.3	kein koordinierter SPD-Schutz	
K_{S3}	1	Tabelle B.5	interne Leitungen: ungeschirmt und Schleifen > 10 m^2	Trasse 2
P_{SPD}	1	Tabelle B.3	kein koordinierter SPD-Schutz	
K_{S3}	1	Tabelle B.5	interne Leitungen: ungeschirmt und Schleifen > 10 m^2	Trasse 3
P_{SPD}	1	Tabelle B.3	kein koordinierter SPD-Schutz	
K_{S3}	1	Tabelle B.5	interne Leitungen: ungeschirmt und Schleifen > 10 m^2	Trasse 4
P_{SPD}	1	Tabelle B.3	kein koordinierter SPD-Schutz	

Tabelle 10.11 Faktoren für die Zone Z4 (Fertigungs-/Lagerbereich) (ungeschützte Anlage)

Symbol	Wert	DIN EN 62305-2 (VDE 0185-305-2): 2013-02	Bemerkung	
r_t	10^{-5}	Tabelle C.3	Boden ist Linoleum	
P_{TA}	1	Tabelle NB.1	kein Schutz gegen Berührungs- und Schrittspannungen von Ableitungen	
P_{TU}	1	Tabelle NB.6	kein Schutz gegen Berührungsspannungen von Leitungen	
r_f	10^{-2}	Tabelle C.5	Brandrisiko: normal	
r_p	1	Tabelle C.4	Brandschutz: keiner	
K_{S2}	1	Gl. (B.6)	Schirmwirkung innerer Zonen: nicht vorhanden	
K_{S3}	1	Tabelle B.5	interne Leitungen: ungeschirmt und Schleifen > 10 m²	Trasse 1
P_{SPD}	1	Tabelle B.3	kein koordinierter SPD-Schutz	
K_{S3}	1	Tabelle B.5	interne Leitungen: ungeschirmt und Schleifen > 10 m²	Trasse 2
P_{SPD}	1	Tabelle B.3	kein koordinierter SPD-Schutz	
K_{S3}	1	Tabelle B.5	interne Leitungen: ungeschirmt und Schleifen > 10 m²	Trasse 3
P_{SPD}	1	Tabelle B.3	kein koordinierter SPD-Schutz	
K_{S3}	1	Tabelle B.5	interne Leitungen: ungeschirmt und Schleifen > 10 m²	Trasse 4
P_{SPD}	1	Tabelle B.3	kein koordinierter SPD-Schutz	

Tabelle 10.12 Faktoren für die Zone Z5 (EDV-Komplex) (ungeschützte Anlage)

10.2.4 Einfangflächen und jährliche gefährliche Ereignisse

Mit den bis hierher angegebenen Daten können jetzt die Einfangflächen der Gebäude und der Versorgungsleitungen (**Tabelle 10.8**) und daraus dann die jährlichen gefährlichen Ereignisse durch Blitzeinschläge (**Tabelle 10.9**) ermittelt werden:

- A_D ist die Einfangfläche für direkte Einschläge in den Gebäudekomplex VI, VII/1, VII/2 sowie VIII/1. Aus den gemittelten Abmessungen des Gebäudes V (Tabelle 10.2) zusammen mit dem Standortfaktor $C_D = 0{,}5$ (Gebäude umgeben von Objekten) ergibt sich ein Wert von $A_D = 23\,716$ m² für die Einfangfläche und von $N_1 = N_D = N_G \cdot A_D \cdot C_D = 0{,}038$ für die jährlichen gefährlichen Ereignisse.
- A_M ist die Einfangfläche für Einschläge nahe dem Gebäudekomplex, die gefährliche Impulsmagnetfelder und Überspannungen hervorrufen können. Sie wird für eine Entfernung von $D_M = 500$ m von den Außengrenzen des Gebäudes bestimmt. Die Bedrohung ist energetisch weit weniger kritisch als bei direkten Einschlägen in das Gebäude, mit einer jährlichen Zahl der gefährlichen Ereignisse von $N_2 = N_M = 2{,}996$ aber wesentlich häufiger.
- **Trasse 1:** A_{L1} und A_{I1} sind die Einfangflächen für Einschläge direkt in die Leitungen und nahe der Trasse 1. Die Einfangfläche für direkte Einschläge in das verbundene Gebäude XX/13 ergibt sich aus den Abmessungen und dem Standortfaktor $C_{DJ1} = 1$ (keine Gebäude in naher Umgebung) zu $A_{DJ1} = 4\,610$ m². Damit ergibt sich die Zahl der gefährlichen Ereignisse für Einschläge in Trasse 1 zu $N_{3/1} = N_{L1} + N_{DJ1} = 0{,}004 + 0{,}007 = 0{,}012$ und nahe der Trasse 1 zu $N_{4/1} = N_{I1} = 0{,}448$.
- **Trasse 2:** A_{L2} und A_{I2} sind die Einfangflächen für Einschläge direkt in die Leitungen und nahe der Trasse 2, die aber hier entfallen, weil die Leitungslänge vernachlässigbar klein ist. Die Einfangfläche für direkte Einschläge in die verbundenen Gebäude (Bild 9.8) ist $A_{DJ2} = 29\,000$ m² nach Kapitel 9.2.2. Damit ergibt sich die Zahl der gefährlichen Ereignisse für Einschläge in Trasse 2 zu $N_{3/2} = N_{L2} + N_{DJ2} = 0 + 0{,}019 = 0{,}019$ und nahe der Trasse 2 zu $N_{4/2} = N_{I2} = 0$.
- **Trasse 3:** A_{L3} und A_{I3} sind die Einfangflächen für das vom Gebäudekomplex VI, VII/1, VII/2, VIII/1 abgehende 20-kV-Erdkabel bis zur Transformatorstation. Die Transformatorstation bildet die verbundene bauliche Anlage mit einer Einfangfläche von $A_{DJ3} = 632$ m². Damit ergibt sich die Zahl der gefährlichen Ereignisse für Einschläge in Trasse 3 zu $N_{3/3} = N_{L3} + N_{DJ3} = 0{,}014 + 0{,}001 = 0{,}015$ und nahe der Trasse 3 zu $N_{4/3} = N_{I3} = 1{,}440$.
- **Trasse 4:** A_{L4} und A_{I4} sind die Einfangflächen für das vom Gebäude I/1 abgehende Telefonerdkabel zu einer entfernten Vermittlungsstelle. Da kein verbundenes Gebäude existiert, wird der Wert von $A_{DJ4} = 0$ gesetzt. Damit ergibt sich die Zahl der gefährlichen Ereignisse für Einschläge in Trasse 4 zu $N_{3/4} = N_{L4} + N_{DJ4} = 0{,}064 + 0 = 0{,}064$ und nahe der Trasse 4 zu $N_{4/4} = N_{I4} = 6{,}400$.

Symbol	Wert in m²	DIN EN 62305-2 (VDE 0185-305-2): 2013-02	Bemerkung
A_D	23716	Gl. (A.2)	**Gebäude**: Einfangfläche für direkte Einschläge ins Gebäude $A_D = L \cdot W + 2 \cdot (3H) \cdot (L+W) + \pi \cdot (3H)^2$
A_M	936398	Gl. (A.3)	**Gebäude**: Einfangfläche für Einschläge nahe dem Gebäude $A_M = 2(D_M) \cdot (L+W) + \pi \cdot (D_M)^2$ mit $D_M = 500$ m
A_{L1}	2800	Gl. (A.9)	Trasse 1: Einfangfläche für direkte Einschläge in die Leitung $A_{L1} = 40 \cdot L_{L1}$
A_{I1}	280000	Gl. (A.11)	Trasse 1: Einfangfläche für Einschläge nahe der Leitung $A_{I1} = 4000 \cdot L_{L1}$
A_{DJ1}	4610	Gl. (A.2)	Trasse 1: Einfangfläche für direkte Einschläge in das verbundene Gebäude $A_D = L \cdot W + 2 \cdot (3H) \cdot (L+W) + \pi \cdot (3H)^2$
A_{L2}	0	Gl. (A.9)	Trasse 2: Einfangfläche für direkte Einschläge in die Leitung: null, wegen vernachlässigbarer Leitungslänge
A_{I2}	0	Gl. (A.11)	Trasse 2: Einfangfläche für Einschläge nahe der Leitung: null, wegen vernachlässigbarer Leitungslänge
A_{DJ2}	29000	Gl. (A2)	Trasse 2: Einfangfläche für direkte Einschläge in die verbundenen Gebäude I, II, III, IV, VI bestimmt nach Kapitel 7.7.2 mit $r = 5H$
A_{L3}	18000	Gl. (A.9)	Trasse 3: Einfangfläche für direkte Einschläge in die Leitung $A_{L3} = 40 \cdot L_{L3}$
A_{I3}	1800000	Gl. (A.11)	Trasse 3: Einfangfläche für Einschläge nahe der Leitung $A_{I3} = 4000 \cdot L_{L3}$
A_{DJ3}	632	Gl. (A.2)	Trasse 3: Einfangfläche für direkte Einschläge in das verbundene Gebäude; kein verbundenes Gebäude
A_{L4}	40000	Gl. (A.9)	Trasse 4: Einfangfläche für direkte Einschläge in die Leitung $A_{L4} = 40 \cdot L_{L4}$
A_{I4}	4000000	Gl. (A.11)	Trasse 4: Einfangfläche für Einschläge nahe der Leitung $A_{I4} = 4000 \cdot L_{L4}$
A_{DJ4}	0	Gl. (A.2)	Trasse 4: Einfangfläche für direkte Einschläge in das verbundene Gebäude; kein verbundenes Gebäude

Tabelle 10.13 Einfangflächen der baulichen Anlage und der Versorgungsleitungen

Symbol	Wert (1/Jahr)	DIN EN 62305-2 (VDE 0185-305-2): 2013-02	Bemerkung
$N_1 = N_D$	0,038	Gl. (A.4)	Gebäude: direkte Einschläge ins Gebäude $N_D = N_G \cdot A_D \cdot C_D \cdot 10^{-6}$
$N_2 = N_M$	2,996	Gl. (A.6)	Gebäude: Einschläge nahe dem Gebäude $N_M = N_G \cdot A_M \cdot 10^{-6}$
$N_{3/1} = N_{L1} + N_{DJ1}$	0,012	Gl. (A.5) Gl. (A.8)	Trasse 1: direkte Einschläge in die Leitung $N_{3/1} = N_G \cdot (A_{L1} \cdot C_{I1} \cdot C_{E1} + A_{DJ1} \cdot C_{DJ/1}) \cdot C_{T1} \cdot 10^{-6}$
$N_{4/1} = N_{I1}$	0,448	Gl. (A.10)	Trasse 1: Einschläge nahe der Leitung $N_{4/1} = N_G \cdot A_{I1} \cdot C_{I1} \cdot C_{E1} \cdot C_{T1} \cdot 10^{-6}$
$N_{3/2} = N_{L2} + N_{DJ2}$	0,019	Gl. (A.5) Gl. (A.8)	Trasse 2: direkte Einschläge nur in verbundenes Gebäude $N_{3/2} = N_G \cdot (0 + A_{DJ2} \cdot C_{DJ/2}) \cdot C_{T2} \cdot 10^{-6}$
$N_{4/2} = N_{I2}$	0	Gl. (A.10)	Trasse 2: Einschläge nahe der Leitung: null, da Leitungslänge vernachlässigbar
$N_{3/3} = N_{L3} + N_{DJ3}$	0,015	Gl. (A.5) Gl. (A.8)	Trasse 3: direkte Einschläge in die Leitung $N_{3/3} = N_G \cdot (A_{L3} \cdot C_{I3} \cdot C_{E3} + A_{DJ3} \cdot C_{DJ/3}) \cdot C_{T3} \cdot 10^{-6}$
$N_{4/3} = N_{I3}$	1,440	Gl. (A.10)	Trasse 3: Einschläge nahe der Leitung $N_{4/3} = N_G \cdot A_{I3} \cdot C_{I3} \cdot C_{E3} \cdot C_{T3} \cdot 10^{-6}$
$N_{3/4} = N_{L4} + N_{DJ4}$	0,064	Gl. (A.5) Gl. (A.8)	Trasse 4: direkte Einschläge in die Leitung $N_{3/4} = N_G \cdot (A_{L4} \cdot C_{I4} \cdot C_{E4} + A_{DJ4} \cdot C_{DJ/4}) \cdot C_{T4} \cdot 10^{-6}$
$N_{4/4} = N_{I4}$	6,400	Gl. (A.10)	Trasse 4: Einschläge nahe der Leitung $N_{4/4} = N_G \cdot A_{I4} \cdot C_{I4} \cdot C_{E4} \cdot C_{T4} \cdot 10^{-6}$

Tabelle 10.14 Jährlich zu erwartende gefährliche Ereignisse durch Blitzeinschläge

Es ist deutlich zu sehen, dass die energetisch besonders gefährlichen Blitzeinschläge direkt in das Gebäude (N_D) und direkt in die Versorgungsleitungen (N_L) weit seltener sind als die energetisch weniger gefährlichen Blitzeinschläge in den Erdboden nahe dem Gebäude (N_M) und nahe den Versorgungsleitungen (N_I). Beides wird bei der späteren Berechnung des Risikos berücksichtigt: die Häufigkeit über die Zahl der jährlichen gefährlichen Ereignisse N und die Schadensauswirkungen über die Verlustwerte L.

10.3 Risikomanagement für die Schadensart L1 (Verlust von Menschenleben)

Für diese Schadensart sind nur die **Schadensursache D1** (Verletzung von Lebewesen) und die **Schadensursache D2** (physikalische Schäden) zu berücksichtigen. Deshalb wird das gesamte Risiko hier durch die Gefahr von Schritt- und Berührungsspannungen (R_A, R_U) und durch die Brandgefahr (R_B, R_V) bestimmt.

Anmerkung: Die Schadensursache D3 (Ausfall von elektrischen und elektronischen Systemen) und ihre Risikokomponenten (R_C, R_M, R_w, R_Z) sind nicht relevant, weil Schäden an elektrischen und elektronischen Systemen hier keine unmittelbare Gefährdung von Menschen zur Folge haben (wie es bei Krankenhäusern der Fall sein kann).

10.3.1 Kriterium $R > R_T$ für den Schutzbedarf bei der Schadensart L1

Für die Schadensart L1 (Verlust von Menschenleben) gilt nach Kapitel 7.10.4 das Kriterium $R > R_T$ für den Schutzbedarf. Dafür muss das **akzeptierbare Schadensrisiko** R_T festgelegt werden. Hier wird der Standardwert aus Tabelle 7.29 (DIN EN 62305-2 (**VDE 0185-305-2**), Tabelle 4 der Norm) übernommen:

$R_T = 10^{-5}$.

10.3.2 Kenndaten der Zonen für die Schadensart L1

Die Kenndaten für die Zonen sind von den Schutzmaßnahmen unabhängig. Sie sind bestimmt durch die Zonenfaktoren f_1, f_2, f_3 (**Tabelle 10.15**), durch den Faktor für besondere Gefährdung h_z und die Verlustanteile L_{TA}, L_{TU}, L_F, L_O (**Tabellen 10.16** bis **10.20**). Mit den Zonenfaktoren nach Tabelle 7.5 wird die Verteilung der Personen auf die Zonen und die Zeit, für die sich die Personen in der Zone aufhalten, erfasst.

Zone	Personen n_z	Zeitanteil t_z in h	Zonenfaktor $f_1 = f_2 = f_3$
Z1	15	8760	0,075
Z2	3	8760	0,015
Z3	150	8760	0,75
Z4	250	8760	1,25
Z5	5	8760	0,025
Summe	423		

Tabelle 10.15 Zahl und Zeitanteil für die zu schützenden Personen und Zonenfaktoren für die Schadensart L1

Schadensart	Symbol	Wert	DIN EN 62305-2 (VDE 0185-305-2): 2013-02	Bemerkung
L1 Verlust von Menschenleben	h_z	1	Tabelle C.6	Faktor für besondere Gefährdung (keine)
	L_{TA}	10^{-2}	Tabelle NC.2	D1: Gefahr nahe von Ableitungen
	L_{TU}	0		D1: Gefahr durch eingeführte Leitungen (keine)
	L_F	0	Tabelle NC.2	D2: Gefahr durch physikalische Schäden (keine)
	L_O	0	Tabelle NC.2	D3: Gefahr durch Ausfall von inneren Systemen (keine)
	$f_1 = f_2 = f_3$	0,075	Tabelle C.1	Zonenfaktor $$f_1 = f_2 = f_3 = \frac{n_z}{n_t} \cdot \frac{t_z}{8760} = \frac{10}{200} \cdot \frac{8760}{8760}$$

Tabelle 10.16 Kenndaten für die Zone Z1 für die Schadensart L1

Schadensart	Symbol	Wert	DIN EN 62305-2 (VDE 0185-305-2): 2013-02	Bemerkung
L1 Verlust von Menschenleben	h_z	1	Tabelle C.6	Faktor für besondere Gefährdung (keine)
	L_{TA}	10^{-2}	Tabelle NC.2	D1: Gefahr nahe von Ableitungen
	L_{TU}	10^{-2}		D1: Gefahr durch eingeführte Leitungen
	L_F	0,05	Tabelle NC.2	D2: Gefahr durch physikalische Schäden (Industrie)
	L_O	0	Tabelle NC.2	D3: Gefahr durch Ausfall von inneren Systemen (keine)
	$f_1 = f_2 = f_3$	0,015	Tabelle C.1	Zonenfaktor $$f_1 = f_2 = f_3 = \frac{n_z}{n_t} \cdot \frac{t_z}{8760} = \frac{5}{200} \cdot \frac{8760}{8760}$$

Tabelle 10.17 Kenndaten für die Zone Z2 für die Schadensart L1

Schadensart	Symbol	Wert	DIN EN 62305-2 (VDE 0185-305-2): 2013-02	Bemerkung
L1 Verlust von Menschenleben	h_Z	5	Tabelle C.6	Faktor für besondere Gefährdung (Panik bei 150 Personen)
	L_{TA}	10^{-2}	Tabelle NC.2	D1: Gefahr nahe von Ableitungen
	L_{TU}	10^{-2}		D1: Gefahr durch eingeführte Leitungen
	L_F	0,05	Tabelle NC.2	D2: Gefahr durch physikalische Schäden (Industrie)
	L_O	0	Tabelle NC.2	D3: Gefahr durch Ausfall von inneren Systemen (keine)
	$f_1 = f_2 = f_3$	0,750	Tabelle C.1	Zonenfaktor $$f_1 = f_2 = f_3 = \frac{n_Z}{n_t} \cdot \frac{t_Z}{8760} = \frac{150}{200} \cdot \frac{8760}{8760}$$

Tabelle 10.18 Kenndaten für die Zone Z3 für die Schadensart L1

Schadensart	Symbol	Wert	DIN EN 62305-2 (VDE 0185-305-2): 2013-02	Bemerkung
L1 Verlust von Menschenleben	h_Z	5	Tabelle C.6	Faktor für besondere Gefährdung (Panik bei 150 Personen)
	L_{TA}	10^{-2}	Tabelle NC.2	D1: Gefahr nahe von Ableitungen
	L_{TU}	10^{-2}		D1: Gefahr durch eingeführte Leitungen
	L_F	0,05	Tabelle NC.2	D2: Gefahr durch physikalische Schäden (Industrie)
	L_O	0	Tabelle NC.2	D3: Gefahr durch Ausfall von inneren Systemen (keine)
	$f_1 = f_2 = f_3$	1,250	Tabelle C.1	Zonenfaktor $$f_1 = f_2 = f_3 = \frac{n_Z}{n_t} \cdot \frac{t_Z}{8760} = \frac{150}{200} \cdot \frac{8760}{8760}$$

Tabelle 10.19 Kenndaten für die Zone Z3 für die Schadensart L1

Schadensart	Symbol	Wert	DIN EN 62305-2 (VDE 0185-305-2): 2013-02	Bemerkung
L1 Verlust von Menschen- leben	h_z	1	Tabelle C.6	Faktor für besondere Gefährdung (keine)
	L_{TA}	10^{-2}	Tabelle NC.2	D1: Gefahr nahe von Ableitungen
	L_{TU}	10^{-2}		D1: Gefahr durch eingeführte Leitungen
	L_F	0,05	Tabelle NC.2	D2: Gefahr durch physikalische Schäden (Industrie)
	L_O	0	Tabelle NC.2	D3: Gefahr durch Ausfall von inneren Systemen (keine)
	$f_1 = f_2 = f_3$	0,025	Tabelle C.1	Zonenfaktor $$f_1 = f_2 = f_3 = \frac{n_z}{n_t} \cdot \frac{t_z}{8760} = \frac{35}{200} \cdot \frac{8760}{8760}$$

Tabelle 10.20 Kenndaten für die Zone Z5 für die Schadensart L1

10.3.3 Angewandte Schutzmaßnahmen

Es wird zunächst versucht, den nötigen Schutz mit globalen Maßnahmen am ganzen Gebäude zu erreichen. Wenn dies nicht ausreicht, werden auch spezielle Maßnahmen in einzelnen Zonen (z. B. Feuerlöschanlagen im Gebäudeinneren nur in den Zonen Z3, Z4 und Z5) durchgeführt.

Für die Schadensart L1 werden Schritt für Schritt jeweils die Risikokomponenten und das Gesamtrisiko, ausgehend von der zunächst noch ungeschützten Anlage, berechnet. Mit jedem Schritt wird das verbleibende Risiko vermindert, bis das Schutzziel $R_1 \leq R_T$ erreicht ist.

Anmerkung: Bei jedem Schritt sind die Änderungen in den Tabellenwerten durch grau hinterlegte Felder hervorgehoben.

10.3.4 Schritt 0: ungeschützte Anlage

Tabelle 10.21 zeigt die berechneten Risikokomponenten und das Gesamtrisiko R_1 für die noch ungeschützte Anlage. Die Gefahr durch Schritt- und Berührungsspannungen in den Zonen Z1 und Z2 (Teilbereiche von LPZ 0_B) führt trotz relativ leitfähigen Betonbodens nur zu geringen Risikokomponenten R_A ($R_U = 0$, weil in Z1 und Z2 keine externen Leitungen eingeführt sind), die auch in der Summe kleiner als das akzeptierbare Risiko $R_T = 10^{-5}$ sind. In den Zonen Z3, Z4 und Z5 im Gebäudeinneren ist der Verlust von Menschenleben völlig vom Brandrisiko aus den Komponenten R_B und R_V dominiert, während dank des Linoleumbodens das Risiko durch Berührungs- spannungen aus den Komponenten R_A und R_U vernachlässigbar klein ist.

Symbol	Z1	Z2	Z3	Z4	Z5
R_A	0,013	0,003	≈ 0	0,224	≈ 0
R_U	0	0,008	≈ 0	0,649	≈ 0
R_B	0	0,013	3,364	5,607	0,022
R_V	0	0,039	9,736	16,227	0,065
Gesamt	0,013	0,063	13,101	22,707	0,087
$R_1 = 35{,}972$	$R_T = 1$	\multicolumn{4}{l	}{$R_1 > R_T$: Schutzmaßnahmen nötig}

Tabelle 10.21 Risikowerte $\times 10^{-5}$ für die Schadensart L1 (Schritt 0: ungeschützte Anlage)

Schutzbedarf:
Weil das Gesamtrisiko $R_1 = 35{,}972 \cdot 10^{-5}$ größer ist als das akzeptierbare Risiko $R_T = 1 \cdot 10^{-5} \cdot (R_1 > R_T)$, sind Schutzmaßnahmen notwendig.

10.3.5 Schritt 1: Potentialausgleich am Eintritt in LPZ 1

Als erste Schutzmaßnahme wird in Schritt 1 der Blitzschutz-Potentialausgleich am Eintritt in LPZ 1 für alle in das Gebäude eintretenden Versorgungsleitungen durchgeführt, weil diese Maßnahme zwingender Bestandteil jeder Blitzschutzanlage nach DIN EN 62305-3 (**VDE 0185-305-3**) (LPS) ebenso wie nach DIN EN 62305-4 (**VDE 0185-305-4**) (SPM) ist.

Dazu werden alle betriebsmäßig nicht strom- oder spannungsführenden Leitungen (wie Kabelschirme, metallene Beidrähte oder Schirme von Lichtwellenleitern, metallische Wasser- oder Wärmeleitungen) direkt an den Potentialausgleich angeschlossen. Elektrische Leitungen müssen mit SPDs beschaltet werden. Solche elektrischen Leitungen sind energietechnische Leitungen 400/230 V und informationstechnische Leitungen mit meist kleinen Betriebsspannungen (5 V bis 48 V für Brandmeldung, Zeiterfassung, Temperatur- oder Feuchtemeldung und Zutrittskontrolle). Lichtwellenleiter ohne metallene Komponenten müssen nicht berücksichtigt werden.

Alle in den Gebäudekomplex VI, VII/1, VII/2 sowie VIII/1 aus der Umgebung eintretenden energie- und informationstechnischen Leitungen kommen aus LPZ 0_A, wobei berücksichtigt ist, dass auch die unmittelbar benachbarten Gebäude von Blitzen getroffen werden können. Diese Leitungen an der Grenze LPZ $0_A/1$ müssen deshalb für anteilige Blitzströme ausgelegt sein, was Blitzstromableiter erfordert. Die übrigen Leitungen, wie die Leitungen zur Klimaanlage, kommen aus LPZ 0_B und müssen deshalb nur mit Überspannungsableitern beschaltet sein. Die räumliche Lage aller Schnittstellen für elektrische Leitungen, die in LPZ 1 eintreten, sind in **Bild 10.8** mit den laufenden Nummern (1) bis (7) dargestellt.

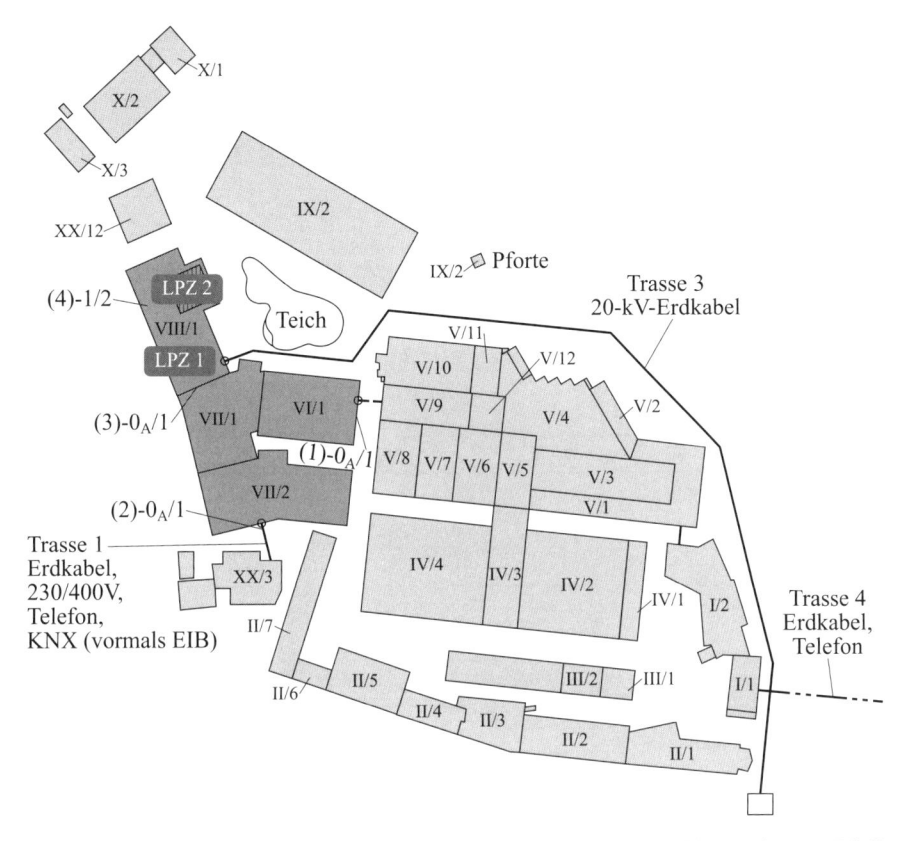

Bild 10.8 Schnittstellen der Versorgungsleitungen an der Grenze von LPZ 1 (1 bis 3) und von LPZ 2 (4)

(1) Schnittstelle LPZ $0_A/1$:
Energietechnische Leitungen 400/230 V aus einem TN-C-Netz sowie informationstechnische Leitungen Telefon ISDN, KNX (vormals EIB) und Daten.

(2) Schnittstelle LPZ $0_A/1$:
Energietechnische Leitungen aus einem 400/230-V-TN-C- und einem TN-S-Netz sowie informationstechnische Leitungen Telefon ISDN, KNX und Daten.

(3) Schnittstelle LPZ $0_A/1$:
Energietechnische Leitungen 400/230 V aus der Hochspannungsschaltanlage an der Gebäudeperipherie, in die ein 20-kV-Kabel führt und in der ein 20 kV/400-V-Transformator installiert ist. Niederspannungsseitig wird ein TN-C-S-Netz aufgebaut.

Die Beschaltung mit SPDs erfolgt hier nur auf der Niederspannungsseite, wobei der Hochspannungstransformator als Isoliertransformator wirkt. Die Isolation zwischen der Hoch- und der Niederspannungswicklung wird durch die Isolationskoordination im Hochspannungsnetz mithilfe von Ableitern kontrolliert; diese Maßnahme liegt im Verantwortungsbereich des Elektrizitätsversorgungsunternehmens (EVU).

(4) Schnittstelle LPZ 1/2:
Energietechnische Leitungen 400/230 V aus einem TN-S-Netz sowie informationstechnische Leitungen Telefon ISDN, KNX und Daten.

Der Blitzschutz-**Potentialausgleich am Eintritt in LPZ 1** ergibt für den gewählten Gefährdungspegel LPL II den Faktor P_{EB} = **0,02** (Tabelle 7.12). Die Ergebnisse dieser Maßnahme zeigt **Tabelle 10.22**.

Symbol	Z1	Z2	Z3	Z4	Z5
R_A	0,013	0,003	≈ 0	0,224	≈ 0
R_U	0	≈ 0	≈ 0	0,013	≈ 0
R_B	0	0,013	3,364	5,607	0,022
R_V	0	≈ 0	0,195	0,325	0,001
Gesamt	**0,013**	**0,017**	**3,559**	**6,168**	**0,024**
R_1 = 9,781	R_T = 1	$R_1 > R_T$: Schutzmaßnahmen nötig			

Tabelle 10.22 Risikowerte ×10^{-5} für die Schadensart L1
(Schritt 1: Blitzschutz-Potentialausgleich: P_{EB} = 0,02)

Für die Zonen Z2, Z3, Z4 und Z5 reduzieren sich die Komponenten R_U und R_V, weil durch den Blitzschutz-Potentialausgleich alle über die Versorgungsleitungen eingetragenen Stoßwellen am Eintritt in LPZ 1 durch SPDs wirksam begrenzt werden. Die Komponenten R_A und R_B bleiben unverändert.
Weil das Gesamtrisiko noch immer größer ist als das akzeptierbare ($R_1 > R_T$), sind weitere Schutzmaßnahmen notwendig.
Um die dominierende Risikokomponente R_B zu verringern, gibt es zwei Möglichkeiten: über den Faktor P_B durch Installation eines äußeren Blitzschutzes und/oder über den Faktor r_P durch Brandschutzmaßnahmen.

10.3.6 Schritt 2: äußerer Blitzschutz und räumlicher Schirm von LPZ 1

Für den äußeren Blitzschutz wird nicht ein gesondertes LPS nach DIN EN 62305-3 (**VDE 0185-305-3**) installiert, sondern es wird ein gitterförmiger, **räumlicher Schirm um LPZ 1** erstellt, der gleichzeitig die Funktion von Fang-, Ableitungs- und Erdungseinrichtung erfüllt. Dieser Schirm soll kostengünstig durch Verbinden von bauseits vorhandenen Komponenten aufgebaut werden.

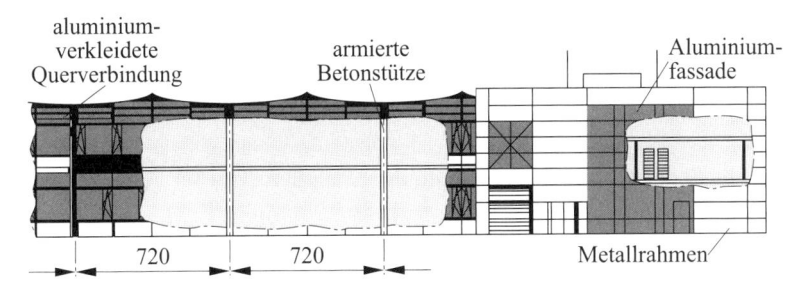

aluminium-
verkleidete   armierte   Aluminium-
Querverbindung   Betonstütze   fassade

| 720 | 720 | Metallrahmen

Bild 10.9 Grundstruktur und Fassade des Gebäudekomplexes

Die Fassade des Gebäudekomplexes VI, VII/1, VII/2 sowie VIII/1 soll in ihrer Grundstruktur aus aluminiumverkleideten, stahlarmierten Betonstützen auf Beton-Köcherfundamenten im Abstand von etwa 7,2 m mit horizontalen, aluminiumverkleideten Querverbindungen in Stockwerkhöhe von etwa 3,6 m bestehen. In diese Rahmenkonstruktion wird eine vorgehängte Fassade aus Aluminiumelementen eingesetzt (**Bild 10.9**). Das Dach soll aus einer Stahlunterkonstruktion mit einem Aluminium-Sheddach bestehen.

Zunächst ist die realisierbare Größe der Maschenweite w_{m1} für den Schirm von LPZ 1 abzuschätzen.

Die Außenwände des Gebäudekomplexes haben stahlarmierte Betonstützen mit aluminiumverkleideten Querverbindungen, die mit untereinander verbundenen, metallenen Schienen, Fensterrahmen und vorgehängten Metallfassadenteilen zusammengeschlossen werden. Die maximalen Abmessungen der Öffnungen sind somit 1 m × 2,5 m.

Das Sheddach des Gebäudekomplexes besteht aus einer Stahlunterkonstruktion mit Blecheindeckung, in die Oberlichtbänder mit metallenen Rahmen eingesetzt werden. Die Metallkonstruktionen sind untereinander verbunden und an die Armierung der Betonstützen der Außenwände angeschlossen. Die maximalen Abmessungen der Öffnungen sind hier 1 m × 2 m.

Der Kellerboden des Gebäudekomplexes besteht aus untereinander verbundenen, stahlarmierten Fundamentplatten, wobei die Armierungsmatten von einem Stahlbandnetz mit 5 m × 5 m überlagert werden. Die Armierung der Fundamentplatte ist mit der Armierung der Betonstützen der Außenwände zusammengeschlossen.

Diese bauseits vorhandenen und miteinander verbundenen Komponenten bewirken eine konservativ angesetzte, mittlere **Maschenweite von** w_{m1} = **1,5 m für LPZ 1**.

Damit auch das Risiko durch Blitzeinschläge in das Gebäude abgedeckt ist, müssen diese Blitze eingefangen, abgeleitet und in die Erde verteilt werden. Deshalb muss der Schirm um LPZ 1 gleichzeitig auch als **äußerer Blitzschutz der Schutzklasse II** dienen und dem festgelegten Gefährdungspegel LPL II entsprechen:

- Die **Fangeinrichtung** wird durch das metallene Flachdach und im Bereich der Klimaanlage durch zusätzliches Überspannen mit Fangleitungen realisiert (Blitzkugelradius 30 m nach Gefährdungspegel LPL II und Maschenweite 10 m nach Schutzklasse II).
- Die **Ableitungseinrichtung** wird unter Verwendung natürlicher Komponenten (Durchverbinden der armierten Betonpfeiler im mittleren Raster von 5 m) realisiert.
- Die **Erdungsanlage** ist ein Fundamenterder, der durch Zusammenschließen der Armierung des Kellerbodens und der Köcherfundamente entsteht.

Diese gesamte Maßnahme wird in der Risikoanalyse durch zwei Faktoren abgebildet: Durch den Faktor $P_B = \mathbf{0{,}02}$ für den äußeren Blitzschutz nach Tabelle 7.10, der wegen des gewählten Gefährdungspegels LPL II zumindest einem LPS der Schutzklasse II entspricht. Dadurch reduzieren sich die Komponenten R_B für die Zonen Z2, Z3, Z4 und Z5. Auch die Komponente R_A wird für alle Zonen nochmals gesenkt.

Durch den Faktor $K_{S1} = \mathbf{0{,}09}$, der sich nach Kapitel 7.8.4 aus der gleichzeitigen Schirmwirkung des räumlichen Schirms um LPZ 1 mit der Maschenweite $w_{m1} = \mathbf{1{,}5\ m}$ ergibt, wobei auch die hälftige Reduzierung des Faktors durch das maschenförmige Potentialausgleichnetzwerk berücksichtigt ist:

$$K_{S1} = 0{,}12 \cdot w_{m1} \cdot k_{PN} = 0{,}12 \cdot 1{,}5 \cdot 0{,}5 = 0{,}09 \ .$$

Anmerkung: Der Faktor $K_{S1} = 0{,}09$ wirkt sich nur auf die Komponente R_M aus. Deshalb ist er hier für die Schadensart L1 ohne Auswirkung. Für den LEMP-Schutz der elektrischen und elektronischen Geräte bei der Schadensart L4 ist er aber von Nutzen (siehe Kapitel 9.4.6).

Mit diesen Werten erhält man die Ergebnisse nach **Tabelle 10.23**.

Für die Zonen Z2, Z3, Z4 und Z5 verringern sich die Komponenten R_B, weil durch das Blitzschutzsystem die Brandgefahr, resultierend aus einem direkten Blitzeinschlag, reduziert wurde.

Symbol	Z1	Z2	Z3	Z4	Z5
R_A	≈ 0	≈ 0	≈ 0	0,011	≈ 0
R_U	0	≈ 0	≈ 0	0,013	≈ 0
R_B	0	≈ 0	0,168	0,280	0,001
R_V	0	≈ 0	0,195	0,325	0,001
Gesamt	≈ 0	**0,002**	**0,363**	**0,629**	**0,002**
$R_1 = 0{,}996$	$R_T = 1$		$R_1 \leq R_T$: **Schutzziel erreicht**		

Tabelle 10.23 Risikowerte $\times 10^{-5}$ für die Schadensart L1
(Schritt 2: Schirm von LPZ 1: $P_B = 0{,}05$ und $K_{S1} = 0{,}09$)

Weil das Gesamtrisiko jetzt kleiner ist als das akzeptierbare ($R_1 \leq R_T$), ist das Schutzziel für die Schadensart L1 (Verlust von Menschenleben) erreicht.

Anmerkung: Obwohl das Schutzziel schon erreicht ist, kann der Schutz gegen Schritt- und Berührungsspannungen speziell in der Zone Z2 (Dachbereich) noch verbessert werden, wenn der Zugang zum Dachbereich bei Gewitter verboten wird. Dies kann durch verschließbare Zugangstüren und dort angebrachte, entsprechende Verbotsschilder erreicht werden. Damit kann nach Tabelle 7.11 der Faktor $P_{TA} = 0$ gesetzt werden. Die Kosten für diese Maßnahme sind vernachlässigbar (nur einige Verbotsschilder).

10.3.7 Schritt 3: Brandschutz

Eine ähnliche Überlegung gilt für den Brandschutz im Gebäudeinneren (Zonen Z3, Z4 und Z5), der bauseits auch ohne Berücksichtigung der Blitzschutzplanungen gegen allgemeine Brandgefahr vorgesehen war. Nur wenn dieser Brandschutz zusätzlich gegen Überspannungen geschützt wird (andernfalls würde er gerade bei Blitzeinschlag mit hoher Wahrscheinlichkeit versagen), kann er auch als Blitzschutzmaßnahme berücksichtigt werden. Angesichts der maßvollen Mehrkosten für diesen Überspannungsschutz wird diese Maßnahme durchgeführt. Der Faktor für Brandschutzmaßnahmen sinkt dann auf den Wert von $r_p = 0{,}2$ (automatische Feuerlöschanlage mit Überspannungsschutz nach Tabelle 7.20 in den Zonen Z3, Z4 und Z5).

Tabelle 10.24 zeigt die Ergebnisse. Weil durch die automatische Feuerlöschanlage die Risikokomponenten R_B und R_V kleiner werden, vermindert sich das Gesamtrisiko weiter, wodurch das Schutzziel ($R_1 \leq R_T$) erfüllt wird.

Symbol	Z1	Z2	Z3	Z4	Z5
R_A	≈ 0	≈ 0	≈ 0	0,011	≈ 0
R_U	0	≈ 0	≈ 0	0,013	≈ 0
R_B	0	≈ 0	0,034	0,056	≈ 0
R_V	0	≈ 0	0,039	0,065	≈ 0
Gesamt	≈ 0	0,002	0,073	0,145	≈ 0
$R_1 = 0{,}221$	$R_T = 1$	$R_1 \leq R_T$: Schutzziel erreicht (Gesamtrisiko weiter verringert)			

Tabelle 10.24 Risikowerte $\times 10^{-5}$ für die Schadensart L1
(Schritt 3: automatische Feuerlöschanlage: $r_p = 0{,}2$)

10.4 Risikomanagement für die Schadensart L4 (wirtschaftliche Verluste)

Für diese Schadensart ist nur die **Schadensursache D2** (physikalische Schäden) und die **Schadensursache D3** (Ausfall von elektrischen und elektronischen Systemen) zu berücksichtigen. Deshalb wird das gesamte Risiko hier nur durch die Brandgefahr (R_B, R_V) und durch die Gefahr von Schäden an elektrischen und elektronischen Systemen (R_C, R_M, R_W, R_Z) bestimmt.

Anmerkung: Die Schadensursache D1 (Verletzung von Lebewesen) und ihre Risikokomponenten (R_A, R_U) sind nicht relevant, weil rein wirtschaftliche Verluste durch Schritt- und Berührungsspannungen nur durch den Verlust von Tieren eintreten können (z. B. bei landwirtschaftlichen Objekten).

Weil deshalb in der Zone Z1 (Außenbereich um den Gebäudekomplex VI, VII/1, VII/2 sowie VIII/1) keine wirtschaftlichen Verluste auftreten können, müssen nur die Zonen Z2 bis Z5 berücksichtigt werden. Weil die Zone Z5 als Schutzmaßnahme erst in Schritt 5 eingerichtet wird, ist sie zuvor nur ein Teilbereich der Zone Z4. Solange sind auch ihre Risikokomponenten identisch mit denen der Zone Z4.

10.4.1 Kriterium S_M > 0 für den Schutzbedarf bei der Schadensart L4

Für die Schadensart L4 (wirtschaftliche Verluste) gilt für den Schutzbedarf nach Kapitel 7.10.5 das Kriterium für den wirtschaftlichen Nutzen $S_M = C_L - (C_{PM} + C_{RL}) > 0$ (DIN EN 62305-2 (**VDE 0185-305-2**), Anhang D). Dafür müssen die absoluten jährlichen Verlustwerte C_L in €/a und C_{RL} in €/a für die ungeschützte und für die geschützte Anlage ermittelt werden. Außerdem müssen auch die absoluten Kosten C_P in € und die jährlichen Kosten C_{PM} in €/a für den gesamten Blitzschutz berechnet werden.

10.4.2 Kosten für den Blitzschutz bei der Schadensart L4

Wirksam	Symbol	Wert	Kosten in €	Schutzmaßnahme
global	P_B	0,05	50 000	äußere Blitzschutzklasse II (LPL II)
global	P_{EB}	0,02	55 000	Blitzschutz-Potentialausgleich an LPZ 1 (LPL = II)
global	K_{S1}	0,09	145 000	Schirm um LPZ 1 (w = 1,5 m und Potentialausgleichnetzwerk)
in Z3, Z4, Z5	r_p	0,2	1 500	automatische Feuerlöschanlage (Aufrüstung gegen Überspannungen!)
in Z2, Z3,Z4, Z5	P_{SPD}	0,02	40 000	Zone Z2, Z3, Z4, Z5: koordinierter SPD-Schutz (LPL II)
in Z5	K_{S2}	0,012	30 000	Zone Z4: Schirm um LPZ 2 (w_m = 0,2 m)

Tabelle 10.25 Kosten für die möglichen Schutzmaßnahmen

Symbol	Wert in %	Rate
i	4,0	Zinsrate
a	5,0	Amortisationsrate
m	1,0	Instandhaltungsrate
Summe	**10,0**	**Gesamtrate**

Tabelle 10.26 Raten für Zins, Amortisation und Instandhaltung der Schutzmaßnahmen

Zunächst sind hier die absoluten Kosten für die möglichen Schutzmaßnahmen zusammengestellt (**Tabelle 10.25**). Die gesamten Kosten des Blitzschutzes ergeben sich aus der Summe C_P der jeweils ausgeführten Schutzmaßnahmen. Die jährlichen Kosten können dann über die Raten für Zins, Amortisation und Instandhaltung (**Tabelle 10.26**) aus der Gleichung $C_{PM} = C_P(i+a+m)$ nach Kapitel 7.10.5 bestimmt werden.

10.4.3 Kenndaten der Zonen für die Schadensart L4

Die Kenndaten für die Zonen sind von den Schutzmaßnahmen unabhängig. Sie sind bestimmt durch die Werte der zu schützenden Güter, die Zonenfaktoren f_1, f_2, f_3 (**Tabelle 10.27**) und die Verlustanteile L_{TA}, L_{TU}, L_F, L_O (**Tabellen 10.28 bis 10.32**). Mit den Zonenfaktoren nach Tabelle 7.5 wird die Verteilung der Werte der zu schützenden Güter auf die Zonen erfasst. **Der gesamte Wert des Neubaus ist 27,374 Mio. €.**

Zone	Werte in T					Zonenfaktoren		
	Tiere	Bauliche Anlage	Inhalte	Innere Systeme	Summen			
	c_a	c_b	c_c	c_S		f_1	f_2	f_3
Z1	0	0	0	0	**0**	0	0	0
Z2	0	220	194	128	**542**	0	0,020	0,005
Z3	0	2 610	840	745	**4 195**	0	0,153	0,027
Z4	0	7 818	10 017	718	**18 553**	0	0,678	0,026
Z5	0	2 420	1 240	424	**4 084**	0	0,149	0,015
Summen	**0**	**13 068**	**12 291**	**2 015**	**27 374**			

Anmerkung: In den Kosten C_S für die inneren Systeme sind auch die Folgekosten durch deren Ausfall berücksichtigt. | *Zonenfaktoren nach Tabelle 7.5*

Tabelle 10.27 Werte der zu schützenden Güter und Zonenfaktoren für die Schadensart L4

Schadens-art	Symbol	Wert	DIN EN 62305-2 (VDE 0185-305-2): 2013-02	Bemerkung
L4 wirtschaftliche Verluste	L_{TA}	10^{-2}	Tabelle NC.12	D1: Gefahr nahe von Ableitungen
	L_{TU}	0		D1: Gefahr durch eingeführte Leitungen (keine)
	L_F	0		D2: Gefahr durch physikalische Schäden (keine)
	L_O	0		D3: Gefahr durch Ausfall von inneren Systemen (keine)
	f_1	0	Tabelle C.11	Zonenfaktor $f_1 = \dfrac{c_a}{c_t}$ (keine Tiere)
	f_2	0		Zonenfaktor $f_2 = \dfrac{c_a + c_b + c_c + c_s}{c_t} = 0$
	f_3	0		Zonenfaktor $f_3 = \dfrac{c_s}{c_t} = 0$

Tabelle 10.28 Kenndaten für die Zone Z1 für die Schadensart L4

Schadens-art	Symbol	Wert	DIN EN 62305-2 (VDE 0185-305-2): 2013-02	Bemerkung
L4 wirtschaftliche Verluste	L_{TA}	10^{-2}	Tabelle NC.12	D1: Gefahr nahe von Ableitungen
	L_{TU}	10^{-2}		D1: Gefahr durch eingeführte Leitungen
	L_F	0,5		D2: Gefahr durch physikalische Schäden (Industrie)
	L_O	10^{-2}		D3: Gefahr durch Ausfall von inneren Systemen (Industrie)
	f_1	0	Tabelle C.11	Zonenfaktor $f_1 = \dfrac{c_a}{c_t}$ (keine Tiere)
	f_2	0,020		Zonenfaktor $f_2 = \dfrac{c_a + c_b + c_c + c_s}{c_t} = \dfrac{0{,}542 \cdot 10^6}{27{,}374 \cdot 10^6}$
	f_3	0,005		Zonenfaktor $f_3 = \dfrac{c_s}{c_t} = \dfrac{0{,}128 \cdot 10^6}{27{,}374 \cdot 10^6}$

Tabelle 10.29 Kenndaten für die Zone Z2 für die Schadensart L4

Schadens-art	Symbol	Wert	DIN EN 62305-2 (VDE 0185-305-2): 2013-02	Bemerkung
L4 wirt-schaftliche Verluste	L_{TA}	10^{-2}	Tabelle NC.12	D1: Gefahr nahe von Ableitungen
	L_{TU}	10^{-2}		D1: Gefahr durch eingeführte Leitungen
	L_F	0,5		D2: Gefahr durch physikalische Schäden (Industrie)
	L_O	10^{-2}		D3: Gefahr durch Ausfall von inneren Systemen (Industrie)
	f_1	0	Tabelle C.11	Zonenfaktor $f_1 = \dfrac{c_a}{c_t}$ (keine Tiere)
	f_2	0,153		Zonenfaktor $f_2 = \dfrac{c_a + c_b + c_c + c_s}{c_t} = \dfrac{4,19 \cdot 10^6}{27,374 \cdot 10^6}$
	f_3	0,027		Zonenfaktor $f_3 = \dfrac{c_s}{c_t} = \dfrac{0,745 \cdot 10^6}{27,374 \cdot 10^6}$

Tabelle 10.30 Kenndaten für die Zone Z3 für die Schadensart L4

Schadens-art	Symbol	Wert	DIN EN 62305-2 (VDE 0185-305-2): 2013-02	Bemerkung
L4 wirt-schaftliche Verluste	L_{TA}	10^{-2}	Tabelle NC.12	D1: Gefahr nahe von Ableitungen
	L_{TU}	10^{-2}		D1: Gefahr durch eingeführte Leitungen
	L_F	0,5		D2: Gefahr durch physikalische Schäden (Industrie)
	L_O	10^{-2}		D3: Gefahr durch Ausfall von inneren Systemen (Industrie)
	f_1	0	Tabelle C.11	Zonenfaktor $f_1 = \dfrac{c_a}{c_t}$ (keine Tiere)
	f_2	0,678		Zonenfaktor $f_2 = \dfrac{c_a + c_b + c_c + c_s}{c_t} = \dfrac{18,553 \cdot 10^6}{27,374 \cdot 10^6}$
	f_3	0,026		Zonenfaktor $f_3 = \dfrac{c_s}{c_t} = \dfrac{0,718 \cdot 10^6}{27,374 \cdot 10^6}$

Tabelle 10.31 Kenndaten für die Zone Z4 für die Schadensart L4

Schadens-art	Symbol	Wert	DIN EN 62305-2 (VDE 0185-305-2): 2013-02	Bemerkung
L4 wirt-schaftliche Verluste	L_{TA}	10^{-2}	Tabelle NC.12	D1: Gefahr nahe von Ableitungen
	L_{TU}	10^{-2}		D1: Gefahr durch eingeführte Leitungen
	L_F	0,5		D2: Gefahr durch physikalische Schäden (Industrie)
	L_O	10^{-2}		D3: Gefahr durch Ausfall von inneren Systemen (Industrie)
	f_1	0	Tabelle C.11	Zonenfaktor $f_1 = \dfrac{c_a}{c_t}$ (keine Tiere)
	f_2	0,149		Zonenfaktor $f_2 = \dfrac{c_a + c_b + c_c + c_s}{c_t} = \dfrac{4,084 \cdot 10^6}{27,374 \cdot 10^6}$
	f_3	0,015		Zonenfaktor $f_3 = \dfrac{c_s}{c_t} = \dfrac{0,424 \cdot 10^6}{27,374 \cdot 10^6}$

Tabelle 10.32 Kenndaten für die Zone Z5 für die Schadensart L4

10.4.4 Angewandte Schutzmaßnahmen

Auch für die Schadensart L4 (wirtschaftliche Verluste) werden Schritt für Schritt jeweils die Risikokomponenten und das Gesamtrisiko, ausgehend von der zunächst noch ungeschützten Anlage, berechnet. Mit jedem Schritt vermindert sich auch hier das verbleibende Risiko.

Begleitend werden die Kosten ermittelt, indem die jährlichen Kosten für die Verluste (C_L bzw. C_{RL}) und für die Schutzmaßnahmen (C_{PM}) berechnet werden.

Anmerkung: Für die detaillierte Spezifikation der einzelnen Schutzmaßnahmen, insbesondere bei komplexen LEMP-Schutzsystemen, müssen noch weitere Parameter genauer untersucht werden: beispielsweise die Festigkeiten der zu schützenden Geräte sowie die zugehörigen Bedrohungswerte bei Impulsmagnetfeldern (Kapitel 10.5) und bei induzierten Spannungen (Kapitel 10.6).

Anmerkung: Bei jedem Schritt sind die Änderungen in den Tabellenwerten durch grau hinterlegte Felder hervorgehoben.

10.4.5 Schritt 0: ungeschützte Anlage

Zuerst werden für die Schadensart L4 die Risikokomponenten R_X und das Gesamtrisiko R (**Tabelle 10.33**) und die Verlustkosten C_L (**Tabelle 10.34**) für die noch ungeschützte Anlage berechnet.
Anmerkung: Die in DIN EN 62305-2 (VDE 0185-305-2) geforderte Wirtschaftlichkeitsanalyse kann noch nicht erstellt werden, da sie den Kostenvergleich der ungeschützten Anlage mit einer geschützten Variante erfordert (erst ab Schritt 1 möglich).

Schutzbedarf:
Das hohe Gesamtrisiko $R_4 = 841{,}2 \cdot 10^{-5}$ zeigt die Notwendigkeit des Schutzes, wenn man sich an dem für die Schadensarten L2 und L3 definierten, akzeptierbaren Risiko $R_T = 100 \cdot 10^{-5}$ bzw. $R_T = 10 \cdot 10^{-5}$ orientiert. Auch die hohen, jährlichen Verlustkosten von $C_L = 230\,274$ € weisen auf die Notwendigkeit des Schutzes hin.

Als Nächstes werden alle **Schutzmaßnahmen der Schritte 1 bis 3 übernommen**, die für die Schadensart L1 (Verlust von Menschenleben) festgelegt wurden. Für diese Schritte werden nun die für die Schadensart L4 (wirtschaftliche Verluste) gültigen Werte für die Risikokomponenten R_X, für das Gesamtrisiko R, für die Verluste C_{RL} und für die Kosten der Schutzmaßnahmen C_{PM} berechnet. Daraus kann dann auch das Wirtschaftlichkeitskriterium $S_M = C_L - (C_{PM} + C_{RL}) > 0$ (wirtschaftlicher Nutzen erreicht) bestimmt werden.

Symbol	Z1	Z2	Z3	Z4	Z5
R_B	0	0,376	2,908	12,859	2,831
R_V	0	1,087	8,415	37,218	8,193
R_C	0	0,177	1,033	0,995	0,588
R_M	0	14,011	81,551	78,595	46,413
R_W	0	0,513	2,989	2,881	1,701
R_Z	0	34,041	198,129	190,949	112,761
Gesamt	0	50,2	295	323,5	172,5
$R_4 = 841{,}2$	hohes Risiko: Schutzmaßnahmen nötig				

Tabelle 10.33 Risikowerte $\times 10^{-5}$ für die Schadensart L4
(Schritt 0: ungeschützte Anlage)

Symbol	Gesamt
C_L	230 274

Tabelle 10.34 Kosten in €/a für die Schadensart L4
(Schritt 0: ungeschützte Anlage)

10.4.6 Schritt 1: Potentialausgleich am Eintritt in LPZ 1

Der Blitzschutz-Potentialausgleich am Eintritt in LPZ 1 reduziert nach **Tabelle 10.35** die Komponente R_V in den Zonen Z2, Z3, Z4 und Z5. Weil alle anderen Komponenten unverändert bleiben, verringert sich das Gesamtrisiko nur auf $R_4 = 787{,}4 \cdot 10^{-5}$.
Die Wirtschaftlichkeitsanalyse ergibt nach **Tabelle 10.36** eine jährliche Einsparung von $S_M = 9\,231$ €. Damit ist auch der wirtschaftliche Nutzen des Schutzes nachgewiesen.

Symbol	Z1	Z2	Z3	Z4	Z5
R_B	0	0,376	2,908	12,859	2,831
R_V	0	0,022	0,168	0,744	0,164
R_C	0	0,177	1,033	0,995	0,588
R_M	0	14,011	81,551	78,595	46,413
R_W	0	0,513	2,989	2,881	1,701
R_Z	0	34,041	198,129	190,949	112,761
Gesamt	0	49,1	286,8	287	164,5
$R_4 = 787{,}4$		weitere Schutzmaßnahmen nötig			

Tabelle 10.35 Risikowerte $\times 10^{-5}$ für die Schadensart L4
(Schritt 1: Blitzschutz-Potentialausgleich: $P_{EB} = 0{,}02$)

Symbol	Gesamt
C_{RL}	215 543
C_P	55 000
$C_{PM} = C_P \cdot (i + a + m)$	5 500
$S_M = C_L - (C_{PM} + C_{RL}) > 0$	9 231

Tabelle 10.36 Kosten in €/a für die Schadensart L4
(Schritt 1: Blitzschutz-Potentialausgleich: $P_{EB} = 0{,}02$)

10.4.7 Schritt 2: äußerer Blitzschutz und räumlicher Schirm von LPZ 1

Der äußere Blitzschutz und der räumliche Schirm von LPZ 1 (die Überspannung von Zone Z2 wird hier auch als Teil des räumlichen Schirms von LPZ 1 betrachtet) reduzieren nach **Tabelle 10.37** die Komponenten R_B und R_M in den Zonen Z2 bis Z5. Weil die übrigen Komponenten unverändert bleiben, verringert sich das Gesamtrisiko nur auf $R_4 = 571{,}5 \cdot 10^{-5}$.
Die Wirtschaftlichkeitsanalyse ergibt nach **Tabelle 10.38** eine jährliche Einsparung von $S_M = 53\,779$ €. Damit hat sich der wirtschaftliche Nutzen des Schutzes weiter verbessert.

Symbol	Z1	Z2	Z3	Z4	Z5
R_B	0	0,019	0,145	0,643	0,141
R_V	0	0,022	0,168	0,744	0,164
R_C	0	0,177	1,033	0,995	0,588
R_M	0	0,293	1,708	1,646	0,972
R_W	0	0,513	2,989	2,881	1,701
R_Z	0	34,041	198,129	190,949	112,761
Gesamt	0	35,1	204,2	197,9	116,3
$R_4 = 553,4$		weitere Schutzmaßnahmen nötig			

Tabelle 10.37 Risikowerte $\times 10^{-5}$ für die Schadensart L4
(Schritt 2: Schirm von LPZ 1: $P_B = 0,05$ und $K_{S1} = 0,09$)

Symbol	Gesamt
C_{RL}	151 495
C_P	250 000
$C_{PM} = C_P \cdot (i + a + m)$	25 000
$S_M = C_L - (C_{PM} + C_{RL}) > 0$	53 779

Tabelle 10.38 Kosten in €/a für die Schadensart L4
(Schritt 2: Schirm von LPZ 1: $P_B = 0,05$ und $K_{S1} = 0,09$)

10.4.8 Schritt 3: Brandschutz

Der Brandschutz wird durch eine automatische Feuerlöschanlage im Gebäudeinneren (Zonen Z3, Z4 und Z5) realisiert ($r_p = 0,2$). Da diese bereits bauseits eingeplant war (siehe Kapitel 9.3.8), werden als Kostenanteil für den Blitzschutz nur die Mehrkosten für den Überspannungsschutz dieser Anlage in Höhe von 1 500 € angesetzt.

Symbol	Z1	Z2	Z3	Z4	Z5
R_B	0	0,019	0,029	0,129	0,028
R_V	0	0,022	0,034	0,149	0,033
R_C	0	0,177	1,033	0,995	0,588
R_M	0	0,293	1,708	1,646	0,972
R_W	0	0,513	2,989	2,881	1,701
R_Z	0	34,041	198,129	190,949	112,761
Gesamt	0	35,1	204,2	197,9	116,3
$R_4 = 551,8$		weitere Schutzmaßnahmen nötig			

Tabelle 10.39 Risikowerte $\times 10^{-5}$ für die Schadensart L4
(Schritt 3: automatische Feuerlöschanlage: $r_p = 0,2$)

Symbol	Gesamt
C_{RL}	151 055
C_P	251 500
$C_{PM} = C_P \cdot (i + a + m)$	25 150
$S_M = C_L - (C_{PM} + C_{RL}) > 0$	54 069

Tabelle 10.40 Kosten in €/a für die Schadensart L4
(Schritt 3: automatische Feuerlöschanlage: $r_p = 0{,}2$)

Durch den Brandschutz reduzieren sich nach **Tabelle 10.39** die Komponenten R_B und R_V in den Zonen Z3, Z4 und Z5. Weil die übrigen Komponenten unverändert bleiben, verringert sich das Gesamtrisiko nur auf $R_4 = 551{,}8 \cdot 10^{-5}$.
Die Wirtschaftlichkeitsanalyse ergibt nach **Tabelle 10.40** eine jährliche Einsparung von $S_M = 54\,069$ €. Damit hat sich der wirtschaftliche Nutzen des Schutzes geringfügig verbessert.

Alle Maßnahmen der Schritte 1 bis 3, die für den Schutz von Menschenleben nach Kapitel 9.3 installiert werden, vermindern das wirtschaftliche Risiko nur von $R_4 = 841{,}2 \cdot 10^{-5}$ (Schritt 0: ungeschützte Anlage) auf $R_4 = 551{,}8 \cdot 10^{-5}$ (Schritt 3). Zwar wurden die Komponenten R_B, R_V (Schadensursache D2) deutlich verringert, aber keine der bisherigen Maßnahmen konnte die, das wirtschaftliche Risiko dominierenden, Komponenten R_C, R_M, R_W, R_Z (Schadensursache D3) vermindern (wenn man die geringfügige Reduzierung von R_M durch die Schirmung von LPZ 1 in Schritt 2 vernachlässigt).

10.4.9 Schritt 4: koordiniertes SPD-System

Grundsätzlich können die Komponenten R_C, R_M, R_W, R_Z (Schadensursache D3) durch folgende Faktoren vermindert werden:

- P_{SPD} koordiniertes SPD-System
  (aber nicht durch den Blitzschutz-Potentialausgleich P_{EB}),
- K_{S1} Schirmung von LPZ 1,
- K_{S2} Schirmung von LPZ 2,
- K_{S3} Leitungsführung und -schirmung im Inneren der baulichen Anlage,
- U_w Spannungsfestigkeit der elektrischen und elektronischen Systeme besser als 1,5 kV,
- P_{LD} Schirmung externer Leitungen,
- P_{LI} Schirmung externer Leitungen,
- C_{LD} Anbindung externer Leitungen an der Eintrittsstelle,
- C_{LI} Anbindung externer Leitungen an der Eintrittsstelle.

Die wirksamste Maßnahme, die auch alle diese Komponenten vermindert, ist ein koordiniertes SPD-System, das hier für den Gefährdungspegel LPL II ausgelegt wird (P_{SPD} = 0,02). Dazu werden hinter den SPDs am Eintritt in LPZ 1 weitere, energetisch untereinander und mit den zu schützenden Geräten koordinierte SPDs eingesetzt, die Überspannungen soweit begrenzen, dass sie mit der Festigkeit der Geräte kompatibel werden. Im Rahmen des Blitzschutzzonenkonzepts werden dafür SPDs am Eintritt in jede Zone eingebaut. Deshalb müssen auch an der Zonengrenze LPZ $0_B/1$ (Zone Z2/Z3/Z4) SPDs eingebaut werden, wenn dort elektrische Leitungen durchtreten. In diesem Fall genügen aber Überspannungsableiter, weil dort nur induzierte Ströme, aber keine anteiligen Blitzströme zu beherrschen sind.

Die für den EDV-Bereich eingerichtete weitere Blitzschutzzone LPZ 2 (Zone Z5) nach Kapitel 10.1.2.2 erfordert zwingend den Potentialausgleich an der Zonengrenze LPZ 1/2 (Zone Z3/Z4/Z5). Die dort installierten SPDs müssen nur Überspannungsableiter sein, weil dort keine hohen Anteile von Blitzströmen mehr auftreten. Die räumliche Lage der Schnittstelle LPZ 1/2 für elektrische Leitungen, die aus LPZ 1 kommend in LPZ 2 eintreten, ist in Bild 10.8 mit der laufenden Nummer (4) dargestellt.

In Kapitel 10.6.1 wird gezeigt, dass die induzierten Überspannungen in der LPZ 1 (Zone Z3/Z4) die Stehstoßspannungen U_w der Geräteeingänge überschreiten können. In diesem Fall müssen für den koordinierten SPD-Schutz auch noch an den Geräteeingängen Überspannungsableiter eingebaut werden.

Anmerkung: Die andere Lösungsvariante, die Überspannungen durch Maßnahmen bei der Leitungsführung (Minimierung von Leiterschleifen) oder durch Leitungsschirmung (Verwendung geschirmter Leitungen oder Kabelkanäle) zu begrenzen (Faktor K_{S3}), wird hier nicht betrachtet.

Durch diesen koordinierten SPD-Schutz reduzieren sich nach **Tabelle 10.41** die Komponenten R_C, R_M, R_W, R_Z in den Zonen Z2 bis Z5 deutlich, sodass sich das Gesamtrisiko auf $R_4 = \mathbf{11{,}63 \cdot 10^{-5}}$ vermindert.

Symbol	Z1	Z2	Z3	Z4	Z5
R_B	0	0,019	0,029	0,129	0,028
R_V	0	0,022	0,034	0,149	0,033
R_C	0	0,014	0,080	0,077	0,046
R_M	0	0,006	0,034	0,033	0,019
R_W	0	0,010	0,059	0,058	0,034
R_Z	0	0,681	3,962	3,819	2,255
Gesamt	**0**	**0,8**	**4,2**	**4,3**	**2,4**
$R_4 = 11{,}6$		Schutzziel erreicht			

Tabelle 10.41 Risikowerte $\times 10^{-5}$ für die Schadensart L4
(Schritt 4: koordiniertes SPD-System in Z2, Z3, Z4, Z5: P_{SPD} = 0,02)

Symbol	Gesamt
C_{RL}	3 184
C_P	291 500
$C_{PM} = C_P \cdot (i + a + m)$	29 150
$S_M = C_L - (C_{PM} + C_{RL}) > 0$	197 940

Tabelle 10.42 Kosten in €/a für die Schadensart L4
(Schritt 4: koordiniertes SPD-System in Z2, Z3, Z4, Z5: $P_{SPD} = 0{,}02$)

Die Wirtschaftlichkeitsanalyse ergibt nach **Tabelle 10.42** eine jährliche Einsparung von $S_M = 197\,940$ €. Damit hat sich der wirtschaftliche Nutzen des Schutzes enorm verbessert.

Damit ist das Schutzziel erreicht, weil das Risiko auf einen niedrigen Wert von $R_4 = 11{,}6 \cdot 10^{-5}$ gesenkt werden konnte und weil die Wirtschaftlichkeitsanalyse mit einer jährlichen Einsparung von $S_M = 197\,940$ € zeigt, dass die für den Schutz investierten Mittel wirtschaftlich effektiv eingesetzt sind.

Trotzdem wird in einem weiteren Schritt 5 gezeigt, dass in besonderen Fällen ein noch weitergehender Schutz sinnvoll sein kann, der zusätzlich auch den Schutz der elektrischen und elektronischen Geräte gegen Impulsmagnetfelder sicherstellt.

10.4.10 Schritt 5: räumlicher Schirm von LPZ 2

Deshalb wird hier noch der (in der Risikoanalyse nur unzureichend berücksichtigte) Schutz der elektrischen und elektronischen Geräte gegen Impulsmagnetfelder geprüft. Wie in Kapitel 10.5 ausführlich belegt, sind die empfindlichen elektronischen Geräte im EDV-Bereich der Zone Z5 gegen Impulsmagnetfelder nicht ausreichend geschützt. Deshalb wird um LPZ 2 (Zone Z5) ein gitterförmiger, räumlicher Schirm mit einer mittleren Maschenweite von $w_{m2} = 0{,}2$ m installiert, was durch den Faktor $K_{S2}(Z5) = 0{,}012$ berücksichtigt wird. Dieser Wert ergibt sich nach Kapitel 7.8.4, wobei auch die hälftige Reduzierung des Faktors durch das maschenförmige Potentialausgleichsnetzwerk berücksichtigt ist:

$$K_{S2} = 0{,}12 \cdot w_{m2} \cdot k_{PN} = 0{,}12 \cdot 0{,}2 \cdot 0{,}5 = 0{,}012 \,.$$

Dieser Schirm kann wieder kostengünstig mittels durchverbundener Armierung realisiert werden, weil die Wände des EDV-Komplexes aus vorgefertigten, armierten Beton-Sandwichplatten und Böden und Decken aus armiertem Beton errichtet werden.

Der räumliche Schirm um LPZ 2 verringert durch seine elektromagnetische Schirmwirkung die Impulsmagnetfelder innerhalb von LPZ 2, die bei direkten Blitzeinschlägen von den blitzstromdurchflossenen Leitern des äußeren Blitzschutzes und bei nahen Blitzeinschlägen vom Blitzkanal abgestrahlt werden. Die Risikoanalyse berücksichtigt nur den zweiten Fall (R_M).

Symbol	Z1	Z2	Z3	Z4	Z5
R_B	0	0,019	0,029	0,129	0,028
R_V	0	0,022	0,034	0,149	0,033
R_C	0	0,014	0,080	0,077	0,046
R_M	0	0,006	0,034	0,033	≈ 0
R_W	0	0,010	0,059	0,058	0,034
R_Z	0	0,681	3,962	3,819	2,255
Gesamt	0	0,8	4,2	4,3	2,4
$R_4 = 11,6$			Schutzziel erreicht		

Tabelle 10.43 Risikowerte $\times 10^{-5}$ für die Schadensart L4
(Schritt 5: räumlicher Schirm von LPZ 2 (Zone Z5): $K_{S2} = 0,012$)

Durch die räumliche Schirmung von LPZ 2 (Zone Z5) reduziert sich deshalb nach **Tabelle 10.43** nur die Komponente R_M in der Zone Z5 und das Gesamtrisiko sinkt geringfügig auf $R_4 = 11,61 \cdot 10^{-5}$.

Tabelle 10.44 zeigt, dass die Verlustkosten von ursprünglich $C_L = 230\,274$ € (Schritt 0: ungeschützte Anlage) auf $C_{RL} = 3\,179$ € (Schritt 5) wesentlich gesenkt werden konnten. Außerdem zeigt die Wirtschaftlichkeitsanalyse mit einer jährlichen Einsparung von $S_M = 194\,946$ €, dass die für den Schutz investierten Mittel wirtschaftlich effektiv eingesetzt sind.

Damit bleibt das Schutzziel erreicht, auch wenn sich die jährliche Einsparung gegenüber Schritt 5 sogar etwas verschlechtert hat, weil die relativ hohen Kosten von 30 000 € für die räumliche Schirmung von LPZ 2 (Zone Z5) nur eine geringe Senkung der Verlustkosten bewirken (soweit der Schutz gegen Impulsmagnetfelder in der Risikoanalyse überhaupt richtig erfasst wird). Wesentlich für die Entscheidung, eine geschirmte LPZ 2 (Zone Z5) zu installieren, sind aber nicht die marginalen Änderungen bei den Verlustkosten, sondern die höhere Ausfallsicherheit für den EDV-Bereich.

Die Kosten von $C_P = 321\,500$ € für den gesamten Blitzschutz LP betragen 1,17 % der Bausumme von 27 374 000 € aus Tabelle 10.27 und liegen damit im Erfahrungsrahmen von 1 % bis 3 % der Bausumme.

Symbol	Gesamt
C_{RL}	3 179
C_P	321 500
$C_{PM} = C_P \cdot (i + a + m)$	32 150
$S_M = C_L - (C_{PM} + C_{RL}) > 0$	194 946

Tabelle 10.44 Kosten in €/a für die Schadensart L4
(Schritt 5: räumlicher Schirm von LPZ 2 (Zone Z5): $K_{S2} = 0,012$)

10.5 Impulsmagnetfelder des Blitzes

Wie in DIN EN 62305-4 (**VDE 0185-305-4**) gezeigt, sind elektrische und elektronische Systeme nicht nur durch Überspannungen auf den Leitungen, sondern auch unmittelbar durch die Impulsmagnetfelder des Blitzes gefährdet, wenn die Festigkeiten der Geräte nach DIN EN 61000-4-9 (**VDE 0847-4-9**) und DIN EN 61000-4-10 (**VDE 0847-4-10**) geringer sind als die Bedrohungswerte in den jeweiligen Blitzschutzzonen bei Blitzeinschlägen direkt in das Gebäude (S1) oder nahe dem Gebäude (S2).

Anmerkung: Dieser Aspekt geht in das Ergebnis der Risikoanalyse nach DIN EN 62305-2 (VDE 0185-305-2) nicht ein, weil für die Bedrohung durch eingestrahlte Impulsmagnetfelder kein entsprechender Parameter existiert. Stattdessen fordert die Norm im Abschnitt B.5: „Für innere Systeme mit Einrichtungen, die nicht den Festigkeiten oder Stehspannungen der betreffenden Produktnormen entsprechen, ist $P_M = 1$ anzunehmen". Da nach Kapitel 7.8.9 der Wert von $P_M = P_{PSD} \cdot (K_{S1} \cdot K_{S2} \cdot K_{S3} \cdot K_{S4})^2$ ist, würde das bedeuten, dass nur Geräte mit den (nicht quantifizierten) Festigkeiten nach Produktnorm durch ein koordiniertes SPD-System (P_{SPD}) oder durch Schirmungsmaßnahmen (K_{S1}, K_{S2}, K_{S3}) geschützt werden können. Alle anderen oder empfindliche Geräte ohne Produktnorm könnten grundsätzlich nicht auf diese Weise geschützt werden.

Um dieses Problem zu lösen, werden hier die Impulsmagnetfelder mit den in DIN EN 62305-4 (**VDE 0185-305-4**) angegebenen Gleichungen näherungsweise bestimmt (Kapitel 6.7) und dann mit den Festigkeiten der Geräte verglichen. Erforderlichenfalls ist die räumliche Schirmung zu verbessern, oder die Festigkeiten der Geräte sind anzupassen.

Die Daten für die räumliche Schirmung von LPZ 1 und LPZ 2 sind in **Tabelle 10.45** zusammengestellt.

Für die elektronischen Geräte wird im **gesamten Gebäude V (Zone Z3)** mit Ausnahme des EDV-Komplexes als anzusetzende Zerstörfestigkeit gegen Impuls-

Schirm	Symbol	Wert	Beschreibung
LPZ 1	w_{m1} in m	1,5	Maschenweite
	d_r in m	3,5	Abstand der Geräte zur Decke von LPZ 1 (Bild 6.20a)
	d_w in m	1,5	Abstand der Geräte zur Wand von LPZ 1 (Bild 6.20a)
	$k_{PN/1}$	0,5	Faktor für vermaschtes Potentialausgleichnetzwerk
LPZ 2	w_{m2} in m	0,2	Maschenweite
	d_r in m	5,8	Abstand von LPZ 2 zur Decke von LPZ 1 (Bild 6.20b)
	d_w in m	8,0	Abstand von LPZ 2 zur Wand von LPZ 1 (Bild 6.20b)
	$k_{PN/2}$	0,5	Faktor für vermaschtes Potentialausgleichnetzwerk

Tabelle 10.45 Definition der Schirme von LPZ 1 und LPZ 2

magnetfelder der **Prüfschärfegrad 5** nach DIN EN 61000-4-9 (**VDE 0847-4-9**) bzw. DIN EN 61000-4-10 (**VDE 0847-4-10**) vereinbart (Tabelle 6.3 bzw. Tabelle 6.4):

- $H = 1\,000$ **A/m** für ein Impulsmagnetfeld 8/20 µs nach DIN EN 61000-4-9 (**VDE 0847-4-9**), entsprechend dem Impulsmagnetfeld eines ersten positiven Teilblitzes,
- $H = 100$ **A/m** für ein Impulsmagnetfeld 0,2/0,5 µs nach DIN EN 61000-4-10 (**VDE 0847-4-10**) (gedämpfte 1-MHz-Schwingung), entsprechend dem Impulsmagnetfeld der Folgeblitze.

Für die elektronischen Geräte im **EDV-Komplex (Zone Z4)** wird der **Prüfschärfegrad 3** für die Impulsmagnetfelder vereinbart:

- $H = 100$ **A/m** für ein Impulsmagnetfeld 8/20 µs,
- $H = 10$ **A/m** für ein Impulsmagnetfeld 0,2/0,5 µs.

Für den festgelegten Gefährdungspegel LPL II gilt bei der Berechnung der Impulsmagnetfelder für den ersten positiven Teilblitz der Wert $I_{F/max}$ = 150 kA und für die Folgeblitze $I_{S/max} = 1/4 \cdot I_{F/max} = 37{,}5$ kA.

10.5.1 Impulsmagnetfelder in LPZ 1

Es wurde eine mittlere **Maschenweite von** w_{m1} = 1,5 m abgeschätzt. Die elektronischen Geräte im Gebäude V sind mindestens mit einem **Sicherheitsabstand von** $d_{DF/1} = w_{m1}$ = 1,5 m (Kapitel 6.7.2.1) von der Decke und von den Wänden entfernt zu installieren.

Für die Geräte sind Abstände zur Decke von d_r = 3,5 m und zu den Wänden von d_w = 1,5 m zu geplant (siehe Bild 6.20a). Wegen des in LPZ 1 geplanten, vermaschten Potentialausgleichsnetzwerks ist $k_{PN/1}$ = 0,5.

Bei **direktem Blitzeinschlag** in das Gebäude ergibt sich damit für die **Impulsmagnetfelder in LPZ 1 am Ort der Geräte** für den ersten positiven Teilblitz (Impulsmagnetfeld 10/350 µs) mit $I_0 = I_{1/F/max}$ = 150 000 A:

$$H_{1/F/max} = k_h \cdot I_0 \cdot \frac{w_{m1}}{d_w \cdot \sqrt{d_r}} \cdot k_{PN}$$

$$= 0{,}01 \cdot 150\,000 \cdot \frac{1{,}5}{1{,}5 \cdot \sqrt{3{,}5}} \cdot 0{,}5 = 401 \text{ A/m}$$

und für die Folgeblitze (Impulsmagnetfeld 0,25/100 µs) mit $I_0 = I_{1/S/max}$ = 37 500 A:

$$H_{1/S/max} = \frac{1}{4} \cdot H_{1/F/max} = 100 \text{ A/m}.$$

Ein Vergleich der zu erwartenden Feldstärken mit den Zerstörfestigkeiten ergibt:

$H_{1/F/max} = 401$ A/m ≤ 1000 A/m (Impulsmagnetfeld 8/20 µs),

$H_{1/S/max} = 100$ A/m ≤ 100 A/m (Impulsmagnetfeld 0,2/0,5 µs).

Der Gebäudeschirm von LPZ 1 schirmt also die Impulsmagnetfelder soweit ab, dass die im Gebäude V mit Ausnahme des EDV-Komplexes installierten elektronischen Geräte vor direkten Magnetfeldeinwirkungen geschützt sind.

10.5.2 Impulsmagnetfelder in LPZ 2

Der EDV-Komplex (Zone Z4) hat bauseits armierte Betonböden und armierte Betondecken. Die Wände bestehen aus vorgefertigten armierten Betonteilen. Bei einem Zusammenschluss der Raumarmierungen und der Rahmen für die Stahltüren entsteht so ein hochwertiger Raumschirm. Es bietet sich an, diesen Raumkomplex als LPZ 2 auszubilden. Dann wird dort für die sensiblen EDV-Systeme mit ihrer hohen Installationsdichte und ihrer komplexen Verkabelung

- durch die Raumschirmung das Impulsmagnetfeld auf einen gegenüber LPZ 1 stark reduzierten Wert begrenzt,
- eine Schnittstelle zum Einsatz von SPDs für die aus LPZ 1 in den EDV-Komplex eingeführten energie- und informationstechnischen Leitungen geschaffen,
- ein gegenüber den elektronischen Systemen in LPZ 1 reduziertes Schadensrisiko erreicht.

Es wird eine **Maschenweite von** $w_{m2} = 0,2$ m abgeschätzt, aus der sich zunächst ein Schirmfaktor von $20 \cdot \log(8,5/w_{m2}) = 32,6$ dB ergibt. Wegen des auch in LPZ 2 geplanten, vermaschten Potentialausgleichnetzwerks mit dem Faktor $k_{PN/2} = 0,5$ erhöht sich dieser Wert um 6 dB zu $SF_2 = 38,6$ dB (Tabelle A.2 in DIN EN 62305 (**VDE 0185-305-4**)). Bei der Aufstellung der elektronischen Geräte muss zum räumlichen Schirm von LPZ 2 mindestens ein **Sicherheitsabstand** $d_{SF/2} = w_{m2} \cdot SF_2/10 = 0,77$ m eingehalten werden.

Die Abstände der LPZ 2 sind von der Decke mit $d_r = 5,8$ m und zu den Wänden mit $d_w = 8$ m anzusetzen (siehe Bild 6.20b).

Bei **direktem Blitzeinschlag** in das Gebäude werden die Impulsmagnetfelder H_1 und H_2 (ohne und mit Berücksichtigung des Schirms von LPZ 2) berechnet. Damit ergibt sich für die **Impulsmagnetfelder überall in LPZ 2** für den ersten positiven Teilblitz (Impulsmagnetfeld 10/350 µs) mit $I_0 = I_{1/F/max} = 150\,000$ A:

$$H_{1/F/max} = k_h \cdot I_0 \cdot \frac{w_{m1}}{d_w \cdot \sqrt{d_r}} \cdot k_{PN}$$

$$= 0,01 \cdot 150\,000 \cdot \frac{1,5}{8 \cdot \sqrt{5,8}} \cdot 0,5 = 58,4 \text{ A/m},$$

$$H_{2/F/max} = \frac{H_{1/F/max}}{10^{SF2/20}} = \frac{58,4}{10^{38,6/20}} = 0,69 \text{ A/m}$$

und für die Folgeblitze (Impulsmagnetfeld 0,25/100 µs) mit $I_0 = I_{1/S/max} = 37\,500$ A:

$$H_{2/S/max} = \frac{1}{4} \cdot H_{2/S/max} = 0,17 \text{ A/m}.$$

Ein Vergleich der zu erwartenden Feldstärken mit den Zerstörfestigkeiten ergibt:

$H_{2/F/max} = 0,69$ A/m $\ll 100$ A/m   (Impulsmagnetfeld 8/20 µs),

$H_{2/S/max} = 0,17$ A/m $\ll 10$ A/m   (Impulsmagnetfeld 0,2/0,5 µs).

Durch die kaskadierten räumlichen Schirme von LPZ 1 und LPZ 2 werden die Impulsmagnetfelder soweit gedämpft, dass sie im EDV-Komplex weit unter den zulässigen Festigkeiten der installierten elektronischen Geräte liegen.

10.6 Induzierte Spannungen in Leiterschleifen

Die verbleibenden Impulsmagnetfelder nach Kapitel 10.5 bewirken aber auch induzierte Spannungen in den Leiterschleifen der Installation, welche die Energie- und Dateneingänge der Geräte gefährden, wenn sie deren elektrische Festigkeit überschreiten. Für die zu installierenden elektrischen und elektronischen Geräte bzw. Systeme werden folgende Stehstoßspannungen gefordert:

- **Energieeingang:** $U_w = 2,5$ kV nach DIN EN 60664-1 (**VDE 0110-1**) (Tabelle 6.5),
- **Dateneingang:** $U_w = 1,0$ kV („Worst-Case" nach DIN EN 62305-2 (**VDE 0185-305-2**)).

10.6.1 Induzierte Spannungen in LPZ 1

Für LPZ 1 wird eine „Worst-Case"-Leiterschleife, gebildet aus energie- und informationstechnischen Leitungen, mit folgenden Dimensionen (Bild 6.26) angenommen:

Breite $b = 3$m,
Länge $l = 10$m,
Abstand zur Wand $d_{l/w} = 2$m,
Abstand zur Decke $d_{l/r} = 5$m.

Bei **direktem Blitzeinschlag in das Gebäude** ergibt sich für den ersten positiven Teilblitz:

$$U_{OC/1/F/max} = 1{,}26 \cdot 10^{-3} \cdot b \cdot \ln\left(1 + \frac{l}{d_{l/w}}\right) \cdot \left(\frac{w_{m1}}{\sqrt{d_{l/r}}}\right) \cdot I_{F/max} \cdot k_{PN} \quad \text{in V,}$$

$$= 1{,}26 \cdot 10^{-3} \cdot 3 \cdot \ln\left(1 + \frac{10}{2}\right) \cdot \frac{1{,}5}{\sqrt{5}} \cdot 150\,000 \cdot 0{,}5 = 340 \text{ V}$$

und für die Folgeblitze:

$U_{OC/1/S/max} = 10 \cdot U_{OC/1/F/max} = 3{,}40 \text{ kV}$.

Die größere Spannung $U_{OC/1/S/max} = 3{,}40$ kV **überschreitet die Festigkeit** der Energieeingänge von 2,5 kV und der Dateneingänge von 1,5 kV.
Bei **Blitzeinschlägen nahe dem Gebäude V** mit den Abmessungen $L = 112$ m, $W = 64$ m, $H = 10$ m (Tabelle 10.6) ergeben sich für den „Worst-Case" (maximaler Blitzstrom $I = 150$ kA, bei kleinstmöglichem Abstand s_a) induzierte Spannungen für den ersten positiven Teilblitz von

$U_{OC/1/F/max} = 77 \text{ V}$

und für die Folgeblitze von

$U_{OC/1/S/max} = 770 \text{ V}$.

Da diese Werte kleiner sind als bei direktem Blitzeinschlag, müssen sie nicht gesondert betrachtet werden.

Anmerkung: Wegen der Schirmung von LPZ 1 mit einer Maschenweite von $w_{m1} = 1{,}5$ m ergeben sich relativ niedrige Werte. In einer ungeschirmten LPZ 1 ($SF_1 = 0$ bei Maschenweiten $w_{m1} > 8{,}5$ m) wären die Werte mit $U_{OC/1/F/max} = 871$ V und $U_{OC/1/S/max} = 8{,}71$ kV wesentlich höher.

In **LPZ 1** sind deshalb zur Vermeidung unzulässig hoher, induzierter Spannungen kontrollierte Leitungsführung und -schirmung gemäß den Ausführungen in Kapitel 6.8 notwendig, und/oder die elektrischen und elektronischen Geräte bzw. Systeme sind an ihren Eingängen mit SPDs auszurüsten, um die induzierten Spannungen entsprechend dem für die Geräte garantierten Prüfschärfegrad zu begrenzen. Hierfür genügen Überspannungsableiter.

10.6.2 Induzierte Spannungen in LPZ 2

Für LPZ 2 wird ebenfalls eine „Worst-Case"-Leiterschleife, gebildet aus energie- und informationstechnischen Leitungen, mit folgenden Dimensionen angenommen:
Breite $b = 3$ m,
Länge $l = 10$ m.

Bei **direktem Blitzeinschlag in das Gebäude** ergibt sich mit der in Kapitel 10.5 bestimmten magnetischen Feldstärke von $H_{2/F} = 0{,}69$ A/m für den ersten positiven Teilblitz:

$$U_{OC/2/F/max} = 0{,}126 \cdot b \cdot l \cdot H_{2/F} = 0{,}126 \cdot 3 \cdot 5 \cdot 0{,}69 = 2{,}6 \text{ V}$$

und für die Folgeblitze

$$U_{OC/2/S/max} = 10 \cdot U_{OC/2/F} = 26 \text{ V}.$$

Auch die größere Spannung $U_{OC/2/S/max} = 26$ V liegt noch **weit unter der Festigkeit** der Energieeingänge von 2,5 kV und der Dateneingänge von 1,5 kV.

Bei **Blitzeinschlägen nahe dem Gebäude V** ergeben sich für den „Worst-Case" (maximaler Blitzstrom $I = 150$ kA bei kleinstmöglichem Abstand s_a) induzierte Spannungen für den ersten positiven Teilblitz von

$$U_{OC/2/F/max} = 0{,}91 \text{ V}$$

und für die Folgeblitze von

$$U_{OC/2/S/max} = 9{,}1 \text{ V}.$$

Diese Werte liegen wiederum weit unter der Festigkeit der Geräteeingänge. In **LPZ 2** sind deshalb bezüglich der Blitzgefährdung keine besonderen Anforderungen an Leitungsführung und Schirmung zu stellen. Die in LPZ 1 induzierten Überspannungen werden an der Schnittstelle LPZ 1/2 beim Eintritt in LPZ 2 durch SPDs auf Werte unterhalb der Festigkeit der Geräte begrenzt. Die in LPZ 2 induzierten Überspannungen sind unbedeutend. Damit sind zusätzliche SPDs an den Eingängen der informationstechnischen Geräte bzw. Systeme nicht nötig.

10.7 Stromtragfähigkeit der Schutzelemente

Abhängig vom Einbauort fließen Stoßströme, die **anteilige Blitzströme** (bei Blitzeinschlägen in das Gebäude) oder **sekundär induzierte Ströme** (bei Blitzeinschlägen nahe dem Gebäude und innerhalb von LPZ 2 und höher) sein können. Jedes Schutzelement muss so ausgelegt sein, dass es den an seinem Einbauort zu erwartenden Stoßstrom führen kann, ohne beschädigt zu werden. Beim äußeren Blitzschutz ist eine ausreichende Dimensionierung (z. B. der Leiterquerschnitte) bereits durch die Wahl der Schutzklasse (hier Schutzklasse II) sichergestellt. Für die Dimensionierung der SPDs (z. B. der Stromtragfähigkeit) ist aber eine genauere Bestimmung der Stoßströme am Einbauort nötig, um das technisch und wirtschaftliche Optimum (ohne Unter- oder Überdimensionierung) zu erreichen.

10.7.1 Anteilige Blitzströme an der Grenze von LPZ 1

Der gesamte Blitzstrom hat die typische Wellenform 10/350 μs und nach Gefährdungspegel II eine Amplitude von 150 kA. Dieser Strom teilt sich bei einem **Blitzeinschlag direkt in das Gebäude (S1)** mit je 50 % bzw. 75 kA auf die Erdungsanlage und die eintretenden Leitungstrassen auf (siehe Kapitel 6.2 und Bild 6.1). Bei vier Leitungstrassen entspricht dies jeweils 18,75 kA, die sich dann auf die einzelnen Leiter in der Trasse in erster Näherung linear oder bei genauerer Berechnung in Abhängigkeit von der Impedanz der einzelnen Leiter weiter aufteilen. Befindet sich in der Trasse beispielsweise nur eine energietechnische Leitung mit vier Einzelleitern (PEN, L1, L2, L3), so ergibt sich pro Leiter und für ein dort eingebautes SPD ein anteiliger Blitzstrom 10/350 μs von je 18,75: 4 = 4,7 kA.

Zusammengefasst also:

18,75 kA je Trasse (bei vier Trassen),
4,7 kA je Leiter (bei vier Leitern).

Blitzstromableiter gewährleisten die nötige Stromtragfähigkeit, weil sie typisch für 25 kA, 10/350 μs pro Pol ausgelegt sind.

Bei einem **Blitzeinschlag direkt in eine Leitungstrasse (S3)** fließt der gesamte Blitzstrom von 150 kA (Gefährdungspegel II) von der Einschlagstelle zunächst in beide Richtungen, sodass nur 50 % bzw. 75 kA in Richtung des Gebäudes fließen. Zudem vermindert sich der Strom bis zum Gebäudeeintritt weiter, weil wegen der endlichen Durchschlag- bzw. Überschlagsspannung der jeweiligen Leitung eine weitere Begrenzung eintritt. Auch hier teilt sich der verbleibende Strom wieder auf die einzelnen Leiter in der Trasse auf. Im Allgemeinen ist die Belastung in diesem Fall nicht höher als bei einem Blitzeinschlag direkt in das Gebäude.

10.7.2 Sekundär induzierte Stoßströme innerhalb von LPZ 1

Die Maximalwerte der sekundär in kurzgeschlossene Leiterschleifen induzierten Stoßströme mit der typischen Wellenform 8/20 μs hängen von den Abmessungen der Leiterschleife und von der Effizienz der räumlichen Schirme und damit von deren Maschenweite ab. Die Berechnung der Kurzschlussströme I_{SC} ist in DIN EN 62305-4 (**VDE 0185-305-4**) im Anhang A.5 der Norm angegeben.

Für die Berechnung werden wieder Leiterschleifen mit den gleichen Dimensionen (Bild 6.26) wie in Kapitel 10.6 angenommen:

Breite $b = 3$ m,
Länge $l = 10$ m,
Abstand zur Wand $d_{l/w} = 2$ m,
Abstand zur Decke $d_{l/r} = 5$ m.

Für einen zu $r = 1,8$ mm angenommenen Leiterradius ergibt sich dann:

$$L = \left\{ 0,8 \cdot \sqrt{l^2 + b^2} - 0,8 \cdot (l+b) + 0,4 \cdot l \cdot \ln\left[\frac{\frac{2 \cdot b}{r}}{1 + \sqrt{1 + \left(\frac{b}{l}\right)^2}} \right] \right.$$

$$\left. + 0,4 \cdot b \cdot \ln\left[\frac{\frac{2 \cdot l}{r}}{1 + \sqrt{1 + \left(\frac{l}{b}\right)^2}} \right] \right\} \cdot 10^{-6}$$

$$= \left\{ 0,8 \cdot \sqrt{10^2 + 3^2} - 0,8 \cdot 13 + 0,4 \cdot 10 \cdot \ln\left[\frac{\frac{6}{1,8 \cdot 10^{-3}}}{1 + \sqrt{1 + \left(\frac{3}{10}\right)^2}} \right] \right.$$

$$\left. + 0,4 \cdot 3 \cdot \ln\left[\frac{\frac{20}{1,8 \cdot 10^{-3}}}{1 + \sqrt{1 + \left(\frac{10}{3}\right)^2}} \right] \right\} \cdot 10^{-6}$$

$= \mathbf{36,9\ \mu H}$.

Damit ergeben sich folgende Kurzschlussströme:
- LPZ 1 bei Blitzeinschlag direkt in das Gebäude (S1):
Für den ersten positiven Teilblitz

$$I_{SC/1/F/max} = 12,6 \cdot 10^{-6} \cdot b \cdot \ln\left(1 + \frac{l}{d_{l/w}}\right) \cdot \frac{w_{m1}}{\sqrt{d_r}} \cdot \frac{I_f}{L} \cdot k_{PN/1},$$

$$= 12,6 \cdot 10^{-6} \cdot 3 \cdot \ln\left(1 + \frac{10}{2}\right) \cdot \frac{1,5}{\sqrt{5}} \cdot \frac{150}{36,9 \cdot 10^{-6}} \cdot 0,5 = \mathbf{92\ A}$$

und für die Folgeblitze

$$I_{SC/1/S/max} = \frac{1}{4} \cdot I_{SC/1/F} = 23\ A.$$

- In LPZ 1 bei Blitzeinschlag nahe dem Gebäude (S2):
  Mit der in Kapitel 10.5 berechneten Feldstärke $H_{1/F/max}$ = 20,4 A/m, in welcher der Faktor $k_{PN/2}$ schon berücksichtigt ist, ergibt sich für den ersten positiven Teilblitz:

$$I_{SC/1/F/max} = 1,26 \cdot 10^{-6} \cdot b \cdot l \cdot \frac{H_{1/F/max}}{L}$$

$$= 1,26 \cdot 10^{-6} \cdot 3 \cdot 10 \cdot \frac{20,5}{36,9 \cdot 10^{-6}} = 21 \text{ A}$$

und für die Folgeblitze:

$$I_{SC/1/S/max} = \frac{1}{4} \cdot I_{SC/1/F/max} = 5,1 \text{ A}.$$

Anmerkung: Wegen der Schirmung von LPZ 1 mit einer Maschenweite von w_{m1} = 1,5 m ergeben sich niedrige Werte. In einer ungeschirmten LPZ 1 ($SF_1 = 0$ bei Maschenweiten $w_{m1} > 8,5$ m) wären die Werte mit $I_{SC/1/F/max} = 231$ A bzw. $I_{SC/1/S/max} = 58$ A wesentlich höher.

Hinter den an der Grenze von LPZ 1 eingebauten Blitzstromableitern verbleibt nur eine geringe Restbelastung, zu der sich aber noch die eben berechneten, innerhalb der LPZs induzierten Ströme addieren. Innerhalb von geschirmten LPZs sind die Stoßströme deshalb weit kleiner als die anteiligen Blitzströme an der Grenze von LPZ 1 und haben zudem noch die kürzere Wellenform von typisch 8/20 μs. Deshalb genügt es ggf., an diesen Stellen **Überspannungsableiter SPD Typ 2** (Prüfstrom 8/20 μs) oder sogar SPD Typ 3 (Hybridprüfung mit 1,2/50 μs Leerlaufspannung und 8/20 μs Kurzschlussstrom) einzusetzen, die solche Anforderungen erfüllen.

10.7.3 Sekundär induzierte Stoßströme innerhalb von LPZ 2

Wegen der kaskadierten Schirme von LPZ 1 und LPZ 2 sind die Maximalwerte der sekundär in kurzgeschlossene Leiterschleifen induzierten Stoßströme in LPZ 2 so klein (siehe Tabelle 10.47), dass keine weiteren Schutzmaßnahmen nötig sind.

10.8 Zusammenfassung für Magnetfelder und induzierte Spannungen und Ströme

In **Tabelle 10.46** und **Tabelle 10.47** sind die Werte für die Impulsmagnetfelder (Kapitel 10.5), die in die Schleife induzierten Spannungen (Kapitel 10.6) und Ströme (Kapitel 10.7) nochmals zusammengestellt. Dabei sind auch die Werte für den neu in die Norm aufgenommenen ersten negativen Teilblitz mit angegeben. Für die Auslegung des LEMP-Schutzes sind diese Werte aber nicht maßgeblich, weil der „Worst-Case" für Magnetfeld und Kurzschlussstrom (Funktion des Teilblitzstroms I_0) durch den ersten positiven Teilblitz und für die Leerlaufspannung (Funktion der mittleren Steilheit des Teilblitzstroms I_0/T_1) durch den Folgeblitz bestimmt ist.

Ort siehe Bild 6.20a oder 6.20b	Symbol	Erster positiver Teilblitz	Erster negativer Teilblitz	Folgeblitz	Beschreibung
	I_0 in kA	150	75	37,5	Maximalwert des Teilblitzstroms
	T_1 in µs	10	1	0,25	Stirnzeit des Teilblitzstroms
	T_2 in µs	350	200	100	Rückenhalbwertzeit des Teilblitzstroms
a: LPZ 1 Geräte Position	H_1 in A/m	401	200	100	Maximalwert des Magnetfelds
	$U_{OC/1/max}$ in V	340	1 699	3 398	maximale Leerlaufspannung in der Schleife
	$I_{SC/1/max}$ in A	92	46	23	maximaler Kurzschlussstrom in der Schleife
b: LPZ 2 ohne Schirm	H_2 in A/m	58	29	15	Maximalwert des Magnetfelds
	$U_{OC/2/max}$ in V	220	1 101	2 201	maximale Leerlaufspannung in der Schleife
	$I_{SC/2/max}$ in A	60	30	15	maximaler Kurzschlussstrom in der Schleife
b: LPZ 2 mit Schirm	H_2 in A/m	0,69	0,34	0,17	Maximalwert des Magnetfelds
	$U_{OC/2/max}$ in V	2,6	13,0	26,0	maximale Leerlaufspannung in der Schleife
	$I_{SC/2/max}$ in A	0,70	0,35	0,18	maximaler Kurzschlussstrom in der Schleife

Tabelle 10.46 Direkteinschlag: Magnetfelder und in die Schleife induzierte Spannungen und Ströme

Ort LPZ 2, siehe Bild 6.20b	Symbol	Erster positiver Teilblitz	Erster negativer Teilblitz	Folge-blitz	Beschreibung
	I_0 in kA	150	75	37,5	Maximalwert des Teilblitzstroms
	T_1 in µs	10	1	0,25	Stirnzeit des Teilblitzstroms
	T_2 in µs	350	200	100	Rückenhalbwertzeit des Teilblitzstroms
ohne Schirme	H_0 in A/m	231	116	58	Maximalwert des Magnetfelds
	$U_{OC/0/max}$ in V	871	4353	8706	maximale Leerlaufspannung in der Schleife
	$I_{SC/0/max}$ in A	236	118	59	maximaler Kurzschlussstrom in der Schleife
mit Schirm, LPZ 1	H_1 in A/m	20,4	10,2	5,1	Maximalwert des Magnetfelds
	$U_{OC/1/max}$ in V	77	385	770	maximale Leerlaufspannung in der Schleife
	$I_{SC/1/max}$ in A	21	10	5	maximaler Kurzschlussstrom in der Schleife
mit Schirm, LPZ 1 und LPZ 2	H_2 in A/m	0,2	0,1	0,1	Maximalwert des Magnetfelds
	$U_{OC/2/max}$ in V	0,9	4,5	9,0	maximale Leerlaufspannung in der Schleife
	$I_{SC/2/max}$ in A	0,25	0,12	0,06	maximaler Kurzschlussstrom in der Schleife

Tabelle 10.47 Naheinschlag: Magnetfelder und in die Schleife induzierte Spannungen und Ströme

10.9 Gesamtes LEMP-Schutzsystem

Da bei den einzelnen Blitzschutzzonen keine sich widersprechenden Schutzanforderungen aufgetreten sind, die eine Abstimmung erfordern würden, kann das in den vorhergehenden Kapiteln entwickelte LEMP-Schutzsystem nun nach dem in DIN EN 62305-4 (**VDE 0185-305-4**) angegebenen Managementplan in folgenden Schritten umgesetzt werden:

- Erste Risikoanalyse (Schritt 0: ungeschützte Anlage)
  Die erste Risikoanalyse ergab, dass nach Kapitel 10.3.4 Schutzmaßnahmen für die Schadensart L1 (Verlust von Menschenleben) und nach Kapitel 10.4.5 auch für die Schadensart L4 (wirtschaftliche Verluste) nötig sind.
- LEMP-Schutz-Planung
  Aus den Planungsüberlegungen der Kapitel 10.1 bis 10.7 ergibt sich das folgende Konzept für das gesamte SPM (LEMP-Schutzsystem):

1. Das System wird für den **Gefährdungspegel LPL II** ausgelegt.
2. Folgende **Zonen** werden definiert:
   Z1: der Bereich auf Erdniveau, in dem nahe von Ableitungen die Gefahr von Berührungs- und Schrittspannungen bestehen kann,
   Z2: der durch Überspannen mit einer isolierten Fangeinrichtung auf dem Dach geschaffene einschlaggeschützte Bereich, in dem die Klimaanlage platziert wird,
   Z3: gesamtes Gebäude, ohne den EDV-Komplex,
   Z4: EDV-Komplex.
3. **Räumliche Schirme**
   Z3: räumlicher Schirm um LPZ 1 mit einer mittleren Maschenweite von $w_{m1} = 1{,}5$ m (gleichzeitig äußerer Blitzschutz der Schutzklasse II),
   Z4: räumlicher Schirm um LPZ 2 mit einer mittleren Maschenweite von $w_{m2} = 0{,}2$ m.
4. **Potentialausgleichnetzwerk**
   In beiden inneren Zonen Z3 und Z4 wird ein vermaschtes Potentialausgleichnetzwerk mit einer mittleren Maschenweite von 5 m installiert.
5. **Erdungsanlage**
   Die Erdungsanlage wird als Fundamenterder ausgeführt, indem die Armierung der Bodenplatte und der Köcherfundamente der Betonstützen zusammengeschaltet wird.
6. **Leitungsführung und -schirmung**
   Z3: Nach Kapitel 10.6.1 können die induzierten Spannungen die Festigkeit der Geräteeingänge überschreiten. Dies könnte durch kontrollierte Leitungsführung oder durch Leitungsschirmung vermieden werden. In diesem Beispiel wird jedoch die Beschaltung der Geräteeingänge mit SPDs als Schutzmaßnahme gewählt (siehe Punkt 7).
   Z4: Wegen der guten Raumschirmung sind keine Maßnahmen nötig.
7. **Koordinierter SPD-Schutz mit Potentialausgleich an den Grenzen der LPZs**
   Z3: Beschaltung der eintretenden elektrischen Versorgungsleitungen an der Schnittstelle LPZ $0_A/1$ mit Blitzstromableitern und sonst mit Überspannungsableitern. Beschaltung der Geräteeingänge mit Überspannungsableitern.
   Z4: Beschaltung der eintretenden elektrischen Versorgungsleitungen an der Schnittstelle LPZ 1/2 mit Überspannungsableitern.
8. **Personenschutz**
   Z1: Außerhalb des Gebäudes auf Erdniveau in 3 m Abstand von den Ableitungen sind wegen der guten Aufteilung des Blitzstroms auf den räumlichen Schirm von LPZ 1 keine weiteren Schutzmaßnahmen nötig.
   Z2: Das Betreten des Dachbereichs bei Gewitter wird verboten, um eine Personengefährdung zu vermeiden.
   Z3 und Z4: Innerhalb des Gebäudes sind wegen des gut isolierenden Linoleumbodens keine weiteren Schutzmaßnahmen nötig.

- LEMP-Schutz Auslegung

  Das Konzept muss in Ausschreibungsunterlagen mit detaillierten Zeichnungen, Installationsplänen und Spezifikationen der Geräte unter Beachtung der Zeitpläne umgesetzt werden.

- Installation und Überprüfung

  Baubegleitend ist die Qualität der ausgeführten Arbeiten zu überwachen. Wenn nötig, ist auch die Dokumentation zu revidieren.

- Abnahme des LEMP-Schutzes und endgültige Risikoanalyse

  Das fertiggestellte gesamte SPM (LEMP-Schutzsystem) ist abzunehmen. Durch eine endgültige Risikoanalyse wird das verbleibende Risiko R_1 für die Schadensart L1 (Verlust von Menschenleben) und R_4 für die Schadensart L4 (wirtschaftliche Verluste) nachgewiesen. Im ersten Fall muss das Kriterium $R_1 \leq R_T$ (Risiko kleiner oder gleich dem akzeptierbaren Risiko) erfüllt sein. Im zweiten Fall wird das Risiko R_4 deutlich verringert und der wirtschaftliche Nutzen $S_M = C_L - (C_{PM} + C_{RL}) > 0$ des LEMP-Schutzes nachgewiesen.

- Wiederkehrende Prüfungen

  Die Schutzwirkung des LEMP-Schutzsystems muss durch wiederkehrende Prüfungen im Turnus (z. B. wie für Schutzklasse II: Sichtprüfungen jedes Jahr, vollständige Prüfungen alle zwei Jahre in Anlehnung an DIN EN 62305-3 (**VDE 0185-305-3**), Tabelle E.2) oder insbesondere nach Erweiterungen oder wesentlichen Änderungen der Anlage dauerhaft sichergestellt werden. Dabei festgestellte Mängel sind unverzüglich zu beseitigen.

10.10 Detailausführung des LEMP-Schutzsystems (SPM)

Die Detailausführung von Komponenten des LEMP-Schutzsystems wird an ausgewählten Beispielen erläutert und in Fotos dargestellt:

- Schutz von Aufbauten und Anlagen im Dachbereich

  Bild 10.10 zeigt am Beispiel der Klimaanlage, wie zu schützende Anlagenteile in Zone Z2 (LPZ 0_B) eingebracht und so gegen direkte Blitzeinschläge geschützt werden können. Durch Überspannen mit einer isolierten Fangeinrichtung wird ein dafür geeigneter Bereich geschaffen.

Bild 10.10 Schutz von Dachaufbauten gegen direkte Blitzeinschläge

- Erdungsanlage
  Die Erdungsanlage ist ein Fundamenterder, der durch Zusammenschließen der Armierungen von Kellerboden, Betonstützen und Köcherfundamenten (**Bild 10.11**) entsteht. Der Fundamenterder wird an die Erder aller benachbarten Gebäude angeschlossen, sodass sich ein Erdungsnetz mit einer Maschenweite von 10 m bis 20 m ergibt.

Bild 10.11 Integration der Köcherfundamente in die Erdungsanlage

- Potentialausgleichnetzwerk

Im gesamten Neubau wird ein dreidimensionales Potentialausgleichnetzwerk errichtet, in dem alle metallenen Installationen, Komponenten, Armierungen oder Doppelböden zusammengeschlossen werden, sodass eine Vermaschung etwa im 5-m-Raster entsteht. Beispiele hierzu sind die Integration der armierten Betonstützen (**Bild 10.12**), der Armierung in Betondecken (**Bild 10.13**) oder der armierten Betonfertigteile (**Bild 10.14**).

Bild 10.12 Integration der armierten Betonstützen in das Potentialausgleichnetzwerk

Bild 10.13 Integration von armierten Betondecken in das Potentialausgleichnetzwerk

Bild 10.14 Integration von armierten Betonfertigteilen in das Potentialausgleichnetzwerk

- Vermaschtes Erdungssystem

  Das vermaschte Erdungssystem entsteht durch Zusammenschließen der Erdungsanlage mit dem Potentialausgleichnetzwerk. Es wird auch mit den Erdungsanlagen der bestehenden umliegenden Gebäude zusammengeschlossen. Dadurch entsteht ein niederinduktives Bezugssystem für alle Potentialausgleichsmaßnahmen, insbesondere für die Beschaltungsmaßnahmen an den Schnittstellen der Blitzschutzzonen.

- Nutzung metallener Komponenten für die räumliche Schirmung

  Die räumliche Schirmung wird kostengünstig durch Zusammenschließen von bauseits vorhandenen, metallenen Komponenten realisiert. **Bild 10.15** zeigt, wie metallene Dächer und Fassaden, und **Bild 10.16**, wie die Armierung im Beton dafür genutzt werden können. Kabelkanäle mit durchverbundener Armierung nach **Bild 10.17** können zur Verbindung von Gebäuden oder Gebäudeteilen in dieses System einbezogen werden.

- Anschluss an das vermaschte Erdungssystem

  Wichtig ist auch die Bereitstellung von niederinduktiven Anschlussmöglichkeiten (z. B. für Potentialausgleichschienen) an das vermaschte Erdungssystem, das aus der Erdungsanlage und dem damit zusammengeschlossenen Potentialausgleichnetzwerk besteht. Dazu werden an die Betonarmierung angeschlossene Anschlussfahnen nach **Bild 10.18** oder Erdungsfestpunkte nach **Bild 10.19** verwendet.

Bild 10.15 Nutzung von metallenen Fassaden und Dächern als Gebäudeschirm

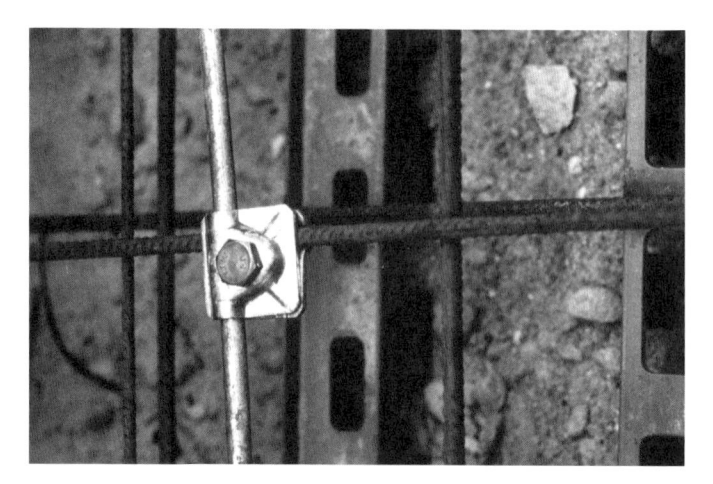

Bild 10.16 Rundstahl des überlagerten Stahlgitters in der Betonarmierung

Bild 10.17 Kabelkanal mit durchverbundener Armierung

Bild 10.18 Anschlussfahne an die Armierung im Beton

Bild 10.19 Erdungsfestpunkt als Anschluss an die Armierung im Beton

- Potentialausgleichschienen

Die lokalen Potentialausgleichschienen sind auf möglichst kurzem Weg an das vermaschte Erdungssystem anzuschließen, z. B. über Erdungsfestpunkte wie in **Bild 10.20**. Ringförmige Potentialausgleichschienen sind vorzugsweise mehrfach, etwa alle 5 m anzuschließen. Die Potentialausgleichschienen werden zur Integration des Funktionspotentialausgleichs der elektrischen und elektronischen Systeme und als erdseitige Anschlusspunkte für SPDs an den Grenzen der LPZs eingesetzt. Die **Bilder 10.21** bis **10.23** zeigen, wie die SPDs auf Schienen, in Racks oder in Schaltschränken mit möglichst kurzen Verbindungen zu den Potentialausgleichschienen installiert werden.

Bild 10.20 Anschluss einer Potentialausgleichschiene am Erdungsfestpunkt

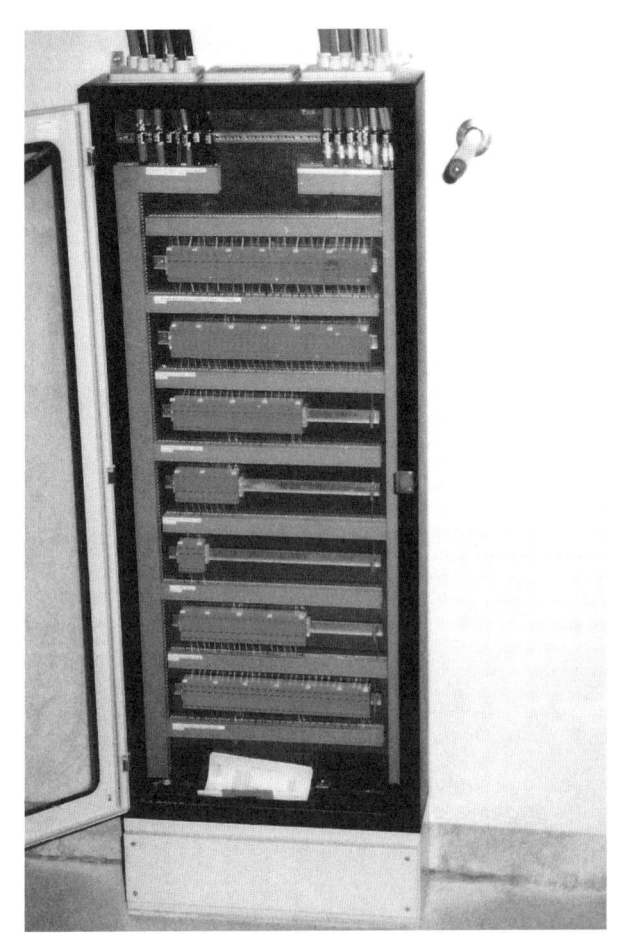

Bild 10.21 Blitzstromableiter für die aus LPZ 0_A kommenden Leitungen (Steuerleitungen, Brandmeldung, KNX (vormals EIB), Zeiterfassung)

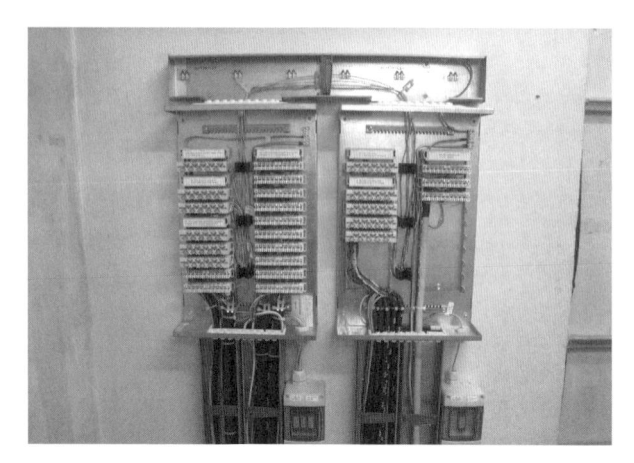

Bild 10.22 Blitzstromableiter für die aus LPZ 0_A kommenden Leitungen (Telefonleitungen)

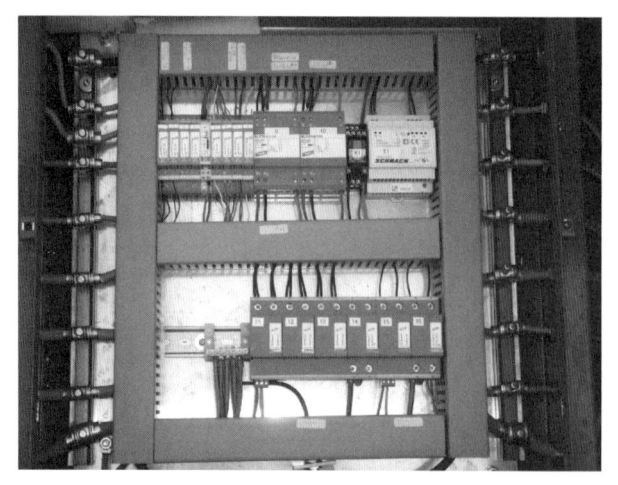

Bild 10.23 Blitzstromableiter für die aus LPZ 0_A kommenden Leitungen (230 V Energie, Brandmeldung, KNX (vormals EIB), Telefon)

11 Anhang

11.1 Begriffe aus diesem Buch und aus DIN EN 62305 (VDE 0185-305)

Abschnitt einer Versorgungsleitung
Teil einer Versorgungsleitung mit homogenen Eigenschaften, für den nur ein Satz von Parametern für die Abschätzung einer Risikokomponente einbezogen wird.

Abwärtsblitz
Blitz, eingeleitet durch eine abwärts gerichtete Vorentladung von der Wolke zur Erde.
Anmerkung: Ein Abwärtsblitz besteht aus einem ersten Stoßstrom, dem Folgestoßströme nachfolgen können. Einem oder mehreren Stoßströmen kann ein Langzeitstrom nachfolgen.

Akzeptierbares Schadensrisiko R_T
Größtwert eines Schadensrisikos, der für die zu schützende bauliche Anlage akzeptierbar ist.

Ableitungseinrichtung
Teil des äußeren Blitzschutzes, der dazu bestimmt ist, den Blitzstrom von der Fangeinrichtung zur Erdungsanlage abzuleiten.

Äußerer Blitzschutz
Teil des Blitzschutzsystems, bestehend aus einer Fangeinrichtung, einer Ableitungseinrichtung und einer Erdungsanlage.

Aufwärtsblitz
Blitz, eingeleitet durch eine aufwärts gerichtete Vorentladung von einer geerdeten baulichen Anlage zur Wolke.
Anmerkung: Ein Aufwärtsblitz besteht aus einem ersten Langzeitstrom mit oder ohne mehrfach überlagerten Stoßströmen. Einem oder mehreren Stoßströmen kann ein Langzeitstrom nachfolgen.

Ausfall eines elektrischen und elektronischen Systems
Bleibender Schaden an einem elektrischen und elektronischen System durch LEMP.

Bemessungs-Stehstoßspannung U_w

Einem Betriebsmittel oder einem Teil davon vom Hersteller zugewiesene Stehstoßspannung, die das festgelegte Stehvermögen seiner Isolierung gegen Überspannungen charakterisiert.

*Anmerkung: Für die Zwecke dieser Norm wird nur die Stehstoßspannung zwischen Leiter und Erde betrachtet. DIN EN 60664-1 (**VDE 0110-1**):2008-01, Begriff 3.9.2.*

Blitzeinschlag in eine bauliche Anlage

Blitz, der direkt in eine zu schützende bauliche Anlage einschlägt.

Blitzeinschlag neben einer baulichen Anlage

Blitz, der nahe genug neben einer zu schützenden baulichen Anlage einschlägt, dass er gefährliche Überspannungen erzeugen kann.

Blitzeinschlag in eine Versorgungsleitung

Blitz, der direkt in eine Versorgungsleitung einschlägt, die mit der zu schützenden baulichen Anlage verbunden ist.

Blitzeinschlag neben einer Versorgungsleitung

Blitz, der nahe genug neben einer Versorgungsleitung einschlägt, die mit der zu schützenden baulichen Anlage verbunden ist, dass er gefährliche Überspannungen erzeugen kann.

Blitzschutz (LP)

[lightning protection]

Vollständiges System für den Schutz von baulichen Anlagen, einschließlich ihrer inneren Systeme und ihres Inhalts, und von Personen gegen die Auswirkungen von Blitzeinschlägen. Es besteht aus dem Blitzschutzsystem (LPS) und den Schutzmaßnahmen gegen LEMP (SPM).

Blitzschutzkabel

Spezielles Kabel mit erhöhter dielektrischer Festigkeit, dessen metallischer Schirm direkt oder durch einen leitfähigen Kunststoffüberzug in dauerndem Kontakt mit dem Erdboden ist.

Blitzschutzkabelkanal

Kabelkanal mit geringem Widerstand und dauerndem Kontakt mit dem Erdboden.

Blitzschutz-Potentialausgleich (EB)

[lightning equipotential bonding]

Potentialausgleich von voneinander getrennten metallenen Teilen mit dem LPS durch direkten Anschluss oder Anschluss über Überspannungsschutzgeräte zur Verringerung der durch den Blitzstrom verursachten Potentialdifferenzen.

Blitzschutzsystem (LPS)
[lightning protection system]
Vollständiges System, das zur Verringerung physikalischer Schäden an einer baulichen Anlage durch direkte Blitzeinschläge angewendet wird.
Anmerkung: Es besteht sowohl aus dem äußeren als auch aus dem inneren Blitzschutz.

Blitzschutzzone (LPZ)
[lightning protection zone]
Zone, in der die elektromagnetische Umgebung hinsichtlich Blitzgefährdung festgelegt ist.
Anmerkung: Die Zonengrenzen einer LPZ sind nicht unbedingt physikalische Grenzen (z. B. Wände, Boden oder Decke).

Blitzstrom
Am Einschlagpunkt fließender Blitzstrom.

Einschlagpunkt
Punkt, an dem ein Blitz die Erde oder ein hervorstehendes Objekt (z. B. bauliche Anlage, LPS, Versorgungsleitung, Baum usw.) trifft.
Anmerkung: Ein Blitz kann mehr als einen Einschlagpunkt haben.

Elektromagnetischer Blitzimpuls (LEMP)
[lightning electromagnetic impulse]
Alle elektromagnetischen Auswirkungen des Blitzstroms, die durch galvanische, induktive oder kapazitive Kopplung leitungsgeführte Stoßwellen und elektromagnetische Impulsfelder erzeugen.

Elektromagnetische Verträglichkeit (EMV)
[electromagnetic compatibility EMC]
Fähigkeit einer Einrichtung oder eines Systems, in seiner elektromagnetischen Umgebung befriedigend zu arbeiten, ohne unannehmbare elektromagnetische Störgrößen für andere Einrichtungen in diese Umgebung einzubringen.

Elektronisches System
System, das empfindliche elektronische Bauteile enthält, wie Kommunikationseinrichtungen, Rechner, Steuer- und Messsysteme, Funkanlagen, Anlagen der Leistungselektronik.

Entladung statischer Elektrizität (ESD)
[electrostatic discharge]
Eine Entladung durch Funkenüberschlag oder direkten galvanischen Kontakt, die zum Ausgleich von elektrostatischen Aufladungen zwischen Körpern unterschiedlichen Potentials führt.

Erdblitz
Elektrische Entladung atmosphärischen Ursprungs zwischen Wolke und Erde, bestehend aus einem Teilblitz oder mehreren Teilblitzen.

Erdungsanlage
Teil des äußeren Blitzschutzes, der den Blitzstrom in die Erde ableitet und dort verteilt.

Erdungsbezugspunkt (ERP)
[earthing reference point]
Der einzige Anschlusspunkt zwischen dem Erdungssystem und den metallenen Komponenten des elektronischen Systems.

Erdungssystem
Gesamtes System, das die Erdungsanlage und das Potentialausgleichnetzwerk umfasst.

Fangeinrichtung
Teil des äußeren Blitzschutzes aus metallenen Elementen, wie Stäben, vermaschten Leitern oder gespannten Seilen, der zum Auffangen der Blitze bestimmt ist.

Gefährdungspegel (LPL)
[lightning protection level]
Zahlenwert, der auf einen Satz von Blitzstromparameterwerten hinsichtlich der Wahrscheinlichkeit bezogen wird, mit der zugehörige größte und kleinste Bemessungswerte bei natürlich auftretenden Blitzen nicht über- bzw. unterschritten werden.
Anmerkung: Der Gefährdungspegel wird zur Auslegung von Schutzmaßnahmen entsprechend dem zutreffenden Satz der Blitzstromparameter verwendet.

Gefährliches Ereignis
Blitz, der in das zu schützende Objekt oder neben dem zu schützenden Objekt oder in eine Versorgungsleitung oder neben einer Versorgungsleitung, die mit der zu schützenden baulichen Anlage verbunden ist, einschlägt, und der zu einem Schaden führen kann.

Gitterförmiger räumlicher Schirm
Magnetischer Schirm, gekennzeichnet durch Öffnungen.
Anmerkung: Für ein Gebäude oder einen Raum besteht er vorzugsweise aus durchverbundenen, natürlichen metallenen Bauteilen der baulichen Anlage (z. B. Bewehrungsstäbe im Beton, metallene Rahmen und Träger).

Innerer Blitzschutz
Teil des Blitzschutzsystems, bestehend aus einem Blitzschutz-Potentialausgleich und/oder der elektrischen Isolation gegenüber dem äußeren Blitzschutz.

Inneres System
Elektrische und elektronische Systeme in einer baulichen Anlage.

Isolierende Schnittstellen
Geräte, die Stoßwellen auf Leitungen, die in eine LPZ eintreten, vermindern können.
Anmerkung 1: Solche Geräte umfassen Isoliertransformatoren mit geerdetem Schirm zwischen den Wicklungen, metallfreie Lichtwellenleiter und Optokoppler.
Anmerkung 2: Die Isolationsfestigkeit dieser Vorrichtungen muss dieser Anwendung selbstständig oder mithilfe von SPDs entsprechen.

Knotenpunkt
Knotenpunkt auf einer Versorgungsleitung, von dem an die Ausbreitung von Stoßwellen vernachlässigt werden kann.
Anmerkung: Beispiele für einen Knotenpunkt sind der Verteilungspunkt einer Stromversorgungsleitung an einem HV/LV-Transformator oder in einer Umspannstation, eine Telekommunikationsvermittlungsstelle oder eine Einrichtung (z. B. Multiplexer oder xDSL-Gerät) in einer Telekommunikationsleitung.

Koordiniertes SPD-System
SPDs, die fachgerecht ausgewählt, koordiniert und installiert werden, um ein System zu bilden, das Ausfälle von elektrischen und elektronischen Systemen verringert.

Langzeitstrom
[long stroke]
Teilblitz, der einem andauernden Strom entspricht.
Anmerkung: Die Dauer T_{long} dieses Langzeitstroms (Dauer vom 10 %-Wert der Stirn bis zum 10 %-Wert des Rückens) ist üblicherweise größer als 2 ms und kleiner als 1 s.

Magnetische Schirmung
Geschlossene metallene gitterartige oder durchgängige Schirmung, die die zu schützende bauliche Anlage oder einen Teil davon umgibt, um Ausfälle elektrischer und elektronischer Einrichtungen zu verringern.

Mit I_{imp} geprüftes SPD
SPDs, die anteiligen Blitzströmen mit einer typischen Wellenform 10/350 µs standhalten müssen, erfordern einen entsprechenden Prüfstoßstrom I_{imp}.
*Anmerkung: Für Stromversorgungsleitungen ist ein geeigneter Prüfstrom I_{imp} im Klasse-I-Prüfverfahren nach DIN EN 61643-11 (**VDE 0675-6-11**):2007-08 definiert.*

Mit I_n geprüftes SPD
SPDs, die induzierten Stoßströmen mit einer typischen Wellenform 8/20 µs standhalten müssen, erfordern einen entsprechenden Prüfstoßstrom I_n.

*Anmerkung: Für Stromversorgungsleitungen ist ein geeigneter Prüfstrom I_n im Klasse-II-Prüfverfahren nach DIN EN 61643-11 **(VDE 0675-6-11)**:2007-08 definiert.*

Mit einem kombinierten Stoß geprüftes SPD

SPDs, die induzierten Stoßströmen mit einer typischen Wellenform 8/20 µs standhalten müssen, erfordern einen entsprechenden Prüfstoßstrom I_{SC}.

*Anmerkung: Für Stromversorgungsleitungen ist eine geeignete Kombinationsprüfung im Klasse-III-Prüfverfahren nach DIN EN 61643-11 **(VDE 0675-6-11)**:2007-08 definiert, in der die Leerlaufstoßspannung U_{OC} 1,2/50 µs und der Kurzschlussstoßstrom I_{SC} 8/20 µs eines 2-Ω-Hybridgenerators festgelegt ist.*

Physikalischer Schaden

Schaden an einer baulichen Anlage (oder deren Inhalt) aufgrund mechanischer, thermischer, chemischer und explosiver Auswirkungen eines Blitzeinschlags.

Potentialausgleichnetzwerk

Netzwerk, das alle leitfähigen Teile der baulichen Anlage und von inneren Systemen (spannungsführende Leiter ausgenommen) untereinander und mit dem Erdungssystem verbindet.

Potentialausgleichschiene

Schiene, an der metallene Installationen, von außen eingeführte leitende Teile, Leitungen der Energie- und Informationstechnik und andere Kabel und Leitungen mit dem Erdungssystem verbunden werden können.

Risikokomponente R_X

Teil des Schadensrisikos, der von der Schadensquelle und der Schadensursache abhängig ist.

Schadensart L

Definiert die Art des Schadens: Verlust von Menschenleben (L1), Verlust von öffentlichen Dienstleistungen (L2), Verlust von unersetzlichem Kulturgut (L3), wirtschaftliche Verluste (L4).

Schadensquelle S

Definiert die Schadensquelle: Blitzeinschlag in die bauliche Anlage (S1), neben der baulichen Anlage (S2), in eine Versorgungsleitung (S3), neben einer Versorgungsleitung (S4).

Schadensursache D

Definiert die Schadensursache: Verletzung von Lebewesen (D1), physikalischer Schaden (D2), Ausfall elektrischer oder elektronischer Systeme (D3).

Schadensrisiko R

Wahrscheinlicher durchschnittlicher jährlicher Verlust (Personen und Güter) durch Blitzeinschlag, bezogen auf den Gesamtwert (Personen und Güter) der zu schützenden baulichen Anlage.

Schadenswahrscheinlichkeit P_X

Wahrscheinlichkeit, mit der ein gefährliches Ereignis einen Schaden an oder in einer zu schützenden baulichen Anlage verursacht.

Schaltschutzzone (SPZ)

[switching protection zone]

Schutzbereich, der nach der Art der Gefährdung durch Schaltüberspannungen klassifiziert wird.

Scheitelwert I

Maximalwert des Blitzstroms.

Schutzklasse eines Blitzschutzsystems

[class of LPS]

Zahl zur Klassifizierung eines LPS entsprechend dem Gefährdungspegel (LPL), für den es ausgelegt ist.

*Anmerkung: Satz von Konstruktionsregeln für ein Blitzschutzsystem nach DIN EN 62305-3 (**VDE 0185-305-3**) (z. B. Abstände, Maschenweiten, Schutzwinkel, Leiterquerschnitte), ausgelegt nach dem zugehörigen Gefährdungspegel. Die Schutzklasse wird durch Abschätzung des Schadensrisikos ermittelt, soweit sie nicht durch Vorschriften festgelegt ist. Ihre Wirksamkeit nimmt von Schutzklasse I zu Schutzklasse IV ab.*

Schutzmaßnahmen

Maßnahmen, die für eine zu schützende bauliche Anlage angewendet werden, um das Schadensrisiko durch Blitzeinschlag zu verringern.

Schutzmaßnahmen gegen LEMP (SPM)

[surge protection measures system]

Maßnahmen zur Verringerung des Risikos von Ausfällen elektrischer und elektronischer Einrichtungen durch LEMP.

Anmerkung: Dieses Schutzsystem ist Bestandteil des gesamten Blitzschutzes LP.

Sicherheitsabstand d_s

[safety distance]

Abstand, der zur Vermeidung von zu hohen magnetischen Feldstärken gegen den räumlichen Schirm einer Blitzschutzzone eingehalten werden muss.

Spannungsschaltendes SPD

SPD, das eine hohe Impedanz hat, wenn keine Stoßspannung anliegt, das aber mit einem plötzlichen Wechsel zu niedrigerer Impedanz auf eine Stoßspannung reagieren kann.

Anmerkung 1: Typische Beispiele für Bauelemente solcher SPDs sind Funkenstrecken, Gasentladungsableiter (GDT), Thyristoren (gesteuerte Siliziumgleichrichter) und Triacs. Diese SPDs werden manchmal als Crowbar-Typ (Kurzschließer) bezeichnet.

Anmerkung 2: Ein spannungsschaltendes SPD hat eine diskontinuierliche Spannung-Strom-Kennlinie.

Spannungsbegrenzendes SPD

SPD, das eine hohe Impedanz hat, wenn keine Stoßspannung anliegt, das aber seine Impedanz mit steigenden Werten von Stoßstrom und Stoßspannung kontinuierlich verringert.

Anmerkung 1: Typische Beispiele für Bauelemente solcher SPDs sind Varistoren und Suppressordioden. Diese SPDs werden manchmal als Clamping-Typ (Begrenzer) bezeichnet.

Anmerkung 2: Ein spannungsbegrenzendes SPD hat eine kontinuierliche Spannung-Strom-Kennlinie.

Kombiniertes SPD

SPD, das sowohl spannungsschaltende als auch spannungsbegrenzende Bauelemente beinhaltet. Abhängig von der angelegten Spannung kann es spannungsschaltendes, spannungsbegrenzendes oder beiderlei Verhalten aufweisen.

Störfestigkeit

[resistibility]

Fähigkeit einer elektrischen Einrichtung, leitungsgebundene und gestrahle Störwirkungen des Blitzes ohne Beschädigung zu überstehen.

Stoßstrom

[Short stroke]

Teilblitz, der einem Impulsstrom entspricht.

Anmerkung: Dieser Strom hat eine Halbwertzeit T_2 von üblicherweise kleiner als 2 ms.

Stoßwelle

[surge]

Durch LEMP verursachte transiente Welle, die als Überspannung und/oder Überstrom auftritt.

Stromversorgungsleitungen
Übertragungsleitungen, die elektrische Energie in eine bauliche Anlage zur Versorgung der darin befindlichen elektrischen und elektronischen Einrichtungen einspeisen, wie Niederspannungs- (LV) oder Hochspannungsnetze (HV).

Teilblitz
[lightning stroke]
Einzelne elektrische Entladung in einem Erdblitz, die ein Stoßstrom oder ein Langzeitstrom sein kann.

Telekommunikationsleitungen
Leitungen, die für die Kommunikation zwischen Einrichtungen, die in getrennten baulichen Anlagen untergebracht sein können, vorgesehen sind, wie Telefonleitungen und Datenleitungen.

Trennungsabstand s
[separation distance]
Abstand zwischen zwei leitenden Teilen, bei dem keine gefährliche Funkenbildung eintreten kann.

Überspannungsschutzgerät (SPD)
[surge protective device]
Gerät, das dazu bestimmt ist, transiente Überspannungen zu begrenzen und Stoßströme abzuleiten. Es enthält mindestens ein nichtlineares Bauelement.

Verletzungen von Lebewesen
Dauerhafte Verletzungen, einschließlich Tod, von Menschen oder Tieren durch elektrischen Schlag als Folge von Berührungs- und Schrittspannungen, die von einem Blitzeinschlag verursacht werden.
Anmerkung: Obwohl Lebewesen auch auf andere Weise verletzt werden können, ist der Begriff Verletzung von Lebewesen in dieser Norm begrenzt auf die Bedrohung durch elektrischen Schlag (Schadensursache D1).

Verlust L_X
Durchschnittlicher Betrag des Verlusts (Personen und Güter), der sich für eine festgelegte Schadensursache durch ein gefährliches Ereignis ergibt, bezogen auf den Gesamtwert (Personen und Güter) der zu schützenden baulichen Anlage.

Versorgungsleitungen
Metallene Leitungen, die mit der zu schützenden baulichen Anlage verbunden sind, wie Stromversorgungsleitungen, Telekommunikationsleitungen oder Rohre (z. B. Wasser- oder Gasrohre).

Zone einer baulichen Anlage
Teil einer baulichen Anlage mit homogenen Eigenschaften, für den nur ein Satz von Parametern für die Abschätzung einer Risikokomponente einbezogen wird.

Zone 0
Bereich, in dem gefährliche explosionsfähige Atmosphäre als Gemisch aus Luft und brennbaren Gasen, Dämpfen oder Nebeln ständig, über lange Zeiträume oder häufig vorhanden ist.

Zone 1
Bereich, in dem sich bei Normalbetrieb gelegentlich eine gefährliche explosionsfähige Atmosphäre als Gemisch aus Luft und brennbaren Gasen, Dämpfen oder Nebeln bilden kann.

Zone 2
Bereich, in dem bei Normalbetrieb eine gefährlich explosionsfähige Atmosphäre als Gemisch aus Luft und brennbaren Gasen, Dämpfen oder Nebeln normalerweise nicht oder aber nur kurzzeitig auftritt.

Anmerkung 1: In dieser Definition wird unter „auftritt" die Gesamtzeit verstanden, für die die explosionsfähige Atmosphäre existiert. Dies umfasst normalerweise die Gesamtzeit der Abgabe und die Zeit, die die explosionsfähige Atmosphäre nach der Abgabe noch benötigt, um sich aufzulösen.

Anmerkung 2: Hinweise zur Häufigkeit und Dauer des Auftretens können Regeln für bestimmte Industrien und Anwendungen entnommen werden.

Zone 20
Bereich, in dem gefährliche explosionsfähige Atmosphäre in Form einer Wolke aus in der Luft enthaltenem brennbaren Staub ständig, über lange Zeiträume oder häufig vorhanden ist.

Zone 21
Bereich, in dem sich bei Normalbetrieb gelegentlich eine gefährliche explosionsfähige Atmosphäre in Form einer Wolke aus in der Luft enthaltenem brennbaren Staub bilden kann.

Zone 22
Bereich, in dem bei Normalbetrieb eine gefährliche explosionsfähige Atmosphäre in Form einer Wolke aus in der Luft enthaltenem brennbaren Staub normalerweise nicht oder aber nur kurzzeitig auftritt.

11.2 Normen und Richtlinien

DIN-, DIN-EN-, DIN-EN-ISO-Normen

(zu beziehen über Beuth Verlag GmbH, Burggrafenstr. 6, 10787 Berlin, www.beuth.de)

DIN 488 (Reihe) Betonstahl

DIN 1045 (Reihe) Tragwerke aus Beton, Stahlbeton und Spannbeton

DIN 18014:2007-09 Fundamenterder – Allgemeine Planungsgrundlagen

DIN 18015-1:2013-09 Elektrische Anlagen in Wohngebäuden – Teil 1: Planungsgrundlagen

DIN 18015-3:2007-09 Elektrische Anlagen in Wohngebäuden – Teil 3: Leitungsführung und Anordnung der Betriebsmittel

DIN EN ISO 17660 (Reihe) Schweißen – Schweißen von Betonstahl

DIN-VDE-Normen

(zu beziehen über VDE VERLAG GmbH, Bismarckstr. 33, 10625 Berlin, www.vde-verlag.de)

DIN VDE 0100-410 (**VDE 0100-410**):2007-06 Errichten von Niederspannungsanlagen – Teil 4-41: Schutzmaßnahmen – Schutz gegen elektrischen Schlag

DIN VDE 0100-534 (**VDE 0100-534**):2009-02 Errichten von Niederspannungsanlagen – Teil 5-53: Auswahl und Errichtung elektrischer Betriebsmittel – Trennen, Schalten und Steuern – Abschnitt 534: Überspannung-Schutzeinrichtungen (ÜSE)

DIN VDE 0100-540 (**VDE 0100-540**):2012-06 Errichten von Niederspannungsanlagen – Teil 5-54: Auswahl und Errichtung elektrischer Betriebsmittel – Erdungsanlagen, Schutzleiter und Schutzpotentialausgleichsleiter

DIN EN 60664-1 (**VDE 0110-1**):2008-01 Isolationskoordination für elektrische Betriebsmittel in Niederspannungsanlagen – Teil 1: Grundsätze, Anforderungen und Prüfungen

DIN VDE 0141 (**VDE 0141**):2000-01 Erdungen für spezielle Starkstromanlagen mit Nennspannungen über 1 kV

DIN EN 50178 (**VDE 0160**):1998-04 Ausrüstung von Starkstromanlagen mit elektronischen Betriebsmitteln

DIN EN 62305-1 (**VDE 0185-305-1**):2011-10 Blitzschutz – Teil 1: Allgemeine Grundsätze

DIN EN 62305-2 (**VDE 0185-305-2**):2013-02 Blitzschutz – Teil 2: Risiko-Management

DIN EN 62305-2 Beiblatt 1 (**VDE 0185-305-2 Beiblatt 1**):2013-02 Blitzschutz – Teil 2: Risiko-Management – Beiblatt 1: Blitzgefährdung in Deutschland

DIN EN 62305-2 Beiblatt 2 (**VDE 0185-305-2 Beiblatt 2**):2013-02 Blitzschutz – Teil 2: Risiko-Management – Beiblatt 2: Berechnungshilfe zur Abschätzung des Schadensrisikos für bauliche Anlagen, mit CD-ROM

DIN EN 62305-2 Beiblatt 3 (**VDE 0185-305-2 Beiblatt 3**):2013-12 Blitzschutz – Teil 2: Risiko-Management – Beiblatt 3: Zusätzliche Informationen zur Anwendung der DIN EN 62305-2 (VDE 0185-305-2)

DIN EN 62305-3 (**VDE 0185-305-3**):2011-10 Blitzschutz – Teil 3: Schutz von baulichen Anlagen und Personen

DIN EN 62305-3 Beiblatt 1 (**VDE 0185-305-3 Beiblatt 1**):2012-10 Blitzschutz – Teil 3: Schutz von baulichen Anlagen und Personen – Beiblatt 1: Zusätzliche Informationen zur Anwendung der DIN EN 62305-3 (VDE 0185-305-3)

DIN EN 62305-3 Beiblatt 2 (**VDE 0185-305-3 Beiblatt 2**):2012-10 Blitzschutz – Teil 3: Schutz von baulichen Anlagen und Personen – Beiblatt 2: Zusätzliche Informationen für besondere bauliche Anlagen

DIN EN 62305-3 Beiblatt 3 (**VDE 0185-305-3 Beiblatt 3**):2012-10 Blitzschutz – Teil 3: Schutz von baulichen Anlagen und Personen – Beiblatt 3: Zusätzliche Informationen für die Prüfung und Wartung von Blitzschutzsystemen

DIN EN 62305-3 Beiblatt 4 (**VDE 0185-305-3 Beiblatt 4**):2008-01 Blitzschutz – Teil 3: Schutz von baulichen Anlagen und Personen – Beiblatt 4: Verwendung von Metalldächern in Blitzschutzsystemen

DIN EN 62305-3 Beiblatt 5 (**VDE 0185-305-3 Beiblatt 5**):2014-02 Blitzschutz – Teil 3: Schutz von baulichen Anlagen und Personen – Beiblatt 5: Blitz- und Überspannungsschutz für Photovoltaik-Stromversorgungssysteme

DIN EN 62305-4 (**VDE 0185-305-4**):2011-10 Blitzschutz – Teil 4: Elektrische und elektronische Systeme in baulichen Anlagen

DIN EN 62561-1 (**VDE 0185-561-1**):2013-02 Blitzschutzsystembauteile (LPSC) – Teil 1: Anforderungen an Verbindungsbauteile

DIN EN 62561-2 (**VDE 0185-561-2**):2013-02 Blitzschutzsystembauteile (LPSC) – Teil 2: Anforderungen an Leitungen und Erder

DIN EN 62561-3 (**VDE 0185-561-3**):2013-02 Blitzschutzsystembauteile (LPSC) – Teil 3: Anforderungen an Trennfunkenstrecken

DIN EN 62561-4 (**VDE 0185-561-4**):2012-01 Blitzschutzsystembauteile (LPSC) – Teil 4: Anforderungen an Leitungshalter

DIN EN 62561-5 (**VDE 0185-561-5**):2012-01 Blitzschutzsystembauteile (LPSC) – Teil 5: Anforderungen an Revisionskästen und Erderdurchführungen

DIN EN 62561-6 (**VDE 0185-561-6**):2012-03 Blitzschutzsystembauteile (LPSC) – Teil 6: Anforderungen an Blitzzähler (LSC)

DIN EN 62561-7 (**VDE 0185-561-7**):2012-08 Blitzschutzsystembauteile (LPSC) – Teil 7: Anforderungen an Mittel zur Verbesserung der Erdung

DIN EN 60060-1 (**VDE 0432-1**):2011-10 Hochspannungs-Prüftechnik – Teil 1: Allgemeine Begriffe und Prüfbedingungen

DIN EN 60099-1 (**VDE 0675-1**):2000-08 Überspannungsableiter – Teil 1: Überspannungsableiter mit nichtlinearen Widerständen und Funkenstrecken für Wechselspannungsnetze

DIN EN 60099-4 (**VDE 0675-4**):2010-02 Überspannungsableiter – Teil 4: Metalloxidableiter ohne Funkenstrecken für Wechselspannungsnetze

DIN EN 60099-5 (**VDE 0675-5**):2000-09 Überspannungsableiter – Teil 5: Anleitung für die Auswahl und die Anwendung

E DIN EN 60099-5 (**VDE 0675-5**):2011-04 Überspannungsableiter – Teil 5: Anleitung für die Auswahl und die Anwendung

DIN EN 61643-11 (**VDE 0675-6-11**):2013-04 Überspannungsschutzgeräte für Niederspannung – Teil 11: Überspannungsschutzgeräte für den Einsatz in Niederspannungsanlagen – Anforderungen und Prüfungen

DIN CLC/TS 61643-12 (**VDE V 0675-6-12**):2010-09 Überspannungsschutzgeräte für Niederspannung – Teil 12: Überspannungsschutzgeräte für den Einsatz in Niederspannungsanlagen – Auswahl und Anwendungsgrundsätze

DIN CLC/TS 50539-12 (**VDE V 0675-39-12**):2010-09 Überspannungsschutzgeräte für Niederspannung – Überspannungsschutzgeräte für besondere Anwendungen einschließlich Gleichspannung – Teil 12: Auswahl und Anwendungsgrundsätze – Überspannungsschutzgeräte für den Einsatz von Photovoltaik-Installationen

DIN V VDE V 0800-2 (**VDE V 0800-2**):2011-06 Informationstechnik – Teil 2: Potentialausgleich und Erdung (Zusatzfestlegungen)

DIN EN 50310 (**VDE 0800-2-310**):2011-05 Anwendung von Maßnahmen für Erdung und Potentialausgleich in Gebäuden mit Einrichtungen der Informationstechnik

DIN EN 41003 (**VDE 0804-100**):2009-04 Besondere Sicherheitsanforderungen an Geräte zum Anschluss an Telekommunikationsnetze und/oder Kabelverteilsysteme

DIN EN 41003 Beiblatt 1 (**VDE 0804-100 Beiblatt 1**):2006-11 Elektrische Sicherheit – Klassifizierung der Schnittstellen für den Anschluss von Geräten an Informations- und Kommunikationsnetze

DIN EN 61326-1 (**VDE 0843-20-1**):2013-07 Elektrische Mess-, Steuer-, Regel- und Laborgeräte – EMV-Anforderungen – Teil 1: Allgemeine Anforderungen

DIN VDE 0845 Beiblatt 1 (**VDE 0845 Beiblatt 1**):2010-11 Überspannungsschutz von Einrichtungen der Informationstechnik (IT-Anlagen)

DIN EN 61643-21 (**VDE 0845-3-1**):2013-07 Überspannungsschutzgeräte für Niederspannung – Teil 21: Überspannungsschutzgeräte für den Einsatz in Telekommunikations- und signalverarbeitenden Netzwerken – Leistungsanforderungen und Prüfverfahren

DIN EN 61663-1 (**VDE 0845-4-1**):2000-07 Blitzschutz – Telekommunikationsleitungen – Teil 1: Lichtwellenleiteranlagen

DIN EN 61643-311 (**VDE 0845-5-1**):2002-12 Bauelemente für Überspannungsschutzgeräte für Niederspannung – Teil 311: Festlegungen für Gasentladungsableiter (ÜsAg)

DIN EN 61643-321 (**VDE 0845-5-2**):2003-02 Bauelemente für Überspannungsschutzgeräte für Niederspannung – Teil 321: Festlegungen für Avalanche-Dioden

DIN EN 61643-331 (**VDE 0845-5-3**):2004-03 Bauelemente für Überspannungsschutzgeräte für Niederspannung – Teil 331: Festlegungen für Metalloxidvaristoren (MOV)

E DIN EN 61643-311 (**VDE 0845-5-11**):2010-12 Bauelemente für Überspannungsschutzgeräte für Niederspannung – Teil 311: Prüfschaltungen und -verfahren für Gasentladungsableiter (ÜsAg)

E DIN EN 61643-312 (**VDE 0845-5-12**):2010-12 Bauteile für Überspannungsschutzgeräte für Niederspannung – Teil 312: Vorzugswerte für und Eigenschaften von Gasentladungsableitern

E DIN EN 61643-313 (**VDE 0845-5-13**):2010-12 Bauelemente für Überspannungsschutzgeräte für Niederspannung – Teil 313: Auswahl und Anwendungsprinzipien für Gasentladungsableiter

DIN EN 50468 (**VDE 0845-7**):2010-02 Anforderungen zur Zerstörfestigkeit von Einrichtungen mit Telekommunikationsanschluss gegen Überspannungen und -ströme infolge Blitzschlags

DIN EN 61000-4-1 (**VDE 0847-4-1**):2007-10 Elektromagnetische Verträglichkeit (EMV) – Teil 4-1: Prüf- und Messverfahren – Übersicht über die Reihe IEC 61000-4

DIN EN 61000-4-2 (**VDE 0847-4-2**):2009-12 Elektromagnetische Verträglichkeit (EMV) – Teil 4-2: Prüf- und Messverfahren – Prüfung der Störfestigkeit gegen die Entladung statischer Elektrizität

DIN EN 61000-4-3 (**VDE 0847-4-3**):2011-04 Elektromagnetische Verträglichkeit (EMV) – Teil 4-3: Prüf- und Messverfahren – Prüfung der Störfestigkeit gegen hochfrequente elektromagnetische Felder

DIN EN 61000-4-4 (**VDE 0847-4-4**):2013-04 Elektromagnetische Verträglichkeit (EMV) – Teil 4-4: Prüf- und Messverfahren – Prüfung der Störfestigkeit gegen schnelle transiente elektrische Störgrößen/Burst

DIN EN 61000-4-5 (**VDE 0847-4-5**):2007-06 Elektromagnetische Verträglichkeit (EMV) – Teil 4-5: Prüf- und Messverfahren – Prüfung der Störfestigkeit gegen Stoßspannungen

DIN EN 61000-4-6 (**VDE 0847-4-6**):2009-12 Elektromagnetische Verträglichkeit (EMV) – Teil 4-6: Prüf- und Messverfahren – Störfestigkeit gegen leitungsgeführte Störgrößen, induziert durch hochfrequente Felder

DIN EN 61000-4-8 (**VDE 0847-4-8**):2010-11 Elektromagnetische Verträglichkeit (EMV) – Teil 4-8: Prüf- und Messverfahren – Prüfung der Störfestigkeit gegen Magnetfelder mit energietechnischen Frequenzen

DIN EN 61000-4-9 (**VDE 0847-4-9**):2001-12 Elektromagnetische Verträglichkeit (EMV) – Teil 4-9: Prüf- und Messverfahren; Prüfung der Störfestigkeit gegen impulsförmige Magnetfelder

DIN EN 61000-4-10 (**VDE 0847-4-10**):2001-12 Elektromagnetische Verträglichkeit (EMV) – Teil 4-10: Prüf- und Messverfahren; Prüfung der Störfestigkeit gegen gedämpft schwingende Magnetfelder

DIN EN 61000-4-23 (**VDE 0847-4-23**):2001-12 Elektromagnetische Verträglichkeit (EMV) – Teil 4-23: Prüf- und Messverfahren; Prüfverfahren für Geräte zum Schutz gegen HEMP und andere gestrahlte Störgrößen

DIN EN 61000-4-24 (**VDE 0847-4-24**):1997-11 Elektromagnetische Verträglichkeit (EMV) – Teil 4: Prüf- und Meßverfahren; Hauptabschnitt 24: Prüfverfahren für Einrichtungen zum Schutz gegen leitungsgeführte HEMP-Störgrößen

DIN EN 55024 (**VDE 0878-24**):2011-09 Einrichtungen der Informationstechnik – Störfestigkeitseigenschaften – Grenzwerte und Prüfverfahren

IEC-Normen

(zu beziehen über VDE VERLAG GmbH, Bismarckstr. 33, 10625 Berlin, www.iec-normen.de)

IEC 60364-5-53:2002-06 Electrical installations of buildings – Part 5-53: Selection and erection of electrical equipment – Isolation, switching and control

IEC 60664-1:2007-04 Insulation coordination for equipment within low-voltage systems – Part 1: Principles, requirements and tests

IEC 61643-12:2008-11 Low-voltage surge protective devices – Part 12: Surge protective devices connected to low-voltage power distribution systems – Selection and application principles

IEC 61643-21:2012-07 Low voltage surge protective devices – Part 21: Surge protective devices connected to telecommunications and signalling networks – Performance requirements and testing methods

IEC 61643-22:2004-11 Low-voltage surge protective devices – Part 22: Surge protective devices connected to telecommunications and signalling networks – Selection and application principles

IEC 62305-1:2010-12 Protection against lightning – Part 1: General principles

IEC 62305-2:2010-12 Protection against lightning – Part 2: Risk management

IEC 62305-3:2010-12 Protection against lightning – Part 3: Physical damage to structures and life hazard

IEC 62305-4:2010-12 Protection against lightning – Part 4: Electrical and electronic systems within structures

ITU-T Recommendations

International Telecommunication Union (ITU), Place des Nations,
1211 Genf 20/Schweiz, www.itu.int

ITU-T K.20:2011-11 Resistibility of telecommunication equipment installed in a telecommunications centre to overvoltages and overcurrents

ITU-T K.21:2011-11 Resistibility of telecommunication equipment installed in customer premises to overvoltages and overcurrents

ITU-T K.45:2011-11 Resistibility of telecommunication equipment installed in the access and trunk networks to overvoltages and overcurrents

ITU-T K.46:2012-05 Protection of telecommunication lines using metallic symmetric conductors against lightning-induced surges

ITU-T K.47:2012-05 Protection of telecommunication lines against direct lightning flashes

ITU-T K.67:2006-02-13 Expected surges on telecommunications and signalling networks due to lightning

ITU-T K.72:2011-06 Protection of telecommunication lines using metallic conductors against lightning – Risk management

KTA Regeln

Kerntechnischer Ausschuss (KTA) beim Bundesamt für Strahlenschutz, Albert-Schweitzer-Str. 18, 38226 Salzgitter, www.kta-gs.de

KTA 2206:2009-11 Auslegung von Kernkraftwerken gegen Blitzeinwirkungen

VdS-Richtlinien

VdS Schadenverhütung GmbH, Amsterdamerstr. 174, 50735 Köln, www.vds.de

VdS 2010:2010-09 Risikoorientierter Blitz- und Überspannungsschutz, Unverbindliche Richtlinien zur Schadenverhütung

VdS 2017:2010-01 Überspannungsschutz für landwirtschaftliche Betriebe, Unverbindliche Richtlinien zur Schadenverhütung

VdS 2019:2010-01 Überspannungsschutz in Wohngebäuden, Unverbindliche Richtlinien zur Schadenverhütung

VdS 2031:2010-09 Blitz- und Überspannungsschutz in elektrischen Anlagen, Unverbindliche Richtlinien zur Schadenverhütung

VdS 2033:2007-09 Elektrische Anlagen in feuergefährdeten Betriebsstätten und diesen gleichzustellende Risiken, Richtlinien zur Schadenverhütung

VdS 2596:2013-01 VdS-Anerkennung von Sachkundigen für Blitz- und Überspannungsschutz sowie EMV-gerechte elektrische Anlagen, Verfahrensrichtlinien

VdS 2830:2005-06 Nachweis der Qualifikation von Sachkundigen für Blitz- und Überspannungsschutz sowie EMV-gerechte elektrische Anlagen (EMV-Sachkundige), Prüfungsordnung

VdS 2833:2003-11 Schutzmaßnahmen gegen Überspannung für Gefahrenmeldeanlagen, Richtlinien

VdS 3428:2005-04 Überspannungsschutzgeräte (Ableiter), Anforderungen und Prüfmethoden

VdS 3432:2011-01 VdS-anerkannte Sachkundige für Blitz- und Überspannungsschutz sowie EMV-gerechte elektrische Anlagen (EMV-Sachkundige), Merkblatt

VdS 3543:2008-10 Hilfestellung zur Vorgehensweise bei Schäden an Brandmeldeanlagen und elektrischen Steuereinrichtungen nach Blitzschlag und Überspannung, Merkblatt

VdS 5054:2009-12 Merkblatt über Hilfestellung zur Vorgehensweise bei Schäden an Einbruch- und Überfallmeldeanlagen nach Blitzschlag und evtl. blitzbedingter Überspannung

VG-Normen

Beuth Verlag GmbH, Burggrafenstr. 6, 10787 Berlin, www.beuth.de

VG 95375-40:2011-08 Elektromagnetische Verträglichkeit – Grundlagen und Maßnahmen für die Entwicklung von Systemen – Teil 4: Schirmung

VG 96903-1:2007-08 Schutz gegen Nuklear-Elektromagnetischen Impuls (NEMP) und Blitzschlag – Prüfverfahren, Prüfeinrichtungen und Grenzwerte – Teil 1: Allgemeines

VG 96903-71:2013-04 Schutz gegen Nuklear-Elektromagnetischen Impuls (NEMP) und Blitzschlag – Prüfverfahren, Prüfeinrichtungen und Grenzwerte – Teil 71: Prüfung mit Direkteinspeisung des energiereichen Anteils eines Blitzstromes nach VG 95371-10 (Verfahren LF 71)

VG 96903-72:2013-04 Schutz gegen Nuklear-Elektromagnetischen Impuls (NEMP) und Blitzschlag – Prüfverfahren, Prüfeinrichtungen und Grenzwerte – Teil 72: Prüfung mit Direkteinspeisung des Anteiles mit steilem Anstieg eines Blitzstromes nach VG 95371-10 (Verfahren LF 72)

VG 96903-75:2013-04 Schutz gegen Nuklear-Elektromagnetischen Impuls (NEMP) und Blitzschlag – Prüfverfahren, Prüfeinrichtungen und Grenzwerte – Teil 75: Prüfung mit Direkteinspeisung eines Spannungsimpulses 10/700 µs (Verfahren LF 75)

VG 96903-76:2010-02 Schutz gegen den Nuklear-Elektromagnetischen Impuls (NEMP) und Blitzschlag – Prüfverfahren, Prüfeinrichtungen und Grenzwerte – Teil 76: Prüfung mit Direkteinspeisung eines Spannungsimpulses 1,2/50 µs und eines Stromimpulses 8/20 µs (Verfahren LF 76)

VG 96907-1:2013-01 Schutz gegen Nuklear-Elektromagnetischen Impuls (NEMP) und Blitzschlag – Konstruktionsmaßnahmen und Schutzeinrichtungen – Teil 1: Allgemeines

VG 96907-2:2011-01 Schutz gegen Nuklear-Elektromagnetischen Impuls (NEMP) und Blitzschlag – Konstruktionsmaßnahmen und Schutzeinrichtungen – Teil 2: Besonderheiten für verschiedene Anwendungen

11.3 Literatur

[1] *Kern, A.*; *Landers, E. U.*; *Scheibe, K.*; *Zahlmann, P.*: Die künftige deutsche Blitzschutznormung (1) – Reihe DIN EN 62305/VDE 0185-305-x:2006. de Der Elektro- und Gebäudetechniker 81 (2006) H. 15–16, S. 26–30. – ISSN 1617-1160

[2] *Hasse, P.*; *Landers, E. U.*; *Wiesinger, J.*: EMV-Blitzschutz von elektrischen und elektronischen Systemen in baulichen Anlagen – Risiko-Management, Planen und Ausführen nach den neuen Vornormen der Reihe VDE 0185. Berlin · Offenbach: VDE VERLAG, 2004. – ISBN 3-8007-2801-X, ISSN 0506-6719

[3] *Hasse, P.*; *Noack, F.*; *Krämer, H.-J.*; *Scheibe, K.*: Neue Blitzschutznormen (1) – Reihe VDE V 0185 (Vornorm). de Der Elektro- und Gebäudetechniker 77 (2002) H. 15–16, S. 22–28. – ISSN 1617-1160

[4] *Kern, A.*; *Landers, E. U.*: Neue Blitzschutznormen (2) – Reihe VDE V 0185 (Vornorm). de Der Elektro- und Gebäudetechniker 77 (2002) H. 17, S. 26–30. – ISSN 1617-1160

[5] *Wettingfeld, J.*; *Bartels, H.*; *Hampe, E. A.*; *Krämer, H.-J.*; *Müller, K.-P.*; *Thormählen, R.*; *Wagener, T.*: Neue Blitzschutznormen (3) – Reihe VDE V 0185 (Vornorm). de Der Elektro- und Gebäudetechniker 77 (2002) H. 18, S. 47–52. – ISSN 1617-1160

[6] *Wettingfeld, J.*; *Bartels, H.*; *Hampe, E. A.*; *Krämer, H.-J.*; *Müller, K.-P.*; *Thormählen, R.*; *Wagener, T.*: Neue Blitzschutznormen (4) – Reihe VDE V 0185 (Vornorm). de Der Elektro- und Gebäudetechniker 77 (2002) H. 19, S. 46–52. – ISSN 1617-1160

[7] *Landers, E. U.*; *Hasse, P.*: Neue Blitzschutznormen (5) – VDE V 0185 (Vornorm). de Der Elektro- und Gebäudetechniker 77 (2002) H. 20, S. 44–50. – ISSN 1617-1160

[8] *Kern, A.*; *Landers, E. U.*: Die künftige deutsche Blitzschutznormung (2): Reihe DIN EN 62305:2006 – Teil 2: Risikomanagement. de Der Elektro- und Gebäudetechniker 81 (2006) H. 18, S. 30–37. – ISSN 1617-1160

[9] *Kern, A.*; *Landers, E. U.*: Die künftige deutsche Blitzschutznormung (3): Abschlussbetrachtungen zur DIN EN 62305:2006 – Teil 2: Risikomanagement. de Der Elektro- und Gebäudetechniker 81 (2006) H. 19, S. 46–48. – ISSN 1617-1160

[10] *Krämer, H.-J.*; *Müller, K.-P.*; *Thormählen, R.*; *Wettingfeld, J.*: Die künftige deutsche Blitzschutznormung (4): DIN EN 62305:2006 – Teil 3: Schutz von baulichen Anlagen und Personen. de Der Elektro- und Gebäudetechniker 81 (2006) H. 20, S. 29–37. – ISSN 1617-1160

[11] *Landers, E. U.*; *Zahlmann, P.*: Die künftige deutsche Blitzschutznormung (5): DIN VDE 0185-305 Teil 4:2006 – Elektrische und elektronische Systeme in baulichen Anlagen. de Der Elektro- und Gebäudetechniker 81 (2006) H. 22, S. 30–35. – ISSN 1617-1160

[12] *Brood, T. G. P.*: Bericht über infolge Blitzeinschlag verursachte Brände in zwei geschützten Tanks für die Lagerung von brennbaren Flüssigkeiten. Paper R-4.5 in Proceedings of the 13th International Conference on Lightning Protection (ICLP), 22.6.–24.6.1976 in Venedig/Italien. Milano/Italien: CEI, 1976

[13] *Hasse, P.*; *Wiesinger, J.*; *Zischank, W.*: Handbuch für Blitzschutz und Erdung. München (u. a.): Pflaum, 2006. – ISBN 3-7905-0931-0

[14] *Schneider, K.-H.*: Transiente Überspannungen – Fachberichte der Informationstagung der FGH in Mannheim – Einleitung. etz-a Elektrotechn. Z. 97 (1976) H. 1, S. 2

[15] *Vogel, O.*: Entstehung und Ausbreitung der transienten Überspannungen. etz-a Elektrotechn. Z. 97 (1976) H. 1, S. 2–6

[16] *Hubensteiner, H.*: Auswirkung der transienten Überspannungen und Koordinierung der Abhilfemöglichkeiten. etz-a Elektrotechn. Z. 97 (1976) H. 1, S. 6–9

[17] *Requa, R.*: Die Reduzierung transienter Überspannungen in Sekundärleitungen durch Maßnahmen im Schaltanlagenbau. etz-a Elektrotechn. Z. 97 (1976) H. 1, S. 9–13

[18] *Latzel, G.*: Messung transienter Überspannungen in Freiluft-Schaltanlagen. etz-a Elektrotechn. Z. 97 (1976) H. 1, S. 13–15

[19] *Menge, H.-D.*: Ergebnisse von Messungen transienter Überspannungen in Freiluft-Schaltanlagen. etz-a Elektrotechn. Z. 97 (1976) H. 1, S. 15–17

[20] *Zube, B.*: Anforderungen an Geräte der Informationstechnik. etz-a Elektrotechn. Z. 97 (1976) H. 1, S. 18–19

[21] *Pasel, K.*: Erfahrungen an einem SF_6-isolierten Rohrleiter für 380 kV. etz-a Elektrotechn. Z. 97 (1976) H. 1, S. 20

[22] *Strnad, A.*: Übertragungsverhalten von Hochspannungswandlern bei steilen Vorgängen. etz-a Elektrotechn. Z. 97 (1976) H. 1, S. 20–21

[23] *Haug, O.*: Messung von transienten Überspannungen auf den Sekundärleitungen einer 220-kV-SF_6-Schaltanlage. etz-a Elektrotechn. Z. 97 (1976) H. 1, S. 22

[24] *Hubensteiner, H.*: Welche Maßnahmen und Prüfungen führt der Gerätehersteller durch, um störende oder zerstörende Beeinflussungen durch transiente Überspannungen zu vermeiden? etz-a Elektrotechn. Z. 97 (1976) H. 1, S. 22–25

[25] *Remde, H.*: Störungen in Form von Längs- oder Querspannungen. etz-a Elektrotechn. Z. 97 (1976) H. 1, S. 26

[26] *Rogowsky, Y.*: Maßnahmen zum Schutz gegen transiente Überspannungen und Störsignale in den Hochspannungs-Gleichstrom-Anlagen Cabora Bassa und Apollo. etz-a Elektrotechn. Z. 97 (1976) H. 1, S. 26

[27] *Hasse, P.*: Überspannungsschutz von Niederspannungsanlagen – Einsatz elektronischer Geräte auch bei direkten Blitzeinschlägen. Köln: Verlag TÜV Rheinland, 1993. – ISBN 3-88585-449-X

[28] *Lang, U.*; *Lindner, H.*: Überspannungen in Hochspannungsschaltanlagen – Schutz von Sekundäreinrichtungen. Elektrizitätswirtschaft 85 (1986) H. 22, S. 680–683. – ISSN 0013-5496

[29] *Schwab, A. J.*; *Kürner, W.*: Elektromagnetische Verträglichkeit. Berlin · Heidelberg: Springer, 2011. – ISBN 978-3-642-16609-9

[30] Hinweise für die Messung von transienten Überspannungen in Sekundärleitungen innerhalb von Freiluftschaltanlagen. Vereinigung Deutscher Elektrizitätswerke – VDEW e. V., Ausgabe Oktober 1975. Frankfurt am Main: VDEW, 1975

[31] *Berndt, H.*: Elektrostatik – Ursachen, Wirkungen, Schutzmaßnahmen, Messungen, Prüfungen, Normung. VDE-Schriftenreihe 71. Berlin · Offenbach: VDE VERLAG, 2009. – ISBN 978-3-8007-3049-0, ISSN 0506-6719

[32] Leitfaden für ESD-Schutz – Schutz elektrostatisch gefährdeter Bauteile und Geräte in der Praxis. Fachausschuss Elektrostatik, VDE/VDI-Gesellschaft Mikroelektronik (GME) (Hrsg.). Berlin · Offenbach: VDE VERLAG, 1994. – ISBN 3-8007-2057-4

[33] *Dvorak, T. J.*: Elektromagnetische Verträglichkeit: Eine Wachstumsgrenze der Funktechnik? Bull. SEV/VSE 73 (1982) H. 17, S. 928–933

[34] **Verordnung über elektromagnetische Felder – 26. BlmSchV.** Sechsundzwanzigste Verordnung zur Durchführung des Bundes-lmmissionsschutzgesetzes vom 16. Dezember 1996. BGBl. I (1996) Nr. 66 vom 20.12.1996, S. 1966–1968. – ISSN 0341-1095

[35] *Vance, E. F.*: Electromagnetic interference control. IEEE Trans. of Electromagnetic Compatibility EMC-22 (1980) H. 4-II, S. 319–328. – ISSN 0018-9375

[36] *Hasse, P.*; *Wiesinger, J.*: EMV-Blitz-Schutzzonen-Konzept. Berlin · Offenbach: VDE VERLAG, 1993. – ISBN 3-8007-1982-7

[37] *Hasse, P.*; *Wiesinger, J.*: Blitzschutz der Elektronik – Risikoanalyse, Planen und Ausführen nach neuen Normen der Reihe DIN VDE 0185. Berlin · Offenbach: VDE VERLAG, 1999. – ISBN 3-8007-2345-X

[38] *Hasse, P.*: Blitz- und Überspannungsschutz – Maßnahmen der EMV. 7. Forum für Versicherer, 23.2.–24.2.2000 in Neumarkt (Oberpfalz): Dehn + Söhne, 2000

[39] *Möller, K.*: Das Übertragungsverhalten von reusenförmigen Strom-Meßwiderständen. Elektrotechn. Z. ETZ-A 90 (1969) H. 11, S. 256–260

[40] *Heidler, F.*; *Zischank, W.*; *Wiesinger, J.*; *Kern, A.*; *Seevers, M.*: Induced overvoltages in cable ducts taking into account the current flow into earth. Session 5, Paper 3a in Vol. 1, Proceedings 24th International Conference on Lightning Protection (ICLP), 14.9.–18.9.1998 in Birmingham/Großbritannien: School of Engineering and Advanced Technology, Staffordshire University, 1998

[41] *Heidler, F.*; *Zischank, W.*; *Wiesinger, J.*; *Kern, A.*; *Seevers, M.*: Shielding effectiveness of reinforced concrete cable ducts carrying partial lightning currents. Session 1, Paper 7b, S. 735–740 in Vol. 1, Proceedings 24th International Conference on Lightning Protection (ICLP), 14.9.–18.9.1998 in Birmingham/Großbritannien: School of Engineering and Advanced Technology, Staffordshire University, 1998

[42] *Hasse, P.*; *Wiesinger, J.*: Anforderungen und Prüfungen bei einem EMV-orientierten Blitzschutzzonenkonzept. etz Elektrotechn. Z. 111 (1990) H. 21, S. 1108–1115. – ISSN 0170-1711

[43] *Wiesinger, J.*: Blitzschutzzonen. Eine EMV-orientierte Philosophie des Blitzschutzes von informationstechnischen Anlagen. Elektrizitätswirtschaft 89 (1990) H. 10, S. 521–525. – ISSN 0013-5496

[44] *Schmolke, H.*: Potentialausgleich, Fundamenterder, Korrosionsgefährdung – DIN VDE 0100, DIN 18014 und viele mehr. VDE-Schriftenreihe 35. Berlin · Offenbach: VDE VERLAG, 2013. – ISBN 3-8007-3545-7, ISSN 0506-6719

[45] *Darveniza, M.*; *Flisowski, Z.*; *Kern, A.*; *Landers, E. U.*; *Mazzetti, C.*; *Rousseau, A.*; *Sherlock, J.*; *Lo Piparo, G. B.*: Application problems of the probabilistic approach to the assessment of risk for structures. Paper 10b, Session 1, S. 821–826 in Proceedings 26. International Conference on Lightning Protection (ICLP), 2.9.–6.9.2002 in Krakau/Polen: Association of Polish Electrical Engineers, 2002. – ISBN 83-91068-95-1

[46] Überspannungs-Schutzeinrichtungen Typ 1: Richtlinie für den Einsatz von Überspannungs-Schutzeinrichtungen (ÜSE) Typ 1 (bisher Anforderungsklasse B) in Hauptstromversorgungssystemen. Verband der Netzbetreiber (VDN) (Hrsg.). Frankfurt am Main (u. a.): VWEW-Energieverlag, 2004. – ISBN 3-8022-0798-X

[47] *Hasse, P.*: Überspannungsschutz von Niederspannungsanlagen – Betrieb elektronischer Geräte auch bei direkten Blitzeinschlägen. Köln: TÜV-Verlag, 1998. – ISBN 3-8249-0474-8

[48] *Kaden, H.*: Die elektromagnetische Schirmung in der Fernmelde- und Hochfrequenztechnik. Berlin: Springer, 1950

11.4 Internet-Links

www.aixthor.com
Blitzschutzplanung – Softwareerstellung – Internetanwendungen

www.aldis.at
Austrian Lightning Detection and Information System – Gewitterortung Österreich

www.blids.de
Blitz-Informations-Dienst von Siemens – Gewitterortung Deutschland und Schweiz

www.euclid.org
European Cooperation for Lightning Detection – Gewitterortung Europa

www.blitzschutz.com
Blitzschutz-Online – Infos, Firmen, News, Fachartikel, Diskussionsforum

www.dke.de
DKE Deutsche Kommission Elektrotechnik Elektronik Informationstechnik im DIN und VDE

www.elektropraktiker.de
Zeitschrift ep – Elektropraktiker

www.etz.de
Zeitschrift etz – elektrotechnik & automation

www.elektro.net
Zeitschrift de – Der Elektro- und Gebäudetechniker

www.vde.com/abb
Ausschuss für Blitzschutz und Blitzforschung (ABB)

www.vdb.blitzschutz.com
Verband Deutscher Blitzschutzfirmen e. V.

Stichwortverzeichnis

A
Ableitungseinrichtung 52, 78, 82, 304
Abnahme 330
Anlage, bauliche 11, 78, 145
anteiliger Blitzstrom 54
äußerer Blitzschutz 51, 78, 302

B
bauliche Anlage 11, 78, 145
Bedrohungsklasse 30
Blitzimpuls, elektromagnetischer 79
Blitzkugelradius 51
Blitzkugelverfahren 51, 71, 124
Blitzschutz 11, 77
– äußerer 51, 78, 302
– innerer 78
Blitzschutzfachkraft 208
Blitzschutz-Potentialausgleich 71, 78, 82
Blitzschutzsystem 78
Blitzschutzzone 12, 42, 70, 80, 222, 278
Blitzschutzzonenkonzept 12, 39, 41, 76, 102, 253
Blitzstromableiter 105, 243
Blitzstrom, anteiliger 54
Blitzstromparameter 51

E
Einfangfläche 167, 293
elektrisches und elektronisches System 11, 79
elektromagnetischer Blitzimpuls 79
elektromagnetische Verträglichkeit 27, 80
elektrostatische Entladung 27, 36
EMV 27, 80
Entladung, elektrostatische 27, 36
Erdblitzdichte 162, 281
Erdungsanlage 52, 78, 98, 304, 329
Erdungsbezugspunkt 103
Erdungssystem 75, 98

F
Fangeinrichtung 52, 78, 82, 304

G
Gefährdungspegel 30, 51, 89, 203, 277, 329
geschütztes Volumen 122
gestrahlte Störungen 69

I
Impulsmagnetfeld 128, 318

induzierter Strom 142
induzierte Spannung 138
innerer Blitzschutz 78

K
Koordination 112
Kopplung 27
Korrekturfaktor 167

L
Leitungsführung 58, 80, 137, 147, 329
leitungsgebundene Störungen 70
Leitungsschirmung 58, 80, 137, 147, 329
LEMP 27, 79, 275
LEMP-Schutz-Management 205
LEMP-Schutzsystem 80, 328

M
Managementplan 205

P
Personenschutz 329
Potentialausgleich 80, 101, 300, 329
Potentialausgleichanlage 60
Potentialausgleichnetzwerk 74, 84, 99, 151, 329
Potentialausgleichschiene 82, 100
Prüfschärfegrad 95, 121
Prüfung, wiederkehrende 211, 330

R
räumliche Schirmung 80, 122, 147, 317, 333
Reduktionsfaktor 182
Risiko 159
Risikoanalyse 80, 155, 197, 278, 328
Risikokomponente 159, 299
Risikomanagement 11, 155, 296

S
Schadensart 157, 296
Schadensquelle 28, 156
Schadensrisiko 159, 206, 296
Schadensursache 156, 296
Schadenswahrscheinlichkeit 159, 172, 286
Schaltschutzzone 51
Schirmung, räumliche 80, 122, 147, 317, 333
Schnittstelle 54, 151, 243, 301
Schutzgerät 215

Schutzklasse 78
Sicherheitsabstand 84, 122, 128, 130, 132, 133
Sicherheitsvolumen 128, 130, 132, 133
Software 197
Spannung, induzierte 138
Störquelle 27, 125
Störschutzzone 50
Störsenke 125
Störungen
– gestrahlte 69
– leitungsgebundene 70
Strom, induzierter 142
System, elektrisches und elektronisches 11, 79

T
Trennungsabstand 78, 82

U
Überspannungsableiter 105, 243
Überspannungsschutzgerät 104, 147

V
Verlustwerte 182
Versorgungsleitung 282
Verträglichkeit, elektromagnetische 27, 80
Volumen, geschütztes 122

W
Wahrscheinlichkeiten 172
wiederkehrende Prüfung 211, 330

Z
Zerstörfestigkeit 95

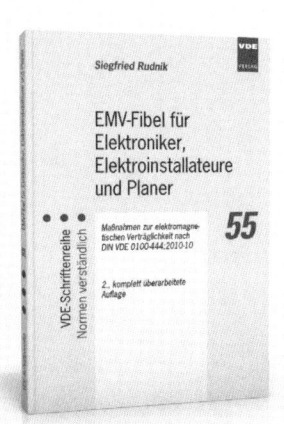

Rudnik, Siegfried

VDE-Schriftenreihe Band 55
EMV-Fibel für Elektroniker, Elektroinstallateure und Planer
Maßnahmen zur elektromagnetischen Verträglichkeit nach DIN VDE 0100-444:2010-10

2., komplett überarb. Aufl. 2011, 93 Seiten
ISBN 978-3-8007-3368-2
22,– €

Spindler, Ulrich

VDE-Schriftenreihe Band 143
Schutz bei Überlast und Kurzschluss in elektrischen Anlagen
Erläuterungen zur neuen DIN VDE 0100-430:2010-10 und DIN VDE 0298-4:2003-08

3. Auflage 2010, 232 Seiten
ISBN 978-3-8007-3283-8
27,– €

Preisänderungen und Irrtümer vorbehalten.
Es gelten die Liefer- und Zahlungsbedingungen des VDE VERLAGs.

Jetzt gleich hier bestellen: www.vde-verlag.de/130713

www.vde-verlag.de

VDE VERLAG GMBH
Bismarckstr. 33 · 10625 Berlin
Tel.: (030) 34 80 01-222 · Fax: (030) 34 80 01-9088
kundenservice@vde-verlag.de